污水生物膜处理技术与应用

丁　杰　杨珊珊　主编

庞继伟　谢国俊　白舜文　副主编

科学出版社

北京

内 容 简 介

本书结合国内外相关领域的优秀成果以及作者课题组多年来在污水生物膜处理技术的结晶，创新性地提出了很多新观点和新理论，其内容新颖、信息量大、理论体系和脉络完整严谨。这既是对传统污水生物膜处理技术的有益补充，又是指导污水生物膜处理可操作性与可控制性提高的有效途径，可以有效地提升污水生物膜处理的水平与能力。

本书共 6 章，第 1 章主要概述了污水生物处理技术，第 2 章论述了生物膜的结构与功能机制，第 3 章介绍了厌氧生物膜处理技术，第 4 章介绍了好氧生物膜处理技术，第 5 章介绍了生物膜强化脱氮技术，第 6 章介绍了污水生物膜处理技术工程实例。本书的编写，力图做到理论与实践、基本原理与应用的有机结合，突出污水生物膜处理技术工程的实用性，选取一些成功运行的污水生物膜处理技术的工程实例进行介绍，注重指导工程设计及技术研发。

本书适合从事水污染治理的科研人员和工程技术人员阅读，也可供高等院校环境工程专业的师生参考。

图书在版编目（CIP）数据

污水生物膜处理技术与应用 / 丁杰，杨珊珊主编；庞继伟，谢国俊，白舜文副主编. —北京：科学出版社，2022.6

ISBN 978-7-03-072547-9

Ⅰ.①污… Ⅱ.①丁… ②杨… ③庞… ④谢… ⑤白… Ⅲ.①生物膜（污水处理） Ⅳ.①X703

中国版本图书馆 CIP 数据核字（2022）第 099387 号

责任编辑：杨新改 / 责任校对：杜子昂
责任印制：苏铁锁 / 封面设计：东方人华

科学出版社 出版

北京东黄城根北街 16 号
邮政编码：100717
http://www.sciencep.com

北京凌奇印刷有限责任公司 印刷

科学出版社发行　各地新华书店经销

*

2022 年 6 月第 一 版　开本：720×1000　1/16
2022 年 6 月第一次印刷　印张：23 1/2
字数：470 000
POD定价：138.00元
（如有印装质量问题，我社负责调换）

前　　言

生活污水和工业废水的处理一直是环境科学与工程领域备受关注的话题，如何实现高效、稳定运行的处理技术至关重要。研究者已经做了大量的研究、开发和工程实践，出现了大量的新技术和新工艺以及相关研究的新思路和新方法。

本书为作者及其课题组多年来在污水生物膜处理技术方面研究成果的整理和提炼，并结合国内外相关领域的优秀成果，提出了很多新观点和新理论，尤其在生物膜处理过程中生物载体、数值模拟与优化调控等方面。既是对传统污水生物膜处理技术的有益补充，又是指导污水生物膜处理技术可操作性与可控制性提高的有效途径，可以有效地提升污水生物膜处理技术的水平与能力。

本书由哈尔滨工业大学丁杰和杨珊珊主编，中节能天融科技有限公司庞继伟、哈尔滨工业大学谢国俊和白舜文副主编。具体分工是：第1章由哈尔滨工业大学丁杰、白舜文撰写；第2章由中节能天融科技有限公司庞继伟，哈尔滨工业大学谢国俊、白舜文撰写；第3章由哈尔滨工业大学杨珊珊、中节能天融科技有限公司庞继伟撰写；第4章由哈尔滨工业大学丁杰、杨珊珊撰写；第5章由哈尔滨工业大学杨珊珊、丁杰、谢国俊撰写；第6章由哈尔滨工业大学丁杰、杨珊珊，中节能天融科技有限公司庞继伟撰写。在本书完成之际，诚挚地感谢姚宏、王广智、张麓岩、苏佳亮、刘先树、刘阔、龚钰涵、聂文博等人的研究工作，感谢王光远、何蕾、陈成新、钟乐、张婧妍、吴桐等许多学生对有关资料的收集和整理，他们在本书的统稿工作中给予了大力协助。

本书是国内外首部从污水生物膜处理理论、污水生物膜处理技术及应用和污水生物膜处理数值模拟与优化调控等方向全面地、综合地介绍和阐述污水生物膜处理原理、研究方法和研究内容的专著。与国内外同类书相比，本书具有内容新颖、信息量大、理论体系完整等优点，是对国内外污水生物膜处理技术相关书籍的有益补充和拓展。

诚挚感谢国家重点研发计划项目（2019YFD1100204）和国家水体污染控制与治理科技重大专项（2013ZX07201007）对本书出版的资助。

作　者

2021 年 10 月

目　　录

1 绪 论

1.1 污水生物处理技术概述

自然界中广泛分布着微生物，它们虽然个体微小，但在生态系统中却起到了至关重要的作用，它们代谢能力和适应性都极强，可以氧化分解有机物并将其转化为无机物。污水生物处理的原理是微生物在酶的催化作用下，通过自身的新陈代谢活动，将污水中的污染物分解转化为自身所需的细胞质和简单小分子，达到净化水质的效果。在污水处理厂中，生物处理技术主要去除污水中溶解态的有机物，同时降低水中的氮磷含量。污水经生物处理后，在重力沉降或外力作用下进行泥水分离，从而净化污水。根据微生物对溶解氧的需求不同，污水生物处理技术分为好氧生物处理、缺氧生物处理和厌氧生物处理技术。在好氧条件下污水中的有机物最终形成二氧化碳和水等小分子无机物，在厌氧条件下分解为甲烷、二氧化碳、硫化氢、氮气、氢气和水以及小分子有机酸和醇等，在缺氧条件下将污水中的亚硝酸盐氮及硝酸盐氮通过反硝化作用生成氮气并释放。由于生物处理法具有高效、经济的优点，因此生活污水和工业废水普遍都采用生物处理工艺进行处理。

1.1.1 污水好氧生物处理技术原理

好氧型微生物可以在有溶解氧时分解去除有机物，在增加生物量的同时去除水中的污染物。污水中的污染物与活性污泥或生物膜表面接触后，被吸附到微生物细胞表面，通过透膜酶，微生物直接摄入小分子有机物；淀粉、蛋白质等大分子有机物则无法直接透过细胞壁，需要在水解酶的催化作用下，水解为小分子后再进入微生物体内。微生物可以把摄入的物质作为营养源进行合成代谢，合成细胞物质；还可以发生分解代谢，有机物被分解为二氧化碳（CO_2）和水（H_2O）等代谢产物，并产生能量，继续参与合成代谢。同时，微生物发生内源呼吸（内源代谢），细胞质被氧化分解。污水处理过程中微生物降解有机物的过程如图 1-1 所示。当有机物浓度较高时，发挥主要功能的是微生物的合成代谢，而发生内源呼吸的概率较小。当有机底物不足时，微生物主要发生内源呼吸代谢，维持自身生命活动。

实现好氧生物高效处理污水中污染物的关键在于同步控制掌握有机物的分解速率、微生物的增殖规律和溶解氧的供应与消耗。而根据所选的生物处理工艺的不同，这三个关键点都有一定的差异。

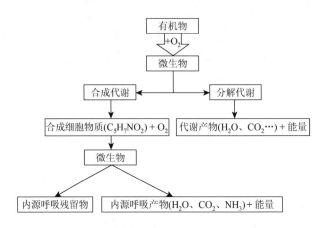

图 1-1 微生物降解污水中有机物过程的代谢示意图

1.1.2 污水厌氧生物处理技术原理

污水厌氧生物处理工艺是指在无氧环境中，不同种类的厌氧微生物通过代谢过程分解有机物为无机物和少量细胞物质的过程。这些无机物主要是大量生物气即甲烷（CH_4）、二氧化碳和水。其中产生的气体主要成分比例是 2/3 的 CH_4 和 1/3 的 CO_2。

随着水环境污染问题的加剧和科技的推动，在 20 世纪六七十年代，研究学者和工程师对厌氧微生物及其代谢活动的研究取得了丰厚的成果，并推动了污水厌氧生物处理技术。

1. 厌氧生物分解有机物的过程

如图 1-2 所示，厌氧微生物处理结构复杂的有机物的过程一般划分为 4 个过程。

1）水解阶段

首先是水解阶段，发酵细菌产生的胞外酶具有水解作用，可以将结构复杂的有机物水解为结构简单的溶解性有机物。如纤维素酶可以将纤维素分解为纤维二糖与葡萄糖，蛋白酶水解蛋白质为短肽与氨基酸。水解阶段进程比较慢，是厌氧生物去除复杂有机物的限速步骤。

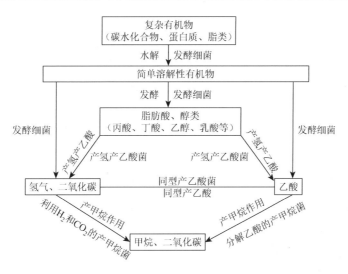

图 1-2 有机物厌氧分解过程

2）发酵（酸化）阶段

经过水解阶段后，产生的结构简单的溶解性有机物进入发酵菌（酸化菌）胞内，胞内酶能够将其催化分解为挥发性脂肪酸（volatile fatty acid，VFA）和醇类，如丙酸、丁酸及乳酸，还产生 CO_2、氨气（NH_3）、硫化氢（H_2S）等无机物气体，同时合成自身所需的细胞质。发酵阶段中简单有机物同时充当电子供、受体，被生物利用。发酵阶段中大多溶解性有机物被分解为 VFA 产物，因此这一过程也被称为酸化阶段。发酵（酸化）过程中发挥作用的是不同种属的发酵细菌。其中拟杆菌（Bacteriodes）和梭状芽孢杆菌（Clostridium）发挥着重要作用，这些优势微生物绝大多数是严格厌氧的。在厌氧环境中生存着大约 1% 的兼性厌氧微生物，它们能够保护严格厌氧菌（如产甲烷菌）免受氧的影响。

3）产乙酸阶段

发酵（酸化）阶段的末端产物，如 VFA 和乙醇，在产氢产乙酸阶段经产氢产乙酸菌作用分解为氢气、二氧化碳和乙酸。

4）产甲烷阶段

在产甲烷阶段，产甲烷菌利用氢气、二氧化碳和乙酸生成甲烷。主要途径有两条：一是利用氢气作为电子供体，将二氧化碳还原为甲烷；二是利用乙酸生成甲烷。以乙酸为底物的优势产甲烷菌主要包括两种增殖速率不同的细菌，即巴氏甲烷八叠球菌（Methanosarcina barkeri）和索氏甲烷丝菌（Methanothrix soehngenii）。厌氧生物处理阶段中约 70% 的甲烷产量来源于乙酸分解［见式（1-1）］，30% 的甲烷产生来自于 CO_2 还原［见式（1-2）］。

利用乙酸：$\qquad$ $CH_3COOH \longrightarrow CH_4 + CO_2$ $\qquad$ (1-1)

利用 H_2 和 CO_2：$\qquad$ $H_2 + CO_2 \longrightarrow CH_4 + H_2O$ $\qquad$ (1-2)

作为一种严格厌氧菌，产甲烷菌所处的生活环境的氧化还原电位需要在 $-150 \sim -400$ mV 范围，溶解氧和氧化剂都会对产甲烷菌产生毒害作用。

尽管厌氧生物分解有机物是分阶段的反应，但在厌氧反应器中，这些处理过程是同时发生的。此外，有些文献合并了厌氧生物处理阶段的水解、酸化和产乙酸阶段，合称为酸性发酵阶段，将剩下的产甲烷阶段称为甲烷发酵阶段。

2. 水解处理

水解处理是指将厌氧生物处理过程控制在水解或酸化阶段，兼性的水解产酸菌可以将复杂有机物分解为简单的有机物。这不仅能降低污染物的复杂性，还可以提高污水的可生化性，增强下一阶段好氧生物处理的效率。

3. 缺氧处理

当环境中缺乏分子氧时，一些脱硫、脱氮的微生物可以利用化合态氧，如硫酸盐、亚硫酸盐、硝酸盐和亚硝酸盐等无机盐作为电子受体，维持代谢过程。

1）硫酸盐还原

在厌氧处理含硫酸盐或亚硫酸盐的有机污染物废水时，硫酸盐还原菌（sulfate reduction bacteria，SRB）会利用硫酸盐或亚硫酸盐作为电子受体，得到还原产物，即硫化氢。SRB 会与产酸菌和产甲烷菌竞争底物，硫酸盐还原反应会降低甲烷产量。

依据厌氧环境中微生物利用的基质，一般将 SRB 分为三类，即氧化乙酸的硫酸盐还原菌（acetic acid utilized-SRB，ASRB）、氧化氢的硫酸盐还原菌（hydrogen utilized-SRB，HSRB）和氧化较高级脂肪酸的硫酸盐还原菌（fatty acid utilized-SRB，FASRB）。一部分 FASRB 能够将高级脂肪酸完全分解为 CO_2、H_2O 和 H_2S；另一些细菌主导不完全氧化反应，主要产生的物质为乙酸。

2）反硝化反应

微生物通过发生反硝化反应进行生物脱氮。脱氮微生物更倾向于利用氧气作为电子受体。当水中的溶解氧被消耗完时，脱氮微生物开始利用硝酸盐作为电子受体，即在缺氧条件下发生脱氮作用。

在污水处理厂的生物处理工艺中，好氧微生物、兼性微生物和厌氧微生物各司其职。污水处理构筑物具有良好的工艺和方法，可以选择不同种类的微生物并控制相应的代谢过程。但在天然或半天然处理设施中，无法人为控制各分解过程发生的顺序。因而实际处理过程中发生的生物降解过程往往是十分复杂的，原理远不似理想状态下那么简单。

1.2 生物处理法的传统工艺

1.2.1 活性污泥法

1.2.1.1 基本概念及特点

近些年来,随着国家经济的发展、生活水平的提高,市政、工业的污水产生量也在迅猛地增长,同时污水中的各组分也变得越来越复杂,这对污水处理工艺提出了新的挑战。目前常用的污水处理技术是活性污泥法,这种方法被广泛应用于工业污水和市政污水的处理中。相关数据表明,95%以上的城市污水处理采用活性污泥法,活性污泥法在减少水体污染和加强水体保护等方面起着重要的作用。

活性污泥法是指以细菌、原生动物、有机颗粒和一些无机物等絮凝成的活性污泥为主体的一种废水生物处理技术。这种技术是将活性污泥和废水充分混合进行连续培养,并适当曝气,利用废水中存在的有机污染物为基质,在一定的溶解氧条件下,依靠活性污泥中的微生物的吸附、代谢作用来去除水体中的有机污染物,并进行泥水分离,沉淀处理后的废水排除,沉淀后的污泥大部分回流,剩余的污泥排除系统。

活性污泥法最早是由英国的两位科学家 Edward Ardern 和 William T. Lockett 在 1913 年提出,随后在欧美各国得到了广泛发展。而我国的活性污泥法的发展相对较慢,一直到 1970 年代才开始建设污水处理厂,1990 年代污水处理行业才得到发展,活性污泥法才在我国得到广泛应用。而在当今年代,相关的科研工作者在活性污泥法相关理论的基础上探索出更多种多样的处理技术,使得污水处理工艺得到蓬勃发展。

活性污泥法可以有效降解废水中有机物和悬浮固体,同时还能脱氮除磷等,是一种应用非常广泛的技术。活性污泥法只需要沉淀池和回流系统,设计简便、成本较低,另外它不仅可以高效去除水体中的有机物,还可以实现脱氮除磷。但是它也有能耗高、副产物多、培养条件复杂、抗冲击能力差等缺点,如需要消耗大量电能,不仅会大幅增加运营成本,同时也会产生大量的碳排放,处理污水时也会产生大量的污泥,且这些污泥由于可能含有重金属等物质,不容易被简单处理。此外,在使用活性污泥法时需要保证适当的 pH、温度、溶解氧等条件,不然会出现污泥上浮、膨胀等问题。

1.2.1.2　活性污泥法基本流程

活性污泥法处理装置主要是由四个构件组成的，包括曝气池、沉淀池、污泥回流、污泥排除。其中曝气池是反应主体，活性污泥去除污染物主要在这个单元中进行；沉淀池主要进行泥水分离，将处理后的废水排出，同时将污泥部分进行处置；污泥回流主要是将部分污泥回流，以保证一定量的污泥浓度；污泥排除主要是将产生的多余污泥排出活性污泥系统，并进行进一步的处置。

活性污泥法处理过程主要分为生物吸附、生物稳定和絮凝沉降三个过程。生物吸附是指絮状的活性污泥吸附水体中有机污染物的过程，大分子的有机物被吸附后在生物酶的作用下变成小分子物质。生物稳定是指生成的小分子物质在细胞内氧化分解，最终实现对废水中的有机污染物的去除。絮凝沉降是指菌体分泌胞外聚合物形成菌胶团，然后絮状污泥裹挟着污染物絮凝沉降的过程。

具体的处理流程是：首先将废水排入曝气池中，并使活性污泥和废水充分混合后进行连续培养，成为悬浮混合液。在这个过程中需要一定的曝气量，空气压缩机将空气输送到池底，并通过空气扩散装置将气体均匀地分布到废水中，从而保证悬浮混合液包含一定量的溶解氧。污水经活性污泥处理后，进入沉淀池中，污泥等固体物质与污水分离，处理后的污水排出污水处理厂，剩余的污泥大部分回流到曝气池当中，以保证充足的污泥浓度。此外，剩余的污泥还需要进行进一步的处置后排出，以保证活性污泥系统的稳定性。

在活性污泥法的应用中需要控制各条件参数，例如 pH、温度、溶解氧、营养物质、有毒物质、污泥负荷、污泥回流比、污泥龄等条件。如果控制条件不满足就会导致活性污泥沉降性能变差，进而导致污泥上浮、污泥膨胀、出现泡沫等问题。

1.2.1.3　活性污泥法中微生物群落

活性污泥中生长着菌胶团细菌、丝状菌、真菌、微型动物（原生动物和后生动物）以及藻类等。其中丝状菌构成了活性污泥的骨架，对活性污泥絮体的形成起到了重要作用；真菌可以分解污水中的碳水化合物、脂肪、蛋白质等含氮化合物，活性污泥中常见的真菌包括毛霉、青霉、曲霉、镰刀霉、木霉、芽枝霉和状孢霉等，其出现也与水质状况有关；活性污泥中的微型动物具有促进菌胶团形成、吞噬游离细菌和微小颗粒、分解代谢废水中的有机物以及作为指示生物的作用。研究表明，纤毛虫在水处理过程中能起到比细菌更大的絮凝作用，可促进菌胶团形成，且其对游离细菌具有相当强大的吞噬能力。菌胶团是好氧活性污泥的结构和功能的中心，具有良好的吸附、絮凝和沉降，以及氧化有机污染物的能力，可以快速稳定污水中的有机污染物。菌胶团的絮凝作用直接影响废水处理效果和水质。菌胶团上还生长着微生物如酵母菌、霉菌、放线菌等。其中，霉菌常出现在pH较低的废水中，霉菌的异常繁殖常常导致污泥膨胀现象的发生。除了上述微生物以外，活性污泥中还可能含有病毒、支原体、衣原体、立克次氏体、螺旋体等病原微生物，因此，处理后的水需要经过消毒后才可排放。

活性污泥中的微生物主要属于变形菌纲、放线菌、厚壁菌、拟杆菌、绿弯菌、浮霉菌、酸杆菌、硝化螺菌、疣微菌门等。多数属于革兰氏阴性菌，如动胶菌属（优势菌）、丛毛单胞菌属（优势菌）、产碱杆菌属（较多）、微球菌属（较多）、假单胞菌属（较多）、无色杆菌属、黄杆菌属、芽孢杆菌属、棒状杆菌属、诺卡氏菌属、短杆菌属、球衣菌属、节杆菌属、亚硝化单胞菌属、不动杆菌属、螺菌属、八叠球菌属、发硫菌属等。其中，动胶菌属、丛毛单胞菌属可占总数量的70%。此外，由于检测方法的不同，从污水处理厂检测出的微生物种群也不同。若曝气池内的活性污泥均匀混合，则曝气池内任一点的活性污泥微生物群落基本相同，而在推流式曝气池中，不同区段的微生物种类和数量随推流方向增多。

活性污泥中的微生物数量巨大，常用混合液悬浮固体（1 L 活性污泥混合液中含有的干固体量，MLSS）或混合液挥发性悬浮固体（1 L 活性污泥混合物中含有的恒量干固体量，MLVSS）表示。经学者统计，好氧活性污泥中的细菌大约有 $10^7 \sim 10^{10}$ 个，一般城市污水中的 MLSS 约在 2000~3000 mg/L，普通工业废水中 MLSS 在 3000 mg/L 左右，而对于高浓度工业废水，其生物处理后的 MLSS 浓度约为 3000~5000 mg/L。在实际污水处理系统中，首先需要经历驯化期，在这一阶段，微生物群落对环境因子和操作条件处于逐渐适应的阶段，与稳定运行期相比，微生物群落结构存在显著的差异。当驯化期结束后，会构成在当前环境下微生物种群相对稳定的生态系统，当营养条件及温度、pH、氧含量等发生改变后，生态系统内的优势菌群也会发生相应的改变。污泥颗粒形成初期，活性污泥内的细菌主要以游离态存在，随着菌胶团增多，游离细菌不断减少，活性污泥逐渐变得成熟稳定。

与生物群落演替类似，微生物也存在生态演替过程。当生境内的生态因子发生改变时，活性污泥内的微生物群落会从一个类型转变为另一类型。在演替过程中，某些种群的优势度提高，而有些种群的优势度则相应削弱甚至消失，并可能伴随有新的种群出现。通常情况下，活性污泥法进行废水处理的过程中，常见如下的生态演替规律：曝气池前端，形成以异养菌、植物性鞭毛虫和肉足虫为优势微生物的群体；随着曝气进程，植鞭毛虫和肉足虫在竞争过程中被淘汰，形成以细菌和动鞭毛虫为主题的微生物群落；接下来由于异养菌的大量繁殖，为纤毛虫的繁殖提供了充足的食物来源，因此，纤毛虫和捕食纤毛虫的吸管虫成为优势种群；当污水中有机质被氧化，群落中的优势种群又被固着型纤毛虫所取代；当有机质进一步减少，固着型纤毛虫因缺少能量而死亡，污泥老化，此时轮虫开始出现，表明一个较为稳定的生态系统的形成。

1.2.1.4　活性污泥法的演变及应用

活性污泥法可能是有史以来为特定目的而设计的最复杂的微生物系统之一。几组不同的异养生物和自养生物现在可以维持在一起以执行不同的功能，如去除有机碳、硝化和反硝化、增强生物脱氮除磷等。

早在 19 世纪后期，人们在对泰晤士河的底泥调查中发现，污水中的污染物被微小的生物消耗掉了。Dupre 认为它被好氧细菌氧化，并建议同样的原理可以应用于污水处理厂。Porter 在 20 世纪初期列出了 200 篇与活性污泥法相关的参考文献，文献数量在 1920 年迅速增加到 800 篇。早期研究中将曝气仅作为污水过滤的辅助手段，并且发现在水箱内壁和底部岩板上覆盖着棕色生长物，但当时的研究并没有将其视为一项发现继续研究，而是将曝气后沉淀的悬浮物与胶体物质一起排出。Ardern 和 Lockett 参观后并在 Dr. Fowler 的启发下进行了进一步研究，他们保留了水中生成的"胶体物"并在曝气的情况下对污水进行反复的实验，并将这种胶体物称为"活性污泥"；而他们的各种实验成果也被用作污水处理厂的设计参数。今天，活性污泥法经过近一个世纪的发展，是应用于生活污水、城市污水和工业废水最广泛的方法。它们的代谢活动可以通过建模来预测，并精心操纵系统参数，以确保最佳工艺性能。

如上所述，传统活性污泥法的处理过程可总结为预处理后的污水进入反应器内，反应器一般是指曝气池，污水与活性污泥经过一段时间的接触后共同排出到沉淀池内，利用重力进行泥水分离得到处理后的水。污水中的有机物在反应的过程中通过吸附和代谢降解。这种方法的处理效果好，应用灵活，但也由于其工艺的运行方式导致很多弊端，如：仅适用于水质稳定、负荷低的条件，基建费用高以及溶解氧利用率不均等。曝气池中溶解氧利用率不均主要是因为当整个污水流从曝气池头端的单个点供给时，在传统和改进的曝气系统中，在波动的污水负荷下，需氧量会超过供应率。因此，必须采取措施确保和维持曝气池整个容积中的氧气。"多点投加"和"分布加载"的供氧方式在活性污泥法中得到使用，发现该方式足够灵活，可以控制膨胀并承受瞬变的冲击，也称"阶梯曝气"。与传统系统相比，阶梯曝气方式可将曝气量减少 50%，而不会降低出水质量。

根据曝气方式的不同，活性污泥工艺衍生出很多种工艺形式，如：延时曝气活性污泥法，它的开发是为了减少或消除多余污泥处理的问题，同时确保出水高度稳定。延时曝气主要是为了通过减少系统中活性污泥的有机部分来避免单独的好氧消化。稳定化不仅提供了污水有机物的氧化，而且提供了微生物群落的自动氧化，因此产生的污泥将主要含有惰性有机残留物；纯氧曝气的方式是利用高浓度的氧气提高氧气向泥水混合液中传递的能力，提高氧利用率，同时可以减少污泥膨胀的现象和提高反应器容积负荷。氧化沟工艺是活性污泥法变形应用的一种，构造形式多样化，应用灵活，在水流混合方面有独特的特点。目前已经衍生出多种形式的系统：Carrousel、Orbal、Pasveer、交替式、DE 型、T 型氧化沟等工艺。SBR 工艺，也称间歇式活性污泥法。所谓间歇式是指有机物降解的反应过程与泥水分离的沉淀过程以及排水过程交替进行，因此无需沉淀池和污泥回流装置。根据不同的条件和要求，SBR 工艺也衍生出如 ICEAS、CASS、UNITANK、MSBR 等工艺。ICEAS 工艺在沉淀和排水过程中仍能保持进水；CASS 工艺的特点主要是在进水前段设立生物选择器，对有机物起到水解、吸附和厌氧释磷的作用，加强反应器内的稳定性；UNITANK 是结合 SBR 工艺和传统活性污泥法两种工艺形式的特点，连续进出水，在脱氮除磷、有机物去除等方面应用灵活，MSBR 工艺也结合了传统活性污泥工艺的特点，连续运行并在底部设置了特殊的回流装置达到不同去除率的目的。

1.2.2　生物膜法

在生物膜污水生物处理工艺中，微生物会在适宜的惰性载体（滤料或填料）表面附着、富集、生长，分泌产生胞外聚合物吸附水中的有机物和无机物，并不断扩大，最终形成具有吸附和生物降解性的成熟生物膜结构。生物膜与污水接触后，微生物通过自身的新陈代谢活动会与有机污染物反应生成水和二氧化碳等无机物，实现污水的净化。生物膜法具有生物量大、剩余污泥量少、污染物去除效果显著、抗冲击能力强的优点。

1.2.2.1　生物膜的组成及净化过程

生物膜组成主要包括微生物和胞外聚合物（EPS）。生物膜中含有种类繁多的微生物，包括细菌、真菌、原生动物、后生动物和藻类等。这些微生物高度密集，共同组成稳定的生态系统。生物膜上可以生存世代周期长、增殖速度慢的生物，如硝化菌，还可以生长代谢能力强的丝状菌（如放线菌和霉菌）。这些丝状微生物在活性污泥法中会导致污泥膨胀，而在生物膜法中，由于微生物被载体固定，因此不会发生污泥膨胀。此外，相比于活性污泥法，生物膜中还存在真菌、藻类及无脊椎动物等生物。生物膜中微生物种类繁多，生物链较长，在面对复杂水质时抗逆性强。

　　生物膜法中去除污染物的主要微生物是细菌，在不同生物膜厚度上存在着不同类型的细菌，如好氧菌、兼性菌和厌氧菌。常见的细菌种类有假单胞菌属、大肠杆菌、产碱杆菌属、亚硝化单胞菌属和硝化杆菌属等。生物膜中还生长着可以降解难降解有机物的真菌，在好氧层表面存在着微型动物，其中具有代表性的是原生动物和后生动物。原生动物有鞭毛类、肉足类、纤毛类。在生物膜法运行初期，原生动物多为游泳型纤毛虫，在运行效果好时，原生动物多为附着型纤毛虫。在生物膜污水处理构筑物中，常出现的后生生物有轮虫和线虫。原生动物和后生动物可以作为污水处理效果的指示生物，当生物膜中存在后生动物时，说明污水中有机物含量低，处理效果稳定。

　　生物膜的主要成分为胞外聚合物，它是生物膜中微生物分泌的高分子聚合物，主要组分是多糖、蛋白质，还包含腐殖质、脂类和核酸等成分。胞外聚合物会影响生物膜的亲疏水性、表面带电状态、吸附性和降解污染物的能力，能够支撑生物膜的稳定性、决定生物膜的架构及吸附、凝聚微生物。胞外聚合物能够为微生物提供一个高度水化的微环境，即使在缺水环境中生物膜可以耐干燥，还可以起到屏障保护的作用，防止微生物受到抗菌剂的影响。除了带电荷的多糖和蛋白质，胞外聚合物中的磷酸盐和硫酸盐等无机盐可以提供离子交换、矿物形成的通道并促进多糖凝胶的形成。胞外多糖也是生物膜内微生物群落的潜在营养来源，包括碳、氮和磷。当生物膜中的微生物缺乏生长繁殖所需的碳源和氮源时，胞外聚合物会提供营养供微生物代谢。受环境影响，不同生物膜的成分和结构往往不相同。

　　生物膜净化污水的过程是复杂的，涉及污染物和溶解氧在污水中和生物膜中的扩散和传质、污染物的分解和微生物的新陈代谢过程。当废水流经生物膜后，污染物首先接触生物膜表面，并向生物膜内部扩散；在微生物的酶促反应下，污染物被分解为小分子物质；然后污染物的代谢产物被排出微生物体内。

　　由于生物膜中微生物的利用和溶解氧的传质阻力，溶解氧无法完全扩散到生物膜中，因此自载体向外生物膜存在厌氧层和好氧层。由于生物膜具有吸附特性，在生物膜表面附着一层薄的水层，附着水层中的有机物已被微生物利用，因此薄水层中的有机物浓度很低。当污水接触生物膜后，污水中的悬浮物、溶解性有机物和胶状有机物转移到生物膜附着的水层中，接着吸附到生物膜表面，同时空气中的氧气进入生物膜中，在溶解氧的作用下，溶解性有机物被微生物吸收利用，用于自身的新陈代谢，生成的无机盐等产物从生物膜转移到附着水层，接着排放到处理后的水体或空气中，生物膜上栖息的硝化细菌和反硝化细菌可以把污水中的无机氮转化为氮气，释放到空气中。污水中的悬浮物或不溶性有机物会被生物膜截留，在胞外水解酶的水解作用下，有机物被分解为小分子物质供微生物利用，同时污水得到净化。在微生物增殖过程中，生物膜厚度不断增加，由于有机物的传质阻力增加，生物膜内层微生物得不到充足的营养，在进行内源呼吸后，微生物开始老化死亡，在水流冲刷下生物膜脱落，并重新长出新的生物膜。

1.2.2.2　生物膜的特征

细胞需要保持里面的内容物稳定才能维持正常的代谢活动，而生物膜作为一道"天然屏障"，可使细胞不受周围环境影响，细胞又能通过膜与外界进行物质交换，维持生命活动。

生物膜是一种呈流动状态的结构，自然界生物中，除了某些病毒，大多数生物都具生物膜结构。1972年科学家提出的流动镶嵌模型，首先根据疏水相互作用确定了细胞的结构组成，即中间的磷脂双分子层作为骨架，蛋白质分子靠静电相互作用结合在脂质的极性头部上或者以不同的深度镶嵌、贯穿、覆盖在磷脂双分子层中的疏水性区域。该模型的另一要点则是指出了膜的一些结构特性和功能特性。

1）不对称性

在流动镶嵌模型中，生物膜在结构和功能上都表现出了一定的不对称性。以磷脂双分子层的疏水端为界限，生物膜可分为近胞质面和非胞质面的内外两层，这两层的结构和功能具有很大的差异。膜的外层多为磷脂中的磷脂酰胆碱和鞘磷脂，而内层多为磷脂酰乙醇胺、磷脂酰丝氨酸和磷脂酰肌醇。膜的不对称性有助于保持生物膜内外的物质差异，决定了膜功能的方向性，保证了细胞生命活动的高度有序性。

2）稳定性

构成膜的脂类有磷脂、胆固醇和糖脂，其中以磷脂为最多。它们都是由一个亲水的极性头部和一个疏水的非极性尾部组成的。它们在水溶液中会形成一种稳定的中空结构，称脂质体。这一结构特点为细胞和细胞器的生理活动提供了一个相对稳定的环境，使细胞与外界、细胞器与细胞器之间有了一个界面，可以维持膜结构的稳定性。

3）流动性

生物膜的流动性是膜的基本特性之一，膜脂与膜蛋白一直处于不断运动的状态，这两者之间也有一定的相互作用，流动性可以确保膜发挥正常功能。正是因为脂质分子和蛋白质分子的运动性，细胞膜结构才具有一定的流动性。这种流动性既有助于生物膜的更新，又影响着细胞的生命活动。

4）选择透过性

膜蛋白一般分为外在膜蛋白和内在膜蛋白。外在膜蛋白为水溶性蛋白，内在膜蛋白是双亲媒性分子，可不同程度地嵌入脂双层分子中。磷脂双分子层比起水分其实更亲近油脂,所以,非极性物质比极性物质更容易穿过生物膜,同时,膜上分布的蛋白质通常只允许一定构象的物质通过,因此,生物膜具有选择透过性。选择透过性有助于吸收有用的营养物质和排出代谢掉的废物,以及对某些细胞进行特异性识别。

1.2.2.3　生物膜法处理污水的影响因素

影响生物膜法的因素有:进水组分、营养物质、水力负荷、溶解氧、生物膜量、pH 和温度等。

1)进水底物的组分和浓度

污水中的污染物种类和浓度直接影响生物膜法的去除效果。污染物浓度的改变会影响生物膜的性能,进而导致出水水质下降。虽然生物膜法的抗冲击负荷能力强,但面对突然变化的水质时,去除效果也会受到影响。因此,掌握进水底物组分和浓度的变化规律,才能保证生物膜法的正常运行。

2)营养物质

生物膜中的微生物需要从污水中获取所需的营养物质用以合成细胞质。生物膜法处理的生活污水中含有微生物所需要的 C、N、P、S、K 和 Na 等元素,一般不需要再额外投加营养物质。因此生物膜适合处理生活污水。工业废水缺乏一些微生物所必需的营养物质,因此常常需要外加营养组分以满足微生物的生长需要。有时工业废水需要预先去除影响微生物活性的有害物质,然后将其与生活污水进行混合,以补充微生物必要的营养元素。

3)有机负荷及水力负荷

生物膜法需要保持一定的负荷才能运行。生物滤池的负荷分为有机负荷和水力负荷两种,前者通常以污水中有机物的量来计算,后者是以污水量来计算的负荷。当生物滤池的有机负荷高时,生物膜增长快,此时可以加大水力冲刷,即提高水力负荷,以防止生物膜厚度过大,影响处理效果。生物膜法负荷值的大小取决于污水种类和载体特性。

4)溶解氧

对于好氧生物膜来说,好氧微生物必须利用足够的溶解氧。供氧不足会直接抑制好氧微生物的活性,影响正常的新陈代谢功能,此时对溶解氧需求不高的微生物将成为优势物种,可能还会滋生繁殖厌氧微生物,导致生物膜脱落,出水水质变差。但供氧过高会浪费能源,同时微生物代谢活动得到增强,当营养供应不足时生物膜自身发生氧化(老化)致使处理效果降低。

5)生物膜量

生物膜量的评价指标有生物膜厚度与密度。生物膜量受水环境的影响很大。

膜的厚度与污水中有机物浓度成正比,当有机物浓度增大时,微生物吸收摄取的有机物变多,生物膜厚度增加。水流搅动也会影响生物膜的厚度,较大的水力剪切力能够促进生物膜的不断更新。

6）pH

pH 变化会影响生物膜法的处理效率,甚至对微生物产生毒害作用。pH 的改变可能会影响细胞膜的电荷,影响微生物摄取营养物质和酶的活性。当 pH 变化幅度很大时,需要在生物处理前端设置调节池或中和池来均衡水质。

7）温度

水温是生物膜法中影响微生物的关键因素。例如生物滤池的滤床内温度过高会抑制微生物的代谢,当水温达到 40℃ 时,生物膜将会脱落;水温过低时,微生物的活性下降,污染物去除效果降低。需要确保生物滤床内部温度不应低于 5℃,特别是在严寒地区,因此生物滤池需要增加保温措施。

8）有毒物质

当污水中含有对微生物造成毒害的有毒物质时（如酸、碱和重金属）,微生物活性会被抑制,导致生物膜的大量脱落。如果有毒物质在水中长时间存在,它将会穿透生物膜,危害微生物,影响生物膜的性能。

1.2.3 生态处理法

1.2.3.1 稳定塘

稳定塘是一个具有良好生物协同能力的生态系统,从生态学原理出发,充分发挥土壤-植物自然系统内微生物种类及土壤渗滤、植物根际等的净化能力,通过工程措施加以强化,可以使城市污水在经过一级处理后,达到稳定化和无害化,又可利用净化后的水进行农田灌溉。这在推崇生态和谐的大趋势下具有很大的优势。由于池塘是自给自足的,操作者管理处理的责任相对减少,劳动力成本降低,处理单元产生的有形产品的潜在价值增加。此外,稳定塘可通过减少多个处理单元的连接工艺来简化处理过程。事实上,稳定塘普遍存在于世界各地的许多地区,特别是在全年气候温和的地方。在许多发展中国家,废物稳定池的流出物已被重新用于水产养殖和灌溉应用。澳大利亚墨尔本早在 1890 年后期就通过使用污水进行灌溉。拉丁美洲国家从 1960 年就开始了稳定塘项目的研究,而联合国开发计划署资源回收项目和泛美卫生组织已合作研究池塘养鱼。稳定塘内的物种是一个由细菌、真菌、藻类、原生动物和病毒等形成的生物集合。其中,藻类是稳定塘内处理废水的驱动力之一,能够吸收磷酸盐、二氧化碳以及氨和硝酸盐等氮化合物并生产满足自身生长的生物质。同时,藻类提供异养细菌降解有机物质所需的氧气。藻类和细菌之间的共生行为仅负责稳定池塘中废物的处理。除了原生动物和藻类的共生行为外，其他生物，如病毒、轮虫、甲壳类动物的幼虫、昆虫、线虫，它们结合起来争夺食物，将碳氢化合物转化为简单的物质。在众多生物的协同作用下，污水经过一定的联合处理，水质得到一定程度的改善。

稳定塘又称为氧化塘，是一种利用天然净化能力的生物处理构筑物的总称，与基于机械的装置相比具有更大的优势。根据池塘的特点和用途，将池塘设计并分为厌氧、兼性、好氧和成熟塘四种类型。好氧塘，也称为高速藻池，由于藻类的光合作用活动，可以在 30～45 cm 深的池塘中保持一定浓度的溶解氧。好氧塘的效率取决于气候条件，如雨、温度、风、阳光等。光合作用活动在白天提供氧气，而在晚上，由于池塘较浅，流动的风会产生一定的曝气量，起到曝气作用。好氧塘以具有高生化需氧量（biochemical oxygen demand，BOD）去除潜力而闻名，是土地成本不高的地区的理想选择。厌氧塘是在没有溶解氧的情况下运行的。在产甲烷条件下，主要产物是二氧化碳和甲烷。通常，这些池塘的设计深度为 2～5 m，滞留时间为 1～1.5 d。然而，厌氧塘的效率取决于气候，处理背后的驱动力是沉淀过程。蠕虫沉降到池塘底部，细菌和病毒由于附着在池塘内的沉降固体上而被去除，或者随着食物的不足或捕食者的捕食活动而死亡。在工程实践中，厌氧塘通常与兼性塘并存运用。兼性塘是具有厌氧和好氧条件的处理单元。一个典型的池塘被划分为由细菌和藻类组成的需氧表面区域，由厌氧细菌组成的厌氧底部区域，以及介于厌氧和有氧条件之间的区域，细菌可以在这两种条件下繁殖。由于兼性塘使用藻类作为分解剂，处理时间可能在 2～3 周之间，这归因于单元内发生的光合作用过程。一个兼性塘的平均深度为 1～2 m。与兼性塘类似，成熟塘使用藻类作为处理的主要驱动力。然而，虽然兼性塘通常用于处理 BOD，但成熟塘可去除粪便大肠菌群、病原体和营养物质。与其他池塘类型相比，成熟塘的深度范围在 1～1.15 m 之间，这使得它比除好氧以外的所有池塘都浅。一般而言，成熟塘保持厌氧条件。此外，还有其他一些类型的稳定塘：深度处理塘，作用是进一步提高二级处理水的出水水质；水生植物塘，通过种植一些纤维管束水生植物有效地去除水中的氮磷；生态系统塘，通过食物链构成复杂的生态系统，既能进一步净化水质，又可以使出水中藻类的含量降低。由于稳定塘具有很多类型，所以可以组合成多种不同的流程。

1.2.3.2　人工湿地

人工湿地是模拟自然湿地的人工生态系统，它是一种由人工建造和监督控制的类似沼泽的地面，利用生态系统中的物理、化学和生物的三重协作作用，通过过滤、吸附、沉淀、离子交换、植物吸收和微生物分解来实现对污水的高效净化。

与自然湿地生态系统不同的是，其在位置的选择、承载负荷量的大小、受控限度以及污水处理效能等方面，都远远地超过自然湿地生态系统。此外，可以从不同的角度来理解人工湿地的概念。从生态学方面来讲，赵魁义提出人工湿地是在已消亡的湿地或异地恢复与重建的湿地生态系统。简单来说，由于人类活动的影响，其原本的生态系统的组成以及结构发生了根本改变，进而形成了新的湿地生态系统，称为人工湿地。从环境生态学方面来讲，Julie Stauffer 和王俊三教授提出人工湿地 = 人造湿地 = 人工湿地污水处理系统，人工湿地是指一年中至少有部分时间为潮湿或水涝的地区，它具有水净化能力，但通常是脆弱的生态系统，如果接触了过多的污染物质，就会使其负载过重，所以最好专门根据废水处理的目的来设计和建造湿地，这些系统称为人造湿地和芦苇床。

1. 人工湿地的分类

依据不同分类方法，可以将人工湿地分为不同种类。

（1）按水流分类。人工湿地可以根据污水在湿地中流动的不同方式而分为三种类型：①地表流人工湿地；②潮汐流人工湿地；③潜流型人工湿地，又分为水平流潜流人工湿地和垂直流潜流人工湿地。

（2）按植物分类：①浮水植物；②挺水植物，根据水流状态，可以分为两类，即自由水面系统和潜流系统；③浮水植物。

2. 人工湿地的优点

1）应用领域

人工湿地污水处理主要通过除氮作用、除磷作用和重金属去除三个方面来净化污水。人工湿地的应用领域较广泛，不仅可以用于脱石处理的三级处理，还可直接应用于污水的二级处理；不仅可以处理含有丰富 N、P 等营养物质的生活污水，还可以处理一些以重金属、油类为主的工业废水。

2）生态功能

人工湿地建立，除了人工栽培的一些高等植物外，野生动、植物，尤其是野生动物会显著增多。首先是昆虫，其次是鸟类，以及一些爬行动物，最后是哺乳动物。

3）欣赏价值

在湿地中生长的植物一般为四季常青植物。一年当中都亭亭玉立，郁郁葱葱。人工湿地当中，不仅有观赏类植物，苍翠欲滴，还有可以散发香气的花草，姹紫嫣红。所以很多人工湿地可以作为生态公园，对当地居民及游客进行开放，人们可以欣赏多种多样的景色效果，同时又可以欣赏到更丰富野生动物世界，是假期休闲娱乐放松的好去处。

3. 人工湿地的缺点

1）占地面积较大

根据基本国情，我国属于人多地少，一些占地面积较大的人工湿地基本无法应用。

2）容易发生堵塞

由于人工湿地的基质较为单一，只有土壤、沙、石等几种，所以很难处理一些突出的污染物水体。堵塞的原因，主要有以下三个方面：①微生物导致人工湿地堵塞；②水生植物导致人工湿地堵塞；③其他环境条件导致人工湿地堵塞。

3）处理效果问题

由于人工湿地的类型较为单一，所以对于一些含有特殊污染物或者污染物浓度较高的水体，经人工湿地处理后，难以达到排放标准。

4）人工湿地降解机理的缺乏

人工湿地虽然可以降解污水，但是其降解的机理非常复杂，现阶段，研究人员对一些降解过程的机理还尚不明确，所以很难对工程应用提供有力的理论指导，需要进一步的深入研究。

5）植物问题

（1）季节影响。季节的更替影响人工湿地植物的种类，同时进而影响植物的功能。

（2）植物衰老的问题。除了直接的物理损伤外，一些其他的指标，如水质以及基质的不同，水位的高低，水中N、P、金属离子的浓度，都会影响水生植物的衰退。

（3）优势品种问题。一般在人工湿地中，选择一种或几种植物作为优势种进行栽培，有利于植物的快速生长。而在实际的应用过程中，当人工湿地较为干旱时，杂草就会大量入侵，同时抑制栽种的植物生长。

1.2.3.3 污水土地处理系统

污水土地处理系统属于污水自然处理范畴，将污水有控制地喷洒到土地上，通过农田、林地等土壤-微生物-植物构成陆地生态系统对污染物进行物理的、化学的、生物的吸附、过滤、降解、净化作用和自我调控功能的综合净化处理的生态工程，实现营养物质和水分的生物化学作用循环，强化农作物、牧草和林木的生产，促进水产和畜牧业的发展。污水土地处理系统，能够经济有效地净化污水，实现污水的资源化和无害化。依据水流路径和生态处理单元，污水土地处理系统可以分为以下几类：慢速土地处理系统、快速渗滤系统、地表漫流系统、湿地处理系统和污水地下渗滤处理系统。

在该处理系统下，污水中的有用物质可以作为生长的营养元素被植物利用，促进污水中营养物质和植物之间的循环转化；可以利用自然的坑塘洼地等作为基础处理设施，电设备少，运行管理简单，能耗低，节省投资运行成本；无剩余污泥产生，二次污染小；能够促进生态环境的良性循环，改善生态环境。但其也存在一定的缺点，如污水中的污染物（重金属、有毒有机物等污染物）会对土壤和地下水产生污染；导致农产品质量下降，进入食物链循环，带来生态风险；也易散发臭味、滋生蚊蝇，危害人体健康等。

1）慢速土地处理系统

适宜在渗水性好、气候湿润的地区使用，通过土壤中微生物和农作物对污水净化处理，仅有一小部分污水通过蒸发和渗滤除去。

2）快速渗滤系统

是节能经济环保的污水处理与再生技术。通过周期性的灌溉污水，使地表土壤处于厌氧、好氧交替运行状态，被截留的悬浮物可以通过微生物降解，好氧厌氧结合状态有利于氮、磷元素的去除。

3）地表漫流系统

地表漫流系统是将污水引流入表面植被茂密、坡度和缓、土壤渗透性差的土地上，污水以缓流的方式流动，实现污水的净化。

4）湿地处理系统

湿地处理系统是将污水引入至水饱和且有大量耐水植物生长的沼泽地上，在耐水植物和土壤的联合作用下，使得污水得以净化。

5）污水地下渗滤处理系统

将经过腐化（酸化）预处理后的污水有控制地通入设于距地表约 0.5 m 处的渗滤田内，在土壤渗滤和毛细管的作用下，污水向四周扩散，经过过滤、沉淀、吸附和微生物对其的降解作用，使污水得以净化。

1.3　生物膜处理技术概述

与活性污泥法一样，生物膜法也是一种常见的好氧生物处理方法。但二者的微生物的存在状态不同，活性污泥法属于悬浮生长系统，即微生物在曝气池内以悬浮状态存在[1]；而生物膜法属于附着生长系统或固定膜工艺，微生物在填料或载体上附着生长并逐步形成膜状的活性污泥[2]。从实质上来说，生物膜法是使细菌以及菌类一类微生物和后生动物、原生动物类的微型动物在滤料或某些载体上附着、生长繁育，并在其上形成生物膜——膜状生物污泥[3]。在污水与生物膜相互接触的过程中生物膜上定殖的微生物以污水中的有机物为营养物质，从而实现污水的净化和微生物的生长繁殖[4]。

1.3.1　生物膜反应器基本原理

生物膜法处理污水运行原理就是使污水与生物膜接触，在接触的过程中进行物质交换即进行固、液相的物质交换，利用载体上定殖的膜内微生物对污水中有机物进行代谢、降解，达到污水得以净化的同时膜内的微生物不断生长、繁殖的目的[5]。

污水流动过程中与某种惰性载体接触一段时间后，载体表面将被生物膜（一种膜状污泥）覆盖，在此过程中生物膜逐渐发育并趋于成熟，其成熟的标志是：沿水流方向分布的生物膜，膜上由各种微生物组成的生态系统及其对污水有机物的降解能力均达到了相对平衡的状态[6]。

从污泥逐步形成到发育成熟，生物膜要经历两个阶段：潜伏和生长，通常情况下，对于 20℃左右的城市污水的处理来说，大致需要 30 天的时间[7]。图 1-3 所示是附着在生物膜滤池滤料上的生物膜的构造。

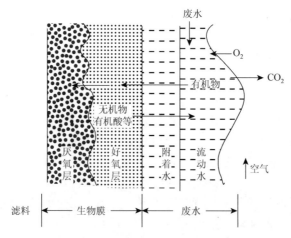

图 1-3　生物膜滤池滤料上的生物膜构造

生物膜作为一种高度亲水的物质，尽管污水在膜表面不断更新，但其外侧总是有一层附着水层存在[8]。生物膜是一种微生物高度密集存在的物质，在其表面和内部有着大量的各类微生物和微型动物生长繁殖，进而形成有机污染物—细菌—原生动物（后生动物）的食物链[9, 10]。

在生物膜形成与发育成熟后，由于微生物的不断繁殖增长，生物膜的厚度亦随即增加，在膜厚度达到一定程度后，氧不能渗透进入内侧深部时即转变为厌氧状态[11]。这样，生物膜便由好氧和厌氧两层组成。生物膜的表面与污水直接接触，因其可以较容易地在污水中汲取营养和溶解氧，微生物生长繁衍迅速，而后好氧微生物和兼性微生物二者共同组成好氧层，其厚度通常约为 2 mm；膜内部和载体接触的部分，因营养物质和溶解氧的匮乏，限制了微生物的生长繁殖，好氧微生物难以继续存活，兼性微生物的代谢方式转为厌氧，与此同时，某些厌氧微生物的生物活性恢复，由厌氧微生物和兼性微生物组成的厌氧层应运而生[12]。厌氧层的出现通常是在生物膜达到一定厚度时，厌氧层也随着生物膜的增厚和外伸而变厚。但有机物的降解过程主要是在生物膜的好氧层内进行[13]。

从图 1-3 可见，多种物质的传递过程普遍发生在生物膜内、外以及生物膜与水层之间。流动水层中溶解了空气中的氧气，溶解氧通过流动水层和附着水层被逐步传递给生物膜，供给微生物呼吸；污水中污染物依次经由流动水层、附着水层传递给生物膜，被膜内生物的代谢活动矿化[14]。污水在其流动过程中实现逐步净化。微生物代谢产生的 H_2O 等物质则经由附着水层进入流动水层，而后随其排走，同时 CO_2 及厌氧层的代谢产物如 H_2S、NH_3 以及 CH_4 等气态代谢产物则从水层自由扩散到空气中[15]。

当厌氧层较薄时，它能与好氧层保持一定的平衡与稳定关系，好氧层能够保证正常的净化功能；而当厌氧层逐渐增厚，并达到一定的厚度时，代谢产物随之逐渐增多，好氧层是这些产物外逸的必经之路，将破坏好氧层的生态系统的稳定状态，从而打破了这两种膜层之间的平衡关系[15]，又因气态代谢产物的不断外逸，生物膜在惰性载体上的固着力被削弱，此种状态的生物膜即为老化生物膜，老化生物膜净化功能较差且易于脱落[16]。生物膜脱落后新的生物膜随之生成，新生生物膜必须在经过一段时间后才能充分发挥其净化功能。在生物膜处理过程中，减缓生物膜的老化进程，抑制厌氧层过分增长，促进好氧膜的更新，同时尽量使生物膜不集中脱落是较理想的情况[17]。

1.3.2　生物膜反应器研究进展

污水的生物膜法既是古老的，又是一种不断在发展中的污水生物处理技术。在生物膜法中，生物膜反应器是利用人工强化技术将生物膜引入到处理污水的反应器中。从广义上讲，凡是引入微生物附着生长载体（如滤料、填料等）在污水生物处理各工艺中的反应器，均可定义为生物膜反应器[1]。

1）生物膜反应器的发展沿革

1893 年，英国进行的净化试验，即将污水喷洒在粗滤料上，取得了良好的净化效果。该工艺称为生物滤池，其作为一种生物膜反应器开始问世，自此也开始了污水生物处理的实践应用。

许多生物膜反应器系统建造始于 20 世纪 20~30 年代，主要形式为生物滤池。

但在 20 世纪 40～50 年代，生物滤池因其水量负荷和生化需氧量（BOD）负荷均较低且环境卫生条件较差、占地面较大的污水处理的构筑物以及脱落的生物膜易堵塞等缺点，有逐渐被活性污泥法替代的趋势。在此期间，生物膜反应器中的生物滤池的填料主要是无机性天然滤料如碎石、卵石、炉渣和焦炭等实心拳状的物体，通常具有比表面积小和空隙率低等缺点[18]。

20 世纪 60 年代，人们开始大量生产新型的不同形状的有机合成材料，如波纹板状、列管状和蜂窝状等有机人工合成填料，其中聚乙烯、聚苯乙烯和聚酰胺等材料被广泛应用，大大增加了比表面积和空隙率。同时加上环境保护对水质要求的进一步提高，生物膜反应器取得了新的发展[18]。20 世纪 70 年代，除普通的生物滤池（trickling filter，也称滴滤池）外，生物转盘（rotating biological contactor，RBC）、淹没式生物滤池（submerged biofilm reactor）和生物流化床（biological fluidised bed，BFB）技术也得到了较多的研究与应用[19]。

近年来，生物膜反应器凭借其独特的优势备受广大科研工作者和工程师们的关注，既而涌现出大量新型的单一或复合式生物膜反应器（hybrid bio-reactors），如微孔膜生物反应器（microporous membrane bio-reactor，MMBR）、气提式生物膜反应器（airlift biofilm reactor，ABR）[20]、移动床生物膜反应器（moving bed biofilm reactor，MBBR）、复合式活性污泥生物膜反应器（hybrid activated sludge-biofilm reactor，HASBR）、序批式生物膜反应器（sequencing batch biofilm reactor，SBBR）、升流式厌氧污泥床-厌氧生物滤池（upflow anaerobic sludge bed-anaerobic biological filter，UASB-AF）及附着生长稳定塘（attached-growth pond，AGP）等[21]。

2）生物膜反应器的发展趋势

随着逐步加深对生物膜相关特征的认识和基础理论的研究，诸如生物滤池和生物转盘等已有的实践应用工艺将更趋完善，出现了更多的如生物流化床和微孔膜生物反应器等新型膜反应器工艺与系统，同时亦有研究人员将生物膜的优势引入到悬浮生长污水处理系统中，两相组合形成各种工艺。研究者更是从去除不同来源的有机物、营养物方面取得了丰硕的成果[22]。

未来，生物膜反应器的研究将更趋向于深入探讨微生物在载体表面的固定机理，普遍适用的微生物固定技术应用于实际，优化生物膜结构及各种反应器工艺系统；促使各种膜反应器系统的净化功能更为广谱与高效，使其净化功能进一步提高[23]；深入探究膜内微生物的增长及底物去除动力学和生物膜微生物的能量代谢。生物膜反应器今后将朝着节能和自动化控制方向进一步发展[22]。

3）生物膜反应器应用

在几种基于生物膜的生物反应器中，移动床生物膜反应器（MBBR）由于其低运行成本、技术可行性和稳定性而被广泛用于废水处理[23]。例如通过与传统活性污泥处理系统相结合形成的混合 MBBR 工艺，在具备高效有机污染物去除能力的同时，还具备较高的硝化能力。此外，最近的研究数据表明生物膜反应器能够提高传质速率以及实现更高的合成气发酵工艺稳定性。例如 HFMBR 工艺通常被广泛应用于废水处理和不同规模的生物燃料生产。同时，它也是合成气发酵中研究最多的生物膜反应器工艺类型。

1.3.3 生物膜反应器技术特点

图 1-4 所示为生物膜法处理工艺的基本流程图。污水经初沉池后进入生物膜反应器，经好氧降解去除有机物后，通过二沉池排出。初沉池的作用是将大部分悬浮固体物质去除避免反应器堵塞；二沉池的作用是将脱落的生物膜去除，进一步提高出水水质。出水回流的主要作用是当进水浓度较大以及生物膜增长过快时，采用出水回流来降低进水有机物浓度的同时提高生物膜反应器的水力负荷，使水流对生物膜的冲刷作用加大，生物膜更新，防止生物膜的累积过度，从而保障良好的生物膜活性和适宜的膜厚度[24]。

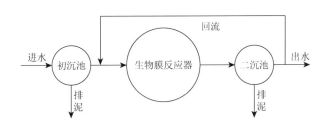

图 1-4 生物膜法处理工艺的基本流程

生物膜法是一种与活性污泥法并行发展起来的污水生物处理工艺，在多数情况下不仅能替代活性污泥法用于二级生物处理城市污水[25]，还有一些独特的优点，如操作方便、剩余污泥少、抗冲击负荷和适用于小型污水处理厂等[26]。以下是生物膜法在微生物相方面和处理工艺方面的特征。

1. 微生物相方面的特征

1）微生物相多样化

因生物膜上的微生物不如活性污泥法中的悬浮生长微生物那样承受强烈的曝气搅拌冲击，生物膜反应器为微生物的生长、增殖和繁衍创造了安稳的栖息环境。此外生物膜上还可能出现大量丝状菌，且无需担忧污泥膨胀[27]。线虫类、轮虫类以及寡毛虫类的微型动物出现的频率也较高。膜上的生物固着停留时间较长，故继续生长世代时间较长、比增殖速度很小的微生物，如硝化菌等[6]。表 1-1 所列举的是在生物膜和活性污泥上出现的微生物在种类和数量上的比较。

表 1-1　生物膜和活性污泥上出现的微生物在种类和数量上的比较

微生物种类	活性污泥法	生物膜法	微生物种类	活性污泥法	生物膜法
细菌	＋＋＋＋	＋＋＋＋	其他纤毛虫	＋＋	＋＋＋
真菌	＋＋	＋＋＋	轮虫	＋	＋＋＋
藻类	－	＋＋	线虫	＋	＋＋
鞭毛虫	＋＋	＋＋＋	寡毛类	－	＋＋
肉足虫	＋＋	＋＋＋	其他后生动物	－	＋
纤毛虫缘毛虫	＋＋＋＋	＋＋＋＋	昆虫类	－	＋＋
纤毛虫吸管虫	＋	＋			

2）生物的食物链长

在生物膜上生长增殖的生物中，占比较大的为动物性营养类，其次是微型动物。也就是说，在生物膜上能够栖息较高营养级的生物，在捕食性纤毛虫、轮虫类、线虫类之上还栖息着寡毛类和昆虫，因而在食物长度上生物膜上的要长于活性污泥上的。也因此在生物膜处理系统内产生的污泥量较之活性污泥处理系统更少[6]。

污泥产量低是生物膜法各种工艺的共同特征，并已为大量的实际数据所证实。一般认为，较之活性污泥处理系统生物膜法产生的污泥量约少 1/4[28]。

3）能够存活世代时间较长的微生物

因生物膜附着在惰性载体上，其污泥龄较长，故硝化菌和亚硝化菌等在生物膜上世代时间较长、比增殖速度很小的微生物泥龄长[7]。亚硝化单胞菌属（*Nitrosomonas*）、硝化杆菌属（*Nitrobacter*）的比增殖速度分别为 0.21 d^{-1} 和 1.12 d^{-1}。通常在泥龄较短的活性污泥法处理系统中，这类细菌难以存活[6]。在生物膜法中，生物污泥的泥龄与污水的停留时间无关。从而，硝化菌和亚硝化菌也得以生长、繁衍，生物膜反应器兼具有效地去除有机污染物和一定的硝化功能；因此若运行方式适当，还可能兼具反硝化脱氮的功能[29]。

4）分段运行与优占菌属

生物膜法通常分段进行，每段均增殖与进入本段污水水质相适应的微生物，这些微生物形成优占种属，这种现象非常有利于充分发挥微生物新陈代谢功能和矿化有机污染物[6]。

2. 处理工艺方面的特征

1）耐冲击负荷，对水质、水量变动的适应性较强

实践证实，各种生物膜法工艺，因受流入污水的水质、水量变化产生的

有机负荷和水力负荷波动的影响较小，尽管有一段时间中断进水或工艺骤然破坏，但是对生物膜的净化功能也不会造成致命的影响，一旦通水后也可以恢复[30]。

2）微生物量多，处理能力大、净化功能显著提高

由于微生物在载体表面附着生长，生物膜含水率较低，单位反应器容积内膜上的生物量可高达活性污泥法的 5～20 倍，因而生物膜反应器的处理能力较强，净化功能提升显著[27]。

3）污泥沉降性能良好，易于固液分离由生物膜上脱落下来的生物污泥

因膜上的动物成分较多，比重较大，而且污泥颗粒个体较大，所以生物膜上脱落下来的污泥具有良好的沉降性能，较易固液分离[31]。在生物膜中，因栖息着营养级较高的生物，食物链较长，因而明显减少剩余污泥量，尤其在生物膜较厚时，厌氧层底部的厌氧菌能够利用好氧过程合成的剩余污泥，因而总的剩余污泥量大大减少，可降低污泥处理与处置的费用[32]。然后，若生物膜内部形成过厚的厌氧层，其脱落后，会出现大量细小的、非活性的悬浮物分散于水中，使处理水的透明度降低。

4）能够处理低浓度的污水

生物膜法在处理低浓度污水过程中也能够取得较理想的处理效果，系统运行正常时可将进水污水五日生化需氧量（BOD_5）从 20～30 mg/L 降至 5～10 mg/L，这点是活性污泥法无法比拟的。若进水污水的 BOD_5 值长期低于 50～60 mg/L，会影响活性污泥絮凝体的形成和增长，生物膜净化功能降低，处理水水质低下[6]。总之活性污泥法不适宜处理低浓度的污水。

5）易于运行管理、节能，减少污泥膨胀问题

生物膜反应器的生物量较高，通常不需要污泥回流，故不需要经常调整反应器内污泥量和剩余污泥排放量，系统运行过程中便于维护与管理[31]。耗能少，驱动费用较低，去除单位质量 BOD 的耗电量较少的工艺有如生物滤池、生物转盘等工艺。另外，在活性污泥法中，一直困扰着操作管理者的问题是因污泥膨胀现象导致的固液分离困难和处理效果下降，相应的，在生物膜反应器因微生物附着生长，即使是丝状菌大量繁殖，也不会引起污泥膨胀，反而还可以利用分解氧化能力较强的丝状菌，提高污水处理效果[31]。

除上述生物膜法的优势特征外，它也存在着一些不足，如需要填料以及支持结构较多，大多情况下基建设备的投入超过活性污泥法[32]；出水常伴随较大的脱落的生物膜片，若干细小的非活性的悬浮物分散在水中使处理水的透明度下降；膜上生物量不易控制，运行时灵活性差；比表面积小的载体，BOD 容积负荷有限；加之采用自然通风的方式供氧，在生物膜内层往往较快形成厌氧层，导致具有净化功能的有效容积大幅缩小[33]。

　　国外的实践经验证实，在城市污水处理过程中，生物滤池处理厂的处理效率低于活性污泥法处理厂[34]。一半的活性污泥法处理厂的污水 BOD_5 去除率超过91%，一半的生物膜法处理厂的污水 BOD_5 去除率为 83%[35]，与之相应的出水 BOD_5 分别为 14 mg/L 和 28 mg/L。然而由于新工艺、新滤料的研制成功，生物膜反应器还是有着活性污泥法等其他处理工艺无法替代的优势[22]。

参 考 文 献

[1] 胡龙兴. SBBR 技术特性和动力学机制及其在废水处理中的应用[D]. 上海：上海大学，2004.
[2] 姬晓娜，王福梅，张洪美，等. 水质净化过程中生物载体的应用现状与发展[J]. 水处理技术，2009，35（8）：9-13.
[3] 张玉平. 两段上向流曝气生物滤池（TUBAF）处理城市污水试验研究[D]. 重庆：重庆大学，2006.
[4] 王小强. 水解酸化-生物接触氧化工艺处理乳制品废水的试验研究[D]. 西安：长安大学，2009.
[5] 罗麦青. 污水处理自适应模糊控制系统的设计与实现研究[D]. 长沙：湖南大学，2001.
[6] 王卫刚. 生物接触氧化工艺改造购物中心污水处理的应用研究[D]. 青岛：青岛理工大学，2007.
[7] 逯新宇. 投加新型生物流化填料的 SBR 反应器中试研究[D]. 太原：太原理工大学，2008.
[8] 滕仕峰. 气浮＋生物接触氧化法处理速冻食品加工废水研究[D]. 青岛：中国海洋大学，2005.
[9] 肖社明. 移动床生物膜同步硝化反硝化生物脱氮的研究[D]. 北京：北京工业大学，2008.
[10] 荀钰娴. 一体式 A/O 摇动床处理石化废水的研究[D]. 大连：大连理工大学，2006.
[11] 杨洋. 二段式生物接触氧化法处理垃圾渗滤液试验研究[D]. 重庆：重庆大学，2008.
[12] 刘强. 膜曝气生物反应器（MABR）处理生活污水的研究[D]. 大连：大连理工大学，2006.
[13] 许隽. 好氧生物转盘内有机物降解及脱氮特性的研究[D]. 西安：西安建筑科技大学，2004.
[14] 韩玉兰. 水解-接触氧化工艺处理玉米淀粉废水的研究[D]. 兰州：兰州大学，2007.
[15] 郑媛. 生物膜分形结构形成的模拟及理论分析[D]. 天津：天津大学，2007.
[16] 吴昊. 砾石河床对水体中氮的去除效果试验研究[D]. 南京：河海大学，2006.
[17] 匡颖. 生物滤塔处理苯乙烯废气的中试研究[D]. 天津：天津大学，2002.
[18] 刘惠. 纵向流曝气生物滤池污水处理技术研究[D]. 重庆：重庆大学，2009.
[19] 喻泽斌，王敦球，张学洪. 城市污水处理技术发展回顾与展望[J]. 广西师范大学学报（自然科学版），2004，22（2）：81-87.
[20] 郑兰香. 搅拌强度对反硝化菌动床的特性影响研究[D]. 西安：西安建筑科技大学，2005.
[21] 胡建东，完颜华. 污水处理中膜生物反应器工艺的探讨[J]. 炼油技术与工程，2004，34（4）：59-62.
[22] 樊芸. 摇动床生物膜反应器处理废水的实验研究[D]. 大连：大连理工大学，2005.
[23] 孙靖霄. 移动床生物膜反应器处理腈纶废水的试验研究[D]. 哈尔滨：哈尔滨工业大学，2006.
[24] 赵维电. A/O-生物膜工艺处理煤化工高氨氮废水的研究[D]. 济南：山东大学，2012.
[25] 刘媛. MBBR 处理城镇污水的基础研究[D]. 西安：西安建筑科技大学，2007.
[26] 刘贵彩. 微动力一体化折流板反应器处理高浓度生活污水的试验研究[D]. 西安：长安大学，2011.
[27] 魏涛. 含油废水处理后作为中水回用水源的试验研究[D]. 北京：北京工业大学，2004.
[28] 李帅. 序批式生物膜法（SBBR）处理城市污水试验研究[D]. 太原：太原理工大学，2009.
[29] 邢海. 城市河道污染水体生物净化试验研究[D]. 邯郸：河北工程大学，2008.
[30] 倪永炯. 采用储碳方式提高系统的脱氮效果[D]. 杭州：浙江工业大学，2009.

[31] 李冰璟. 生物絮凝强化一级处理＋高负荷生物滤池处理生活污水[D]. 合肥：合肥工业大学，2006.

[32] 张敬. 精细化工废水处理技术和工程实践[D]. 大连：大连理工大学，2006.

[33] 冀秀玲. 生物法处理双酚 A 工业含酚废水的研究[D]. 天津：天津大学，2002.

[34] 韩宁. 城市污水分段进水生物除磷脱氮工艺处理效果研究[D]. 天津：天津大学，2012.

[35] 宋亚宁. 浅议生物膜法与活性污泥法[J]. 科教导刊（电子版），2018，（15）：288.

2 生物膜的结构与功能机制

2.1 生物膜的结构与功能

2.1.1 生物膜的形成过程

生物膜的形成过程包括了许多复杂的生物、物理和化学过程,这些过程受到营养浓度、温度、湿度、pH 等环境因素影响,是许多基因调节和生物因子共同作用用的结果。大量实验研究表明各类的生物膜具有不同的结构和组分,它们仍具有许多共性:微生物产生一种胞外聚合物(extracellular polymeric substances,EPS),可保护生物膜的结构稳定性和其内部的细胞。胞外聚合物对生物膜形态具有重要意义,能有效地防止其受到物理、化学、生物的侵害,对于细胞与细胞间的信号因子传输和基因的输送有一定的促进作用。

生物膜的形成由四个阶段构成,是一个动态形成过程,主要阶段包括:定殖阶段(此阶段细菌的黏附为可逆性黏附)、集聚阶段(细菌发生不可逆黏附)、成熟阶段(生物被膜成型)和脱落与再定殖阶段。

细菌在载体表面黏附后在特定的环境下繁殖和生长,发展成具有一定组织和性能完备的生物膜。生物膜的形成一般要经过四个阶段,首先,浮游的细菌借助鞭毛的运动、流体动力或布朗运动到达载体表面最初接触阶段;吸附到载体表面的细菌在繁殖过程中通过调节基因表达,分泌出细胞外聚合物附于载体表面,该阶段为不可逆过程,是生物膜形成的基础;细菌通过生长和繁殖形成结构复杂的生物膜,为成熟阶段;生物膜中的细胞外聚合物分解,单个细菌脱离生物膜,进入周围环境中,进入下一个生物膜周期的脱落阶段。以上各阶段的生物膜具有不同的生物和物理特性。

细菌可逆性黏附的定殖阶段,当浮游细菌与惰性物体表面或活性实体的表面接触后,浮游细菌会黏附到物体表面,开始在物体表面形成生物被膜。在这个阶段,单个附着细胞仅由少量胞外聚合物包裹,还未进入生物被膜的形成过程,很多菌体还可重新进入浮游状态,因此这时细菌的黏附是可逆的。

细菌不可逆性黏附的集聚阶段,细菌在经过初始的定殖黏附后,一些特定基因的表达开始调整,与形成生物被膜相关的基因被激活,细菌在生长繁殖的同时分泌大量胞外聚合物黏结细菌。在这个阶段,细菌对物体表面的黏附更为牢固,是不可逆的。

生物膜的成熟阶段，细菌与物体表面经过不可逆的黏附阶段后，生物被膜的形成逐渐进入成熟期。成熟的生物被膜形成高度有组织的结构，由类似蘑菇状或堆状的微菌落组成，在这些微菌落之间围绕着大量通道，可以运送养料、酶、代谢产物和排出废物等。因此，成熟的生物被膜内部结构被比喻为原始的循环系统。

细菌的脱落与再定殖阶段，成熟的生物被膜通过蔓延、部分脱落或释放出浮游细菌等进行扩展，脱落或释放出来的细菌重新变为浮游菌，它们又可以在物体表面形成新的生物被膜。

2.1.2 生物膜的结构

生物膜是由多种多样的好氧微生物和兼性厌氧微生物黏附在生物滤池滤料上或黏附在生物转盘盘片上的一层带黏性、薄膜状的微生物混合群体，是生物膜法净化污（废）水的工作主体，其构造见图 2-1。

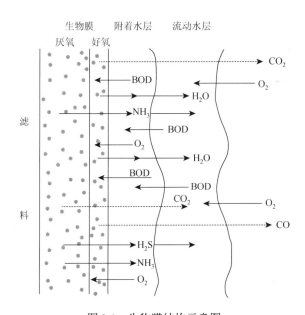

图 2-1 生物膜结构示意图

生物膜形成成熟后，由于微生物的不断繁殖增长，生物膜的厚度不断增加，在增厚到一定程度后，在氧不能透入的内侧深部即转变为厌氧状态。这样，生物膜便由好氧和厌氧两层组成。生物膜的表面与污水直接接触，由于吸收营养和溶解氧比较容易，微生物生长繁殖迅速，形成了由好氧微生物和兼性微生物组成的好氧层，其厚度一般为 2 mm 左右；其内部和载体接触的部分，由于营养物质和溶解氧的不足，微生物的生长繁殖受到限制，好氧微生物难以生活，兼性微生物转为厌氧代谢方式，某些厌氧微生物恢复活性，从而形成了由厌氧微生物和兼性微生物组成的厌氧层。厌氧层在生物膜达到一定厚度时才出现，随着生物膜的增厚和外伸，厌氧层也随着变厚，但有机物的降解主要是在好氧层内进行。

生物膜主要由微生物细胞和胞外基质两部分组成，生物膜内的细胞物干重所占的比例变化不大，总有机碳的含量表明细胞干重可能仅占生物膜质量的2%～15%，而其余的是生物膜基质。微生物组分既可由单一的细菌组成也可由多种微生物混合组成。环境水体中所形成的生物膜中除细菌、真菌外同时会富集一些藻类、原生动物、后生动物及病毒等。大多数生物膜中微生物干重所占的比例不足10%，90%以上的主要成分为EPS。EPS主要由微生物自身分泌物形成的复合高分子聚合物所组成。同时，研究表明污染水体中的某些有机物也会通过吸附作用成为EPS组成部分。糖类、蛋白质是EPS最主要的两种组分，此外EPS中还包含腐殖质、核酸、脂类等成分。此外，由于不同微生物聚集体（生物膜）的EPS的成分和结构不同，环境条件、生长阶段、提取方法等均可能导致测定的EPS组成成分的差异性。

在生物膜中，微生物处于被EPS"包裹"的状态。根据溶解性的不同，胞外聚合物可分为结合型胞外聚合物（bound EPS）和溶解型胞外聚合物（soluble EPS）。顾名思义，结合型胞外聚合物与微生物细胞结合较紧密，大多定位于细胞表面。根据与细胞的结合程度，结合型胞外聚合物又可分为紧密结合型胞外聚合物（tightly bound EPS，TB-EPS）和疏松结合型胞外聚合物（loosely bound EPS，LB-EPS）。结合型胞外聚合物与溶解型胞外聚合物的组成中均包括多糖、蛋白质及腐殖酸等成分。相比而言，可溶型胞外聚合物与微生物细胞结合较弱，主要包含溶解于细胞周围水环境中的可溶性大分子物质、黏液、有机质等。虽然溶解型EPS与细胞结合性较弱，但其对生物膜中微生物活性及污泥表面特性的影响不亚于结合型胞外聚合物。

生物膜中EPS最主要的功能是构成了生物膜三维结构的支架并负责微生物细胞在固体表面的吸附定殖。研究表明，EPS决定了生物膜的结构、亲水性、表面电荷、生物降解能力、吸附能力、凝聚能力等理化性质。当营养短缺时，EPS会为生物膜中的微生物提供碳源、氮源等能源。此外，EPS对生物膜中细胞之间基因的水平转移有一定的促进作用。

生物膜基质包括细菌自身分泌的胞外聚合物（EPS）、汲取的营养物质、代谢产物以及细胞裂解产物和从周边环境中得到的物质。水是生物膜基质主要组成成分，占基质重量的97%以上。在生物膜中，水既可以结合于微生物细胞的被膜内，也可以作为一种溶剂存在，而生物膜的物理性质（如黏度）是由其中的溶质来决定的。水的结合能力和流动性对于生物膜基质内物质的扩散是不可或缺的，因此水构成了生物膜中最适宜的环境。水中包含了基质的结构成分和功能成分，比如可溶性的凝胶多糖、蛋白质和 eDNA，以及不溶性成分，如淀粉样蛋白、纤维素、菌毛、（噬菌体）伞毛、鞭毛。生物膜中 EPS 的结构是基于 EPS 组分之间的相互作用，同时 EPS 分子间的相互作用也会影响生物膜的机械性能。在生物膜基质内，大分子如蛋白质、多糖、DNA、RNA 等可以和肽聚糖、脂质、磷脂等小分子物质同时存在。

多糖是大多数细菌生物膜胞外基质的主要成分。在电子显微镜下可以观察到一些多糖以细链结构吸附在细胞表面并形成复杂的网状结构。通过使用荧光标记凝集素或抗体的显微技术，以及 EPS 单一组分的生化分析，证实了多糖不但存在于海洋、淡水河和土壤生物膜中，而且也存在于与人类慢性传染病有关的生物膜和实验室纯培养的生物膜中。不同物种生物膜基质中多糖的组成和含量不同，甚至在同一物种的不同菌株形成的生物膜，其多糖组成也存在差异。比如不同菌株其生物膜中多糖的单体组成、比例以及分子量均不同。

铜绿假单胞菌（*Pseudomonas aeruginosa*）会在生物膜形成过程中分泌至少三种不同的胞外多糖，包括藻朊酸盐等。对于许多细胞而言，多糖对生物膜的形成是不可或缺的，不能合成多糖的突变体不能形成成熟的生物膜（细胞仅可以吸附在表面并形成微菌落）。

蛋白质是生物膜基质的另一重要组成成分，在一些生物膜中蛋白质的含量甚至超过多糖。生物膜中的蛋白质包括酶蛋白和非酶蛋白。生物膜基质中已经检测到各种各样的胞外酶，它们构成了细胞外消化系统，可以分解生物膜基质中的大分子物质为生物膜内的细胞提供养分。还有一些酶参与降解 EPS 过程，促进细菌从生物膜中分离出去。对于病原菌来说，酶可以作为毒性因子参与生物膜的感染过程。细菌从旧的生物膜中解离重新进入环境并参与新的生物膜形成，这个过程对于生物膜的形成是至关重要的。解离的过程是生物膜对环境变化的响应（如饥饿、可利用养分的突然变化等），需要生物膜中的细胞分泌蛋白质来完成。比如伴放线放线杆菌（*Actinobacillus actinomycetemcomitans*）分泌的 N-乙酰-β-氨基己糖苷酶（编码 *dspB*）可以降解多糖使细胞从生物膜中分离出去。*dspB* 突变体形成的生物膜则不能释放细胞。但是在生物膜中不存在一种蛋白质可以同时降解所有的多糖。生物膜基质中的非酶蛋白，也可称为结构蛋白，如与细胞表面有关的和胞外碳水化合物结合的蛋白（凝集素）参与了多糖的形成和稳定，使生物膜基质内的细胞连接在一起。比如枯草芽孢杆菌分泌的胞外蛋白 TasA 与胞外多糖对于生物膜结构完整性是必需的。一些菌株细胞表面高分子量的蛋白质可以促进生物膜的形成，如金黄色葡萄球菌（*Staphylococcus aureus*）的 Bap 蛋白参与生物膜的形成和感染过程。蛋白附属物如菌毛、纤毛、鞭毛同样可以通过与生物膜基质中其他成分作用对生物膜结构产生影响。例如 *P. aeruginosa* IV 类型菌毛结合 DNA，可能作为一个交叉结合结构。鼠伤寒沙门氏菌（*Salmonella typhimurium*）和大肠杆菌（*Escherichia coli*）共同产生细聚集菌毛和纤维素，形成一个紧实、疏水的胞外基质，说明菌毛对基质稳定性起着重要作用。

胞外 DNA（eDNA）也普遍存在于生物膜基质内，特别是在废水生物膜中存在大量的胞外 DNA。不同细菌生物膜中 DNA 的含量千差万别，即使是近缘种，eDNA 的含量也会不同。比如在 *Staphylococcus aureus* 生物膜中，eDNA 是主要的结构组成成分，而在表皮葡萄球菌（*Staphylococcus epidermidis*）生物膜中 eDNA 只是次要成分。

生物膜基质中的 eDNA 主要来源于细胞的裂解以及主动分泌。在生物膜中，eDNA 是生物膜的重要组成成分，也是细胞间的连接器，加入 DNA 酶后会抑制生物膜的形成。不同生物膜中 eDNA 的位置存在很大差异，比如在生物膜中 eDNA 呈格子状结构，而在一种分离自水体的细菌（F8）的生物膜中，eDNA 呈细丝网状的结构。

胞外多糖、蛋白质、DNA 多为亲水性物质，但 EPS 具备一定的疏水性，这是因为生物膜基质中还含有脂类物质。具有表面活性的胞外物质包括表面活性肽、黏液菌素和乳化剂，它们可以分散疏水性物质以及提高生物有效性，同时可以提高生物膜对抗生素等物质的抗性。生物膜中的多糖、蛋白质以及 DNA 等物质不但是生物膜结构组成的主要成分，同时它们还具有其他功能。例如，大肠杆菌生物膜中组成生物膜结构的主要是鞭毛蛋白，它与纤维素一起使生物膜具有耐脱水性。枯草芽孢杆菌中有一种高度疏水性的蛋白 BlsA，它使生物膜具有疏水性而悬浮在气液界面。藻朊酸盐参与生物膜形成的初始阶段，同时还影响生物膜的机械稳定性。

2.1.3　生物膜的功能

生物膜可以被视为一个堡垒，由于生物膜基质的保护，使生物膜内的细胞可以耐受极端环境。生物膜像是一个海绵状的系统，表面具有功能多样的官能团，这给生物膜带来了很多好处，比如养分的摄取、基质的稳定。生物膜可以将细胞分泌的胞外聚合物和酶保留在生物膜内部，使生物膜成为细胞的外部代谢系统。吸附在表面的生物膜不仅可以摄取水相中的养分，同时生物膜内的酶可以将基底的物质代谢成为自身所需要的养分。

2.1.3.1　高效获取养分

生物膜基质结构使生物膜可以摄取水相中或者生物膜附着基底上的养分。对于所有微生物来说，养分的需求都是必需的，生物膜建立了比游离态细菌更有效的养分摄取策略。这种高效的策略依赖于类似海绵状的 EPS 的被动吸附，它影响着环境与生物膜间营养物质、气体和其他分子的交换。生物膜最接近吸附基底的那层养分含量最高，越远离基底养分浓度越低。

生物膜吸取养分是一个复杂的吸附过程，生物膜细胞的细胞质、细胞壁及基质的 EPS 分子中有着不同吸附机制和结合位点。这些吸附位点使生物膜既可以吸附阳离子也可以吸附阴离子，当营养物质处于较低浓度时，生物膜细胞也可以通过这些位点捕获、聚集来获得营养。生物膜的这种强大的吸附能力使微生物在低营养环境下仍然可以生存。生物膜的吸附能力不具有特异性，因此生物膜在吸收养分的同时也会摄入有害物质，如赤霉素、罗红霉素、对乙酰氨基酚、酸性药制品等物质。吸附在生物膜基质内的物质若不能被微生物及时降解，就会因为养分浓度梯度差异而释放到环境中。因此，生物膜既是污染物的储存库也是污染源。生物膜对于物质的吸附响应是动态过程。比如，当恶臭假单胞菌的生物膜暴露在甲苯的环境中时，会产生大量作为阴离子的羧基基团以提高自身的阳离子交换能力。

当生物膜细胞死亡或裂解时，它们的残体会保留在生物膜基质内作为其他活细胞的养分。在枯草芽孢杆菌生物膜内，细胞溶解释放出的 DNA 可提供磷源、碳源以及能量。铜绿假单胞菌生物膜可以特异性地分泌一种胞外 DNA 酶将细胞溶解出的 DNA 作为养分。几乎所有的生物膜组分都会保留在基质内，因此生物膜可以被视为一种高效的循环系统。一些必需的金属离子如钙离子、铁离子、锰离子等会通过 EPS 中羧基基团的桥接作用而在生物膜中积累并对生物膜的稳定性起着重要作用。若用阳离子交换树脂处理生物膜中的 EPS，那么生物膜也会因失去钙离子而溶解效率降低。细胞表面也可以为金属离子提供吸附位点，当钙沉积为碳酸盐时，生物膜会利用它来形成地壳、岩石。全球范围内的铁沉积则是通过铁氧化细菌的生物膜来实现的。

2.1.3.2 保护内部菌体抵御外界不利环境

生物膜一方面通过捕获抗生素等物质使其失活来为细胞提供保护，另一方面生物膜内细胞生长缓慢也是提高细胞抵抗不利条件的原因。EPS 对进入生物膜的抗生素具有屏障作用。生物膜中的 EPS 与周围环境进行离子交换，EPS 可以影响周围环境中电荷的分布，进而限制一些化合物进入生物膜。四环素、氯霉素等氨基糖苷类抗生素是亲水性物质，带有一定的正电荷。生物膜起到屏障作用，将这类抗生素阻挡在外以保护其内部的微生物。EPS 还可以阻隔金属阳离子进入生物膜，生物膜可通过 EPS 在外部聚集 Cd、Pb、Hg 和 Zn。这种金属聚集作用不仅对形成生物膜的细菌有重要作用，对于生态系统内金属的运输也有重要作用。当金属离子的浓度对游离态的枯草芽孢杆菌产生毒害作用时，枯草芽孢杆菌形成的生物膜会积累 Cu^{2+}、Zn^{2+}、Fe^{2+}、Fe^{3+}以及 Al^{3+}等金属离子来保护生物膜不受金属离子的毒害和侵蚀。

生物膜内富含的腐殖质和胞外酶形成了一个稳定的复合体，使得生物膜可以耐受高温以及干旱等极端环境。生物膜中的胞外酶与基质组分相互作用可使胞外酶保持较高的活性，当生物膜外界有机物组分和浓度发生急剧变化时，为生物膜提供缓冲能力，生物膜中的 EPS 可以有效地减少 DNA 损伤。

当生物膜遇到干旱的条件时，生物膜基质 EPS 会产生大量的疏水分子，同时最上层的生物膜还会形成有效的蒸发屏障以保护生物膜。有实验表明，将干燥的生物膜样品重新放置回湿润的环境中，生物膜内的酶可以重新具有活性，与缺少 EPS 保护的游离态细菌相比，形成生物膜后的细菌可以更好地抵御干旱环境。

生物膜内细胞生长缓慢甚至处于休眠状态是生物膜内细胞遇到抗生素时一种存活策略。生物膜含有大量处于稳定期的细胞，这时期的细胞对抗生素不敏感。一些抗生素（如万古霉素）对细菌的致死效果在 6～24 h 内随生物膜成熟度的升高而降低，就是因为生物膜内越来越多的细胞进入稳定期，抵抗力增强，也说明越成熟的生物膜耐受能力越强。对于纳米颗粒，生物膜也起着同样的作用，当纳米银颗粒作用于晚期的生物膜时，其 ATP 与早期生物膜相比并没有明显的降低，说明细胞没有被杀死而只是生长受到抑制。生物膜中细胞缓慢的生长速率可使微生物细胞进入休眠状态，但依然保持着代谢活性和细胞膜的完整性。

2.1.3.3　胞外的代谢系统

生物膜可以获取的资源不但包括外界的养分资源，也包括生物膜内细胞分泌的酶。生物膜细胞比游离态细菌细胞能更有效利用自身分泌的胞外降解酶。在环境中，游离态细胞分泌的胞外酶会扩散、远离分泌的细胞，但是在生物膜内，细胞分泌的胞外酶会保留在生物膜内并累积，同时，这些酶可以与如多糖等 EPS 的组分相互作用。因此，早在 1943 年，就有科学家提出：一个有活性的生物膜基质就是一个胞外消化系统。无论是陆生还是水生生物膜系统中均已发现多种细胞外酶。生物膜内的酶不只是被分泌它们的细胞所用，同时生物膜内的其他细胞也可以利用。比如在可水解蛋白的铜绿假单胞菌和不可水解蛋白的铜绿假单胞菌共同形成的生物膜中，由可水解蛋白的菌株分泌的降解酶可以降解两种菌分泌的蛋白质。因此，分泌到生物膜基质中的酶可以被生物膜中所有的微生物所利用，形成资源共享的群体。

2.1.3.4　获取新遗传物质

生物膜内细菌发生水平基因转移的速率明显高于游离状态下的细菌。生物膜中的高细胞密度、增强的遗传能力以及可动遗传因子的积累被认为是水平基因转移和摄取抵抗性基因的理想因素。另外，生物膜基质为细胞间交流提供了一个稳定的物理环境，是基因转移的前提，同时由于细胞死亡而释放出的 DNA 会包裹在生物膜内，生物膜基质也是 eDNA 的来源。生物膜中普遍的水平基因转移的机制是质粒接合。例如，在恶臭假单胞菌和大肠杆菌共同形成的生物膜中，含有抗性基因的质粒容易发生转移。

生物膜中质粒的接合效率是游离态细胞中的 700 多倍。一项对金黄色葡萄球菌的研究显示，接合质粒的转移仅发生在生物膜中，而不会在游离态细菌细胞中发生。这也说明了在生物膜中的一些活动不可能发生在游离态细胞中。

2.1.4　综合功能

由于生物膜上的微生物需像活性污泥法中的悬浮生长微生物那样承受强烈的曝气搅拌冲击，生物膜反应器为微生物的繁衍、增殖及生长栖息创造了安稳的环境所在。生物膜上除大量细菌生长外，还可能大量出现丝状菌，而且没有污泥膨胀之虞。生物膜上的生物固体停留时间较长，故还能够生长世代时间较长、比增殖速度很小的微生物，如硝化菌等。总之，在生物膜上生长繁育的微生物，类型广泛、种属繁多，食物链长且较为复杂。普通滤池内生物膜的微生物群落有：生物膜生物、生物膜面生物及滤池扫除生物。生物膜生物是以菌胶团为主要组分，辅以浮游球衣菌、藻类等。它们起净化和稳定污、废水水质的功能。生物膜面生物是固着型纤毛虫（例如钟虫、累枝虫、独缩虫等）及游泳型纤毛虫（例如楯纤虫、斜管虫、尖毛虫、豆形虫等），它们起促进滤池净化速度、提高滤池整体的处理效率的功能。滤池扫除生物有轮虫、线虫、寡毛类的沙蚕、体虫等，它们起去除滤池内的污泥、防止污泥积聚和堵塞的功能。

2.1.5　生物膜结构发展变化过程

生物膜的动力学生长过程可用马尔萨斯人口理论近似为四个阶段：形成期、动力学增长期、稳定期和衰减期。从生物膜内总体细菌数量角度来看，生物膜的动力学生长过程可分为以下五个阶段：①形成期，在不可逆黏附阶段，细菌黏附在物体表面以后，逐渐适应外界环境，形成小的生物群落。②动力学增长期，在物体表面形成的小的生物群落迅速繁殖和增长,生物膜内部细菌数量成指数增长。此时生物膜处于充足的营养件下,超过了内部细菌消耗量,微生物以最大的速率生长,生物膜迅速变厚、变大。③减速增长期,实验表明,在生物膜动力学增长期结束以后,生物膜增长曲线上会呈现一个减速增长阶段。由于在动力学增长期生物膜速度变厚、增大并消耗大量的营养物质,在营养的扩散和吸收达到平衡后,生物膜进入减速增长期。④生物膜稳定期,在生物膜形成的后期阶段达到数量上的稳定期,这阶段生物膜内细菌增长与死亡数量达到平衡,例如在水生环境中,生物膜被流体剪切力撕落的生物部分与该段时间内增长的数量达到平衡。⑤脱落期,随着生物膜成熟,细胞膜内细菌分泌物质溶解胞外聚合物,部分生物膜脱落变成浮游细菌进入环境中,引起环境的污染。近年来许多关于生物膜脱落的数值研究主要是基于流体剪切力引起的生物膜脱落,该研究在生物膜处理污水等领域具有重要的指导意义。流场内生物膜生长动力学模型,包含了营养物质对流扩散、吸收转化、生物膜内部生长和形貌演化等。该模型也包含流固耦合问题:流体环境影响生物膜的营养物质传递、生长和黏弹性变形,同时生物膜的形貌也影响流场的分布。

生物膜在生长过程中经历许多生物过程:细菌移动性的改变、分泌胞外聚合物、群体感应和产生孢子等。这些生物过程与生物膜高度复杂的组织结构紧密相连,其内部细胞间的相互协调和合作主要依托于细胞外聚合物。细胞外聚合物由多糖、胞外 DNA、蛋白质和凋亡细胞碎片等组成,细胞外聚合物同时担负着传递营养物质、信号传递、代谢产物和排泄废物等功能。例如通过分泌群体感应分子(quorum sensing molecule),生物膜可有效控其内部总菌体数量。生物膜是不均匀厚度的动态膜,其内部细胞具有较强的异质性。即使是相同基因型的细菌生物膜的内部细胞也会分化成不同表现型(phenotype)而发挥不同的功能。表现型间的转换主要是由于局部微环境的变化,例如营养物质的匮乏引起细胞间的特定反应导致基因表达的改变。细胞壁中的组氨酸酶能够探测细胞外的分子,包括细胞外信号、毒素和营养物。这些横跨细胞膜的酶能够激活特定的基因通道,从而改变细胞的表现型。例如:枯草芽孢杆菌生物膜的内部存在不同表现型细胞,主要分化为运动型(motile)细胞、生产基质(matrix)细胞和孢子(spore)细胞,该生物膜表面可生成一层高度疏水的保护层。生物膜的生长过程中也包含着许多物理过程:生物膜内营养物质的对流与扩散、生物膜在流体剪切力下的黏弹性变形和脱落及界面运动和界面失稳过程。生物膜复杂结构的形成能够有效地保护其内部细菌免于物理、化学和生物的侵害,有效加强细胞间的交流和生存能力。

生物膜生长动力学涵盖生物膜生长过程中其内部物质传递、吸收和生长速率及随时间演化形貌的非平衡动态体系。理解生物膜生长动力学过程能够在生物膜生长动力学模型研究中定量揭示其内部各生物物理过程对生物膜的生长的影响，为我们控制和消除有害生物膜，以及在生物工程中利用生物膜提供理论基础。

2.2 生物膜的定性和定量分析技术

2.2.1 生物膜物理化学指标确定

2.2.1.1 生物膜生物量的定量分析方法

生物膜的生物量一般是指菌体细胞本身以及胞外聚合物，可以利用结晶紫染色法、称量生物膜干重/生物膜挥发性干重、测定生物膜总有机碳含量等一系列技术，检测和定量分析生物膜上的生物量[1]。

1）结晶紫（crystal violet，CV）染色法

结晶紫作为一种基本的三苯甲烷，是一种碱性染料，可以对生物细胞进行着色，一般应用于细胞学、组织学和细菌学等工作研究中。结晶紫的苯环上有两大基团，分别是助色基团和发色基团，其中，助色基团能使溶解于溶液中的化合物电离，发色基团的作用则是让其在可见光及紫外光区域内能被吸收。一般结晶紫分子的染色结构为带正电的阳离子，而一般细菌菌体则是带负电荷，所以两者较易相互结合从而让细菌着色[1]。生物膜内菌体细胞本身以及胞外聚合物通常能与结晶紫结合，所以结晶紫染色法可以对生物膜上生物量进行半定量的分析检测。结晶紫染色法是由 Christensen 等[2]首次提出，后续的学者及专家在该基础上进行了改良，以扩大染色法的应用范围。有相关研究表明，纳米银对白色念珠菌（*Candida albicans*）和光滑念珠菌（*Candida glabrata*）生物膜的形成会有较大影响，染色实验表明念珠菌生物膜经纳米银作用 5 h 后，不同阶段的生长过程中（24 h）和成熟（48 h）的生物膜生物量均显著降低且生物量无明显区别。除此之外，一些其他染色剂如番红染色、刚果红染色等也可用于生物膜的半定量分析。

2）干重（dry mass，DM）/挥发性干重（ash-free dry mass，AFDM）

生物膜干重法是使用超声、机械等方法去除生物膜，然后通过 0.4 μm 滤膜技术进行深度过滤，过滤后的滤膜需放置于温度为 105℃的烘箱中直到质量不再变化，烘干后的质量与之前的质量差即为生物膜干重。在生物膜研究中，生物膜干重法是一种很好的定量分析方法。之后，将准备的样品置于 550℃温度下的烘箱中灼烧直到质量不再发生变化，生物膜挥发性干重为灼烧前后质量的差。在生物膜研究中，生物膜挥发性干重可以作为准确的生物量信息测量指标。干重体现了生物膜总量，而生物膜挥发性干重则体现了生物膜中有机物含量。

3）总有机碳含量（total organic carbon，TOC）

细胞的主体结构骨架是有机碳结构，所以可以通过测量生物膜的总有机碳含量来间接体现生物膜的含量的变动。尤其是一些增长较迟缓、生物膜量较少、不方便使用干重法的微生物，例如硝化生物等，采用生物膜 TOC 分析能得到更为精确的结果。总有机碳含量的基本原理是将生物膜中 TOC 氧化成最终产物二氧化碳，然后再测定所产生的二氧化碳量，最后通过数据处理的手段将二氧化碳含量换算成 TOC 值。TOC 法已经得到普遍应用，相关的仪器设备种类繁多，依照不同的工作原理可以分为高温催化燃烧氧化-非色散红外探测（NDIR）、紫外（UV）氧化-湿法（过硫酸盐）氧化-非色散红外探测、湿法氧化（过硫酸盐）-非色散红外探测、电导法、电阻法、臭氧氧化法、紫外法、超声空化声致发光法等。另有研究表明，生物膜可能会导致纳滤膜（NF）以及反渗透膜（RO）性能的下降，通过测定 TOC 值，Dreszer 等[3]发现高水流流速和原水导流网可使生物膜生物量增长。

2.2.1.2　生物膜细胞总数的定量分析方法

1）SYTO9 染色法

SYTO9 染料是一种可穿透细胞膜，与真核细胞或原核细胞中的 DNA 或 RNA 相结合的核酸荧光染料。它的优点在于可以对活细胞和死细胞进行染色，如果选用 SYTO9 染色法与激光扫描共聚焦显微术（confocal laser scanning microscopy，CLSM）相互配合，则可定量测定生物膜菌体总数。SYTO9 核酸荧光染料在 483 nm 处是最大激发波长，在 503 nm 处是最大发射波长，发射呈现绿色荧光[1]。SYTO9 染色法检测时间短，操作较简单，且细菌类群对其影响较小。有学者[4]利用 SYTO9 核酸荧光染料研究利用不同碳源染色白色念珠菌的生物膜，结果发现添加蔗糖或葡萄糖作为碳源后，菌体总量显著增加，说明碳源的种类可能对生物膜生物量有较大影响。

2）吖啶橙（acridine orange）染色法

碱性的荧光染料吖啶橙，它的结构是三环芳香类阳离子型，可以静电吸附到一条核酸链上，并沉积在其磷酸基上，能够嵌入 DNA 的双链碱基对中[1]。在 492 nm 吸光处是吖啶橙的最大激发波长，当吖啶橙与双链 DNA 或单链核酸 RNA 组合时，它的最大发射波长分别为 530 nm（绿色荧光）和 640 nm（红色荧光）。如果细菌由吖啶橙进行染色，那么其在 CLSM 或荧光显微镜下观察，一些正处于不活跃状态或静止期的细菌，因为核酸大部分是双链 DNA，所以会呈现绿色荧光；另一些则是一些死菌，这部分细菌的核酸遭到破坏，大部分呈现为单链 DNA，所以染色后会呈现橙红色荧光；一些特别活跃的活菌，它们处于高速生长期，其核酸主要是 RNA，所以染色后会呈现红色荧光。所以，吖啶橙对于死活细菌很难区分，但能测量细菌总数。另有专家学者[5]比较了 6 种常见的清洁剂对绿脓杆菌（又称铜绿假单胞菌，*Pseudomonas aeruginosa*）和金黄色葡萄球菌生物膜的破坏作用，利用吖啶橙染色对其细胞总数进行测定，发现一个新的洗涤剂 X 的破坏作用最明显。

3）实时荧光定量聚合酶链反应（RT-qPCR）技术

RT-qPCR 的基本原理是添加荧光基团到 PCR 反应中，通过检测累积的荧光信号，从而实时检测 PCR 扩增反应中各循环输出的变化，最后通过标准曲线和循环阈值定量分析起始模板。它的优点在于克服了四唑镓盐（XTT）减低法、结晶紫染色法等方法不能区分多种混合生物膜中不同种细菌的缺点，另外这种方法可对生物膜进行较为准确的定量分析，同时又可以用于变化的生物膜过程中基因表达的研究，具有精确性高、重复性好、灵敏度高等特点。Karched 等[6]对 6 种牙周细菌分别进行了不同状态的培养，分别是复合生物膜、单一菌株生物膜和浮游状态。结果表明：大部分菌株在浮游状态下的生物量最多；另外，6 种牙周细菌培养 8 d 后均可形成生物膜；混合生物膜中，牙龈卟啉单胞菌的生物量最高。

2.2.1.3　生物膜活细胞数的定量分析方法

1）平板菌落计数法

平板菌落计数法的基本原理是将生物膜经振荡或超声等物理方法处理，让粘连在一起的细胞分散成一个个单个细胞，然后对细胞悬浮液进行稀释，稀释倍数可以自行选择，直到稀释到合适浓度，接着需要在平板上接种适当量的稀释后的细胞悬浮液，在适宜的条件下培养，使得每个接种的细胞都可培育为肉眼可见的一片菌落，所以每一个可见的单菌落最后都应代表一个单独的单细胞。根据所记录的菌落数，依照接种量和稀释倍数最后可转换出所包含的活菌数。专家学者[7]探究了不同大气状态对阪崎肠杆菌（*Cronobacter sakazakii*）生物膜细胞活性的影响，结果表明，在 CO_2、N_2 这种环境下阪崎肠杆菌活细胞数可能大幅减少。大部分自然界中微生物都是有活性但不可进行培养（viable but non-cultural，VBNC），只有较少种类和数量的自然界细菌可被培养，而且人工培养的细菌实际上已经不同于自然环境中的微生物，适合人工培养的细菌在竞争中往往会处于优势；同时，生物膜并不容易全部分散到单个细胞，所以可以采用平板菌落计数法，但得到的结果通常较低。

2）三磷酸腺苷（ATP）生物发光法

三磷酸腺苷是一种能够用来存储能量的高能磷酸化合物，所以如此普遍的 ATP 在细胞中广泛存在，生物体所需能量的储存和释放是经过 ATP 与 ADP 彼此之间的转化得以完成的，在各种复杂的生命活动中提供能量。Moyer 等[8]在 1983 年提出了一个学说，他指出细胞内 ATP 量可以反映活细胞数量和细胞活性。实验表明，活体细胞在一定生长时期内的 ATP 含量基本保持不变，所以 ATP 含量与活细胞数之间成比例，两者存在线性关系。而当微生物死亡后，细胞体内的 ATP 会迅速降解，不会对活细胞的 ATP 含量检测造成影响。由于 ATP 广泛存在于生物体内，容易被降解，且其含量与生物量存在明显的线性关系，所以被认为是一种很好的活细胞检测指标。研究发现[9]，在 Mg^{2+} 与萤火虫荧光素酶（firefly luciferase）共存条件下，可以将 D-荧光素（D-luciferin）、O_2 和 ATP 作为底物，从而将储存在生物质当中的化学能转化为光能，并且 ATP 含量和光照的强度成线性比例，所以可以通过测定光照强度定量分析 ATP 量。三磷酸腺苷生物发光法的优势在于操作较为简便、反应迅速、实验重现性较好。

Soleimani 等[10]研究发现，大肠杆菌 DH5α 生物膜对混凝土有一定的保护作用，其机理在于微生物通常可以劣化混凝土，而生物膜作为一种保护层，可以有效抵抗这种劣化。有专家学者对大肠杆菌 DH5α 生物膜在灰浆表面的结构和生长情况研究中，采用 ATP 生物发光法测定灰浆样品上生物膜活菌数，这些样品培养了 3 d、5 d、8 d，最后发现灰浆样品上生物膜活菌数随时间的增加表现出渐进式增长的趋势，这个结果相似于滤膜法得到的结果。

3）四唑鎓盐（tetrazolium，XTT）减低法

四唑氮衍生物的 XTT 存在于活细胞线粒体细胞器中，它与 MTT 相似，脱氢酶可以还原外源性 XTT，最终产物是棕黄色甲臜物质，这种物质具有较好的水溶性，如果添加电子耦合剂如甲萘醌（MEN）、硫酸酚嗪甲酯（PMS）、辅酶 Q（CQ）等时，这时水溶性的棕黄色甲臜的产量与活细胞数呈正比例关系，甲臜吸收光的波长大概在 450 nm 范围，所以在 450 nm 处用酶标仪检测吸光值，可展现细胞的和相对活性相对数量。由于 XTT 减低法优良特性，其已经在真菌和细菌生物膜活性的研究中广泛应用。最近 Nostro 等[11]研究利用乙烯-醋酸乙烯共聚物（ethylene-vinyl acetate copolymer，EVA）薄膜采用 XTT 减低方法对抗菌精油测定了李斯特菌（*Listeria monocytogenes*）、表皮葡萄球菌、大肠杆菌、金黄色葡萄球菌和铜绿假单胞菌的抗菌活性。

4）荧光染料染色法

SYTO9、DAPI、Hoechst 等一系列荧光染料都能用于染色活细胞，从而更好观察生物膜性质，结合 CLSM 或荧光显微镜进行数据分析及观察，就可以定量分析生物膜中活细胞数。DAPI 是比较常用的荧光染料，它的化学名称是 4′,6-二脒基-2-苯基吲哚（4′,6-diamidino-2-phenylindole），可以与双链 DNA 的 AT 碱基对相结合，此时，可以表现出增强大概 20 倍荧光强度。DAPI 的通透性较强，可穿透完整的细胞膜，所以固定细胞和活细胞的染色可以使用这种荧光染料，如果选用

CLSM 或荧光显微镜观测细胞膜，可以依照所观测到的荧光强度推断所含有的 DNA 量，最终确定活细胞量。

在 488 nm 处是 DAPI 最大的发射波长，在 340 nm 处则是最大激发波长；当 DAPI 与双链 DNA 小沟的 AT 碱基对相结合时，在 454 nm 处是最大发射波长，在 364 nm 处是最大吸收波长，为蓝色的光。另外，RNA 也可和 DAPI 结合，此时大概 500 nm 处是发射波长，但是荧光强度较弱，相比于与 DNA 结合，它的荧光强度大概只有 1/5。Gressler 等[12]选用的马红球菌（*Rhodococcus equi*）是从马粪和临床样品中分离得到的，用 DAPI 对 113 株马红球菌染色，评价了克拉霉素、红霉素和阿奇霉素抑制马红球菌生物膜的作用，并检验了形成生物膜的能力。

碘化丙啶（propidium iodide，PI）是一种可与双链 DNA 相结合、类似于溴化乙啶的荧光染料，在 615 nm 和 535 nm 处分别是最大发射和最大激发波长，插入后荧光呈现红色，DNA 含量和荧光强度呈正相关关系。然而 PI 不适合对活细胞膜进行染色，因为它不能通过活细胞膜，但如果细胞膜被破坏，就能透过破损细胞膜染色 DNA。所以，利用这种性质，PI 与 SYTO9 共同对细胞样品染色，就可区分存在于生物膜中的活死细胞，从而分析出细胞死活比及生物膜活细胞量。最近 Park 等[13]合成了一种一氧化氮（NO）释放材料，利用 SYTO9/PI 染料共同染色，研究这种材料对大肠杆菌、金黄色葡萄球菌、耐甲氧西林金黄色葡萄球菌（*methi-cillin-resistant Staphylococcus aureus*，MRSA）生物膜的抗菌作用。

Hoechst 染料与上述几种染料的原理不同，它是一种非插入型荧光染料，它的结合处在 DNA 双链中的沟壑处，且含有丰富 A/T（腺嘌呤/胸腺嘧啶）的 DNA 链可与染料更好地结合。对固定或活细胞的细胞核染色可以使用 Hoechst，因为它能透过细胞膜，因此活细胞标记常使用这种染料。Hoechst 345803、Hoechst 33342 和 Hoechst 33258 都与 Hoechst 类似。Hoechst-DNA 的最大发射波长和最大激发波长分别为 350 nm 和 460 nm，它发射的荧光呈现蓝色。Peyyala 等[14]研究了多种细胞核酸染料，其中包括 Hoechst 33258，然后评价了这些细胞核酸染料对形成复合生物膜和单一生物膜口腔细菌细胞活性。

5）磷脂法

磷脂是组成生物膜的主要物质，且在所有活细胞的细胞膜中广泛存在，磷脂在活细胞中的量通常保持不变；然而当细胞死亡时，细胞膜中的磷脂会迅速被降解，因此磷脂量在死细胞中较低。所以，生物膜的活性生物量通常可用磷脂含量来近似表示，可以通过测定细胞膜中磷脂的量，来近似定量表示生物膜的活性生物量。磷脂法可以定量表示生物膜活性生物量，这已经被认为是一种广泛应用的好方法。磷脂法测定生物膜活性生物量的基本流程是，首先需要配制一系列浓度梯度 KH_2PO_4 标准溶液，主要作用是测定吸收值，然后需要绘制标准曲线；接着需要萃取生物膜内磷脂；将所萃取的有机磷脂中的磷转化为无机磷，这里一般用消化剂处理；最后是测定磷酸盐浓度，依照标准曲线换算得到生物膜活性生物量。熊正为等[15]为研究载体表面生物膜特性，实验使用接触氧化工艺处理河流污水来探究在 3 个不同时段内水质变化，检测使用磷脂法，最后验证装置的处理效果[16]。

2.2.1.4　生物膜中大分子物质的定量分析方法

1. 生物膜中蛋白质的定量分析方法

1）异硫氰酸荧光素（fluorescein isothiocyanate，FITC）

FITC 染色剂是较常用的检测胞内蛋白质荧光探针，这是因为它可以与蛋白质相结合的性质。在碱性溶液中，FITC 与蛋白质的结合主要是荧光素的硫碳胺键与蛋白质上赖氨酸的 r 氨基结合，反应得到 FITC-蛋白质复合物。FITC 最大发射光波长为 520～530 nm，最大吸收光波长为 490～495 nm，激发出黄绿色荧光，通过荧光强度的测定及 CLSM 进行观察，能对蛋白质含量进行有效分析。Feldman 等[17]利用 FITC 染色法评估蔓越莓原花青素抑制白念珠菌生物膜黏附的能力。

2）考马斯亮蓝显色法（Bradford 法）

1976 年，Bradford[18]利用蛋白质与考马斯亮蓝 G-250 结合的原理，从而建立了定量蛋白质的评估方法，它的优点是准确又迅速[19]。蛋白质与考马斯亮蓝 G-250 两者结合后，其在可见光区域中的最大吸收峰发生了改变，从 465 nm 涨到 595 nm，蛋白质含量与吸光度呈正比例关系。蛋白质-染料复合物可以大幅提高测定蛋白质的灵敏度，因为这种复合物有较高的消光系数。Jain 等[20]采用了 Bradford 法对蛋白质含量进行分析，讨论了不同生理条件和碳源对枯草芽孢杆菌（*Bacillus subtilis*）和铜绿假单胞菌生物膜生长的影响。

3）Folin-酚试剂法（Lowry 法）

1951 年，Lowry 等提出了 Folin-酚试剂法，它在双缩脲法的基础上得到进一步发展，最终成为一种经典的测定蛋白质含量的方法[19]。Lowry 法所需要的试剂主要是试剂 A 和试剂 B，试剂 A 中含有碱性硫酸铜，可以与蛋白质结构中的肽键结合生成铜-蛋白质复合物。试剂 B 中含有磷钼酸-磷钨酸物质，铜-蛋白质复合物可与磷钼酸-磷钨酸发生氧化还原反应，该反应会使溶液呈蓝色，可以在 650～750 nm 处检测其吸光值，所以可以选定标准蛋白溶液，通过分光光度计，估计样品的蛋白质含量。这种方法的优点在于迅速、操作简单、灵敏度高。Moryl 等[21]应用 Lowry 法探究蛋白质含量的转化，分析了胁迫条件（低 pH、氨噻肟头孢菌素、营养耗竭）和不同营养状态对奇异变形杆菌（*Proteus mirabilis*）生物膜多糖合成的影响。

4）二喹啉酸法（BCA 法）

1985 年，Smith 等[22]创造了 BCA 法，它同样是在双缩脲反应的基础上发展得来的[19]，其原理是在碱性环境下 Cu^{2+} 可被还原为 Cu^+，该反应受多肽主链以及 4 个氨基酸（胱氨酸、半胱氨酸、色氨酸和酪氨酸）残基的影响。BCA 是 Cu^+ 的一种特定显色剂，这是因为 1 个 Cu^+ 离子和 2 个 BCA 分子可以在第二步过程中发生反应。所以蛋白质浓度和 Cu^{2+} 被还原的数量存在函数关系，反应后溶液呈紫色，吸光值在 562 nm 处，通过分光光度计可以测量其吸光度。蛋白质的量与吸光度呈正相关，那么如果已知如牛血清白蛋白（BSA）蛋白标准则可用来比较估计溶液中蛋白质的量。何智妍等[23]采用 Lowry 法、Bradford 法和 BCA 法评估了不同超声条件下所提取粪肠球菌生物膜总蛋白含量的效果，确定了最佳超声时间、振幅和间隔时间等参数。

2. 生物膜中多糖的定量分析方法

1）苯酚-硫酸法

1951 年 Dubois 等[24]发明了苯酚-硫酸法，这是一种可以测量多糖含量的方法，也被叫作苯酚-硫酸比色法或苯酚-硫酸分光光度法。它的原理是在浓硫酸的条件下多糖会被水解成单糖，然后再脱水反应最终形成糠醛衍生物，这种物质可以和苯酚进行缩合反应，最终生成橙黄色化合物，其吸光值在 490 nm 处左右。苯酚-硫酸法的优点在于灵敏度高、操作较简单且应用普遍。但同样的实验条件对其重现性和准确性影响很大，所以，很多专家想尽力改进苯酚-硫酸法。Moryl 等[21]分析了不同营养状态和胁迫条件对奇异变形杆菌生物膜多糖合成的影响，采用的方法是苯酚-硫酸法。徐光域等通过对苯酚-硫酸法操作步骤的改进，减少了因人为操作而产生的误差，改进后的方法精密度和准确性提高了，操作也有所简化[25]。商澎等将苯酚-硫酸法与酶标仪相结合，先用苯酚硫酸与多糖产生显色反应，再使用酶标仪测吸光度，适合快速大批量的测定，但试验的准确性较低，误差较大[26]。

2）蒽酮法

蒽酮法的原理是在较高温度下如果糖类和浓硫酸反应，会被脱水最后形成糠醛或羟甲基糠醛，糠醛或羟甲基糠醛可以与蒽酮试剂发生缩合反应，最终会生成蓝绿色产物，在可见光区域内最大吸收波长在 620～630 nm 处，且在一定范围内糖的含量与光吸收值呈正比例关系[27]。蒽酮法通常可用于测定寡糖、单糖和多糖含量，所以测定生物膜多糖含量可采用这种方法。该方法的优点是灵敏度高、适用于微量样品的测定、简便快捷。Zhang 等[28]研究了对抗菌牙胶抑制多物种生物膜变形链球菌（*Streptococcus mutans*）、血链球菌（*Streptococcus sanguinis*）和戈登链球菌（*Streptococcus gordonii*）形成的效果，添加了抗菌剂——二甲氨基十二烷基甲基丙烯酸酯（dimethylaminododecyl methacrylate，DMADDM）后，通过蒽酮法测定的结果表明牙胶形成的生物膜多糖含量明显降低。

3）植物细胞壁钙荧光（calcofluor white，CFW）染色法

二苯乙烯类的 CFW 是一种非特异性的荧光染料，这是因为它可与几丁质、纤维素或肽聚糖通过 β-1, 3-或 β-1, 4-糖苷键进行非特异性的结合。如果生物膜中 β 糖苷键连接的多糖与 CFW 结合，最大发射波长为 355 nm，最大激发波长为 300～440 nm，复合物呈蓝色荧光。Brackman 等[29]发现利用降低群体感应反应的肉桂醛和肉桂醛衍生物可以调节蛋白 LuxR 的 DNA 结合能力从而减少弧菌毒性，CFW 染色、CV 染色等结果表明肉桂醛和肉桂醛衍生物为降低抗生素和对饥饿条件的抗性，抑制形成生物膜，减少形成胞外多糖，但不影响弧菌生长。

4）凝集素标记法

凝集素是一种有一个以上与糖结合的位点的结合糖或糖蛋白的蛋白质，它可从各种植物或动物中提纯得到。某种特异性糖基与凝集素的结合具有专一性，如麦胚凝集素（WGA）与 N-乙酰糖胺（N-acetyl glucosamine）结合；刀豆蛋白 A（ConA）与 α-D-吡喃糖基甘露糖（α-D-mannopyranosy）结合；菜豆凝集素（PHA）与 N-乙酰乳糖胺（N-acetyl lactosamine）结合。同时，荧光染料也可以标记凝集素，这是因为它有多价结合能力。研究被荧光染料标记的凝集素越来越广泛，可应用于胞外多糖和生物膜形成探究中。Alexa Fluor、Texased、FITC、TRITC、Orange Green 等荧光染料特异性标记麦胚凝集素或刀豆蛋白等凝集素，结合相关分析软件及 CLSM，可用于测定生物膜多糖含量。Wang 等[30]研究了肉类加工过程中生物膜的变化，利用光谱方法和显微镜对沙门氏菌生物膜进行分析和原位表征，研究中使用了 CLS 及 FITC-ConA 染色分析不同基质条件下生物膜多糖成分。

2.2.1.5 生物膜结构的定量分析方法

在形成中及成熟后的生物膜的结构具有特异性。成熟的生物膜是一种三维立体结构，它是由大量胞外聚合物包裹菌体形成的，通常是由多个柱样或蘑菇样的亚单位形成的。结合 CLSM 方法，荧光染料标记物膜，不仅可直接观察生物膜结构，如果与图像分析软件相结合，还可定量化分析图像堆数据，将直观的图像变化为便于分析的数据，获得基质覆盖率、厚度、生物膜生物量、比表面积等相关信息[31]。可结合 CLSM 进行分析生物膜结构的软件有：PHLIP、COMSTAT、Image J、Image Structure Analyzer（ISA）、BioImage L 等，其中，以 ISA 和 COMSTAT 受到广泛使用。

1）COMSTAT

2000 年丹麦技术大学 ArneHeydorn 团队开发了 COMSTAT 这一款计算机分析软件，主要目的是针对生物膜分析自主开发的软件。从 CLSM 获取三维图像堆，然后由该软件将其数据化，再定量分析生物膜空间结构，最后能有对不同生物膜的空间构造更直观的认识。COMSTAT 可以对平均厚度、平均扩散距离、生物膜的生物量、粗糙系数、基质覆盖率、均一性、分形维数、比表面积等十几个参数进行测量。Larimer 等[32]利用荧光染色恶臭假单胞菌（*Pseudomonas putida*）生物膜，结合 COMSTAT 软件和 CLSM 定量分析生物膜，显示此结果与传统的细胞计数方法的精度基本保持一致，而它的优点在于操作快速、简单，同时可实时、原位、无损地分析生物膜空间结构。Yang 等[33]研究了双环溴代呋喃酮抑制铜绿假单胞菌生物膜形成时，应用 COMSTAT 分析软件，分析了双环溴代呋喃酮作用后铜绿假单胞菌平均厚度、生物量、生物膜结构、基质覆盖率等参数的变化。

2）图像结构分析（image structure analyze，ISA）

美国蒙大拿（Montana）州立大学生物膜工程中心 Hlauk Beyenal 团队研发了图像结构分析软件 ISA，它的目的是为分析生物膜空间结构，通过运算生物膜的二维、三维结构参数，而定量化分析生物膜的结构。它被专家学者们应用到生物膜研究中，为深入探究生物膜空间结构提供了软件平台支持。ISA 可分析的参数包括：①平面参数，如最大扩散距离、区域孔率、平均水平/垂直延伸距离、平均扩散距离、平均 $X/Y/Z$ 轴延伸距离、分形维数、周边等指标；②结构参数，如结构能、结构熵、均一性；③其他参数，如比表面积、生物量、单位面积生物膜体积等。Khajotia 等[34]对变异链球菌（*Streptococcus mutans*）生物膜核酸、胞外多糖和蛋白质都标记荧光染料，结合 ISA 和 CLSM 分析软件评估漱口水 LTO（Listerine® Total Care）和 BIO（Biotène® PBF）对生物膜结构及成分的影响。

2.2.2　生物膜生理生态学研究方法

环境信号会对细菌的生活方式造成较大的影响，所以为适应不同变化的生态环境，细菌进化出了生物膜，这是一种较好的保护方式。最近，对形成生物膜过程中的调节途径和调节信号的机理仍不明确，因此需要大量研究以探究其机理。有研究表明不同的阈值浓度和环境信号会产生特定的信号，从而促使生物膜的形成[35]。

1）生物膜营养因素

在细菌的基因表达和代谢过程中碳代谢有非常关键的作用。不同的碳源会让细菌形成的生物膜也不相同。例如 *Streptococcus mutans* 选择蔗糖作为碳源时，多余的蔗糖会被编码葡萄糖转移酶的基因感应到，从而产生果聚糖和葡聚糖，这两种物质有利于形成生物膜[35]。*Listeria monocytogenes* 生物膜细胞与游离态细胞具有不同碳的代谢途径，表明在不同营养条件下，碳代谢调控着 *Listeria monocytogenes* 形成生物膜。葡萄糖激活 *Staphylococcus epidermidis* 中 *ica* 操纵子编码可以被葡萄糖激活，从而生成生物膜。

细菌代谢所需要的另一种必需元素是氮，细菌存在不同的基因调控方法来应对氮素匮乏的情况，同时也存在几种不同代谢途径来获取不同的氮源。*Bacillus cereus* ATCC 14579 缺失 CodY 的突变株，在缺氮的环境里会促进生物膜的形成、减少生长。然而在 MRSA 中，CodY 会抑制生物膜产生。

2）环境温度、氧气、渗透压等因素

在自然条件下，利用氮源和碳源不是唯一的变动条件，其他环境因素也会影响细菌在环境中的生存。促进生物膜形成的信号是氯化钠，尤其对于病原菌来说，这种方式更明显[35]。当提高氯化钠浓度时，MRSA 和 *Listeria monocytogenes* 生成生物膜能力加强，生长速率降低。氯化钠浓度和温度协同促进 *Listeria monocytogenes* 生物膜形成，高浓度的氯化钠即使在不同温度条件下也均可以促进生物膜的生成。*Listeria monocytogenes* 在 4～37℃温度范围内生物膜的形成和在表面吸附随温度的升高而加强。低温也影响 *Listeria monocytogenes* 生物膜形成，在−20℃条件下将生物膜进行为期 10 个月的培养，可以分泌更多的胞外黏液，并且发现经过胁迫的菌株黏附能力更强。影响细菌代谢的另一个重要的环境因子是氧气。在厌氧条件下，会抑制 MRSA 生物膜的形成，生成的生物膜在无氧和有氧条件下在代谢方式上差异明显。MRSA 的氧化感应的调节因子是 AbfR，缺失 AbfR 后，细菌生物膜形成能力减弱但是团聚能力增强。而如果有氧环境里培养 *Streptococcus mutans*，氧气的存在会使细胞分泌自溶素并让细胞表面组分发生改变，减弱生物膜的形成。

3）生物膜群体感应

群体感应（quorum sensing，QS）是指细菌调节自身活动的行为，这需要感受和分泌特定的信号分子。作为微生物非常重要的自我调控系统之一的群体感应，细菌细胞在生长过程中会产生特定信号分子，同时释放到环境中，当信号分子的浓度和种类被其他细胞所感应时，在群体感应的作用下可以调控相应基因进行表达，从而调控形态结构以及生物膜的形成等。在革兰氏阴性菌和革兰氏阳性菌中都能探测的 QS 信号分子是 AI-2。但关于 AI-2 是怎样调控生物膜的形成的机理尚不明确，另外不同细菌生物膜受 AI-2 的影响也各不同[35]。比如基因 *luxS* 编码 AI-2 的先导物，在 *B. ubtilis* 中 *luxS* 可以调控细菌形成一个有形态分化、成熟的生物膜。但是额外添加 AI-2 到培养 *B. cereus* 的培养基中则会减弱生物膜的扩散和形成。*Streptococcus mutans* 的 *luxS* 突变株可以增强对清洁剂的抗性并改变生物膜的结构。

2.2.3　生物膜分子生物学研究方法

1）激光扫描共聚焦显微镜法

激光扫描共聚焦显微镜被广泛应用到医学、物理学等领域，然而直到 1990 年左右才在生物膜的研究中得以应用。最近，研究生物膜最有效、最常用的原位观察设备就是激光扫描共聚焦显微镜。相比于传统电镜，利用激光扫描共聚焦显微镜观察样品需要经过固定、破碎等一系列预处理手段，这些预处理可能会破坏生物膜的复杂结构，降低甚至是清除膜内微生物间的联系。激光扫描共聚焦显微镜优点在于它的样品可直接用来观察不需要经过冻干等一系列预处理，从而更好地保持膜内微生物间的联系，反映真实状态的生物膜。利用传统的方法研究生物膜中 EPS 时，一系列预处理步骤可能会破坏 EPS 的结构，有可能清除了相互作用、组分的空间分布等有用信息，而这在认识生物膜对各种污染物如有机物和金属离子的降解和吸附信息时具有关键意义。因此，激光扫描共聚焦显微镜已经成为研究微生物群落最重要的仪器方法。染色剂染色也可以由细菌自身发出荧光，可以被激光扫描共聚焦显微镜所利用。细胞外生物膜中的生物膜基质可以利用荧光标记凝集素染色观察到。随着激光共聚焦显微镜技术中荧光染色和荧光标记的普遍应用，可以量化和检测生物膜各组分的含量和分布。激光扫描共聚焦显微镜优点在于可处理较厚的样品，并且无损伤"光学切片"，最后得到样品的立体结构，这需要三维重构[35]。

2）原子力显微镜法

原子力显微镜（atomic force microscopy，AFM）可以研究物质的表面结构及性质，这需要通过检测微型力敏感元件和样品表面间极微弱的原子间作用力来实现。原子力显微镜的基本原理是一端的微小针尖接近样品，另固定一对微弱力极端敏感的微悬臂一端，当悬臂梁与样品互相作用时，相互作用力会使运动状态发生变化或使微悬臂发生形变。传感器在扫描样品时可以监控到微弱变化，并将收集到的力学信号转化为电信号，最后再经过计算机处理，从而直观得到了作用力的分布信息，进而通过纳米级分辨率获得结构信息。1985 年原子力技术才诞生，然而现在其已经广泛应用于各个领域，原子力显微镜技术也进入生物膜研究领域中[35]。Steinberger 等[36]在临界维度纳米级尺度的测量上利用原子力显微镜检测发现在较低营养条件下铜绿假单胞菌，菌体长度增加从而适应饥饿状态，Landry 等[37]发现，铜绿假单胞菌与黏液素（mucin）的两者作用加强了该菌的耐药性及其生物膜形成。

3）傅里叶变换红外光谱

在细菌固相表面的吸附研究中，傅里叶变换红外光谱技术（Fourier transform

infrared spectroscopy，FTIR）已广泛应用。可以用于原位观察生物膜样品厚度约为 1μm 中官能团的变化的衰减全反射傅里叶变换红外光谱（attenuated total reflection/Fourier transform infrared spectroscopy，ATR/FTIR）技术也得到广泛认可。形成生物膜所需要的时间较长，为观察不同时期内生物膜内官能团的变化，进而推断生物膜基质的组成和形成情况，需要利用衰减全反射傅里叶变换红外光谱技术[35]。Schmitt 和 Flemming 讨论了甲苯对生物膜的影响，采用了 ATR/FTIR 的方法[38]。实验表明 5 mg/L 甲苯浓度，EPS 多糖显著增加；15 mg/L 甲苯浓度，含羧基类物质在生物膜基质中生成量显著增加。甲苯会显著增加带负电荷基团的数量，这是因为这类物质是亲脂性有机污染物，可以提高吸附金属离子的能力。Omoike 和 Chorove[39]利用 ATR/FTIR 方法研究了 EPS 在无定形氧化硅和针铁矿表面吸附情况，发现酰胺 I 和酰胺 II 的吸收峰会向高频移动，这表明吸附中改变了蛋白质的构象，当在针铁矿表面吸附 EPS 时会形成 P—O—Fe 键，表明吸附过程有磷酸基团的参与。

4）高通量测序技术

高通量测序技术彻底性地转变了以往的测序方法，它可以一次性测定几十万甚至几百万条 DNA 的分子序列，所以这种技术也被称为下一代测序（next generation sequencing）技术，高通量测序可以对一个物种的基因组和转录组进行精密全局的分析，因此又称深度测序（deep sequencing）。

5）其他技术

现已经有更多的先进技术参与到生物膜的研究中，除了原子力显微镜、激光扫描共聚焦显微镜、高通量测序技术以及傅里叶变化红外光谱技术外，还包括等温滴定微量热（ITC）、电镜（如 TEM、SEM）、石英晶体微天平（QCM-D）以及 X 射线吸收光谱（XAS）。这些先进技术分别从热力学特征、调控机制、基质的功能及组成以及生物膜的形貌等方面研究生物膜的功能和结构[35]。利用 QCM-D 技术进行研究时发现，SiO_2 表面 EPS 被腐殖酸覆盖的沉积速率显著减慢，而 SiO_2 表面 EPS 在海藻酸盐覆盖的情况下更易沉积。

2.2.4　生物膜活性分析

无论是生物膜厚度还是生物膜量都只能表示微生物量，而不能表示其活性，因此如果要评判微生物活性则需借助于活性指标。虽然在生物膜总量中的活性物质占比不大，但生物化学反应进行是由活性物质负责的。对于优化控制生物膜反应器，需要检测生物膜活性，常见的生物膜活性的分析方法涉及以下几种[40]。

1）ATP 法

三磷酸腺苷（adenosine triphosphate，ATP）的作用是能量暂存，生命活动所需能量的直接来源是 ATP，所以胞中 ATP 含量反映表现了微生物的代谢水平，因此在整个代谢过程中 ATP 有着关键的作用[40]。ATP 的化学式是 $C_{10}H_{16}O_{13}N_5P_3$，分子结构式如图 2-2 所示。

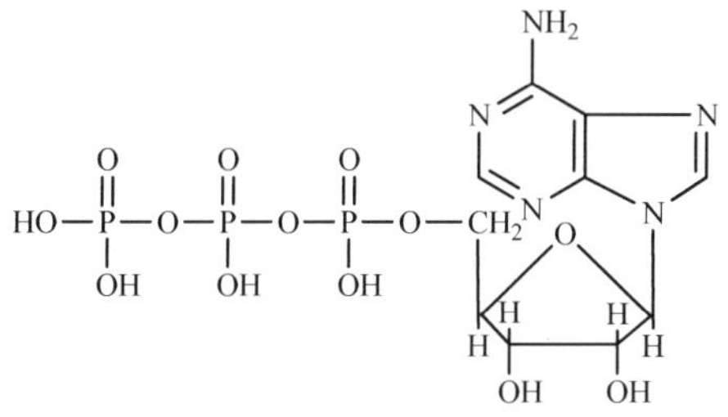

图 2-2　三磷酸腺苷的分子结构式图

　　从化学结构式可以发现，核糖含有 5 个碳原子，在它旁边连有 3 个磷酸根基团，基团间的能量键用"—"表示，而末尾的 2 个磷酸键含有的能量较高，是高能磷酸键，另一个磷酸键含有的能量较低，是低能磷酸键。水解断裂磷酸键可释放能量，一般含有 30.565 kJ/mol（7.3 kcal/mol）的能量，断裂后 ATP 会变成二磷酸腺苷（ADP）。ATP 在 22℃、3.095%水溶液中的旋光度是-6.7°。

　　各种磷酸腺苷，例如 AMP 与 ADP、ATP 等的理化性质有较大差异，因此产生了很多测定 ATP 的方法，主要包括酶法、化学法和物理法。酶法是一种反应灵敏、操作简单的检测方法，如还原性辅酶 A 的荧光素酶法和 NADH 法等，荧光素-荧光素酶法通常被使用。它的基本原理是：在 Mg^{2+} 和荧光素酶的共存下，荧光素与 ATP 可以发生腺苷酰化反应从而被活化，荧光素酶与腺苷酰化的荧光素可以相结合形成荧光素-AMP 复合体，同时焦磷酸（PPi）被放出。分子氧氧化复合体会电激发荧光素，释放 H_2O 和 CO_2。当能量从激发态返回基态时荧光素就会产生光，然后 L-AMP 脱离酶可以生成 AMP 和荧光素 L，ATP 含量与所激发的光呈正相关，所以测定发光的强度就可以定量估算 ATP 的量，反应过程如下所示：

$$LH_2 + ATP + E \longrightarrow E\text{-}LH_2\text{-}AMP + PPi \qquad (2\text{-}1)$$

$$E\text{-}LH_2\text{-}AMP + O_2 \longrightarrow OL + AMP + CO_2 + h\nu \qquad (2\text{-}2)$$

式中：LH_2 为还原荧光素（底物）；E 为荧光素酶，$E\text{-}LH_2\text{-}AMP$ 为酶-底物配合物；PPi 为焦磷酸盐；AMP 为磷酸腺苷；OL 为氧化荧光素；$h\nu$ 为光。物理法的基本原理是在波长 260 nm 处 ATP 可以特征吸收紫外光，这是因为腺苷酸的腺嘌呤碱基上有共轭的双键。化学法定量测定是利用 ATP 水解为 ADP 再变为 AMP 过程中 pH 值的改变，或者比色测定 ATP 水解生成 ADP 或 AMP 产物时所产生的磷酸根（Pi）。

2）TTC 法

脱氢酶作为关键酶类之一，能使氢原子活化，这里的氢原子由氧化有机物所产生，并进一步传达给特异的受氢体，脱氢酶脱氢能力简述为单位生物量单位时间内微生物氧化有机物的能力以及微生物酶活性[39]。脱氢酶通常是由活的生物体所产生的一种氧化还原酶，在生物细胞内有机物可以被它催化进而氧化脱氢，最终转达给受氢体。脱氢酶能有效酶促有机物质脱氢，使氢从被氧化的物体（基质AH）上转换到另一个物体（受氢体 B）上。所以，脱氢酶活性可以被测量但需要添加人工受氢体[41]。

人工受氢体可以测量脱氢酶活性，包括刃天青、TTC（2, 3, 5-氯化三苯基四氮唑）、INT（碘硝基四唑紫）以及亚甲基蓝等。为确定脱氢反应的强度，需要用到人工受氢体（也就是指示剂），指标是还原变色速度。TTC 是目前应用和研究最广泛的技术。TTC 早先被专家学者发现，并在人工受氢体的分析实验中得到应用，1960 年左右国外专家提出在废水生物处理领域应用 TTC。最近，文献所记载的测定 TTC-脱氢酶活性方法与 Klapwijk 研究的 TTC 试验的进一步发展有关。指示剂是有氧化还原性染料 TTC，在活的微生物细胞内无色的 TTC 被作为最终受氢体。如果微生物细胞内发生脱氢反应（即生物氧化）时，无色的 TTC 会变成红色的三苯基甲臜（triphenyl formazone，TF），这是因为如果 TTC 接收到氢原子就会被还原。

如果想要提取 TF，需要利用甲苯、80%丙酮水溶液、氯仿等，脱氢酶活性可以用 TTC 反应速率表示，测其光密度或吸光度需要在 485 nm 波长下。测定生物染料亚甲基蓝的脱氢酶活性反而是褪色过程。生物的新陈代谢涉及脱氢酶氧化有机质，脱下有机质的氢，氧化性化合物接受氢的转移，亚甲基蓝（蓝色）在厌氧环境下接受氢就会被还原成还原型亚甲基蓝（无色），如果想要估计脱氢酶的活性则需要衡量褪色速度。测量生物染料刃天青的脱氢酶活性反应稍复杂，同样也是褪色过程。

3）INT 法

微生物代谢底物的能量与脱氢酶活性有关，这可以展示生物膜活性的改变。有很多关于 INT 测量脱氢酶活性的方法的报道，其与检测 TTC 的方法及原理大体一样[40]。

4）DNA 法

脱氧核糖核酸是构建生物体的重要基础同样也是组建细胞分子的主要大分子。在细胞的繁殖生长阶段中，DNA 是遗传的最基础物质，它直接参与传递生物遗传信息，这也是其最重要的作用[37]。

5）比耗氧速率（specific oxygen uptake rate，SOUR）法

探究好氧反应的关键参数之一是微生物 SOUR，氧气在电子受体过程中扮演

着微生物代谢的角色，微生物代谢速率可以用 SOUR 来表示，探究微生物在处理废水方面的增长动力学一般是利用微生物 SOUR。在废水生物处理领域中，关键参数之一就是 SOUR，经常用 SOUR 研究微生物增长动力学、底物利用动力学，讨论有毒或抑制性物质在生化过程中的作用[40]。

6）活性细胞平板计数法

平板计数法的基本原理是在配制好的固体培养基上可以将一个单独的单细胞繁殖生成一片菌落，通过估算出菌液样品中活菌数量从而推断微生物数，但在目前的生物膜探究方法中，活性细胞平板计数法的使用并不广泛[40]。

参 考 文 献

[1] 赵智颖，李良秋，马连营，等. 生物膜定量分析方法研究进展[J]. 生物技术进展，2016，6（5）：319-327.

[2] Christensen G D，Simpson W A，Younger J J，et al. Adherence of coagulase-negative staphylococci to plastic tissue culture plates: A quantitative model for the adherence of staphylococci to medical devices[J]. Journal of Clinical Microbiology，1985，22（6）：996-1006.

[3] Dreszer C，Flemming H C，Zwijnenburg A，et al. Impact of biofilm accumulation on transmembrane and feed channel pressure drop: Effects of crossflow velocity, feed spacer and biodegradable nutrient[J]. Water Research，2014，50：200-211.

[4] Goncalves L M，Del Bel Cury A A，de Vasconcellos A A，et al. Confocal analysis of the exopolysaccharide matrix of *Candida albicans* biofilms[J]. Journal of Investigative and Clinical Dentistry，2015，6（3）：179-185.

[5] Stiefel P，Rosenberg U，Schneider J，et al. Is biofilm removal properly assessed? Comparison of different quantification methods in a 96-well plate system[J]. Applied Microbiology and Biotechnology，2016，100（9）：4135-4145.

[6] Karched M，Bhardwaj R G，Inbamani A，et al. Quantitation of biofilm and planktonic life forms of coexisting periodontal species[J]. Anaerobe，2015，35：13-20.

[7] Park S H，Kang D H. Fate of biofilm cells of *Cronobacter sakazakii* under modified atmosphere conditions[J]. LWT-Food Science and Technology，2014，57（2）：782-784.

[8] Moyer J D，Henderson J F. Nucleoside triphosphate specificity of firefly luciferase[J]. Analytical biochemistry，1983，131（1）：187-189.

[9] 唐倩倩，叶尊忠，王剑平，等. ATP 生物发光法在微生物检验中的应用[J]. 食品科学，2008，（6）：460-465.

[10] Soleimani S，Ormeci B，Isgor O B. Growth and characterization of *Escherichia coli* DH5 alpha biofilm on concrete surfaces as a protective layer against microbiologically influenced concrete deterioration（MICD）[J]. Applied Microbiology and Biotechnology，2013，97（3）：1093-1102.

[11] Nostro A，Scaffaro R，D'arrigo M，et al. Development and characterization of essential oil component-based polymer films: A potential approach to reduce bacterial biofilm[J]. Applied Microbiology and Biotechnology，2013，97（21）：9515-9523.

[12] Gressler L T，De Vargas A C，Da Costa M M，et al. Biofilm formation by *Rhodococcus equi* and putative association with macrolide resistance[J]. Pesquisa Veterinaria Brasileira，2015，35（10）：835-841.

[13] Park J，Kim J，Singha K，et al. Nitric oxide integrated polyethylenimine-based tri-block copolymer for efficient antibacterial activity[J]. Biomaterials，2013，34（34）：8766-8775.

[14] Peyyala R，Kirakodu S S，Ebersole J L，et al. Novel model for multispecies biofilms that uses rigid gas-permeable lenses[J]. Applied and Environmental Microbiology，2011，77（10）：3413-3421.

[15] 熊正为，陆森，王志勇，等. 悬挂链生物接触氧化工艺处理河道污水[J]. 环境工程学报，2014，8（7）：2748-2752.

[16] 张雅，谢宝元，张志强，等. 生物接触氧化技术处理河道污水的可行性研究[J]. 水处理技术，2012，38（5）：51-54.

[17] Feldman M，Tanabe S，Howell A，et al. Cranberry proanthocyanidins inhibit the adherence properties of Candida albicans and cytokine secretion by oral epithelial cells[J]. BMC Complementary and Alternative Medicine，2012，12：6.

[18] Bradford M M. A rapid and sensitive method for the quantitation of microgram quantities of protein utilizing the principle of protein-dye binding[J]. Analytical biochemistry，1976，72：248-254.

[19] 刘世清，刘洪玉. 四种蛋白质测定方法的比较研究[J]. 畜牧兽医科技信息，2012，（3）：39-40.

[20] Jain K，Parida S，Mangwani N，et al. Isolation and characterization of biofilm-forming bacteria and associated extracellular polymeric substances from oral cavity[J]. Annals of Microbiology，2013，63（4）：1553-1562.

[21] Moryl M，Kaleta A，Strzelecki K，et al. Effect of nutrient and stress factors on polysaccharides synthesis in Proteus mirabilis biofilm[J]. Acta Biochimica Polonica，2014，61（1）：133-139.

[22] Smith P K. Measurement of protein concn. in fluid-using colour formation due to complex with bicinchoninic acid of copper（s）：US4839295-A[P]. 1987-03-26.

[23] 何智妍，梁景平，黄正蔚，等. 不同方法提取和测定粪肠球菌生物膜总蛋白含量的比较[J]. 口腔医学研究，2013，29（7）：597-600.

[24] Dubois M，Gilles K，Hamilton J K，et al. A colorimetric method for the determination of sugars[J]. Nature，1951，168（4265）：167.

[25] 徐光域，颜军，郭晓强，等. 硫酸-苯酚定糖法的改进与初步应用[J]. 食品科学，2005，（8）：342-346.

[26] 商澎，高蓉，梅其炳，等. 苯酚-硫酸法改用酶联免疫测定仪快速测定多糖组分[J]. 第四军医大学学报，2000，（3）：397-399.

[27] 周颖，樊荣，张建逵. 人参中可溶性蛋白质含量测定[J]. 辽宁中医药大学学报，2014，16（8）：95-96.

[28] Zhang K，Wang S，Zhou X，et al. Effect of antibacterial dental adhesive on multispecies biofilms formation[J]. Journal of Dental Research，2015，94（4）：622-629.

[29] Brackman G，Defoirdt T，Miyamoto C，et al. Cinnamaldehyde and cinnamaldehyde derivatives reduce virulence in Vibrio spp. by decreasing the DNA-binding activity of the quorum sensing response regulator LuxR[J]. BMC Microbiology，2008，8（1）：149.

[30] Wang H H，Ding S J，Wang G Y，et al. In situ characterization and analysis of Salmonella biofilm formation under meat processing environments using a combined microscopic and spectroscopic approach[J]. International Journal of Food Microbiology，2013，167（3）：293-302.

[31] 雷欢. 不同防腐剂对副溶血弧菌生物膜抑制和清除作用的研究[D]. 广州：华南农业大学，2016.

[32] Larimer C，Winder E，Jeters R，et al. A method for rapid quantitative assessment of biofilms with biomolecular staining and image analysis[J]. Analytical and Bioanalytical Chemistry，2016，408（3）：999-1008.

[33] Yang S J，Abdel-Razek O A，Cheng F，et al. Bicyclic brominated furanones：A new class of quorum sensing modulators that inhibit bacterial biofilm formation[J]. Bioorganic & Medicinal Chemistry，2014，22（4）：1313-1317.

[34] Khajotia S S，Smart K H，Pilula M，et al. Concurrent quantification of cellular and extracellular components of biofilms[J]. JoVE，2013，（82）：e50639.

[35]　马文婷. 土壤矿物介导下细菌生物膜形成过程及机制[D]. 武汉：华中农业大学，2017.

[36]　Steinberger R E，Allen A R，Hansma H G，et al. Elongation correlates with nutrient deprivation in *Pseudomonas aeruginosa*-unsaturated biofilms[J]. Microbial Ecology，2002，43（4）：416-423.

[37]　Landry R M，An D D，Hupp J T，et al. Mucin-*Pseudomonas aeruginosa* interactions promote biofilm formation and antibiotic resistance[J]. Molecular Microbiology，2006，59（1）：142-151.

[38]　Schmitt J，Gu B，Schorer M，et al. The role of natural organic matter as a coating on iron oxide and quartz[C]. International Symposium on Suspended Particulate Matter in Rivers and Estuaries，1994：315-322.

[39]　Omoike A，Chorover J. Spectroscopic study of extracellular polymeric substances from *Bacillus subtilis*：Aqueous chemistry and adsorption effects[J]. Biomacromolecules，2004，5（4）：1219-1230.

[40]　黄丽文. 复合生物膜物理形态测试及参数表征[D]. 大连：大连理工大学，2011.

[41]　解军. 脱氢酶活性测定水中活体藻含量的研究[D]. 济南：山东大学，2008.

3 厌氧生物膜处理技术

3.1 概　　述

厌氧生物法是一种既节能又产能的废水处理工艺。随着工业飞速发展和人口不断增加，能源、资源和环境问题日趋严重，人们认识到采用厌氧生物处理工艺处理有机废水和有机废物的重要性。生物膜法是指以天然材料（如卵石）、合成材料（如纤维）为载体，在其表面形成一种特殊的生物膜，生物膜表面积大，可为微生物提供较大的附着表面，有利于加强对污染物的降解作用。其形成过程为：①废水中的有机物由水相扩散至载体表面，初步形成生物膜；②水相中悬浮微生物也吸附到生物膜表面，吸附后一部分会脱落，另一部分则紧固地吸附在生物膜表面；③此时形成的相对稳固生物膜中的微生物会摄取水相中的有机物来进行新陈代谢，并产生大量的胞外聚合物，使得生物膜稳固性能得到进一步的提高，进而增加生物膜厚度；④在微生物新陈代谢作用过程中，生物膜存在着一个动态的吸附、生长和脱落的变化过程。生物膜工艺主要的应用方法为生物接触氧化、生物滤池和生物廊道法等。生物膜法具有较高的处理效率，对于受有机物及氨氮轻度污染水体有明显的效果。它的有机负荷较高，接触停留时间短，可减少占地面积，节省投资。此外，运行管理时没有污泥膨胀和污泥回流问题，且耐冲击负荷。日本、韩国等都有对江河大水体修复的工程实例。生物膜水解酸化-生物膜接触氧化工艺在稳定性、抗冲击性、生物菌种耐温性等方面均能满足实际需要，并且处理装置易维护，技术可靠。

鉴于厌氧技术本身存在着某些局限性，在厌氧生物处理技术长期的发展过程中，其往往被作为一种好氧工艺的预处理方式来使用。如厌氧处理出水化学需氧量（COD）浓度通常要高于好氧处理，较难将厌氧工艺作为单独的工艺存在，通常需要后续处理才能达到较高的排放标准；虽然厌氧处理技术有一些弊端，例如厌氧微生物对环境中的有毒物质具有较强的敏感性，微生物群落驯化时间长，且厌氧生物处理技术的发展较好氧生物处理技术起步晚且发展较为缓慢，但其自身也存在如下几方面突出的优点：①厌氧生物处理法可直接处理高浓度有机废水，运行费用低的同时还能减少耗能；②污泥产率低；③对营养物的需求量小；④可回收氢气、沼气等能源物质，实现能源回收，具有较好的经济效益；⑤具有较高的稳定性和抗冲击负荷能力；⑥厌氧设备简单，系统规模灵活，制造成本低等。

近年来经过技术研发人员的不断努力，厌氧生物处理技术也得到了飞速发展，可以处理高浓度和中低浓度的有机废水。由于产甲烷细菌的增代时间较长，厌氧处理相比于需氧处理，需要更长的污泥停留时间。在缺少回流系统的厌氧活性污泥工艺中，需要通过提高水力停留时间来提升污泥停留时间；在有回流的厌氧活性污泥工艺中，虽然可通过回流来缩短水力停留时间并增大污泥停留时间，但受限于污泥的沉降和浓缩性能，也很难获得太长的污泥停留时间。厌氧生物膜法的微生物吸附在填料表面固定生长，故可以在较短的水力停留时间条件下，实现长达100 天以上的污泥停留时间，加之厌氧处理中不存在传氧的限制问题，避免上述提到的弊端，由此可知，厌氧生物膜法将具有十分广泛的应用和发展前景。

3.2　厌氧生物膜技术原理

3.2.1　微生物固定的一般过程

　　微生物附着于固定载体或流动载体上生长，称为固定生长厌氧生物反应器。固定生长的生物膜，可以使世代时间长、栖息增殖速度慢的细菌和较高级的微型生物获得很好的栖息场所，这对微生物形成稳定生态条件起着正向作用，例如硝化细菌的繁殖速度为一般的假单胞菌的 1/50～1/40。因此，通过生物膜法更有利于硝化细菌的驯化，提高处理体系的生物脱氮能力。在生物膜上出现的生物，在种属级别上要比在活性污泥中丰富得多，会出现细菌、原生动物和一些藻类、真菌后生动物以及无脊椎生物等。生物膜的形成是一个动态的变化过程，主要分为四个阶段：定殖阶段、聚集阶段、成熟阶段和脱落与再定殖阶段。当微生物与生物载体表面接触后，会被黏附到载体表面，在其表面形成生物被膜，此时即为微生物定殖阶段，该阶段也是一个可逆的过程。在此阶段，聚合物微生物含量较少，细胞主要以单个个体的形式存在，这相当于生物被膜形成的前期准备过程，很多菌体还可重新恢复到浮游状态，微生物的黏附是具有可逆性的。微生物在经过初始的定殖黏附后，与形成生物被膜相关的基因被激活，一些特定基因开始进行表达，微生物在生长繁殖的同时分泌大量胞外聚合物，形成菌胶团来实现微生物的团聚作用，促进生物膜的形成。在此阶段，微生物对物体表面的黏附作用也愈加牢固，逐渐形成成熟的被膜，这段是一种不可逆的过程。成熟的生物被膜具有高度的类似堆状的微生物群落组成结构，在这些微菌落之间围绕着大量孔道结构，可以实现运输酶、营养物质、代谢产物和排出废物等功能。因此，成熟的生物膜内部结构类似于原始的生态循环系统。成熟的生物膜通过增殖、局部脱落或释放出浮游微生物等进行扩增，离开生物膜的微生物会重新变为浮游微生物，它们又可以在物体表面形成新的生物膜，形成一种动态稳定的状态。

3.2.2 影响微生物固定的重要因素

温度是影响微生物活性的重要环境因子。每种微生物都有适宜的最佳生长温度区间，在合适的温度区间内，大多数微生物的新陈代谢速率都会伴随着温度的升高而增强，随着温度的下降而降低。大多数好氧微生物的适宜温度范围在 10～35℃，当环境温度低于 10℃，将对微生物的处理效率产生负面影响。当环境温度升高时，微生物活性高，生物膜处理效果最好；而等环境温度降低时，生物膜的活性受到抑制，从而影响其处理效果。当环境温度在接近细菌的最高生长温度时，可使细菌的新陈代谢速率达到最大值，此时，细菌外的胶体基质可以作为呼吸基质被消耗，会影响污泥的紧致性，减弱其吸附能力，甚至解体，导致出水的 SS（悬浮物）升高，变得浑浊；温度升高还会导致氧的传递速率降低，使饱和溶解氧浓度降低，容易造成溶解氧不足，污泥缺氧活性降低而影响处理效果，超过温度上限时，会导致微生物的死亡。因此，对出水温度高的工业废水需要先进行降温处理之后再通过入生物处理系统。

pH 与微生物的新陈代谢、生长、繁殖有着密切关系，对好氧微生物来说，pH在 6.5～8.5 之间较为适宜。当微生物处于 pH 的适宜区间外，经长期驯化后微生物对 pH 的耐受性可进一步提高。例如，当 pH 控制在 9.0～10.5 印染废水进入水解酸化处理体系时，经过长期驯化后，可以实现理想的出水水质。一般来讲，因为废水中大多含有碳酸、碳酸盐类、铵盐及磷酸盐类等本身具有酸碱性的物质，可使污水对于 pH 具有一定的缓冲能力。一般来说，市政废水大都具有一定的酸碱缓冲能力，在一定范围内，对酸或碱的加入可以起到缓冲中和的效果，可以保持 pH 处于很小的波动范围。微生物参与的反应需要合适的 pH，当微生物处于适宜的 pH 环境时，pH 的突然改变也会对微生物活性起到抑制作用，pH的突然变化也会改变微生物表面的电荷，影响其对营养物质的吸收，进而影响其新陈代谢作用，其中的主要原因是微生物对 pH 波动的耐受性要远远低于对环境温度的耐受程度。因此，一定要通过稳定的控制工艺，来避免废水的 pH异常波动。

生物膜载体的结构特征也会对生物膜的形成和活性产生影响，影响因素主要为载体的表面性质，包括载体的表面亲水性、比表面积的大小、堆积密度、孔隙率、强度、表面粗糙度、载体的密度及表面电荷等。因此载体的选择不仅决定了可供生物膜生长的生物膜量和比表面积的大小，并且对反应器中的流体动力学状态产生影响。微生物处于正常的新陈代谢状态时，表面通常带有负电荷，因此微生物更适宜在载体表面带有正电荷的载体上完成附着和固定过程的进行。微生物也更适于在表面粗糙的载体上进行附着、固定和生长，这相当于增加了细菌与载体间的有效接触面积，比表面积形成的孔洞、裂缝等对已附着的细菌也会起到屏蔽保护作用，使其免受水力剪切的冲刷作用。

生物膜量及活性生物膜的厚度不仅可以反映生物量的大小，也会对生物膜内的传质作用产生影响。生物膜的厚度主要分为膜的总厚度与活性厚度，生物膜内部的传质阻力会影响参与降解基质的生物膜量。在适当厚度的生物膜内，生物膜越薄，膜内传质阻力越小，膜的活性越好。当生物膜的厚度超过活性厚度时，膜厚将不会影响基质的降解速度。生物膜厚度增大，会加大膜内的传质阻力，导致膜活性下降，减缓生物膜对有机物的降解能力，导致生物膜持续增厚，膜内层由兼性层转入厌氧状态，导致膜的大量解体脱落填料上可能会出现积泥或堵塞现象，从而影响出水水质。

3.2.3　生物膜载体种类与微生物固定技术

填料是生物膜载体，是生物膜法处理工艺的关键部分。填料的优劣会直接影响生物膜的好坏，进而影响系统的处理效果，其也成为生物膜法中成本最高的一部分，所以选择适宜的填料具有经济成本和技术的双重意义。生物填料具有比表面积大、充氧性能好、孔隙率高、微生物新陈代谢快、不堵塞、运行维护简便、使用寿命长等优点，适用于屠宰、纺织印染、造纸、石油、制药、化工和食品加工等行业的生产废水及市政污水处理系统中的生物滤塔和生物接触氧化池等反应器中。生物填料与硬质蜂窝类填料相比，孔隙更大，不易堵塞；与软性类填料相比，材质更耐久，不结团；与半软性填料相比，比表面积大、挂膜更快、造价低廉。生物填料的种类繁多，按照安装方式可分为固定式、悬挂式和悬浮式生物填料。

固定式生物填料主要有波纹板状生物填料和蜂窝状生物填料。波纹板状生物填料为硬聚氯乙烯材质，由平板与波纹板相隔粘连而成，方便运输与安装。蜂窝状生物填料形同蜂窝，由底面积、体积都相等的若干直六棱柱组合而成。

悬挂式生物填料可分为软性、半软性和组合生物填料。三种填料具有相似的结构特点，都为将生物填料等间距固定在中心绳上，中心绳两端分别固定在池底与池顶。软性生物填料多为涤纶、维纶和尼龙等纤维束，使用抗老化、耐腐蚀的中心绳连接而成。半软性生物填料是在软性填料的基础上设计而成的，即将软性填料的纤维丝换成了变形聚乙烯塑料，兼具了刚性与柔性，可以在更大程度上弥补软性填料易缠结、结块的缺陷。组合生物填料是在将软性填料和半软性填料的特性整合基础上改进的一种新型填料。

相比于前两类填料，悬浮式生物填料是较为新型填料，无需固定，但需要在进出水口设置网格，防止填料外流，直接投加入反应池即可使用。此类填料密度与水较为接近，挂膜后可随池内水体流场流化。此种填料个体体积较小，在运输与投加使用方面都非常方便。悬浮填料在反应器内流化时能够更加充分地、频繁地与废水接触，加强传质效果。主要包括柱形、球形和多孔生物填料。

3.3 厌氧生物膜工艺

3.3.1 厌氧生物滤池

最早的生物膜反应器即生物滤池，已发展近百年时间。生物滤池是根据土壤自净作用原理发展而来的，最早应用在废水灌溉工艺当中。20 世纪后这种净化废水的方法得到广泛的认同，命名为生物过滤法，构筑物被称为生物滤池，在北美和欧洲地区得到广泛应用。

3.3.1.1 工艺原理

在生物滤池中，污水通过滤池顶部的布水器，在重力作用下均匀地喷洒在滤池表面，一部分被吸附在滤料表面，成为薄膜状的亲水层，另一部分则以滤水薄膜的形式流过滤料，成为流动水层，最后流出池外。污水流过滤床时，其中的悬浮物被滤料截留，溶解性物质和胶体也被吸附在生物膜表面，有一部分有机物被微生物利用以生长繁殖，增殖后的微生物又进一步吸附了污水中溶解性、悬浮和胶体状态的物质，逐渐形成了生物膜。生物膜成熟后，附着在生物膜上的微生物以吸收污水中的有机物作为生长繁殖的营养，微生物分泌胞外聚合物将细胞团聚在一起形成致密的生物膜对污水中的有机物进行吸附降解作用，因而污水在通过生物滤池时能得到净化。

生物滤池中污水的净化是一个较为复杂的过程，主要包括污水中有机物的分解、微生物的新陈代谢、氧的扩散和吸收复杂的传质过程。在这些过程的综合作用下，污水中有机物被消耗，实现了污水的净化处理。

3.3.1.2 工艺形式

由于填料的研发和工艺运行效能的提高，厌氧生物滤池按水流的方向可分为降流式厌氧滤池和升流式厌氧滤池。

1）降流式生物滤池

降流式厌氧生物滤池由于水流下向流动、沼气上升以及填料空隙间悬浮污泥的存在，混合情况良好，属于完全混合工艺。此种形式的滤池布水装置设置在顶

端，进水由上到下流经填料，厌氧系统产生的气相
产物的上升可以起到搅拌的作用，因此，可以简化
布水系统的设置，微生物固定在填料表面形成生物
膜降解废水中的有机污染物。该种形式反应器的优
点是不易堵塞，碍于反应器的特性，在滤池底部形
成的固体沉淀物不易排出（参见图3-1）。

　　2）升流式生物滤池

废水向上流动通过反应器的为升流式厌氧生物
滤池，此种形式的滤池的进水系统设置在滤池底部
（图3-2）。该工艺属于推流式的进水方式，经过滤
层后的水由顶端边上的出水口流出，气相产物则由
滤池顶部的排气口排出。

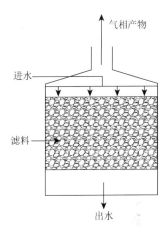

图 3-1 降流式生物滤池的组成

如果将升流式厌氧生物滤池的填料床改成
两层，下半部不用填料改变为活性污泥，上半
部仍用填料床，成为复合式厌氧生物滤池，则
可有效避免堵塞并提高处理效率。

3.3.2 厌氧流化床

所谓生物流化床，就是以砂、活性炭、焦
炭颗粒为载体充填在反应体系内部，因载体表
面被覆着生物膜而使其质变轻，污水以一定流
速自下而上流动，会对填料产生扰动作用，使挂膜后的生物载体处于流化状态。
流态化更有利于其传质或传热操作，是一种强化生物处理、提高微生物对于有机
污染物降解能力的高效工艺。

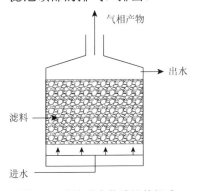

图 3-2 升流式生物滤池的组成

3.3.2.1 工艺特征

　　在原理上，生物流化床是通过载体表面的生物膜中的微生物来去除废水中的
有机污染物，但从反应器的内部构造形式上看，它又有别于生物滤池、生物转盘
等生物膜法。在生物流化床中，生物膜随载体颗粒在水中呈悬浮态，与此同时反
应器中或多或少的存在有游离菌胶团和微生物，因此，它也兼顾有活性污泥法的
一些特征。从本质上讲，生物流化床是一类既有固定生长又有悬浮生长生物膜特
征的反应体系，这使得它在传质条件、微生物浓度和生化反应速率等方面有一些
优点。这主要可以概括为以下几点：

（1）生物量大，容积负荷高。生物流化内部小粒径固体颗粒可为微生物附着生长提供更大的表面积，进而使得反应器内微生物浓度和 BOD_5 容积负荷可分别高达 $40\sim50$ g/L 和 $3\sim6$ kg/(m^3·d)。

（2）微生物活性高。生物载体颗粒在床内不断相互摩擦和碰撞，使得生物膜的厚度能够保持在 0.2 μm 以下，且较均匀。对于同类废水而言，在相同处理条件下，生物膜的呼吸率约为活性污泥的两倍。

（3）抵抗冲击负荷的能力更强，不会出现污泥膨胀问题。

（4）传质效果好。载体的流化可以使其与污水有更好的传质特性，也有利于微生物对污染物的吸附和降解，提高生化反应速率。对于可生化性较好的工业废水，生化反应的速率较快，生物流化床在传质上的优势也体现得更为明显。

（5）较高的生物量和良好的传质条件使生物流化床可以保持高效的处理效果，反应器容积及占地面积小，成本低，适用于污水处理设施的提标改造。

尽管生物流化床具有如上许多优点，近年来其应用范围和规模也都日益增长，但其普及程度远不及生物接触氧化法、活性污泥法以及生物滤池法。主要原因就是流化床本身的特性使其后期运行管理要求较高。因此，除非流化床工艺的设计者和使用者都拥有相当的研究和维护管理经验，否则会承担较大的使用风险。这也是限制生物流化床应用的主要原因。

在投资和运行成本方面，生物流化床的设计建造成本及占地面积仅相当于传统活性污泥曝气池的 70% 和 50%，仅仅会因为动力消耗造成运行成本的增加。为降低能耗，可降低生物载体的使用密度，但低密度的载体将提高运行管理的控制难度，更易造成载体流失，降低传质性能。

3.3.2.2　工艺形式

按照动力来源，常用的厌氧生物流化床的主要形式为机械搅动流化床和上推流式厌氧流化床。

1）机械搅动流化床

机械搅动流化床结构特征是将反应室与固液分离室两部分整合为一体，池底中部设有机械搅拌装置，以电机作为搅拌装置的动力来源，使其保持流化悬浮状态。采用粒径为 $0.1\sim0.4$ mm 之间的如砂、焦炭或活性炭等硬性载体作为填充载体填料。该工艺具有降解速率高、传质效率高、运行稳定管理简单等特点（参见图 3-3）。

机械搅拌流化床工艺具有以下特征：①载体的比表面积大（可达 $8000\sim9000$ m^2/m^3）、生物量大，提高了有机物的降解率；②机械搅拌使悬浮态的载体保持流态化，大大增加了载体与污水的接触机会，床体内部的降解反应具有均一性；③混合液挥发性悬浮固体浓度（MLVSS）值稳定，无需外部干预。

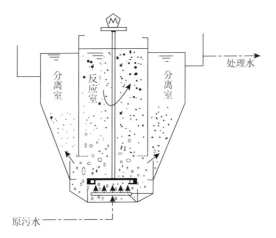

图 3-3　机械搅动流化床处理工艺

2）上推流式厌氧流化床

上推流式厌氧流化床也称上升流厌氧流化床
（图 3-4），轻质载体被限制在固定的区域内，滤床的
膨胀率通常为 20%～70%，颗粒由于载体处于流化状
态，使其整个表面都可以与污水相接触，提高生物膜
的利用效率，防止堵塞现象的发生，强化污水从流化
床底部上升过程中与载体上的生物膜接触，提高传质
过程的效率。

3.3.2.3　工艺应用

生物流化床内的污泥浓度最大可达到 30～40 g/L，
适于处理高浓度有机废水，具有强的对有机物的吸
附、氧化降解能力，20 世纪八九十年代后，我国已建

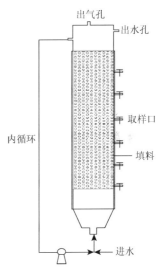

图 3-4　上推流式厌氧流化床

成了许多中小型生物流化床装置并应用于污水处理，从开始处理城镇生活污水，
到能够有效地处理印染、炼油、皮革等工业废水。

3.4　厌氧生物膜数学模型与数值模拟

3.4.1　厌氧生物膜法静态数学模型

厌氧生物膜法是与厌氧活性污泥法平行发展起来的生物处理技术。在厌氧生物膜法中，厌氧微生物附着在载体表面生长而形成膜状，当污水流经载体表面和生物膜接触的过程中，污水中的有机物经物理、化学、生物等作用被微生物吸附、稳定，进而污水得到净化。载体有天然材料，如碎石、卵石、炉渣和焦炭等颗粒状固体，其粒径在 3～8 cm 左右、比表面积约 40～100 m^2/m^3、孔隙率（ε）约 50%～60%；也有人工有机合成材料，如聚乙烯、聚苯乙烯、聚酰胺等制成的波纹板状、列管状、蜂窝状、颗粒状或球状填料，也可制成软性（纤维状）填料，比表面积可达 100～360 m^2/m^3 之间，孔隙率为 93%～95%。

与厌氧活性污泥法相比，厌氧生物膜法具有如下优点：

（1）参与净化反应的微生物具有多样性。生物膜法的各种处理工艺，都具有适宜于微生物生长、栖息、繁殖的安静稳定环境，生物膜中的微生物不需像活性污泥那样，承受强烈的搅拌冲击，因此更易于生长繁殖。

（2）微生物数量多，处理能力大，净化功能显著。由于微生物附着生长并使生物膜具有较低的含水率，单位容积反应器内的生物量比厌氧活性污泥法多 5～20 倍，因而处理能力也较大，容积负荷可达 5～15 kg COD/(m^3·d)，并可产生生物能（沼气）约 0.35～0.45 m^3/kg COD。

（3）生物的食物链长。在生物膜上生长繁殖的生物中，动物性营养者所占的比例较大，微型动物的存活率也比较高，在生物膜上能够生长高层次营养水平的生物，在捕食性纤毛虫、轮虫、线虫类之上，还生长栖息着寡毛类的昆虫，因此，在生物膜上形成的生物链要长于活性污泥法，并且产生的生物污泥量也少于活性污泥。

（4）生物膜法中的各种工艺，对流入水水质、水量的变动都具有较强的适应性。耐冲击负荷能力强，可处理以溶解性 COD 为主的高浓度有机废水，也可处理低浓度城市污水。

（5）衰老脱落的生物膜，沉降性能好，易于固液分离。

（6）易于运行管理，无污泥膨胀问题。生物膜反应器具有较高的生物量，不需要污泥回流，易于维护管理。

1. 生物膜的形成

厌氧生物膜法主要研究的是微生物在载体上的增长及降解底物的动力学，在液相部分对有机物的降解及微生物的增长静态数学模型与厌氧活性污泥是相同的。

微生物在载体表面附着固定过程是微生物与载体表面相互作用的结果，一方面决定于细菌表面特性，另一方面取决于载体表面的物理化学特性。生物膜形成模式见图 3-5。

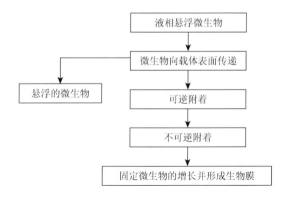

图 3-5　生物膜形成模式图

1）微生物向载体表面传递

微生物向载体表面传递方式有两种：一种是主动传递（依靠水动力学与各种扩散力）；另一种是被动传递（依靠布朗运动、细菌自身运动、重力沉浮作用等）。

2）可逆附着和不可逆附着

当微生物被传递到载体表面后，经物理与化学力的作用，存在着附着与脱析双向作用的过程。但附着后，增殖的新生细菌具有很强的吸附能力，并且由于细菌荚膜及细胞老化以后分泌出的多糖聚合物等物质，均具有很强的黏性，能够克服水力剪切以及其他力的影响从而形成生物膜。

最新研究发现，生物膜表面的优势菌种是甲烷杆菌（Methanobacteriaceae），生物膜深处的优势菌种是甲烷八叠球菌（*Methanosarcina*）。

2. 厌氧生物膜法静态数学模型

厌氧生物膜法反应器，由于水流、气流（沼气）的搅动作用，故可将其视为完全混合型反应器，而产甲烷阶段为限速阶段。厌氧生物膜法的模型流程如图 3-6 所示。

1）底物降解静态数学模型

根据图 3-6，列出如下底物平衡式：

$$V\left(\frac{\mathrm{d}C}{\mathrm{d}t}\right) = QC_0 - QC_\mathrm{e} - \left[V_A\left(\frac{\mathrm{d}C}{\mathrm{d}t}\right)_{A反应} + V_B\left(\frac{\mathrm{d}C}{\mathrm{d}t}\right)_{B反应}\right]$$

（3-1）

式中，V_A 为附着在载体上的生物膜体积；$\left(\dfrac{\mathrm{d}C}{\mathrm{d}t}\right)_{A反应}$ 为

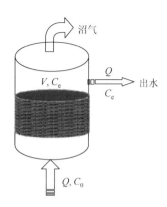

图 3-6　厌氧生物膜法流程图

生物膜降解底物的速率；V_B 为悬浮的厌氧活性污泥体积；$\left(\dfrac{\mathrm{d}C}{\mathrm{d}t}\right)_{B反应}$ 为悬浮的厌氧

活性污泥降解底物的速率；V 为反应器有效容积；C 为水质浓度；C_0 为初始进水浓度；C_e 为处理后出水浓度；Q 为进水流量。

在厌氧生物膜法中，生物膜中的生物量 X_A 远多于悬浮活性污泥中的生物量 X_B，即 $X_A \gg X_B$，故 $\left(\dfrac{\mathrm{d}C}{\mathrm{d}t}\right)_{B反应}$ 反应可略去不计，可得

$$V\left(\frac{\mathrm{d}C}{\mathrm{d}t}\right) = QC_0 - QC_e - V_A\left(\frac{\mathrm{d}C}{\mathrm{d}t}\right)_{A反应} \tag{3-2}$$

2）生物膜增殖静态数学模型

如略去内源呼吸所减少的生物量，则生物膜增长与底物降解的关系式为

$$\left(\frac{\mathrm{d}X}{\mathrm{d}t}\right)_{A反应} = Y\left(\frac{\mathrm{d}C}{\mathrm{d}t}\right)_{A反应} \tag{3-3}$$

比增长速率为：$\dfrac{\left(\dfrac{\mathrm{d}X}{\mathrm{d}t}\right)_{A反应}}{X_A}$。

应用微生物增殖的莫诺（Monod）公式：

$$\mu_{A反应} = \frac{\mu_{\max}C_e}{K_m + C_e} = \frac{\left(\dfrac{\mathrm{d}X}{\mathrm{d}t}\right)_{A反应}}{X_A} \tag{3-4}$$

即

$$\left(\frac{\mathrm{d}X}{\mathrm{d}t}\right)_{A反应} = X_A \mu_{A反应} \tag{3-5}$$

代入式（3-3）得

$$\left(\frac{\mathrm{d}C}{\mathrm{d}t}\right)_{A反应} = \frac{X_A \mu_{A反应}}{Y} = \frac{\mu_{\max}C_e}{K_m + C_e}\frac{X_A}{Y} \tag{3-6}$$

将式（3-4）代入式（3-2），在稳定状态下，$\left(\dfrac{\mathrm{d}C}{\mathrm{d}t}\right) = 0$，整理后得

$$Q(C_0 - C_e) = \frac{\mu_{\max}C_e}{K_m + C_e}\frac{V_A X_A}{Y} \tag{3-7}$$

设载体的比表面积为 A_m（m^2/m^3）、体积为 V_m（m^3），生物膜的厚度为 δ、密度为 ρ_A，则生物膜的总体积 V_A 及生物膜中的生物量 X_A 分别为

$$V_A = V_m A_m \delta = A\delta ~, ~~ X_A = \frac{A\delta\rho_A}{V_A} \tag{3-8}$$

式中，A 为生物膜的总面积，$A = V_m \cdot A_m$。

将式（3-8）代入式（3-7）：

$$Q(C_0 - C_e) = V_A \frac{\mu_{max} C_e}{K_m + C_e} \frac{A\delta\rho_A}{V_A Y} \tag{3-9}$$

式（3-9）的等号两边除以 A 得

$$\frac{Q(C_0 - C_e)}{A} = V_A \frac{\mu_{max} C_e}{K_m + C_e} \frac{A\delta\rho_A}{A V_A Y} \tag{3-10}$$

式（3-10）等号左边为单位面积生物膜的降解速率，用 N_c 表示，单位为 $mol/(m^2 \cdot d)$；右边 $\frac{\mu_{max} \cdot A\delta\rho_A}{YA}$ 为单位面积生物膜的最大降解速率，以 N_{max} 表示，单位也是 $mol/(m^2 \cdot d)$。故式（3-10）可改写为

$$N_c = \frac{N_{max} C_e}{K_m + C_e} \tag{3-11}$$

从式（3-11）中可以看出：如果提高载体的表面积，则可以增加反应器的处理能力。该式适用于各种型式的厌氧生物膜法反应器工艺。

式（3-11）与莫诺（Monod）公式相同。如果底物中存在着微生物不可降解物质 C_I，则式（3-11）应改写为

$$N_c = \frac{N_{max}(C_e - C_I)}{K_m + (C_e - C_I)} \tag{3-12}$$

式中，动力学系数 N_{max} 与 K_m 可通过试验求得。

3.4.2 厌氧消化过程动态数学模型

多年来，各国研究人员设计出了许多不同的厌氧工艺模型［这些是形成厌氧消化 1 号模型（ADM1）的基础］。但是工程师、工艺技术设计和运行人员很少使用它们，原因主要是这些模型种类繁多，并且往往具有很特殊的性质。1997 年，在第八届国际水质协会（IWAQ）厌氧消化大会上首次公开提出了建立通用厌氧消化模型的目标；1998 年，国际水质协会成立了厌氧消化工艺数学模型公关研究课题组，于 2001 年 9 月在第九届国际水协（IWA）厌氧消化会议上推出了厌氧消化 1 号模型（ADM1）。2002 年 3 月，ADM1 模型正式推出。该模型主要描述了厌氧消化中的生化和物化过程，共涉及厌氧体系中的七大类微生物、19 个生化动

力学过程、3 个气液传质动力学过程，共有 26 个组分和 8 个隐式代数变量。该模型能较好地模拟和预测不同厌氧工艺在不同运行工况下的运行效果，如气体产量、气体组成、出水 COD、挥发性脂肪酸（VFA）以及反应器内的 pH 值，因此可以为厌氧工艺的设计、运行和优化控制提供理论指导和技术支持；同时 ADM1 还具有良好的可扩展性，可提供开放的通用建模平台以及与活性污泥模型（ASM）的接口，在实际应用中，可以经过简化、扩充或修正，广泛应用于对各种厌氧-好氧组合工艺的过程模拟。

1. 模型单位

IWA 的厌氧消化 1 号数学模型（ADM1）提出了通用的命名法、单位及定义，本节对此予以介绍。与 ASM 一样，微生物用经验分子式 $C_5H_7O_2N$ 来表示。

模型选择 COD（$kg\,COD/m^3$）作为化学组分的基本单位，因为它可用作连续流中污水特性的鉴定方法，可用于上流式和气体利用工业及碳氧化状态的内在平衡，并能够与 IWA 的 ASM 部分兼容。摩尔浓度单位（$kmol/m^3$）可用于没有 COD 的组分，如无机碳（CO_2 和 HCO_3^-）和无机氮（NH_4^+ 和 NH_3），详见表 3-1。统一单位可进行一致性检查。

表 3-1　模型单位

测量项目	单位	测量项目	单位
质量浓度	$kg\,COD/m^3$	距离	m
浓度（非 COD）	$kmol(C)/m^3$	容积	m^3
氮的浓度（非 COD）	$kmol(N)/m^3$	能量	J（kJ）
压力	$10^5\,Pa$	时间	d
温度	K		

选取 1 个 $kmol/m^3$ 和 1 个 $kg\,COD/m^3$ 为基础的计算，有利于物理-化学方程中的对数转换（例如 pH 和 pK_a）。$kg\,COD/m^3$ 的使用与 ASM 和好氧处理的普通计算不相符，后者通常使用 $g\,COD/m^3$（或 $mg\,COD/L$）。事实上，使用 $mg\,COD/L$ 相对简单一些，因为它只需变化 K_S（饱和系数）值，修改 pK_a 和 K_a 值。若有必要（例如作为好氧模型的附加项），也可以使用 $g\,COD/m^3$（或 $mg\,COD/L$）。

2. 参数和变量

ADM1 模型中有四类主要的参数和变量：化学计量系数、平衡系数、动力学参数及动态和代数变量，详见表 3-2。

表 3-2　ADM1 模型中参数和变量的符号、意义和单位

符号	意义	单位
化学计量系数		
$c(C_i)$	组分 i 中的碳浓度	kmol(C)/kg COD
$c(N_i)$	组分 i 中的氮浓度	kmol(N)/kg COD
$v_{i,j}$	组分 i 在过程 j 的速率系数	kg COD/m^3
$f_{产物,底物}$	产物对底物的产率（只有异化作用）	kg COD（产物）/kg COD（底物）
平衡系数		
H_{gas}	气体定律常数（等于 $1/K_H$）	10^5 Pa·m^3/kmol
$K_{a,acid}$	酸-碱平衡系数	kmol/m^3
K_H	亨利定律系数	kmol/(10^5 Pa·m^3)
pK_a	$-lg[K_a]$	—
R	气体定律常数（8.314×10^{-2}）	10^5 Pa·m^3/(kmol·K)
ΔG	自由能	J/mol
动力学参数		
$k_{A/Bi}$	酸-碱动力学参数	m^3/(kmol·d)
$k_{衰减}$	一级衰减速率	d^{-1}
$I_{抑制剂,过程}$	抑制函数（见 K_I）	—
$k_{过程}$	一级参数（通常对水解而言）	d^{-1}
k_La	气-液传递系数	d^{-1}
$k_{I,抑制,底物}$	50%抑制浓度	kg COD/m^3
$k_{m,过程}$	Monod 最大比吸收速率（$=\mu_{max}/Y_{底物}$）	kg COD(底物)/[kg COD(生物)·d]
$K_{S,过程}$	半饱和值	kg COD(底物)/m^3
ρ_j	过程 j 的动力学速率	kg COD(底物)/(m^3·d)
$Y_{底物}$	生物对底物产率	kg COD(生物)/kg COD(底物)
μ_{max}	Monod 最大比生长速率	d^{-1}
动态和代数变量（及导出变量）		
pH	$-lg[H^+]$	—
$p_{gas,i}$	气体 i 的压力	10^5 Pa
p_{gas}	气体总压力	10^5 Pa
S_i	可溶性组分 i	kg COD/m^3
$t_{res,x}$	固体的延时停留	d
T	温度	K
V	容积	m^3
X_i	颗粒性组分 i	kg COD/m^3

　　ADM1 模型中同时列出了用微分和代数方程（differential and algebraic equation，DAE）实现 ADM1 时所使用的动态变量，详见表 3-3。动态变量通过求解特定时间（t）条件下的一个微分方程组进而得到，这个方程组由 ADM1 过程速率、被模拟的工艺构造、输入量和初始条件（即 $t=0$ 时这些状态的值）来定义。同样，使用一个 DAE 工具时，一个系统在 t 时刻的状态可完全由每个容器中的 26 个变量的值来定义。由于酸-碱反应是快速的动力学过程，所以当利用一个微分方程（differential equation，DE）来实现 ADM1 时，尽管其动态变量为 32 个，但对其的定义也是十分正确的。

表 3-3　ADM1 中动态变量特性（DAE 系统）

序号	名称	意义	单位	体积质量（g/m³）	摩尔质量（g COD/mol）	$c(C_i)$（kmol/kg COD）	$c(N_i)$（kmol/kg COD）
1	S_{su}	单糖	kg COD/m³	180	192	0.0313	0
2	S_{aa}	氨基酸	kg COD/m³	变化	变化	变化	变化
3	S_{fa}	总 LCFA	kg COD/m³	256	736	0.0217	0
4	S_{va}	总戊酸盐	kg COD/m³	102	208	0.0240	0
5	S_{bu}	总丁酸盐	kg COD/m³	88	160	0.0250	0
6	S_{pro}	总丙酸盐	kg COD/m³	74	112	0.0268	0
7	S_{ac}	总乙酸盐	kg COD/m³	60	64	0.0313	0
8	S_{h2}	氢	kg COD/m³	2	16	0	0
9	S_{ch4}	甲烷	kg COD/m³	16	64	0.0156	0
10	S_{IC}	无机碳	kmol/m³	44	0	1	0
11	S_{IN}	无机氮	kmol/m³	17	0	0	1
12	S_I	可溶性惰性物质	kg COD/m³	变化	变化	变化	变化
13	X_c	合成物	kg COD/m³	变化	变化	变化	变化
14	X_{ch}	碳水化合物	kg COD/m³	变化	变化	0.0313	变化
15	X_{pr}	蛋白质	kg COD/m³	变化	变化	变化	变化
16	X_{li}	脂类	kg COD/m³	806	2320	0.0220	0
17~23	X_{Su-h2}	生物	kg COD/m³	113	160	0.0313	0.00625
—	S_{cat}	阳离子	kmol/m³	变化	0	0	0
—	S_{an}	阴离子	kmol/m³	变化	0	0	0
24	X_I	颗粒状惰性物质	kg COD/m³	变化	变化	变化	变化

3.4.3 ADM1 中的生化过程

1. ADM1 中生化反应结构

ADM1 厌氧消化模型包括中间产物。设定过程和组分遵循的原则是：最大限度地提高适用性，同时保持一个相对简单的结构。模型包括三个生化（细胞的）步骤：①产酸（发酵）、产乙酸（有机酸的厌氧氧化）和产甲烷步骤；②胞外（部分非生物的）分解步骤；③胞外水解步骤（图3-7）。其中，水解、产酸和产乙酸这三个过程中有许多平行反应。

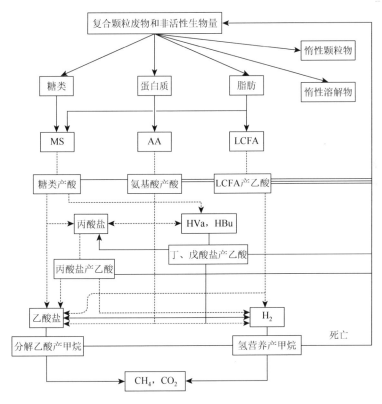

图 3-7　包括生化过程的厌氧模型

MS—单糖；AA—氨基酸；LCFA—长链脂肪酸；HVa—戊酸；HBu—丁酸

模型假定复杂的混合颗粒废物是均质的，能够分解成碳水化合物、蛋白质和脂类颗粒性底物。将这一点包括在内主要是为了便于剩余活性污泥消化的模拟，因为分解步骤被认为发生在更复杂的水解步骤之前。不过，当原底物可用集中动力学和生物降解能力参数（例如初沉污泥和其他底物）表示时，这一假设也经常使用。混合液中的复杂颗粒体也可作为一个死亡生物体的预溶解贮存室，因此，分解步骤包括一系列的步骤，如溶解、非酶促衰减、相分离和物理性破坏（如剪切）。所有的胞外步骤都被假定为一级反应，这是一个反映多步反应过程累积效应的经验函数。细胞动力学可用三种表达式：吸收、生长和衰减来分别描述。

该模型中的主要速率方程是底物吸收，它基于底物水平的 Monod 形式的动力学。之所以选择与底物吸收相关的、而不是与生长相关的动力学，是因为这样可把生长从吸收中分离并允许产率可变。这里所用的基本动力学也可称作 Michaelis-Menten，但这并非是通常用于自身催化的一个术语，这里使用的术语是 Monod 形式。由于生物所吸收的底物部分合成于其自身物质，所以该模型将生物生长隐含于底物吸收过程中。假定生物衰减生成复合颗粒性物质是一级反应动力学，可用一组独立的表达式来描述。

2. 速率方程矩阵

生化反应的过程速率和化学计量矩阵见表 3-4（可溶性组分）和表 3-5，其形式与 ASM 相同。表中未包括物理-化学速率方程（如液-气转换）。所有的酸-碱对，包括有机酸，可表达为酸-碱对的浓度之和（例如，$S_{IC} = S_{CO_2} + S_{HCO_3^-}$ 和 $S_{ac} = S_{Ac^-} + S_{HAc}$）。COD 平衡隐含在矩阵中。在许多情况下，无机碳是异化作用或同化作用的碳源或产物（即糖、氨基酸、丙酸盐、乙酸盐和氢的吸收，$j = 5, 6, 10, 11, 12$）。

在这种情况下，可以把无机碳速率系数表达成一个碳平衡：

$$v_{10,j} = \sum c(C_i) v_{i,j} \quad (i = 1 \sim 9, \ 11 \sim 24) \tag{3-13}$$

例如，$v_{10,6}$，氨基酸发酵的无机碳速率系数为

$$\begin{aligned} v_{10,6} = &-[-c(C_{aa}) + (1 - Y_{aa}) f_{va,aa} c(C_{va}) + (1 - Y_{aa}) f_{bu,aa} c(C_{bu}) \\ &+ (1 - Y_{aa}) f_{pro,aa} c(C_{pro}) + (1 - Y_{aa}) f_{ac,aa} c(C_{ac}) + Y_{aa} c(C_{biom})] \end{aligned} \tag{3-14}$$

式中，$c(C_i)$ 为组分 i 的无机碳浓度[kmol(C)/kg COD]；$c(C_{biom})$ 为生物的一般碳浓度[0.0313 mol(C)/kg COD]。

在其他过程——分解、水解、长链脂肪酸（LCFA）、戊酸盐、丁酸盐的吸收、衰减（$j = 1 \sim 4, 7, 8, 9, 13 \sim 19$）中，不包括碳浓度这一项。所以这些过程的碳平衡由于底物、产物和生物的碳浓度不同可能有一点误差。

表 3-4 ADM1 模型中溶解性组分($i=1\sim12$, $j=1\sim19$)的生化速率系数($v_{i,j}$)和动力学速率(ρ_j)方程

过程 j	1 S_{su}	2 S_{aa}	3 S_{fa}	4 S_{va}	5 S_{bu}	6 S_{pro}	7 S_{ac}	8 S_{h2}	9 S_{ch4}	10 S_{IC}	11 S_{IN}	12 S_I	$\rho_j[\text{kg COD}/(\text{m}^3\cdot\text{d})]$
组分意义及单位	单糖	氨基酸	长链脂肪酸	总戊酸盐	总丁酸盐	总丙酸盐	总乙酸盐	氢气	甲烷气体	无机碳	无机氮	可溶解性物质	
1 分解												$f_{SI,xc}$	$k_{dis}X_c$
2 水解醣	1												$k_{hyd,ch}X_{ch}$
3 蛋白质水解		1											$k_{hyd,pr}X_{pr}$
4 脂类水解	$1-f_{fa,li}$		$f_{fa,li}$										$k_{hyd,li}X_{li}$
5 糖的吸收	-1				$(1-Y_{su})f_{bu,su}$	$(1-Y_{su})f_{pro,su}$	$(1-Y_{su})f_{ac,su}$	$(1-Y_{su})f_{h2,su}$		$-\Sigma c(C_i)v_{i,5}$ ($i\neq10$)	$-Y_{su}c(N_{bac})$		$k_{m,su}[S_{su}/(K_s+S_{su})]X_{su}I_1$
6 氨基酸的吸收		-1		$(1-Y_{aa})f_{va,aa}$	$(1-Y_{aa})f_{bu,aa}$	$(1-Y_{aa})f_{pro,aa}$	$(1-Y_{aa})f_{ac,aa}$	$(1-Y_{aa})f_{h2,aa}$		$-\Sigma c(C_i)v_{i,6}$ ($i\neq10$)	$N_{aa}-Y_{aa}c(N_{bac})$		$k_{m,aa}[S_{aa}/(K_s+S_{aa})]X_{aa}I_1$
7 长链脂肪酸吸收			-1				$0.7(1-Y_{fa})$	$0.3(1-Y_{fa})$			$-Y_{fa}c(N_{bac})$		$k_{m,fa}[S_{fa}/(K_s+S_{fa})]X_{fa}I_2$
8 戊酸盐的吸收				-1		0.54 $(1-Y_{c4})$	$0.31(1-Y_{c4})$	$0.15(1-Y_{c4})$			$-Y_{c4}c(N_{bac})$		$k_{m,c4}[S_{va}/(K_s+S_{va})]X_{c4}[S_{va}/(S_{bu}+S_{va})]I_2$
9 丁酸盐的吸收					-1		$0.8(1-Y_{c4})$	$0.2(1-Y_{c4})$			$-Y_{c4}c(N_{bac})$		$k_{m,c4}[S_{bu}/(K_s+S_{bu})]X_{c4}[S_{bu}/(S_{bu}+S_{va})]I_2$
10 丙酸盐的吸收						-1	$0.57(1-Y_{pro})$	$0.43(1-Y_{pro})$		$-\Sigma c(C_i)v_{i,10}$ ($i\neq10$)	$-Y_{pro}c(N_{bac})$		$k_{m,pr}[S_{pro}/(K_s+S_{pro})]X_{pro}I_2$
11 乙酸盐的吸收							-1		$1-Y_{ac}$	$-\Sigma c(C_i)v_{i,11}$ ($i\neq10$)	$-Y_{ac}c(N_{bac})$		$k_{m,ac}[S_{ac}/(K_s+S_{ac})]X_{ac}I_3$
12 氢的吸收								-1	$1-Y_{h2}$	$-\Sigma c(C_i)v_{i,12}$ ($i\neq10$)	$-Y_{h2}c(N_{bac})$		$k_{m,h2}[S_{h2}/(K_s+S_{h2})]X_{h2}I_1$

过程 13: X_{su} 的衰减; $\rho_j=k_{dec,xsu}X_{su}$; 过程 14: X_{aa} 的衰减; $\rho_j=k_{dec,xaa}X_{aa}$; 过程 15: X_{fa} 的衰减; $\rho_j=k_{dec,xfa}X_{fa}$; 过程 16: X_{c4} 的衰减; $\rho_j=k_{dec,xc4}X_{c4}$; 过程 17: X_{pro} 的衰减; $\rho_j=k_{dec,xpro}Y_{pro}$; 过程 18: X_{ac} 的衰减; $\rho_j=k_{dec,xac}X_{ac}$; 过程 19: X_{h2} 的衰减; $\rho_j=k_{dec,xh2}X_{h2}$; (过程 13~过程 19 无化学计量系数)。

抑制因子 $I_1=I_{pH}I_{IN,lim}$; $I_2=I_{pH}I_{IN,lim}I_{h2}$; $I_3=I_{pH}I_{IN,lim}I_{NH3,Xac}$; 式中，$I_{pH}$、$I_{IN,lim}$、$I_{h2}$、$I_{NH3,Xac}$ 分别为 pH、无机氮、氢及氨的抑制函数。

组分 1~9,12 单位为 kg COD/m³; 组分 10 单位为 kmol(C)/m³; 组分 11 单位为 kmol(N)/m³。

表 3-5　ADM1 模型中颗粒性组分($i = 13\sim24$, $j = 1\sim19$)的生化速率系数($\nu_{i,j}$)和动力学速率(ρ_j)方程

过程 j	组分 i→ 13 X_c	14 X_{ch}	15 X_{pr}	16 X_{li}	17 X_{su}	18 X_{aa}	19 X_{fa}	20 X_{c4}	21 X_{pro}	22 X_{ac}	23 X_{h2}	24 X_i	$\rho_j[\text{kg COD}/(\text{m}^3\cdot\text{d})]$
1 分解	-1	$f_{ch,xc}$	$f_{pr,xc}$	$f_{li,xc}$								$f_{xl,xc}$	$k_{dis}\cdot X_c$
2 水解碳水化合物		-1											$k_{hyd,ch}\cdot X_{ch}$
3 蛋白质水解			-1										$k_{hyd,pr}\cdot X_{pr}$
4 脂类水解				-1									$k_{hyd,li}\cdot X_{li}$
5 糖的吸收					Y_{su}								$k_{m,su}[S_{su}/(K_s+S_{su})]X_{su}I_1$
6 氨基酸的吸收						Y_{aa}							$k_{m,aa}[S_{aa}/(K_s+S_{aa})]X_{aa}I_1$
7 长链脂肪酸吸收							Y_{fa}						$k_{m,fa}[S_{fa}/(K_s+S_{fa})]X_{fa}I_2$
8 戊酸盐的吸收								Y_{c4}					$k_{m,c4}[S_{va}/(K_s+S_{va})]X_{c4}[S_{va}/(S_{bu}+S_{va})]I_2$
9 丁酸盐的吸收								Y_{c4}					$k_{m,c4}[S_{bu}/(K_s+S_{bu})]X_{c4}[S_{bu}/(S_{bu}+S_{va})]I_2$
10 丙酸盐的吸收									Y_{pro}				$k_{m,pr}[S_{pro}/(K_s+S_{pro})]X_{pro}I_2$
11 乙酸盐的吸收										Y_{ac}			$k_{m,ac}[S_{ac}/(K_s+S_{ac})]X_{ac}I_3$
12 氢的吸收											Y_{h2}		$k_{m,h2}[S_{h2}/(K_s+S_{h2})]X_{h2}I_1$
13 X_{su} 的衰减	1				-1								$k_{dec,Xsu}\cdot X_{su}$
14 X_{aa} 的衰减	1					-1							$k_{dec,Xaa}\cdot X_{aa}$
15 X_{fa} 的衰减	1						-1						$k_{dec,Xfa}\cdot X_{fa}$
16 X_{c4} 的衰减	1							-1					$k_{dec,Xc4}\cdot X_{c4}$
17 X_{pro} 的衰减	1								-1				$k_{dec,Xpro}\cdot X_{pro}$
18 X_{ac} 的衰减	1									-1			$k_{dec,Xac}\cdot X_{ac}$
19 X_{h2} 的衰减	1										-1		$k_{dec,Xh2}\cdot X_{h2}$
组分意义及单位	混合物	碳水化合物	蛋白质	脂类	糖降解者	氨基酸降解者	长链脂肪酸降解者	戊酸盐、丁酸盐降解者	丙酸盐降解者	乙酸盐降解者	氢降解者	颗粒性生物质	组分13~21,24单位为 kg COD/m³; 组分22单位为 kmol(C)/m³; 组分23单位为 kmol(N)/m³;

抑制因子 $I_1 = I_{pH}\cdot I_{IN,lim}$; $I_2 = I_{pH}\cdot I_{IN,lim}\cdot I_{h2}$; $I_3 = I_{pH}\cdot I_{IN,lim}\cdot I_{NH3}$; 式中，$I_{pH}$、$I_{IN,lim}$、$I_{h2}$、$I_{NH3}$、$X_{ac}$ 分别为 pH、无机氮、氢及氨的抑制函数。

3. 分解和水解

分解和水解是胞外的生物和非生物过程，它们是复杂有机物分裂和溶解成可溶性底物的中间过程。底物是复杂的混合颗粒体、颗粒性碳水化合物、蛋白质和脂类。后三种底物也是混合颗粒体分解的产物。其他的分解产物有惰性颗粒和可溶性惰性物质。碳水化合物、蛋白质和脂类的（酶）降解产物分别是单糖、氨基酸和长链脂肪酸。ADM1 模型把一个以非生物分解为主的步骤作为厌氧反应的第一个反应过程，以允许各种不同的应用，并顾及生物污泥和复杂有机物的溶解。三个平行的酶促反应步骤——碳水化合物、蛋白质及脂类的水解，可用于说明这三种颗粒性底物水解速率的差异。分解步骤也可用来描述混合有机物的集合，这一点对于剩余活性污泥和初沉污泥消化尤为重要。此时，分解步骤代表整个细胞的溶解和混合物的分离。许多研究者都采用了这个步骤。模型中包含一个混合有机物，也为死亡厌氧生物的循环提供了一个极好的方法。水解，在这里意味着一个成分明确的颗粒性或大分子化合物降解生成其可溶性单体。目前所确认的最显著的颗粒性底物是碳水化合物、蛋白质和脂类，它们的解聚过程与水解的正式化学定义相对应。在每种情况下，水解过程都由酶催化。酶可能由生物体直接受益于可溶性产物而产生。水解可由下述两个概念模型中的一个来表示：生物体向液相主体中分泌酶。在液相主体中，酶被微粒吸收或与可溶性底物发生反应。生物体附着于一个微粒上，在其周围产生酶，并受益于酶促反应所释放的可溶性产物。

完全酶促水解步骤对于碳水化合物、蛋白质和脂类来说，是一个复杂的多步骤过程，包括多种酶的生产、扩散、吸收、反应和酶失活步骤。不过，描述水解过程最普遍使用的是一级动力学，它是"一个反映所有微观过程累积效应的经验表达式"。与表面有关的水解动力学是以酶的生产或吸收，或表面相关的生物生长为基础的。一些研究者利用模型从理论上证明了表面相关动力学的重要性。然而，Vavilin 等[1]在 1996 年对许多水解动力学进行了比较，其中包括一个表面相关的两相模型。一级动力学模型与复杂的两相模型相比只差一点点。一个采用 Contois 动力学的模型（它用单一参数来表示底物和生物的饱和度）与两相模型一样能很好地拟合实验数据。Valentini 等[2]在 1997 年定量评价了一级动力学模型中生物浓度的影响，他用一个 0～1 之间的指数来改变生物浓度，结果发现指数值在 0.4～0.6 之间时拟合效果最佳（批量试验）。指数为 0 时（即与生物无关，与底物呈一级关系）的标准误差为 35%，而最佳指数的标准误差为 22%，二者模拟效果相差不大。Batstone 等[3]在 2000 年也指出，一级动力学模型能够拟合生物气的产量，其效果与复杂的两相模型几乎一样（两相模型包括酶吸收）。因此，一级动力学为默认水解动力学形式。Contois 动力学可用于生物与底物之比低到限制消化速度的系统中（例如批量消化系统，公式可见 Vavilin 等于 1996 发表的《颗粒性有机物厌氧降解的水解动力学》一文）。

4. 混合产物产酸

产酸（发酵）通常被定义为一个没有外加电子受体和供体的厌氧产酸的微生物过程，其中包括可溶性糖和氨基酸降解成大量较为简单的产物。

使用葡萄糖（己糖）作为模拟单体。从能量和化学计量方面来说，果糖同样也可以用于模拟。戊糖与己糖相比有相似的化学计量产量，只是在产物中缺少一个 CO_2 或羧酸单位。葡萄糖最重要的产物及其化学计量反应按其重要性顺序列于表 3-6。

表 3-6　葡萄糖降解产物

序号	产物	反应方程式	ATP/mol（葡萄糖）	条件
1	乙酸	$C_6H_{12}O_6 + 2H_2O \longrightarrow 2CH_3COOH + 2CO_2 + 4H_2$	4	H_2 少 [①]
2	丙酸	$C_6H_{12}O_6 + 2H_2 \longrightarrow 2CH_3CH_2COOH + 2H_2O$	低	未观测到
3	乙酸、丙酸	$3C_6H_{12}O_6 \longrightarrow 4CH_3CH_2COOH + 2CH_3COOH + 2CO_2 + 2H_2O$	4/3	有些 H_2
4	丁酸	$C_6H_{12}O_6 \longrightarrow CH_3CH_2CH_2COOH + 2CO_2 + 2H_2$	3	H_2 少 [②]
5	乳酸	$C_6H_{12}O_6 \longrightarrow 2CH_3CHOHCOOH$	2	有些 H_2
6	乙醇	$C_6H_{12}O_6 \longrightarrow 2CH_3CH_2OH + 2CO_2$	2	H_2 少 [③]

①虽然从热力学角度来说，H_2 高时该反应也可能发生，但可能受到底物水平的磷酸化热力学的限制。
②在培养的环境样品中尚未观察到 H_2。与反应 3 相比，H_2 与底物水平的氧化相结合更普遍。
③由发酵途径而损耗的能量产量。细菌路径可能有 0 ATP/mol（乙醇）。

反应 2 是葡萄糖生成丙酸的非耦合反应，该反应在 ADM1 和 ASM 模型中出现过。然而，IWA 课题组建议优先使用反应 3，理由如下：

没有培养出只产丙酸的生物。所有产丙酸或琥珀酸的生物也产乙酸，CO_2 为产物。通过氧化甲酸或单质氢来获得电子，从热力学角度来说是不利的（除非 H_2 分压很高），并且与通过生物酵解单糖生成丁酸或乙酸来释放甲酸或氢相矛盾。除了有机酸外，葡萄糖发酵可产生大量的替代性发酵产物，其中最重要的是乳酸和乙醇。乳酸是一个关键的中间产物，研究发现，几乎所有单糖底物都可以通过乳酸途径进行降解。不过，随后乳酸降解非常快，在酸化反应器中，当瞬时负荷过高时它首先被发现。当葡萄糖浓度过高时，乳酸由微不足道变成含量最高的有机酸（以 COD 计）。在低 pH 值情况下（pH<5.0），乙醇是作为乙酸的替代物产生的。乳酸与葡萄糖的化学计量关系相同，因此，ADM1 将其省略不会影响生物反应的化学计算。然而，乳酸的 pK_a 非常低（3.08），这对 pH 值有很大的影响，特

别是 ADM1 对 pH 的瞬时下降预测偏低(即在快速动力学过程中过高预测 pH 值)。与浓度增加相比,水力增加的影响更显著。模型中缺乏作为中间体的乙醇,将导致中间态有机酸的预测效果很差,对酸化反应器内低水平的 pH 值预测效果也不好。产甲烷反应器和低负荷系统在很大程度上不受忽略乳酸或乙醇影响,因为乳酸和乙醇相对容易降解,分别生成混合有机酸和乙酸。在多数厌氧消化反应器中,乳酸和乙醇等中间体的浓度比较低,故 ADM1 将其省略。IWA 课题组决定在模型中包括乙酸、丙酸和丁酸,因为它们是单糖产酸形成的重要末端产物,沿着水流方向发生不同程度的降解。这可通过气相色谱(GC)分析法进行同步监测。总之,对于高负荷葡萄糖进水的产酸系统来说,在下述情况下将它们包括在内是适当的,即在瞬时浓度和水力条件(乳酸盐)或在低 pH 值下运行,或故意促进乙醇产生,例如强化下流式消化的情况下。乳酸作为一个中间体已经被很多研究者使用过。为了正确描述产物产量对 pH 的依赖性,计算时可能需要一个校准函数。由于许多生物能够产生几种产物,所以应该使用一个具有集总参数的单一种群生物。

常见的氨基酸有 20 种。蛋白质水解产生氨基酸的相对产率取决于蛋白质的原结构。氨基酸的发酵途径主要有:Stickland 氨基酸成对氧化-还原发酵。氢离子或二氧化碳作为外部电子受体的单一氨基酸氧化。Stickland 发酵反应比非耦合降解发生得更快。在正常的混合蛋白质系统中,通常只缺少 10% 的电子受体蛋白。氨基酸的 Stickland 发酵有许多特性,见图 3-8:①不同的氨基酸可分别作为供体、受体或二者兼具;②电子供体失去一个碳原子形成 CO_2,并生成比原氨基酸少一个碳的羧酸(即丙胺酸 $C_3 \rightarrow$ 乙酸 C_2);③电子受体获得碳原子,形成与原氨基酸链长相同的羧酸(即氨基乙酸 $C_2 \rightarrow$ 乙酸 C_2);④只有组氨酸不能通过 Stickland 发酵反应被降解;⑤因为缺乏电子受体,总氨基酸中通常有大约 10% 可通过非耦合氧化降解,这导致氢或甲酸的产生。

氨基酸产酸的模拟非常重要,因为给出了源蛋白的氨基酸混合物就可预测产物的化学计量产率。这些产物大部分是 C_2、C_3、C_4、C_5、C_6 的异构体和正常有机酸,并伴有一些芳香族化合物、CO_2、H_2、NH_3 和还原硫。芳香族的羧酸(Phe、Tyr、Trp)产生的芳香族羧酸只占总 COD 的一小部分。因此,芳香族的氨基酸未包括在 ADM1 中。Ramsay 在 1997 年编制了一个氨基酸产物产率的电子数据表,可从一种蛋白质底物中的氨基酸含量估测产物产率。在低氢或甲酸浓度或者高温条件下,当氧化反应从热力学角度来说变得更有利时,可能发生氨基酸的非 Stickland 氧化反应,通常产生较多的丙酸和少量的乙酸和丁酸(与单糖发酵形成鲜明对比)。事实上,使用一个以 Stickland 反应为基础的电子数据表可对产物产率进行一个合理的初步估测,因为 Stickland 反应通常不受氢抑制,所以氢的调节或抑制函数被排除。

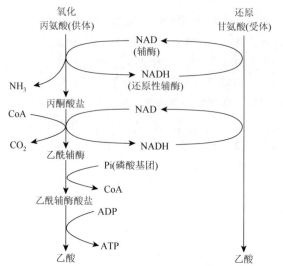

图 3-8　胺酸和氨基乙酸的耦合 Stickland 消化反应

5. 互养产氢产乙酸和利用氢产甲烷

高级有机酸降解生成乙酸是一个氧化步骤，没有内部电子受体。因此，氧化有机酸的生物体（通常是细菌）必须利用 1 个外加的电子受体，如氢离子或二氧化碳，分别产生氢气或甲酸。由于氧化反应从热力学角度来说是可能发生的（见表 3-7），而氢和甲酸可被产甲烷的生物（通常是原生细菌）所消耗，所以这些电子载体的浓度必须维持在低水平。

表 3-7　氧化脂肪酸微生物的热力学反应

底物	反应方程式	ΔG^0(kJ/gCOD)	$\Delta G'$(kJ/gCOD)
H_2, HCO_3^-	$4H_2 + CO_2 \longrightarrow CH_4 + 2H_2O$	−2.12	−0.19
丙酸	$CH_3CH_2COOH + 2H_2O \longrightarrow CH_3COOH + 3H_2 + CO_2$	0.68	−0.13
丁酸	$CH_3CH_2CH_2COOH + 2H_2O \longrightarrow 2CH_3COOH + 2H_2$	0.30	−0.16
棕榈酸	$CH_3(CH_2)_{14}COOH + 14H_2O \longrightarrow 8CH_3COOH + 14H_2$	0.55	−0.16

注：$\Delta G'$系在 $T = 298$ K，pH = 7，$p(H_2) = 1$ Pa，$p(CH_4) = 70$ kPa，$c(HCO_3^-) = 100$ mol/m³，c(有机酸) = 1 mol/m³ 条件下计算。

互养产氢产乙酸和利用氢产甲烷的热力学只在较小的氢或甲酸浓度范围内可以进行（并且很少受其他产物或底物浓度影响）。对于模拟来说，这一点很重要，因为热力学限制在很大程度上决定着氢抑制参数、半饱和系数和热力学产率（$\Delta G'$）。这些限制如图 3-9 所示。图 3-9 中给出了产甲烷和三种厌氧氧化反应的热力学产率（$\Delta G'$），阴影区域是甲烷生成和丙酸氧化可以同时发生的区域。表 3-7 所示为氧化脂肪酸微生物的热力学反应在一定条件下的 ΔG^0 和 $\Delta G'$值。

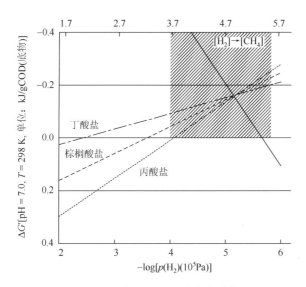

图 3-9　在不同氢分压和甲酸浓度时的 $\Delta G'$

图 3-9 中，阴影区域表示由丙酸互养产氢产乙酸的理论运行区域。除了氢/甲酸外，pH = 7.0 时，HCO_3^- 浓度为 100 mol/m^3。戊酸和丁酸的热力学相似。$\Delta G'$由式 $\Delta G' = \Delta G^0 - RT\ln[(C^c D^d)/(A^a B^b)]$计算得出。

1）电子载体的形式

电子载体是氢（来自氢离子），或者是甲酸（来自二氧化碳）。这两种载体主要有三方面差异：氢的扩散率更高；甲酸盐更易溶解；甲酸比二氧化碳酸性更强。

因此，当生物种群之间距离较短时，氢转移更快；距离较长时，甲酸溶解度更高，其浓度梯度亦更高，因此传递效果更好。另外，由于甲酸的 pK_a 与 CO_2 相比更低一些，所以甲酸对物理-化学系统的影响有所不同。除此之外，由于化学计量学和热力学实质上是一样的，而且氢/甲酸可能处于酶促平衡状态，所以模型的使用受电子载体形式的影响不大。同样，产酸菌可能用氢或甲酸等电子载体，而利用氢产甲烷菌可以接受二者。综合各方因素，IWA 课题组决定只把氢作为电子载体进行模拟，而不包括甲酸。

2）ADM1 中的生物种群和组分

丙酸（C$_3$）以上（即碳原子数在 3 个以上）的脂肪酸厌氧降解的主要途径是 β 氧化。这是一个循环过程，每个循环中有一个乙酸基被去除，产生 1/3ATP（三磷酸腺苷）。脂肪酸的最终含碳产物中具有偶数碳原子的只有乙酸。当脂肪酸的碳原子为奇数时（例如戊酸），1 mol 底物产生 1 mol 丙酸。大多数自然产生的 LCFA 具有偶数碳原子，乙酸被视作该底物的主要碳产物。IWA 课题组认为，三种主要的脂肪酸（C_4 及以上）——丁酸、戊酸和长链脂肪酸很重要。丁酸和戊酸被认为可由同一种生物降解（如 ADM1 所包括），而长链脂肪酸在 ADM1 中由专门生物来降解，因为这些更大的分子传输很困难，物理-化学特性不同。因此，有三种产乙酸菌群被提出，分别是分解丙酸产乙酸菌群、分解丁酸 + 戊酸产乙酸菌群、分解长链脂肪酸产乙酸菌群（C_5 及以上）。模型中只包括一种利用氢产甲烷的生物。同型产乙酸（即由 H_2 和 CO_2 转化成乙酸）和硫酸盐还原也是氢下降的潜在重要因素，特别是在适当的条件下。但其并未包括在 ADM1 中。

　　3）产乙酸的氢抑制函数

　　产乙酸和氢营养产甲烷过程所释放的自由能都很低，与底物水平磷酸化相比，两种微生物都可利用质子和阳离子的原动力获得部分产率。在自由能水平降低的情况下，使用一个降低的产率，而不是用一个标准抑制函数。然而，为了减少模型的复杂性，增加其灵活性（例如用于生物膜系统），IWA 课题组提出将标准的非竞争抑制函数用于 ADM1 中的氢调节。液相中氢浓度可用于表达氢抑制程度。

　　互养产氢和消耗氢的生物往往分布非常接近，而且很难区分。由于扩散受到限制，这些互养种群可以在局部范围内调节氢。所以，测定出的液相和气相中氢或甲酸浓度不一定直接反映互养共同体内部的实际浓度。最初检验模型发现，对于丙酸来说，氢抑制质量浓度为 1×10^{-6} kg COD/m^3（液体），或 7 Pa 的氢气；对于丁酸和戊酸来说，氢抑制质量浓度为 3.5×10^{-6} kg COD/m^3（液体），或 20 Pa 的氢气（即在这些情况下为 50% 抑制，并假定气-液平衡），这个结果与热力学部分吻合。而其他对生物膜系统的研究发现，氢抑制参数比这个抑制浓度高一个数量级。其他条件，如底物浓度、乙酸浓度、pH 值、阳离子浓度和弱酸等，也能通过增加动力维护需求量来降低热力学抑制程度。

6. 分解乙酸产甲烷

在这个主要的产甲烷步骤中，乙酸被分解成甲烷和 CO_2：

$$CH_3COOH \longrightarrow CH_4 + CO_2 \qquad \Delta G^0 = -31[(kJ \cdot kmol)/m^3]（\approx 0.25ATP）$$

$$\text{(3-15)}$$

两种微生物可利用乙酸产甲烷。乙酸浓度在 1 mol/m^3 以上时，产甲烷八叠球菌属占优势，乙酸浓度低于该浓度时，鬃毛甲烷菌属占优势。与产甲烷八叠球菌属相比，鬃毛甲烷菌属可能有较低产率、较大的是 k_m（最大比基质利用率）值、较小的 K_s（半速率常数）值，对 pH 更敏感。鬃毛甲烷菌属利用 2 mol ATP 来辅助活化 1 mol 乙酸（在较低乙酸浓度下），而产甲烷八叠球菌属只需利用 1 mol ATP

（在较高乙酸浓度下）。因此，产甲烷八叠球菌属的生长速率更高；而鬃毛甲烷菌属需要一个更长的固体停留时间，但其可在较低的乙酸浓度下运行。

厌氧消化器中这两种不同生物共存时，往往相互排斥。鬃毛甲烷菌属经常出现在高速系统（生物膜）中，产甲烷八叠球菌属出现在固体消化器中。由于系统的排他性，IWA 课题组建议，利用一个单一种群的分解乙酸产甲烷菌，根据应用和试验观测来改变动力学和抑制参数。

7. 抑制和毒性

在生物过程的一般限制范围内，美国范德比尔特大学的 R. E. Speece 教授在 1996 年出版的《工业废水的厌氧生物技术》中使用了两个定义：毒性——对细菌代谢的一个不利影响（不一定是致命的），抑制——生物功能的损害。

"细菌的"一词应被扩展成"生物的"，它包括细菌以外的其他生物（原生细菌、真核生物）和胞外酶。IWA 课题组对此进行进一步定义：

杀生性抑制：反应毒性，通常是不可逆的。例如长链脂肪酸、清洁剂、醛、硝基化合物、氰化物、抗生素和亲电子试剂，按照 Speece 的定义，这一切即为"毒性"。

生物静力抑制：非反应性毒性，通常可以是可逆的。例如，产物抑制、弱酸/碱（包括 VFA、NH_3、H_2S）抑制、pH 抑制、阳离子抑制和任何其他能破坏同态的物质，这一切被 Speece 笼统定义为"抑制"。

抑制形式可进一步分成影响特定目标的（例如清洁剂对细胞膜）和影响整个细胞动力学和功能的（例如 pH 抑制）。

1）硫酸盐还原和硫化物抑制

当硫氧化物存在于厌氧消化器中时，通常会被还原成 S^{2-}。因为从热力学和动力学角度来说，氧化硫先于氢离子（将生成 H_2）或 CO_2（将生成甲酸）被还原。还原硫化合物的生物可通过氧化有机酸或 H_2 直接获得电子。此外，有机酸也作为碳源被利用，结果导致还原硫化合物的生物与厌氧消化中的其他大多数生物种群进行竞争。竞争内容包括：与氢营养生物争夺氢（进水 SO_x 浓度较低时）；与产乙酸和分解乙酸的生物争夺电子和碳（进水 SO_x 浓度中等时）。

还原产物硫对厌氧系统的影响更加复杂。硫的总浓度为 3～6 mol/m^3 时会产生抑制作用，其完全缔合形态（H_2S）是抑制性媒介物，抑制浓度为 2～3 mol/m^3。氢营养生物、产乙酸生物和分解乙酸生物都会受到影响，其他微生物种群包括硫酸盐还原生物（可能除了产乙酸生物）则受硫化物抑制。硫化物的酸-碱体系与无机碳系统相似，以 S^{2-}、HS^-、H_2S 为组分。H_2S 也是一个气相组分，其溶解度相对较高，为 100 $mol/(m^3 \cdot 10^5\ Pa)$。溶解度和酸度系数受温度影响很大，可用 van't Hoff 公式对其关系进行很好的描述。

ADM1 模拟的所有厌氧过程，除了分解和水解以外，或受底物竞争、H_2S 抑制的影响，或受酸-碱反应和 H_2S 的气-液交换的影响。因其复杂性，所以硫酸盐还原系统没包括在 ADM1 中。因此，ADM1 不能模拟进水中含中低浓度硫化物的系统（小于 2 mol/m³ 进水 SO_x）。在相对较低的进水 SO_x 情况下，可以修改模型使之包含硫酸盐还原过程，最简单的方法是包括一个把氧化硫降解成还原硫化物的另外生物种群；反应所需的电子和氢来源于氢，生长所需的碳来源于 CO_2。模型中也应包括酸-碱对 HS^-/H_2S，与气相 H_2S 发生交换。但是一般而言，若要体现不同硫酸盐种群对有机酸营养的竞争，其模型将更为复杂。

2）游离酸和碱的抑制

游离酸和碱的抑制是通过 pH 的变化来破坏细胞同态的，这是由游离酸或碱穿过细胞膜的被动运输和随后的离解引起的。由于游离酸或碱的相对数量（与离子对应物相比）很大程度上是由 pH 值决定的，所以该抑制也取决于 pH 值的大小。经验性的 pH 抑制函数可能包括游离酸或碱抑制的累积效应。对于利用能量产率较低的底物生成产物的生物，或利用质子原动力的生物，如丙酸和丁酸/戊酸氧化生物及利用氢和乙酸的产甲烷生物来说，游离酸或碱的 pH 抑制尤为重要。重要的游离酸或碱的抑制性化合物[所有 pK_a（物质离解出 H^+ 的能力）值均在 $T = 298K$ 得到] 有：

（1）游离有机酸（HAc、HPr、HBu、HVa） pK_a 在 4.7～4.9 之间时，主要生成甲烷的物质，在模型中主要表现为乙酸抑制。

（2）游离氨（NH_3）   厌氧消化反应器中的主要游离碱，$pK_a = 9.25$。其抑制函数包括在 ADM1 中，用于乙酸利用者。

（3）硫化氢（H_2S）   虽然已知游离态的 H_2S 与 HS^- 或 S^{2-} 相比，抑制性更强，但 $pK_a = 7.25$ 表明，该游离酸的作用是冲击而不是破坏同态。在这种情况下，机理可能不同。

因此，游离酸（缔合有机酸或 H_2S）在较低 pH 值下发生抑制，游离碱在更高 pH 值（NH_3）时发生抑制。主要受游离酸和碱抑制的生物有（按影响次序）：分解乙酸产甲烷生物、氢营养产甲烷生物和产乙酸生物。不过，后两者在一个互养共同体内。氢营养产甲烷生物活性的降低将导致有机氧化生物的活性明显下降，这归因于氢和甲酸的积累。

在 ADM1 中，游离有机酸抑制的影响主要隐含于经验性的 pH 函数中，而游离氨抑制或者隐含于由上限和下限组成的经验性 pH 函数中，或者明确包括于游离氨抑制函数中。H_2S 抑制未被包括，因为硫酸盐还原没包括在内。游离酸抑制未单独包括在模型中，因为其主要形式隐含于其他抑制形式中。然而，由于抑制依赖于酸的浓度及 pH 值，所以当游离有机酸的浓度和 pH 值波动时，模型中单独包括游离有机酸抑制是合理的。同样，因为抑制可能通过细胞同态的破坏产生而不是活性降低或细胞死亡量增加，所以，最适当的函数可能是通过降低产率发生抑制，而不是通过非竞争抑制降低吸收速率而发生抑制。

3）长链脂肪酸抑制

脂类是几种主要的有机物之一，常见于生活污水、生活有机废物、农业废物和工业废物中。的确，特殊工业废物如屠宰场废物和油厂废物中脂类含量较高。三甘油酯是最丰富的脂类，也是植物和动物细胞中所贮存脂类的主要组分。

在 ADM1 中，三甘油酯代表脂类。在厌氧消化过程中，脂类首先被水解为甘油和长链脂肪酸（LCFA）。这一过程由被称作脂肪酶的胞外酶催化而成。与随后的步骤相比，脂类水解进行得很快，所生成的 LCFA 通过活化作用和 β 氧化被降解成乙酸和氢。LCFA 的 β 氧化被证实可在中温和高温两种条件下发生。

长链脂肪酸在低浓度下可对生物产生抑制作用。在 LCFA 的 β 氧化生物体内，LCFA 通过活化作用解除毒性，使乙酰-CoA（辅酶 A）转化为长链脂肪酰-CoA。

以下是 LCFA 抑制的几种机理：

（1）由 LCFA 合成的竞争性抑制引起的微生物生长抑制。LCFA 是新细菌结构的基本成分。

（2）电子运输链从蛋白质上分离。这些蛋白质参与 ATP 的再生，或作为基本营养物向细胞内部输送。

（3）黏附在细菌的细胞壁上，限制基本营养物的通过。

有一个观点认为，是 LCFA 的缔合形式起抑制作用，抑制是 LCFA 在生物细胞表面吸收的结果。因此，像细胞表面积与 LCFA 浓度之比和 pH 值这样的因素可能对 LCFA 的抑制程度有影响。通常，严重抑制是不可逆的（例如有毒的），因为恢复不受进水 LCFA 浓度降低的影响。尽管受抑制最严重的生物可能是分解乙酸产甲烷生物，但是，所有生物都会受到不同程度的抑制。

虽然，LCFA 的抑制作用可能使处理过程变得复杂，但是生物体也可能适应之。一个运行良好的工艺会比较容易降解脂类含量较高的进水。这是因为，在适当的培养物中，LCFA 的高效降解使得 LCFA 的去除速度和脂类水解释放 LCFA 的速度一样快。然而，为了避免 LCFA 的瞬时浓度较高，需要进行逐步驯化。因此，当进水富含脂类时，LCFA 抑制作用对工艺运行有着显著的影响。ADM1 不能描述在瞬时高 LCFA 浓度，特别是有毒负荷过多情况下的反应器行为。由于 LCFA 抑制的潜在复杂性及其较低发生频率（与所包括的一般抑制函数相比），故它未包括在 ADM1 中。

区别杀生性抑制和生物静力抑制对于模拟来说是重要的，因为前者主要影响生物衰减速率，而后者主要影响动力学吸收和生长（涉及最大吸收量、产率、半饱和参数）。生物静力抑制包含了 ADM1 中的所有抑制形式，这对厌氧处理来说是最重要的，主要将导致厌氧生物的产率较低。许多生物的每摩尔底物或每个反应循环的 ATP 产率均小于 1 mol，因为其利用阳离子或阴离子原动力进行合成代谢，而不是底物水平磷酸化。这个对产甲烷菌和挥发性脂肪酸的氧化生物来说是正确的。游离态的弱酸和碱（非离子的）能够穿过细胞膜，然后离解，这样就破坏了质子的原动力和细胞同态。在离子和 pH 远非最佳值的条件下，微生物必须消耗能量以维持细胞同态，而不是合成代谢。因此，尽管产物吸收量可能变化很小，但产率降低。IWA 课题组决定采用一个与吸收相关的动力学公式，而不是好氧生物过程模型所用的与生长相关的动力学公式，其原因之一是前者具有包括各种动力学形式的灵活性。

　　我们考虑了几种抑制机理，包括在依赖于细胞同态维持的动力学速率公式中使用维持系数作为抑制剂的一个函数。IWA 课题组提出的抑制动力学形式有：①Lehninger 在 1975 年提出的可逆形式，其广泛采用非竞争性抑制；②抑制剂对微生物产率和衰减的直接影响（这种抑制形式很有价值，但未用于 ADM1）；③用于 pH 抑制的两种经验形式；④竞争性吸收；⑤次级底物的 Monod 动力学，它对于描述氮受限时的微生物生长降低是必需的。Dochain 在 1986 年，Pavlostathis 和 Giraldo-Gomez 在 1991 年，分别对抑制和吸收/生长动力学进行了广泛的总结。因为厌氧消化中的抑制形式是变化多样的，所以用公式（3-16）进行表达，从中可以很容易地替换或添加抑制项：

$$\rho_j = \frac{k_m S}{K_s + S} X I_1 I_2 \cdots I_n \tag{3-16}$$

式中，第一部分是不受抑制的 Monod 形式吸收，$I_{1 \cdots n} = f(S_{I, 1 \cdots n})$ 是抑制函数。这种抑制函数在模型中是无法采用的，因为抑制函数在吸收公式中是整体性的。完整的吸收公式如表 3-8 所示。

表 3-8　抑制形式和吸收公式

序号	说明	抑制和吸收公式	适用场合	过程
	非竞争性抑制	$I = \dfrac{1}{1 + S_I / K_I}$	游离氨和氢抑制	
1	非竞争性	$\rho_j = \dfrac{k_m X S}{K_s + S(1 + S_I / K_I)}$	无	
	竞争性	$\rho_j = \dfrac{k_m X S}{K_s (1 + S_I / K_I) + S}$	无	
2	产率减少	$Y = f(S_I)$	无	
	生物衰减速率增加	$k_{dec} = f(S_I)$	无	

续表

序号	说明	抑制和吸收公式	适用场合	过程
3	经验的 pH 值上限和下限抑制	$I = \dfrac{1+2\times10^{0.5(\mathrm{pH_{LL}}-\mathrm{pH_{UL}})}}{1+10^{(\mathrm{pH}-\mathrm{pH_{UL}})}+10^{(\mathrm{pH_{LL}}-\mathrm{pH})}}$	高和低 pH 值时都出现的 pH 抑制	5～12
	只有经验的 pH 值下限抑制	$I = \begin{cases} \exp\left[-3\left(\dfrac{\mathrm{pH}-\mathrm{pH_{UL}}}{\mathrm{pH_{UL}}-\mathrm{pH_{LL}}}\right)^2\right], & \mathrm{pH}<\mathrm{pH_{UL}} \\ 1, & \mathrm{pH}>\mathrm{pH_{UL}} \end{cases}$	只有低 pH 值时存在的 pH 抑制	5～12
4	竞争性吸收	$I = \dfrac{1}{1+S_I/S}$	丁酸和戊酸对 C_4 的竞争	8～9
5	次级底物	$I = \dfrac{1}{1+K_I/S_I}$	用于所有吸收。当无机氮浓度 S_{IN} 趋于零时，将抑制吸收	5～12

在表 3-8 中，K_I 为抑制参数；ρ_j 为过程 j 的速率；S 为过程 j 的底物浓度；S_I 为抑制剂浓度；X 为过程 j 的生物浓度。序号 3 中，当只使用一个 pH 抑制项，并且有游离氨抑制时，pH 值上限和下限抑制形式不应被使用。对于 pH 值上限和下限抑制的函数，$\mathrm{pH_{UL}}$ 和 $\mathrm{pH_{LL}}$ 分别是生物种群受到 50%抑制时的上限和下限。例如，分解乙酸产甲烷生物的最佳 pH = 7，$\mathrm{pH_{UL}}$ = 7.5，$\mathrm{pH_{LL}}$ = 6.5。对于 pH 值下限抑制的函数，$\mathrm{pH_{UL}}$ 和 $\mathrm{pH_{LL}}$ 是生物不受抑制的临界点。对于 $\mathrm{pH_{UL}}$ 和 $\mathrm{pH_{LL}}$ 分别为 7 和 6 的分解乙酸产甲烷生物，当 pH 值低于 6 时，完全受到抑制；pH 值高于 7 时，不受抑制。

pH 抑制是细胞同态的破坏和低 pH 值下弱酸浓度增加两相作用的结果；或者是高 pH 值下的弱碱抑制和运输限制，它不同程度地影响所有的生物。在 ADM1 中，pH 抑制（I_{pH}）用于所有的胞内过程，对于产乙酸生物和产酸生物、利用氢产甲烷生物和分解乙酸产甲烷生物，应使用不同的生化参数。表 3-8 序号 3 中的两种 pH 函数对于吸收公式来说都是有用的，因为第一种形式可用于系统受到氨或其他碱（pH＞8）强烈冲击的情况，第二种在低 pH 抑制可能发生时显得更灵活，如在碳水化合物系统中。水解在低或高 pH 值下都可能受到抑制，这可能由酶的部分变性引起。

除了 pH 抑制，产乙酸菌的氢抑制和分解乙酸产甲烷生物的游离氨抑制也包含在 ADM1 中。两种抑制都用非竞争性抑制函数来描述。LCFA 的生物影响尽管非常重要，但未包含在模型中。非竞争性抑制函数之所以被普遍使用，因为它是文献中最常用的形式，可直接应用以前公布的抑制参数。然而，其他抑制形式的函数可能更适合于氢抑制或有机酸抑制。更基本的抑制函数，例如前面提到的第二种形式和不取决于抑制的维持系数，以及 Beefrink 等在 1990 年提出的动力学速率方程，可能更适用于生物静力抑制（例如游离酸、游离碱和氢）。但目前这方面的知识非常有限，实际操作中还无法实行。

8. 温度的影响

温度主要通过五种方式影响着生化反应：①升高温度，可提高反应速率（由Arrhenius 公式预测得出）；②温度高于最佳值以后，随着温度升高（对于中温，系指 40℃以上；对于高温，指的是 65℃以上），反应速率下降；③由于温度升高的情况下，用于细胞代谢和维持的能量也增加，所以产率降低，K_s 增加；④由于热力学产率和生物量的变化，产率和反应途径发生转变；⑤由于处于溶解和维持状态的细胞增加，死亡速率增加。

在厌氧消化中，对温度定义了三个主要的运行范围：低温（4～15℃）、中温（20～40℃）和高温（45～70℃）。尽管反应器可在这些范围内有效运行，但是中温和高温生物的最佳温度分别为 35℃和 55℃（图 3-10）。

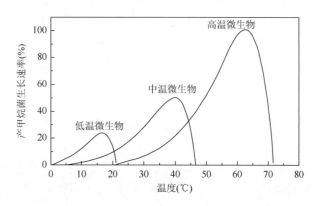

图 3-10 低温、中温和高温产甲烷生物的相对生长速率

不同微生物种群的温度相关性遵循 Arrhenius 等式。其生长速率随温度升高达到最大值，此时温度为最佳温度，然后随着温度继续升高，其生长速率陡降到 0。有三种主要的系统类型可能需要进行关于温度的模拟：

（1）控制温度，使运行温度变化很小（±3℃范围内）。由于没有温度的相关性，所以可模拟，尽管其参数应该来源于或适合于运行温度。这包括大多数厌氧系统的应用。

（2）对温度不控制，但使其在一个范围内波动（中温或高温）。这可用一个关于 k_m 的双 Arrhenius 公式来模拟，k_m 描述了生长速率在更高温度下的快速下降情况。

（3）温度在中温和高温之间波动。生物量和反应途径在中温和高温之间的规律性变化是一个复杂的模式。

Pavlostathis 和 Giraldo-Gomez 在 1991 年通过总结初沉污泥消化器内最小固体停留时间与温度关系的参数，给出了一个能够有效证明温度对动力学参数综合影响的经验公式：

$$t_{\text{SR,min}} = \frac{1}{0.267 \times 10^{[1-0.015(308-T)]} - 0.015} \tag{3-17}$$

式中，T 为温度（K）；$t_{\text{SR,min}}$ 为防止污泥流失的最小固体停留时间。尽管产率和衰减速率受温度影响，我们还是决定不用连续函数，而是在高温和低温条件下使用各自的值。

3.4.4 ADM1 的应用

ADM1 具有较广的应用前景：一是 ADM1 可以与其他污水处理数学模型相结合，特别是和活性污泥模型（ASM）相结合；二是用于实际反应器厌氧消化过程的机理探索或实际污水处理过程中，是工程运行结果模拟和预测的有效工具[4, 5]。

1）与其他污水处理模型结合

ADM1 可与 ASM 相结合形成通用或链接模型，两个模型除了结构、微生物状态、生化过程等方面的差异外，主要还有两点差异：①单位用 kgCOD/m³ 取代 gCOD/m³；对于 HCO_3^- 来说，用 kmol/m³ 取代 mol/m³，kmol/m³ 取代 g/m³ 和 mg/L[6]；②ADM 采用基于基质降解动力学方程而不是微生物增殖动力学方程。虽然 ADM1 提供了其与 ASM 相结合形成通用模型的方法，但是仍需要通过试验来验证其适用性。Yasui 等[7]通过对市政污泥同时进行厌氧和好氧呼吸测试，测量了活性污泥在生物降解性方面的组成，将 ASM 中的 $X_{\text{H-Aerobe}}$（异养生物量）、X_s（慢速可生物降解物质）和颗粒惰性物质（X_I）与厌氧降解实验中可降解有机组分，包括一级动力学降解 X_{S1} 和 Contois 型降解 X_{S2} 两部分、X_I（颗粒状惰性物质）相映射，其中两个 X_{S1} 直接相关，X_{S1} 的降解可能是 $X_{\text{H-Aerobe}}$ 的厌氧降解，X_{S2} 被认为与 X_s 的水解有关。Zaher 等[8]将两个模型组分用同一方式表达，使两个模型之间可以互相转换，建立了 ASM1-ADM1 和 ADM1-ASM1 结合模型的新的矩阵，并分别转化两个模型的化学剂量学参数和动力学参数，将两个模型的组分在各自反应过程中的动力学进行了统一。

Kauder 等[9]使用 FORTRAN ODE 求解器将 ADM1 与 ASM2 d 模型进行结合，其中 ADM1 用于计算中温和高温厌氧阶段，ASM2 d 用于好氧阶段的模拟。该结合模型的模拟可以更深入地了解 SBR 分批操作的动态特性，并优化运行条件以节约成本。

欧盟科学技术合作组织（简称 COST）开展的 COST Action 682 项目与 IWA

合作开发建立了通用性更强的基准仿真 1 号模型（benchmark simulation model 1，BSM1），该模型选用了 ASM1 模型，以及已被广泛接受的 Takás 双指数沉淀模型。前者用来模拟好氧池（activated sludge reactor）的生化处理过程，后者用来描述二沉淀池（secondary clarifier）污泥沉降和泥水分离的运行过程[10]。Jeppsson 等[11]在 BSM1 基础上又提出了"基准仿真模型 2 号"（benchmark simulation model 2，BSM2），进一步集合了初沉池、污泥浓缩、厌氧消化池（anaerobic digester）、脱水装置（dewatering unit）和一个储存来自脱水装置的废水的储罐（storage tank）等 5 大模块。为了提高 ADM1 在 BSM2 中的模拟速度，又对 ADM1 进行了简化[12]。该模型基本构成了一个现代化的污水处理全厂仿真运行的所有处理设备和处理过程，并考虑到了各处理系统之间的影响[13]。

2）在实际工程中的应用

ADM1 已被广泛地应用到厌氧消化工艺设计、运行效果模拟和预测当中。在生物膜反应器中，生物膜内的基质运输是通过扩散进行的，生物膜中的生物量是固定的，没有迁移。为了使 ADM1 适用于生物膜反应器，应采用生物膜模型代替单细胞基质降解动力学模型。Batstone 等[13]基于基质降解与扩散动力学，利用 ADM1 模拟了厌氧生物膜的一维结构，该模型可以预测四种不同种类污泥颗粒的营养结构，并表明生物膜结构可能是由动力学决定的。Spagni 等[14]评估了 ADM1 在浸没式厌氧 MBR（SAMBR）处理模拟工业废水中的适用性，结果表明，只需对描述 ADM1 的参数进行很少的修改，就可以较好地模拟反应过程中的 COD、pH 值、总悬浮固体、沼气产量以及 VFA 产量。Picioreanu 等[15]基于先前发布的平面生物膜模型和 ADM1 模型，开发了一个多物种、二维和三维模型用于模拟生物膜的结构，可以确定宏观（＞0.1 mm）和微观（＜0.1 mm）尺度下观察到的结构特征。尤其在微观尺度上，提出的模型可以有效预测微生物的相互作用，包括共生，以及对空间和基质的竞争。

3.4.5　ADM1 存在的问题

（1）糖类产酸仍是模型存在的最大问题。葡萄糖的发酵产物种类众多，在厌氧消化过程中，除了有机酸外，葡萄糖发酵还产生大量的替代性发酵产物如乳酸和乙醇[15]。且其类型易受运行条件影响，难以进行预测。Rodriguez 等[16]提出了混合培养发酵（MCF）模型，该模型基于热力学优化准则，预测出碳水化合物发酵的丁酸和醋酸分解代谢率取决于氢气浓度和反应器 pH。通过改变不同条件下的化学计量学参数，MCF 可以整合到包括 ADM1 在内的具有代表性的动力学模型中。

（2）生化反应是厌氧消化过程的核心，但影响厌氧反应体系整体性能的不仅仅是生化反应，还包括反应体系的水力扩散等行为，目前的厌氧消化模型假设反应器为全混流反应器，缺乏对其他类型的反应器水力条件的考虑，此外模型还不适用于有机负荷的突然脉冲扰动[17]。因此，研究者们在此基础上对模型进行改进以适用于特定类型的反应器。

黄一峰[12]将 ADM1 应用于 IC 反应器，考虑到 IC 反应器的流态介于活塞流全混流反应器之间，采用全混流串联（ISC）模型建立了 ISC 水力串联的 ISC-ADM1 模型，可以很好拟合出水 COD，且在较大的冲击负荷情况下仍有良好模拟效果。闫险峰[18]以 ASM1 和 ADM1 为基础建立了两相厌氧-膜生物反应器处理中药废水数学模型，其中 ADM1 可以直接模拟 CSTR 反应器，而 UASBAF（升流式厌氧污泥床过滤器）内部流态较为复杂，经研究发现轴向离散模型和 ISC 模型可以较好地反映 UASBAF 流体的内部流动状态。

（3）该模型的另一个重大限制是缺乏磷的模型[17]，磷是废水处理中的关键营养素。在厌氧消化系统中，磷作为消化过程的一部分被释放。释放后，它会以多种不同的形式沉淀。两种主要途径是鸟粪石（$MgNH_4PO_4$）沉淀和金属盐（如铁、铝和钙）沉淀。这些沉淀步骤对于去除污染物废水设施的性能至关重要。另外，磷的释放也会对消化系统的 pH 值产生影响，需要注意的是，由于磷酸根离子（PO_4^{3-}）的高电荷，添加磷（及其相关的沉淀动力学）需要考虑到离子活性效应[19]。

（4）在底物厌氧消化转化的过程中涉及的生化反应较为复杂，同时需要确定很多水解参数和动力学参数，而模型的参数推荐值一般来自相关文献报道，具有一定的随意性，在不同的实验条件下会有所不同，因此必须根据实际情况并通过实验对动力学参数进行修正。

（5）ADM1 将进水组分分为多个部分，包括颗粒性和溶解性的碳水化合物、蛋白质、脂类，而以目前的检测分析技术想准确地区分所有混合物并确定其浓度是很困难的，而污水处理效果与微生物结构组成及其化学特性和进水组分有很大的关系。

3.5　厌氧生物膜微生物学分析

3.5.1　生物膜多样性分析

微生物细胞在水环境中合适的载体表面附着、生长并繁殖，由细胞内向外伸展的胞外多聚物使微生物细胞形成纤维状的缠结结构便称之为生物膜。构成生物膜的成分复杂，而且变化较大。在生物膜中，水占了总成分的 97%，其既可以固着于膜中，也可以作为溶剂流动。一般来说，除了菌体和水，主要是多糖、蛋白质、核酸和多价阳离子等，这些物质主要来自细胞外微生物的分泌物、营养物与代谢产物、菌体的裂解释放物及环境中特殊物质或者碎屑等。

3.5.1.1 生物膜中的生物组成成分

微生物高度密集的物质叫作生物膜，并且生物膜高度亲水。在生物膜的表面和一定深度的内部生长繁殖着大量各种类型的微生物。这些微生物种类非常多，而且每种微生物的形态不同。若将这些微生物分类，则主要可分为细菌、真菌、藻类、原生动物、后生动物、古菌、病毒等。

1）细菌

在适宜的环境条件下，大多数细菌可以萌发形成生物膜，但不同细菌萌发形成生物膜的能力不尽相同，如仙人掌杆菌、假单胞菌、葡萄球菌等萌发时间短，形成生物膜的速率较快，但是某些细菌形成生物膜的速率则较慢。这些菌体的存在方式大部分都是固着于多聚物基质中，少数可自由移动，能够自由移动的菌体可以从膜中一个微菌落移动到另一个微菌落中，甚至也可脱离生物膜作进一步扩散，有研究推测，这种扩散或许是生物膜对环境变化做出的反应的结果。生物膜的形成对菌种的单一性要求不高，生物膜可以由一种单独的细菌形成，而更广泛的则是由多种细菌组合形成生物膜。而由多种细菌组成的生物膜，无论是在时间上还是空间上，这些细菌发展的状态都不尽相同，菌种存在交替演变过程，如一种常见的生物膜是牙斑菌生物膜，其中的早期定殖菌是革兰氏阳性链球菌和放线菌，它们的黏附生长为后继定殖细菌的生存创造了条件，如梭杆菌的黏附创造了新的生物黏附表面，而且革兰氏阳性链球菌和放线菌的代谢能够造成局部微环境改变（如氧化还原电位等因素），这也为后继细菌（如梭杆菌等）的生存创造了条件。因此，多种细菌的生物膜有效扩大了细菌的生存环境，而且由于生物膜中的细菌所处的营养环境不同，它们的生理状态会受到环境的影响而发生显著的变化，它们可以启动独特的系统，如表达不同于游离生活状态的基因系统，进而呈现出代谢的多样性。

2）真菌

真菌是具有明显的细胞核而没有叶绿素的真核生物，大多数呈现丝状的形态。包括单细胞的酵母菌（在一定条件下也会形成菌丝）和多细胞的霉菌。有机物可被真菌广泛利用，尤其是多碳类有机物，因此，难降解有机物（如木质素等）可以被有些真菌进行降解。但是，当污水中的各种因素或参数有所变化时，如有机物的成分有所变化、负荷增加、温度降低、pH降低和溶解氧水平下降时，非常容易滋生丝状菌。

某些丝状菌在生物膜中较为常见，如瘤胞属、灿烂微重真菌、红色浆霉、水镰刀霉、地霉、皮状丝孢酵母等；另外，有的时候也出现茎点霉属、乳节水霉、纤细腐霉、红酵母属、毛霉属和水霉属等。

3）藻类

在有阳光照射的条件下，生物膜的主要成分就发生了变化，藻类则成了主要成分，如在明渠和溪流等可以暴露在阳光下的岩石上就会有藻类，有很多污水处理构筑物上也有大量的藻类，如普通生物滤池表层滤料的生物膜中和附着生长污水稳定塘的填料上也有大量的藻类。一些藻类是肉眼可见的，如海藻，但绝大多数的藻类却只能在显微镜下才能观察得到。藻类的结构多样，有的只是单细胞，有的是多细胞组成的结构。由于藻类含有叶绿素，故藻类能够进行光合成，亦即将光能转化成化学能。尽管生物膜主要的微生物类群并不是藻类，但藻类却因为可在阳光下进行光合作用，成为水生环境中生产者，因此藻类是受阳光照射下水体中的生物膜微生物的主要构成部分。在生物膜反应器中，由于只在表层很小部分出现藻类，因而对污水净化不起很大作用。某些藻类在生物膜中经常出现，如小球藻属、绿球藻属、席藻属、颤藻属、毛枝藻属和环丝藻属等。

4）原生动物

动物界中最低等的单细胞动物，即原生动物，在成熟的生物膜中原生动物不断捕食细菌，一般是捕食生物膜表面的细菌，因而它们起着非常重要的作用，其能够使得生物膜细菌一直处于活性物理状态。原生动物摄取营养物质的方法主要有两种：第一种是以胞饮方式（一部分细胞壁凹陷进入摄取外部环境中大分子并夹紧形成其体内的液泡）来获取有机物；第二种是以噬菌的方式吞噬细菌、藻类和其他粒子并且消化之后，成为它们的营养物质。在污水处理生物膜反应器（如滴滤池）中经常可以观察到原生动物捕食，当然这些捕食现象也会影响生物膜累积情况以及生物膜性能的情况。从微观角度上讲，浮游的原生动物甚至可以通过在生物膜内运动进而产生紊动而影响到生物膜深处的传质情况。

多种原生动物可在生物膜中经常出现，如圆珠背钩虫、粗袋鞭虫、尾波豆虫、粗尾波虫、侧弹跳虫和活泼锥滴虫，鞭毛类包括气球屋滴虫等；肉足类，如变形虫属、简便虫属和表壳虫属等；纤毛虫类，如侧盘盖虫、螅状独缩虫、沟钟虫、集盖虫、巧盖虫、八条绞钟虫等。在 1 mL 的生物滤池的生物膜污泥中通常可见肉足类 100～4600 个，鞭毛虫类 200～13000 个，无论在种属和个数方面，鞭毛虫类都占有很大比例。

5）后生动物

后生动物是由多种细胞组成的多细胞动物，属无脊椎型。很多后生动物也会在生物膜中出现，例如有轮虫类（旋轮虫和蛭型轮虫等）、线虫类（如双胃线虫和杆线虫属）、寡毛类（爱胜蚓、水丝蚓属）和昆虫（如毛蠓属）及其幼虫类。因此，生物膜上的微生物是十分复杂的，或者说微生物相是十分丰富的。形成了由细菌、真菌和藻类到原生动物和后生动物的复杂的生态体系，污水水质和生物膜所处的环境条件影响了微生物的出现以及其是否占优势。如负荷适当时常会出现独缩虫属、聚缩虫属、累枝虫属、集盖虫属和钟虫等；如果负荷过高，真菌类就会增加，纤毛虫类在绝大多数情况下消失。可以见到的微生物有屋滴虫属、波豆虫属、尾波虫属等鞭毛类；如果负荷较低，可观察到盾纤虫属、尖毛虫属、表壳虫属和鳞壳虫属。后生动物如轮虫和线虫大量出现时，生物膜就可以快速更新，其中的厌氧层减少，不会引起生物膜肥厚，且生物膜脱落量也较少；如果扭头虫属、新态虫属和贝日阿托氏菌属等出现时，表明生物膜中的厌氧层已经增厚等。可见，微生物膜上的生物相可以起到指标生物的作用，由此来检查、判断生物膜反应器的运转情况及污水处理效果。

3.5.1.2　生物膜中非生物组成成分

生物膜中除了细菌外，还同时含有其他很多非细胞成分，诸如蛋白质、多糖、核酸等，它们占生物膜的比例约为 2%～15%。

1）多聚物

生物膜中的多聚物基质是复合物，其主要是由多糖、蛋白质和多价阳离子构成，生物膜的支架是由它们相互牢固地凝集在一起构成的。这些多糖组成多样，多是高度分支的多糖，这与细菌种类有关，但大多数的菌种都含有葡萄糖、半乳糖、蔗糖、葡萄糖醛酸等酸性或中性的糖类。生物膜中的糖类不仅能够起到支架的作用，这些单糖还可以作为某些细菌的营养物。膜整合蛋白是生物膜中含量最多的蛋白质，它们具有高度的亲和性，因此能够作为黏附剂。当然，不仅有与多糖结合的黏蛋白还有一些其他的功能蛋白，如能够调节某些特定基因表达的调节蛋白、某些信号通路的信号分子和一些酶等，它们对生物膜的结构和生理特性有显著的影响。

除了上述的多聚物之外，生物膜中还含有一些其他的特殊物质，它们是菌体主动释放或者分泌出来的，如细菌素、维生素（vitamin）、抗生素（anti-biotics）和噬菌体等，被用于攻击周围的异种菌群，这样其才能获得足够的营养来满足其生长。细菌对逆境的反应导致了自溶素的合成和分泌，也可能与 DNA、RNA 等大分子的释放有关系；而鼠李糖脂等表面活性剂，有两方面的作用：一方面可作为溶剂直接促进了菌体对营养物质的吸收；另一方面可改变微生物细胞膜表面特性，从而改变生物膜基质的组成。

2）DNA

近年来，生物膜中的脱氧核糖核酸（DNA）成为膜研究的热点和重点，对生物膜中的 DNA 的来源一般有两种解释：一种认为这些 DNA 来源于死亡的菌体，是其裂解被动释放的，在生物膜中并不能起到非常重要的作用；而另一种观点认为这些 DNA 是生物膜中菌体主动分泌的，对生物膜的形成与稳定起到了重要作用。研究发现，某些细菌如铜绿假单胞菌可主动向胞外分泌小囊泡，小囊泡中含有 DNA，从而产生大量的胞外 DNA，有的细菌生长到一定阶段可表达自溶素，其主要参与 DNA 的主动释放。这些胞外 DNA 可作为黏附介质，使得菌体与介质或菌体与菌体之间可以紧密相连，另外，胞外 DNA 在生物膜形成早期是稳定膜的重要因素，而在成熟膜中，其稳定作用就不是必要的了。另有研究发现，生物膜的微环境可促使细菌建立感受态，吸收胞外 DNA 进行自然遗传转化，但是胞外 DNA 是否是细菌主动分泌的，其具体机制和生物功能尚待进一步阐明。

3.5.2　生物膜群落结构分析

生物膜的结构示意图见图 3-11。早期的研究者把生物膜的特点总结为两点：厚度均匀和各向同性。然而近年来，随着微电极、激光扫描共聚焦显微镜和荧光原位杂交技术（FiSH）等先进测试技术的发展和实验应用，逐渐改变了人们对生物膜最初的认识。生物膜整体的主要组成部分是微生物细胞和胞外聚合物，并且其内部有很多彼此交错相连的孔隙和空洞，目前研究者一致认为生物膜具有多孔且各向异性的结构特点。

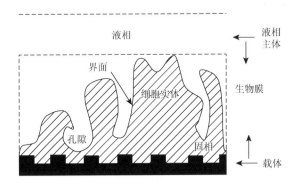

图 3-11　生物膜系统结构

尽管也有不少研究者用数学方法建立了模拟生物膜形态的数学模型，但这些模型过度的理想假设导致模拟结果与现实中生物膜真实的形态结构还是相差甚远，生物膜是高度不规则的具有空间结构异质性的系统而绝非仅仅是平板型结构。Bishop 和 Rittamann 在 1995 年 IWA 的成果讨论会上也最终确定了异质性结构是生物膜结构最典型的特征。最近十几年，科学家在针对生物膜的实验研究过程中成果颇丰，并最终一致认定异质性（heterogeneity）和分形结构（fractal structure）

是生物膜结构和功能的主要特性，这些实验发现纠正了研究初期人们对生物膜系统的某些不成熟的认识。

1）生物膜的异质性

Picioreanu 等[20]所描述，生物膜结构特点之一是其具有异质性，随后这种异质性结构也在 Wimpenny[21]的实验中得到证实。很多研究和文献也已经指出，受多种因素的交叉影响，生物膜的结构并非是理想假设中的各向同性的，而应该是具有异质性结构的多孔系统。生物膜结构的异质性主要体现在以下几个方面，具体见表 3-9。

表 3-9　生物膜结构的异质性

类别	具体描述
几何异质性	除了生物膜各向异性的多孔结构，这里主要还包括生物膜厚度的均匀度和生物膜表面的粗糙度
微生物种群多样性	根据反应类型分类，可分为好氧/厌氧生物降解、硝化/反硝化、Anammox 反应、CANON 工艺等
溶解性营养物质的多样性	根据微生物对营养物质的利用关系，基质可分为竞争性的、共代谢和抑制性等多种类型，另外还包括碱度和 pH 的变化
多种物理性质	包括渗透性、黏度、弹性、扩散系数、EPS 特性等
处理对象	原材料、在制品、产成品、相关信息
时间异质性	生物膜各过程时间尺度的差异比较明显，具体量级由图 3-12 中描述
其他	环境因素和生物膜内部微生物对生物膜结构的影响和生物膜自身代谢及细菌活性的异质性

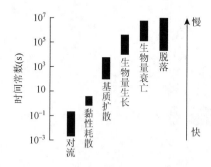

图 3-12　生物膜内部的时间尺度分析

在多种群微生物形成的生物膜中有彼此交联互相贯穿的孔洞存在，他们认为生物膜是具有类似海绵体的、由很多粗细不同的孔道隔开且质量分布均匀的多孔结构。Tijhuis 等[22]却认为生物膜结构的形成是一个动态过程，该动态过程首先是外力作用于生物膜内部，不间断地生成一些孔洞和裂缝，然后这些空洞和裂缝会被新生的微生物细胞和胞外聚合物不断填充。另外，生物膜这种多孔且各向异性的结构在其形成过程中要受多种因素的影响，比如微生物的种类、附着生长的载体表面的特性、反应器类型和液相流动情况及生物膜脱落等复杂混合因素的影响。

2）生物膜的分形结构

生物膜是一个远离平衡态且处于开放热力学状态的复杂系统，在其形成过程中除了受环境因素的影响外还会反过来改变周围的环境，并最终达到适应环境的平衡状态。营养物质在液相和生物膜内的浓度梯度的存在导致在初始时生物膜内部供微生物生长繁殖的营养物质是相对较少的，同时营养物质在生物膜内部传质的过程中也会被不同分层的微生物维持生命活动所消耗，这导致了即使在生物膜内部也有浓度梯度存在。这种营养物质分布的不均匀导致生物膜中的微生物会自发地附着到营养物质浓度相对较高的地方，因此这些新生的微生物细胞为了适应环境总是趋向于优先吸附到生物膜表面，在这种微生物细胞适应环境的过程中，便会在生物膜表面形成分形自相似结构，因此生物膜的分形结构从实质上说是微生物适应环境选择的必然结果。

陈黎明、柴立和[23]认为用非线性物理的理论着手研究生物膜的分形结构并综合运用有关分形的多种复杂且复合的系统理论来对生物膜的形成和发展及结构和功能进行模拟计算很有必要，同时利用从新统计力学理论入手分析和推导了生物膜分形维数的方法，探讨并揭示了生物膜形成过程中一系列的形成生物膜分层结构的重要的非线性特征。郑媛[24]采用修正的分形物理学中的有限扩散凝聚理论对生物膜的分形结构进行了动态模拟，并分析了生物膜形成过程中的结构特性参数。

综上所述，由于生物膜的复杂结构的形成直接影响生物膜法废水处理的效率和水质净化效果，因此对生物膜多孔、异质性的结构和分形特征进行研究，并对其形成机理进行探讨，对于生物膜法废水性能的研究具有重要的意义。

3.5.3 生物膜附着细胞基因表达

影响生物膜附着细胞基因的表达因素有以下几种。

1）水力条件

水力条件除了影响营养物质的扩散和对流传质速度外，还会对生物膜附着和脱落等过程产生直接影响。有研究表明，废水在反应器内的流动情况决定了底物向生物膜内部和代谢产物向外传递的时间尺度及传递通量的量级。一般认为，水流速度越大（即雷诺数 Re 大），则相应的营养物质传质速率就越高，生物膜累积的速度也越快。但同时由于较大的流速在生物膜表面所产生的较大的剪切力，会导致生物膜过多的脱落。

Eberl 等[25]通过定义无量纲参数，并用数学建模的方法考察了生物膜的空间结构、水力条件和生物膜内部的扩散与流传质情况之间的相互关系，并发现在一定的参数范围内，生物膜内部的传质随水流速度的增加而变大。李宇[26]研究发现：生物膜表面的浓度边界层和流动层会因较大的水力剪切而变薄，从而降低了传质阻力；水力剪切较小时，浓度边界层会较厚，膜外传质阻力相对高雷诺数下明显增大，在这种情况下，会产生较为粗糙的生物膜表面。Stoodley 等[27]用溶解氧微电极研究发现，反应器内液相流速为 0.04～0.1 m/s 的情况下，在液相和生物膜交界面上边界层湍动较大，可以有效地强化液相到生物膜内的传质效果，但也有很多研究者认为，一般情况下，较低的进水速度更有利于生物膜的挂膜和附着生长。Beyenal 等[28]研究表明在低流速环境条件下生长的生物膜，具有高扩散性、低密度的特点，但抵抗较大的水力剪切力的性能相对来说会较弱；而液相流速较高时生长的生物膜，具有密度高、能抵抗高的水力剪切力的性能，但缺点是其扩散性没有低流速下的生物膜的扩散性高。

2）载体表面特性

在生物膜形成的过程中，其结构和形态除了受细菌表面的特性影响外，填料表面的物理化学性质也是影响其形成过程的关键因素。生物膜法废水处理中，选择何种填料对于反应器内挂膜的快慢及反应器的性能都至关重要。目前来说，反应器内广泛应用的是活性炭、石英砂等一些多孔类型的填料，这些多孔填料对生物膜形成影响的表征一般用填料表面粗糙度、填料内部和表面的微孔特性以及单位体积填料的比表面积这三个物理参数来描述。

粗糙的填料表面与相对光滑的表面相比具有相对较大的比表面积，这有利于微生物生长附着，在一定程度强化了传质效率。另外粗糙表面还会影响水体流动条件，减少较大水力剪切对微生物的冲刷，有利于生物膜的生长和积累。目前已有研究证明载体表面越粗糙，附着在上面的微生物生长越快，挂膜也就越容易，有利于反应器的快速启动。对于多孔介质，描述孔径大小的物理参数是孔结构分布，该参数可以对多孔填料中孔和空穴的特性进行表征。填料中的空穴和孔道是微生物附着生长的重要空间部分，这些空穴和孔道的大小直接影响微生物的生长过程和达到稳态生物膜结构时生物膜中微生物的浓度分布。虽然大量研究表明影响反应器对化学需氧量（COD）去除性能的主要因素并不是填料的比表面积，而且反应器的性能也不完全与填料比表面积的大小成正比例关系，但在生物膜形成的初期阶段，填料比表面积越大、表面越粗糙则挂膜越容易，反应器启动越快。

3）营养物质的可利用性

营养物质的可利用性主要受通过固液交界面（液相和生物膜交界面）处环境到生物膜内传质通量多少的影响，因此要研究营养物质的可利用性就必须把液相主体的水力条件对生物膜内传质的影响考虑进去。而在生物膜内部的不同膜层（比如由好氧层到厌氧层），营养物质的可利用性除了受固液传质通量的影响外，还受进水底物浓度的限制，这是因为不同种群的微生物在对营养物质的利用时，存在着或竞争或协同的关系。比如在全程自养脱氮（completely autotrophic nitrogen removal over nitrite，CANON）工艺中，有厌氧氨氧化（Anammox）菌和亚硝酸盐氧化菌同时存在，亚硝酸盐氧化菌属于好氧菌属，为了更好地摄取水中的溶氧，一般附着在生物膜的表面，而在生物膜比较靠近载体的部位，由于亚硝酸氧化菌对溶氧的消耗而出现了厌氧环境，因此一般 Anammox 菌在生物膜内部繁殖生长。在比较理想的状态下，各生化反应的化学计量式如下所示。

亚硝酸盐氧化菌氧化反应：

$$NH_4^+ + 1.5O_2 \longrightarrow NO_2^- + 2H^+ + H_2O \tag{3-18}$$

Anammox 菌生化反应：

$$NH_4^+ + 3NO_2^- + 2H^+ + e^- \longrightarrow 1.5N_2 + NO_3^- + 3H_2O \tag{3-19}$$

CANON 工艺过程：

$$3NH_4^+ + 2O_2 - 6e^- \longrightarrow N_2 + NO_3^- + 10H^+ + H_2O \tag{3-20}$$

从以上三个反应式中可以看出亚硝酸盐氧化菌和 Anammox 菌互相协作来完成 CANON 工艺过程，但很多研究表明当反应器进水中氨氮和亚硝氮浓度超过一定值时，反而会对厌氧氨氧化反应产生抑制，从而影响 Anammox 菌对底物的利用。

参 考 文 献

[1] Vavilin V A，Lokshina L Y，Rytov S V. Model of hydrolysis kinetics of particulate organic matters by hydrolytic microorganisms in continuous-flow reactor[J]. Doklady Akademii Nauk SSSR，1996，349（4）：496-498.

[2] Valentini A，Garuti G，Rozzi A，et al. Anaerobic degradation kinetics of particulate organic matter：A new approach[J]. Water Research & Technology，1997，36（6-7）：239-246.

[3] Batstone D J，Keller J，Newell R B，et al. Modelling anaerobic degradation of complex wastewater. I：Model development[J]. Bioresource Technology，2000，75（1）：67-74.

[4] 谭艳忠，张冰，周雪飞. 厌氧消化 1 号模型（ADM1）的发展及其应用[J]. 环境污染与防治，2009，31（6）：69-72，100.

[5] 杜连柱，张克强，梁军锋，等. 厌氧消化数学模型 ADM1 的研究及应用进展[J]. 环境工程，2012，30（4）：48-52.

[6] 杨双春，邓丹，梁丹丹，等. 国内外厌氧消化模型研究进展[J]. 科技导报，2012，30（25）：74-79.

[7] Yasui H，Sugimoto M，Komatsu K，et al. An approach for substrate mapping between ASM and ADM1 for sludge digestion[J]. Water Science and Technology，2006，54（4）：83-92.

[8] Zaher U，Grau P，Benedetti L，et al. Transformers for interfacing anaerobic digestion models to pre-and post-treatment processes in a plant-wide modelling context[J]. Environmental Modelling & Software，2007，22（1）：40-58.

[9] Kauder J，Boes N，Pasel C，et al. Combining models ADM1 and ASM2d in a sequencing batch reactor simulation[J]. Chemical Engineering & Technology：Industrial Chemistry，Plant Equipment，Process Engineering，Biotechnology，2007，30（8）：1100-1112.

[10] 刘大伟，沈文浩. 废水处理仿真基准模型 BSM1 简介[J]. 广州环境科学，2007，22（1）：11-15.

[11] Jeppsson U，Rosen C，Alex J，et al. Towards a benchmark simulation model for plant-wide control strategy performance evaluation of WWTPs[J]. Water Science and Technology，2006，53（1）：287-295.

[12] 黄一峰. 基于结合水力特征的厌氧消化 1 号模型对工业废水厌氧处理的数学模拟仿真[D]. 广州：华南理工

大学，2020.

[13] Batstone D J，Keller J，Blackall L. The influence of substrate kinetics on the microbial community structure in granular anaerobic biomass[J]. Water Research，2004，38（6）：1390-1404.

[14] Spagni A，Ferraris M，Casu S. Modelling wastewater treatment in a submerged anaerobic membrane bioreactor[J]. Journal of Environmental Science and Health，Part A，2015，50（3）：325-331.

[15] Picioreanu C，Batstone D J，Van Loosdrecht M. Multidimensional modelling of anaerobic granules[J]. Water Science and Technology，2005，52（1-2）：501-507.

[16] Rodriguez J，Lema J M，van Loosdrecht M C M，et al. Variable stoichiometry with thermodynamic control in ADM1[J]. Water Science and Technology，2006，54（4）：101-110.

[17] Johnson B，Shang Y. Applications and limitations of ADM1 in municipal wastewater solids treatment[J]. Water Science and Technology，2006，54（4）：77-82.

[18] 闫险峰. 两相厌氧-膜生物反应器处理中药废水中试研究及数学模拟[D]. 哈尔滨：哈尔滨工业大学，2009.

[19] Fairlamb M，Jones R，Takács I，et al. Formulation of a general model for simulation of pH in wastewater treatment processes[C]. WEFTEC，2003.

[20] Picioreanu C，Loosdrecht M，Heijnen J J. A new combined differential-discrete cellular automaton approach for biofilm modeling：Application for growth in gel beads[J]. Biotechnology & Bioengineering，2015，57（6）：718-731.

[21] Wimpenny J. Ecological determinants of biofilm formation[J]. Biofouling，2011，10（1-3）：43-63.

[22] Tijhuis L，Loosdrecht M，Heijnen J. Formation and growth of heterotrophic aerobic biofilms on small suspended particles in airlift reactors[J]. Biotechnology & Bioengineering，1994，44（5）：595-608.

[23] 陈黎明，柴立和. 生物膜废水处理系统的数学模型及机理探讨[J]. 自然科学进展，2005，15（7）：843-848.

[24] 郑媛. 生物膜分形结构形成的模拟及理论分析[D]. 天津：天津大学，2007.

[25] Eberl H J，Laurent D. A finite difference scheme for a degenerated diffusion equation arising in microbial ecology[J]. Electronic Journal of Differential Equations，2007，56（15）：77-79.

[26] 李宇. 利用悬浮填料生物膜系统 SBBR 处理生活污水的试验研究[D]. 沈阳：沈阳建筑大学，2015.

[27] Stoodley P，Sauer K，Davies D G，et al. Biofilms as complex differentiated communities[J]. Annual Review of Microbiology，2002，56（3）：187.

[28] Harrington T D，Tran V N，Mohamed A，et al. The mechanism of neutral red-mediated microbial electrosynthesis in *Escherichia coli*：Menaquinone reduction[J]. Bioresource Technology：Biomass，Bioenergy，Biowastes，Conversion Technologies，Biotransformations，Production Technologies，2015，192：689-695.

4 好氧生物膜处理技术

自然环境中存在大量微生物，它们具有代谢能力高和适应性强的特点，可以氧化分解有机物并转化成无机物。在污水处理厂中，生物处理技术是利用微生物的代谢作用，促进微生物的增殖，提高微生物氧化分解有机物效率的一种污水处理方法。它们以有机物作为营养源供自身生长繁殖，然后依靠自身的重力沉降进行泥水分离，从而净化污水。与物理化学技术相比，生物技术处理实际废水的成本更低。

按照微生物对溶解氧的需求不同，生物处理技术分为好氧、缺氧和厌氧生物处理技术。好氧生物处理技术是在污水中有溶解氧存在下，依赖好氧菌和兼性细菌自身的代谢作用将有机物转化为小分子无机物，使其稳定、无害化。好氧生物处理工艺根据微生物聚集状态，可分为悬浮生长（或活性污泥）与附着生长（或生物膜）工艺。按照生长方式划分：活性污泥法是指微生物在液相中处于悬浮状态生长的生物处理工艺；生物膜法是将微生物固定在载体上的生物处理工艺，常用的载体有碎石、炉渣及陶瓷和塑料材料等。

4.1 概　述

如上所述，目前应用广泛的好氧生物处理工艺主要是生物膜法和活性污泥法。活性污泥法中起净化污水作用的是曝气生物池中悬浮态的活性污泥；而生物膜法中去除污水中污染物的是载体上的膜相微生物。生物膜法是指在固体载体表面共同生长存活着细菌微生物、原生动物和后生动物等微型动物群落，并形成膜状生物污泥，也就是生物膜。待处理污水与生物膜接触后，污水中有机污染物作为营养源被微生物吸收用于自身繁殖，增加了微生物量，同时达到净化污水的目的。生物膜法的抗冲击负荷能力强，生物量大，附膜环境稳定，产泥量低，后续污泥处理处置方便。

污水中的有机物首先吸附扩散到生物膜表面，接着被微生物细胞捕获，在透膜酶的作用下，小分子有机物透过细胞壁进入微生物体内，而大分子有机物如淀粉和蛋白质则首先需要在水解酶的作用下水解，再被微生物吸收利用。微生物把吸收到细胞内的物质作为营养源进行代谢，即微生物可以把摄取的有机物用于合成自身所需的物质；还可以分解有机物形成 CO_2 和 H_2O 等无机物，并释放能量，参与合成代谢。同时，微生物发生内源代谢（或内源呼吸），分解自身的细胞物质。

　　从 19 世纪中叶开始，废水的生物膜处理法迄今已拓展出多种处理工艺技术，并广泛高效地用于处理生活污水及工业废水。生物膜法发展了许多工艺，如生物滤池、生物流化床，还有近 20 年开发的曝气生物滤池新工艺。每一种生物膜法处理工艺又有多种变型工艺，详见 4.3 节。目前生物膜法仍在不断开发出新工艺。

4.2　好氧生物膜技术原理

　　通俗来说，污水生物处理的作用原理是通过微生物的代谢活动将污水中的污染物转化为无机物和细胞质等。在好氧条件下形成 CO_2 和 H_2O 等无害的无机物；在厌氧条件下分解成多种小分子化合物，如 CH_4、CO_2、H_2S、H_2 以及小分子有机酸和醇等。污水生物处理工艺涉及物理、化学以及生物等反应过程。

4.2.1　微生物固定的一般过程

　　在游离体系中，菌体由于质量轻，自然沉降困难，在实际应用中会发生菌体流失现象，必须外加药剂或分离设备才能实现固液分离，这种处理方法增加了费用、产生了再次污染的问题，严重影响其在实际中的应用，因此促使了微生物固定化技术的兴起。微生物固定化技术可以最大限度地发挥游离微生物的性能。

　　自 20 世纪 60 年代起，微生物固定化技术开始崛起，将微生物菌体附着固定在载体上，避免游离体系中出现菌体流失的情况，最大限度地提高菌体利用率。早期的微生物固定化技术主要用于工业发酵，直到 1970 年以后，全世界自然水体污染情况加剧，该技术在污水处理工艺中脱颖而出。到了 20 世纪 80 年代初，国内外开始尝试使用微生物固定化技术降解工业废水，该技术可以有效去除难降解的有机污染物。近年来，微生物固定化技术已成为废水处理领域的新热点之一，并具有独特的优点。因此深度研究微生物固定化技术的机理和实践应用具有重要的意义。

　　固定生长的生物膜可以为多种微生物提供稳定的生态环境，有利于世代周期时间长的微生物（如硝化菌）生长。虽然硝化菌的世代时间长、增殖速度慢，为一般的假单胞菌的 1/50～1/40，但它可以附着生长在生物膜上，因此用生物膜法具有较强的脱氮能力。生物膜的形成是一个动态的过程，如图 4-1 所示，包括：微生物定殖阶段（可逆性黏附）、集聚阶段（不可逆性黏附）、生物膜的成熟阶段和微生物脱落与再定殖阶段。在第一阶段，附着在物体表面的微生物细胞外包裹着少量胞外聚合物，微生物的黏附是可逆的，很多菌体还可能脱附。微生物在经过第一阶段后，会分泌大量胞外聚合物用来附着微生物，形成不可逆的黏附过程。之后开始形成成熟期的生物被膜，由类似蘑菇状或堆状的微菌落组成的成熟生物被膜的结构高度有组织。与活性污泥相比，生物膜上的生物种属更丰富，除了在活性污泥中常见的细菌和原生动物，还存在少见的真菌、后生动物、藻类以及大型无脊椎生物等。因此，成熟的生物膜内部高度有组织，形成了一个微小的生态循环系统。成熟的生物膜会向外扩展，脱落或释放出来的微生物重新在物体表面形成新的生物膜。

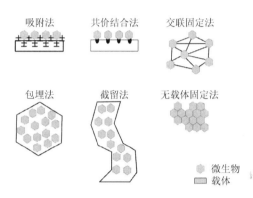

图 4-1　固定化微生物与载体之间的结构示意图

4.2.2　影响微生物固定的重要因素

4.2.2.1　载体材料选择

生物载体的表面性质是影响污水处理效果的关键因素。载体的关键性质包括比表面积、表面粗糙度、密度、堆积密度、表面亲水性、表面电荷、孔隙率和强度等。因此合适的载体直接影响着可供生物膜生长的面积和生物膜量的大小，而且还影响污水处理装置中的传质过程。表面带正电荷的载体可以更容易固定表面带有负电荷的微生物。此外，载体粗糙的表面可以增加细菌与载体间的接触概率，有利于细菌在其表面附着、固定，载体本身的孔洞和裂缝可以保护附着的微生物，避免被水力冲刷掉。

1）天然载体材料

活性污泥是污水处理中应用得最多的天然微生物载体。沙砾、天然沸石和硅藻土是应用广泛的天然微生物载体材料。但这些无机载体材料的密度较大，难以实现流化，同时吸附的微生物容易脱落，实际应用受限。陈兵红[1]为处理农村生活污水中的氨氮，把高效菌 SHJ-1 固定到天然沸石上。处理污水过程中的主要因素有温度、pH 值、沸石投加量和接触时间等，其中最适温度是 30℃。Coleman 等[2]分别使用海藻酸钙和硅藻土固定了啤酒酵母菌，用于转化苯乙酮制备右旋-1-苯乙醇，研究发现 pH 值影响右旋-1-苯乙醇的产率，在水的活度为 0.61 时，硅藻土固定化啤酒酵母菌的活性和产物最终产率都较高，但其初始转化率不及海藻酸钙固定化的菌体。

2）合成高分子载体

天然载体材料的强度较低，能够被微生物降解，使用周期短，因此研究人员开始利用有机合成高分子材料作为替代的固定化材料。应用较多的是聚氨酯泡沫、聚乙烯醇、聚丙烯、低密度聚乙烯、低密度聚丙烯等。研究人员对比了聚乙烯醇（polyvinyl alcohol，PVA）固定的土壤杆菌与游离菌对污染农田的生物修复情况，发现固定化菌更能高效降解农药残留物，降低了阿特拉津残留物的扩散率，同时菌体流失大大减少。Soo 等[3]使用聚乙烯醇固定光合细菌，并应用于处理水族馆金鱼的养殖水，水体中的氨氮浓度在经过 6 个月连续运行的过程均保持在较低水平。Gutierrez 等[4]研究了应用聚乙烯醇生物细胞支架材料冷冻法固定细菌的可行性。

亲水性的聚氨酯泡沫塑料具有比表面积大的网状结构，容易附着微生物，可以用作悬浮载体材料固定微生物。张启霞等[5]采用爆炸法网化处理聚氨酯泡沫塑料，研究发现聚氨酯的生物挂膜效果和纳污量均优于陶粒。Ramirez 等[6]采用聚氨酯泡沫塑料固定化的脱氮硫杆菌处理滴滤塔中 H_2S 和 NH_3 的混合气。另外，吴国杰等[7]制备了一种聚醚-壳聚糖水凝胶生物载体材料，凝胶材料的饱和溶胀度和硬度与聚醚和壳聚糖质量比、交联剂戊二醛浓度以及凝胶温度有关。四川大学褚良银等[8]使用球状的聚醚砜（polyethersulfone，PES）多孔膜微囊载体固定微生物，微生物细胞可以通过囊膜表面的膜孔自由进出。微生物细胞在载体内部自絮凝，外部成膜，增强了传质效果，提高了微生物活性。人工合成高分子载体具有一定的强度和可塑性，能够抵抗微生物的腐蚀，但其传质性能不理想，同时还需尽量降低有毒单体对细胞活性的影响，使其发挥最大性能。

3）人工无机载体材料

常用的合成无机载体主要有微孔玻璃、活性炭和多孔陶瓷等。这些多孔的无机材料通过吸附作用和静电吸引固定微生物。该类无机载体材料通常具有无毒性、稳定性高、强度大、寿命长等特性。无机载体内部有着丰富的孔结构和高孔隙率，能供微生物不断生长繁殖，增加生物量，从而提高污水处理能力。其中介孔分子筛具有规则的孔道、大的比表面积、高的气液传质速率，近年来在固定化技术中表现出得天独厚的优势。

4.2.2.2 pH 值

一般来说，pH 值影响微生物的代谢活性，pH 值的波动直接影响微生物对污水的净化能力。pH 值在 6.5～8.5 之间时好氧微生物生长繁殖较快。驯化的细菌可增加对 pH 值的适应范围。当水解酸化池处理碱性的印染废水时，驯化后的微生物对 pH 值的耐受范围在 9.0～10.5 之间，同时废水处理效果不受影响。废水中存在 H_2CO_3、CO_3^{2-}、NH_4^+ 及 PO_4^{3-} 等缓冲盐类物质。在一定范围内，废水中突然加入酸或碱后，由于缓冲盐的存在，废水的 pH 值不会产生大的波动。相比于温度变化，细菌对 pH 值变化的适应能力差，在其生长 pH 值范围内，废水 pH 值的变化会显著影响细菌的活性。因此需要严格控制污水的 pH 值保持稳定。另外，pH 值影响细菌表面的带电状态，影响微生物对污水中有机物和无机盐的摄取。

pH 是影响微生物固定化的重要因素之一，它会影响微生物在载体表面的附着程度和微生物的代谢活性。当环境 pH 值在适宜微生物生长的区间内，细菌代谢活性高，有利于吸附固定在载体材料上。当 pH 值过高或过低时，不利于细菌的代谢，影响固定化过程。微生物在不同 pH 值环境下带有不同的电荷，pH 会直接影响微生物表面的电荷，影响固定化环境，这是因为当环境 pH 值小于或大于细菌等电点时，位于细菌细胞壁上的羧基和氨基基团会电离，细菌表面的带电状态直接影响细菌在载体表面附着固定。不同的细菌种类表面等电点也不同。

4.2.2.3 温度

温度对微生物的生物活性具有很大的影响。微生物都有适合自身生长繁殖的最适温度区间，如在 10～35℃的温度范围时，好氧微生物的新陈代谢活性最强，当水温低于 10℃时，处理效果受到抑制。在最适温度范围内，随着水温的升高，许多微生物的活性都会增强。在夏季，水温高，微生物活性高，污水的净化效果好；而在冬季，水温低，微生物的代谢活性低，生物处理效果差。当水温达到适宜细菌生长的最高温度时，细菌的代谢活动最快，但同时胶体基质被消耗，造成污泥解体，降低吸附污染物的能力，同时由于污泥解体造成出水浑浊、悬浮物浓度升高，出水水质变差。温度的升高还会减少污水的溶解氧浓度，同时降低氧的传递速率，污泥缺氧导致细菌死亡，从而降低污水净化能力。因此，需要对进水温度高的工业废水实施降温预处理。

当固定化温度超过微生物的适宜温度时，细菌的酶活性受到抑制，进而影响微生物固定，微生物固定化成功与否将直接影响废水处理的最终结果。当温度低于 10℃时，微生物的生长速率减慢，活性降低，分泌的多糖、蛋白质等胞外聚合物减少，进而导致胞外聚合物聚集微生物群落的能力下降，固定化进程慢；当水温升高，尤其是在最适宜生长的温度下，细菌生长繁殖速率高，活性好，更容易固定在载体上，更快地降解污染物。

4.2.2.4　生物膜特性

生物膜的厚度决定了微生物的丰富度和溶解氧与底物的传递。生物膜的厚度存在总厚度与活性厚度，当生物膜过厚时，由于内部的传质阻力，微生物无法全部参与到基质的降解过程中。在适宜的膜厚度范围（70～100 nm）内，随着膜厚度的增加，微生物降解污染物的速度越快。较薄的生物膜传质阻力小，活性高。而过厚的生物膜的传质阻力大，膜活性低，污水处理效能与膜的薄厚无关。因此需要将生物膜的厚度保持在 100 nm 以下。此外，随着生物膜持续增厚，基质降解速度无法进一步提高，并且生物膜内层逐渐变成厌氧层，引起生物膜脱落（膜厚度超过 600 nm 会发生脱落），载体上可能出现积泥造成载体堵塞，影响生物处理的效能。

4.2.3　生物膜载体选择与微生物固定技术

4.2.3.1　生物膜载体选择

固定化微生物技术是利用物理或化学方法将游离的微生物定位在某一载体上，保持固有的微生物活性，能够被重复使用的现代生物技术。固定化微生物可以改变微生物浓度，微生物不易脱落，稳定性强，菌液分离简便，占地面积小。近年来，固定化微生物技术广泛应用在环境、食品、能源、医学和制药等多个领域。载体材料的性能直接影响固定化微生物的功能，因此亟需研究高性能的固定化载体材料。

载体材料可以为微生物提供生长繁殖的适合条件。选择和制备合适的固定化载体材料需要考虑微生物的种类、生理习性及其应用的污水条件和固定化的方法。固定化载体材料的特征有：①传质效果好；②固定化微生物量高；③操作简单；④强度大、稳定性高；⑤对微生物无毒无害；⑥能重复稳定运行；⑦原料来源广，造价低。载体表面粗糙度、孔隙率和表面带电状态影响着固定化的进程，微生物容易附着在表面粗糙的载体上，载体上的孔洞和缝隙能够保护微生物防止受水力剪切而脱附。表面带正电荷的载体材料有利于固定表面带负电荷的微生物,使微生物从水相快速转移到载体表面。

4.2.3.2 微生物固定技术

目前微生物固定化方法主要分为六种:吸附法、交联法、无载体固定法、共价结合(偶联)法、系统截流法和包埋法,见图4-2。

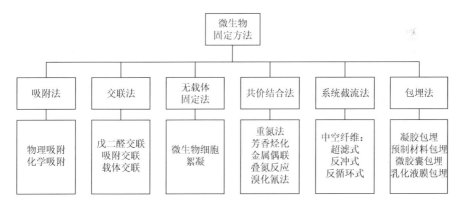

图4-2 微生物固定化技术分类

目前,已有许多实际应用的固定化技术,而且随着研究的进行,仍在不断开发新的固定化方法。综合考虑载体的来源、固定化的微生物活性、与载体间的结合力及其稳定性等因素,比较分析了不同的微生物固定化技术(表4-1)。

表4-1 各种微生物固定化技术特性比较

性能	吸附法	交联法	无载体固定法	共价结合法	系统截留法	包埋法
制备的难易	易	适中	适中	难	适中	适中
结合力	弱	强	强	强	强	适中
菌体活性	高	低	低	低	强	适中
固定化成本	低	适中	适中	高	低	低
适用性	适中	小	大	小	大	大
稳定性	低	高	高	高	低	高
载体的再生	能	不能	—	不能	能	不能
空间位阻	小	较大	较大	较大	小	大

4.3　好氧生物膜工艺

生物膜法是一种历史悠久又在发展创新的处理污水的生物技术。一般来说,好氧生物膜工艺就是将附着生长在载体(如滤料、填料等)上的微生物引入污水生物处理工艺中,并利用曝气设备充氧。在惰性固体表面上会聚集着微生物,形成膜状的活性污泥,生物膜中的生物种属十分丰富,共同组成了稳定的原始生态系统。生物膜上还可以生长一些代谢能力强、易导致污泥膨胀的丝状微生物(如放线菌、霉菌等),但其附着生长在固体表面,因此不会出现污泥膨胀现象。

国内外的研究员和工程师从不同角度对生物膜工艺进行了深入细致的研究,主要包括生物膜载体材料的设计与优化、固定化微生物的机理与技术、生物膜增长与有机物去除的内在联系等,这些研究加深了人们对生物膜工艺的了解和认识。生物滤池和生物转盘等已应用于实际污水处理的生物膜工艺更加完善,并且出现了如生物流化床和微孔膜生物工艺等新型的生物膜工艺。研究者还将生物膜结合到悬浮生长污泥的污水处理装置中,形成了不同的组合工艺,能够充分发挥各自的优点,有效去除不同来源的有机物。今后,生物膜工艺的研究方向将继续深度研究固定化微生物的机理;开发低成本、方便适用的微生物固定化技术;优化设计生物膜结构及各种工艺,使多种工艺系统更加快速高效地净化污水;深入研究微生物增殖、代谢活动与污染物去除之间的内在联系,未来将实现生物膜工艺节能和自动化。

4.3.1　好氧生物滤池

如上所述,生物滤池是出现最早的生物膜工艺,迄今为止已有百余年的历史。生物滤池是受土壤自净作原理的启发,在废水滴灌的基础上逐步形成的一种污水处理工艺。20世纪初,这种处理污水的生物方法得到国际公认,人们把它命名为生物过滤法,处理构筑物被称为生物滤池,在欧洲和北美洲应用较多。

4.3.1.1　工艺原理

污水进入生物滤池后,首先通过布水器把污水均匀喷洒在滤池表面,污水自上而下滴落,少量污水直接渗透到滤料下,经过排水系统后流出池外,而大部分污水会被附着在滤料表面,形成薄膜状的水层。滤料可以截留污水中的悬浮物、胶体和溶解性物质,吸附在滤料表面,微生物可以摄取自身所需的有机物和无机盐作为营养,形成生物膜。生物膜成熟后,生物膜上种类丰富的微生物可以吸附、氧化污水中的有机物用于自身代谢,进而达到净化污水的目的。

生物滤池在处理污水的过程中涉及许多复杂的过程,包括底物传质、充氧耗氧、有机物的分解和微生物的摄取营养等。在这些复杂过程的作用下,生物滤池可以降解污水中大量的有机物,净化水质。

4.3.1.2　工艺形式

随着生物滤池工艺的不断发展,已设计出高性能的填料,提高了工艺运行的条件,生物滤池的水力负荷和有机负荷得到了提高。目前生物滤池大体上可分为普通生物滤池、高负荷生物滤池、塔式生物滤池等。

1. 普通生物滤池

作为最早出现的生物滤池形式,普通生物滤池又称滴滤池。处理污水流量低,适合处理流量不高于 1000 m^3/d 的城镇生活污水或工业废水。主体部分分为四部分,分别是池体、滤料、布水装置和排水系统(图4-3)。

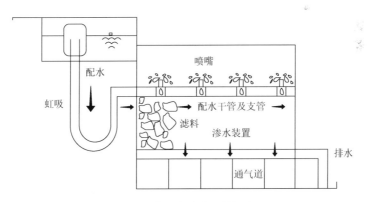

图 4-3　普通生物滤池的组成

其主要优点是:①出水水质稳定,BOD_5 的去除率高达 90%～95%;②处理效果好,硝酸盐含量较低(10 mg/L 左右);③出水的固体物数量少且不连续,多为无机成分,沉淀性能好;④二沉池污泥的颜色呈黑色,氧化良好;⑤能够长期稳定运行、操作管理方便、消耗能源少。

主要缺点是:①喷嘴布水后会散发臭味;②当生物膜脱落时,会堵塞滤料,影响出水水质;③当滤池表面存在大量的脱落的生物膜时,会产生滤池蝇等小虫,使环境卫生条件变差;④构筑物占地面积大、污水处理量低。

普通生物滤池因具有以上明显的缺点，已出现被淘汰的趋势。

2. 高负荷生物滤池。

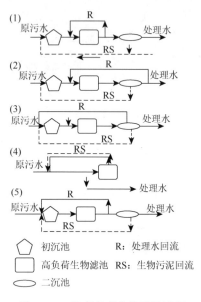

图 4-4　一段高负荷生物滤池流程

高负荷生物滤池是第二代生物滤池，它可以解决改善普通生物滤池在净化功能和运行中的缺点。高负荷生物滤池的负荷率大大增加，相比于普通生物滤池，其 BOD 容积负荷高达 6～8 倍，水力负荷率高达 10 倍。为保持高负荷率，高负荷生物滤池需要限制进水有机物浓度并采取污水回流措施。如果污水进水的 BOD_5 值高于 200 mg/L，需要用回流的污水进行稀释。根据处理水回流方式的不同，高负荷生物滤池衍生出了多种多样的处理流程。图 4-4 是 5 种具有代表性的一段系统的流程。

系统（1）是应用较广泛的处理系统，生物滤池出水不经过二沉池直接回流到滤池；二沉池的生物污泥回流到初沉池。这种系统有助于接种并不断更新生物膜。此外，回流到初沉池的污泥提高了初沉池的沉淀效果。

系统（2）同样应用较为广泛。二沉池的出水直接回流到滤池，出水回流不经过初沉池，无需增加初沉池的容积，而生物污泥经二沉池沉淀后回流到初沉池，增强了初沉池的沉淀效果。

系统（3）的滤池出水和污泥都从二沉池同步回流到初沉池，这种回流措施提高了滤池的水力负荷，也增加了初沉池的沉淀效果，但不可避免地增加了初沉池的负荷。

系统（4）的处理构筑物简单，没有设置二沉池，滤池出水和生物污泥都回流到初沉池，使其兼行二沉池的功能，可以提高初沉池的沉淀效果。

系统（5）滤池出水和二沉池的生物污泥则同步回流到初沉池。

二段（级）高负荷生物滤池处理系统适合处理进水浓度高，或要求出水水质更高的污水。图 4-5 列举了二段滤池的 4 种组合方式。二段滤池常设有中间沉淀池，能够降低二段滤池的负荷，减少滤池的堵塞。二段生物滤池系统的主要缺点是两段滤池的负荷率不相同，第一段滤池负荷率高，生物膜生长快，生物膜脱落并堵塞滤池，而二段滤池负荷率低，生物膜生长慢，滤池利用率不足，为了解决这一问题，研究人员在二段生物滤池系统的基础上增加了交替配水（见图 4-6）。

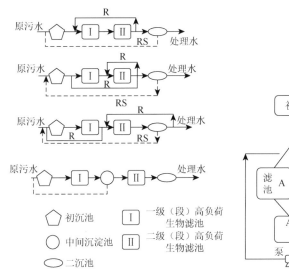

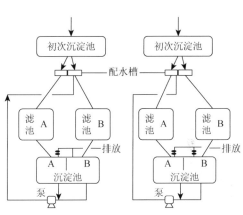

图 4-5　二段高负荷生物滤池流程　　　图 4-6　交替配水二段生物滤池系统

3. 塔式生物滤池

　　塔式生物滤池是第三代高负荷生物滤池。该工艺由于具有某些特征，受到研究人员和工程师的青睐，得到较为广泛的应用。图 4-7 显示为塔式生物滤池的主要构造图。

　　塔式生物滤池具有许多独特的优势，比如塔身内部通风性好，污水依靠重力自塔顶向下滴落，水流剧烈扰动，溶解氧浓度高，滤料上的生物膜能与污水和空气充分接触，污染物质传质界面加大，提高了氧的利用率，因此能高效去除污染物。

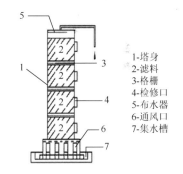

图 4-7　塔式生物滤池构造示意图

塔式生物滤池的水力负荷为 80～200 m³/(m²·d)，是第二代高负荷生物滤池的 2～10 倍，由于高的水力负荷，生物膜不断受到水力冲刷，造成生物膜的脱落、更新。塔式生物滤池的容积负荷率为 1000～2000 g BOD$_5$/(m³·d)，比普通的高负荷生物滤池高 2～3 倍。高的容积负荷可以使生物膜生长迅速，因此塔式生物滤池内的生物膜可以长时间保持高活性。但是，过快过多生长的生物膜，会堵塞滤料。因此需要控制滤池进水的 BOD$_5$ 值在 500 mg/L 以下，否则需要增加出水回流。

　　塔式生物滤池内部的各个滤层中存在不同群落、适应性良好的优势微生物种群，不同种类的微生物可以在不同的滤料中进行正常的增殖、代谢活动，进而促进有机污染物的降解。塔式生物滤池存在独特的分层微生物的特征，抗冲击负荷能力强。在处理高浓度的工业废水时，塔式生物滤池常用于作二级生物处理工艺的一级生物处理技术，可以去除大量有机污染物，保证后续第二级处理技术高效稳定运行。

4.3.2　好氧流化床

生物流化床使用的载体多为细小的惰性颗粒，包括焦炭、砂和活性炭等。当载体表面生长有成熟的生物膜后质量变轻，当污水以较高的上升流速流动时，载体随水流运动，处于流化状态。生物流化床技术的生物量大，传质效率高，可以强化生物处理，高效降解有机物。

4.3.2.1　工艺原理

生物流化床在原理上与其他生物膜工艺相似，都是利用载体表面生长的生物膜发挥去除污染物的作用；生物流化床的反应器形式不同于生物转盘、生物滤池等工艺。在生物流化床中，紊乱的水流使载体颗粒上的生物膜随水悬浮流动，同时反应器中存在一些脱落的生物膜和游离的菌胶团，因此它也具备悬浮生长法（活性污泥法）的一些特征。从本质上来说，生物流化床是一种存在固定生长和悬浮生长双重特征的工艺技术，这种独特的优势使得它在生物量、传质能力、有机物降解速率等方面具有突出的特点：

（1）微生物浓度高，容积负荷高。生物流化床的载体是小粒径的惰性固体，载体表面积大，能为微生物提供巨大的附栖生长场所，反应器内微生物浓度可达 $40\sim50$ g/L，BOD_5 容积负荷可达 $3\sim6$ kg/(m³·d)乃至更高。

（2）微生物活性强。在水流扰动下，悬浮态的生物膜在反应器内不断产生碰撞摩擦，结果形成了厚度较薄（一般小于 0.2 μm）且均匀的生物膜。据研究，在相同条件下处理污水，生物流化床中固定生长的生物膜的呼吸率是悬浮生长的活性污泥的两倍，微生物的活性更强，有机物降解速率更高。生物流化床中高活性的微生物可以承受较高的容积负荷。

（3）具有良好的传质条件。生物流化床中气-固-液界面不断接触碰撞，流态化的生物膜具有卓越的传质效果，气泡被分割成尺寸更小的气泡，显著加快了溶解氧与基质的传质效率，促进微生物对有机物的吸附和降解，加快生化反应速率。在处理可生化性较好的工业废水，如食品工业和酿造工业废水时，生物流化床内的生化反应的速率快，更能凸显传质的优势。

（4）抗冲击负荷的能力较强，不会产生污泥膨胀。

（5）由于生物流化床的生物量高、传质效果好，在保证出水效果的同时，可以减小构筑物占地面积，节约成本。

近三十年来具有明显优势的生物流化床已应用于不同类型的污水,规模逐渐扩大,但是其普及程度比不上活性污泥法、生物接触氧化法及生物滤池等处理工艺。这是因为运行流态化要求较高的设计和运转管理技术,需要设计者拥有相当的研究和设计经验。这限制了生物流化床的普及。据国外统计,生物流化床的投资和构筑物的占地面积仅相当于活性污泥曝气池的 70% 和 50%,但驱动载体流化的动力消耗产生了高昂的运转费用。为节省能耗,有人尝试使用低密度的载体,但流化过程控制更加困难,低密度的载体极易流失,而且降低了传质过程。

4.3.2.2 工艺形式

按载体流化的驱动力不同,生物流化床包括:液流动力流化床、气流动力流化床和机械搅动流化床等 3 种类型。另外,按流化床内溶解氧量的多少,生物流化床可分为好氧流化床和厌氧流化床。

1. 液流动力流化床

图 4-8 显示了液流动力流化床的基本工艺流程,污水流经充氧设备时进行充氧,接着流向流化床,在流化床内部只有污水与生物膜载体相接触,因此也被称为二相流化床。

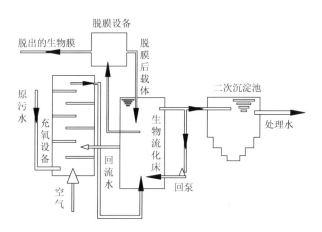

图 4-8　液流动力流化床（二相流化床）

液流动力流化床的溶解氧源是纯氧或空气,原污水与流化床处理后的回流水在单独的充氧设备中与空气或纯氧接触,在污水中增加溶解氧,污水中溶解氧含量取决于使用的氧源和充氧设备。如果氧源为纯氧时,并在压力充氧设备中充氧,污水中的溶解氧含量能够达到 30 mg/L 以上。当采用一般的曝气设备充氧时，污水中的溶解氧含量只有 8～10 mg/L 左右。

污水与回流水的混合液在充氧后经生物流化床床底的布水装置进入床内，自下而上沿着床体均匀缓慢地上升，在上升过程中可以推动载体呈流化态，同时充分接触、碰撞生物膜。处理后的污水从床体上部出水，同时脱落的生物膜被排出，进入二次沉淀池，得到澄清的出水。在运行过程中，设有脱膜装置以脱除载体上的老化生物膜，脱膜装置间歇运行，载体上的老化生物膜被脱除后，再把载体输送回流化床内，而脱除的老化生物膜被当作剩余污泥排出流化床外。

生物流化床内的载体表面附着大量生物膜，生物量大，耗氧速度很快，对溶解氧的需求量大，只进行一次充氧无法满足微生物对氧气的足够需求。此外，单单靠原污水的流量无法推动载体的流态化，需要污水与循环回流水的混合液。

2. 气流动力流化床

气流动力流化床内部的污水（液体）、载体（固体）及空气（气体）三相进行搅拌接触，又称为三相生物流化床。如图 4-9 所示，气流动力流化床主要分为三个组成部分：床体中心的输送混合管，输送混合管外侧的载体下降区和床体上部的载体分离区。

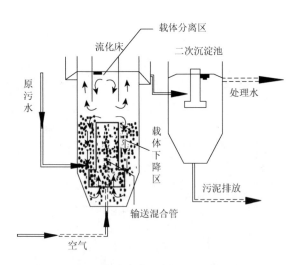

图 4-9　气流动力流化床（三相流化床）

空气扩散装置将空气输送到床体中心的输送混合管，空气带动污水上升，气、液、固三相间进行接触，产生强烈的搅拌作用，由于载体之间相互摩擦，老化的生物膜直接脱除到输送混合管中，无需再加脱膜设备。

气流动力流化床一般不设置出水回流，只有当原污水的有机物浓度过高时，需要增加出水回流以稀释污水。但该技术存在一些问题，如老化脱落的生物膜，尺寸小，单靠重力沉降难以完全去除，因此需要外加化学药剂通过混凝沉淀法或者增加气浮设备实现固液分离，获得澄清的出水。

4.3.3　好氧生物转盘

生物转盘（rotating biological contactor，RBC）是利用在圆盘表面上生长的生物膜处理废水的装置[9]。它与活性污泥法和生物滤池法相似，是在生物滤池的基础上发展起来的一种新型的生物膜法废水生物处理技术[10]，利用此技术处理废水有一定的优越性。起初，生物转盘应用于处理生活污水，进而推广到处理城市污水和有机性工业废水，又称为浸没式生物滤池[11]。

4.3.3.1　工艺原理

生物转盘工艺的组成为盘片、接触反应槽、转轴及驱动装置（图 4-10）。每组盘片串联，转轴贯于中心，转轴两端置于半圆型接触反应槽两端的支座上。槽内的污水中浸没约 40%左右的转盘面积，转轴较槽内水面高约 10～25 cm。

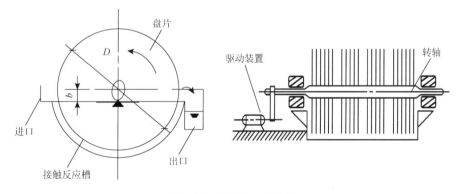

图 4-10　生物转盘构造图

接触反应槽内充满污水，生物转盘以较低的线速度在接触反应槽内转动，转盘交替地与空气和污水相接触[12]。一段时间后，转盘表面微生物附着栖息进而形成生物膜。微生物的群落结构逐渐稳定，其新陈代谢逐渐趋于稳定，生物膜吸附降解污水中的有机污染物[13]。转盘转动过程中离开污水与空气接触，生物膜上的固着水层从空气中吸收氧，以保证固着水层中的氧是过饱和，并将其传递到生物膜和污水中，使槽内污水的溶解氧含量达到一定的浓度，甚至可能达到饱和。生物膜附着于转盘上，且生物膜、污水和空气三者之间，除 BOD、COD 与 O_2 外，还进行着 CO_2、NH_3 等其他物质的传递[14]，如图 4-11 所示。随着新陈代谢的进行，生物膜逐渐增厚，并在其内部形成厌氧层，而后开始老化。老化的生物膜在污水水流与转盘盘面之间产生的剪切力的作用下而剥落，剥落的破碎生物膜在二次沉淀池内被截留，生物膜脱落后形成污泥，其密度较高、易于沉淀[15]。如该系统运行得当，生物转盘系统还能够兼具硝化、脱氮与除磷的功能。

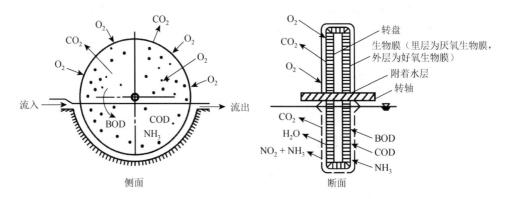

图 4-11　生物转盘净化反应过程与物质传递过程

4.3.3.2　工艺形式

图 4-12 所示为处理城市污水的生物转盘系统的基本工艺流程。生物转盘处理系统中，除核心装置生物转盘外，还包括污水预处理设备和二次沉淀池[16]。该装置中二次沉淀池的作用是去除经由生物转盘处理后的污水中所挟带的剥落生物膜。

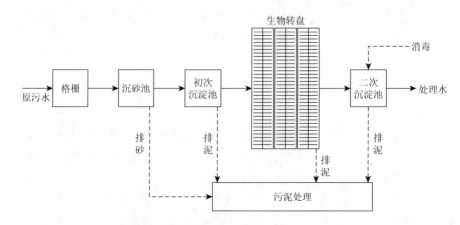

图 4-12　生物转盘处理系统基本工艺流程

　　生物转盘采用多级处理方式为宜。实践证明，如盘片面积不变，将转盘分为多级串联运行，能够提高处理水水质和污水中的溶解氧含量[17]。生物转盘的设置一般可分为单级单轴、单轴多级和多轴多级等几种类型。生物转盘级数多少主要根据污水的水质、水量、处理水应达到的程度以及现场条件等因素来综合决定[18]，如城市污水多采用四级转盘进行处理。图4-13所示的是生物转盘二级处理流程。该流程可用于高浓度有机污水的处理，可将BOD值由数千mg/L降至20 mg/L[17]。

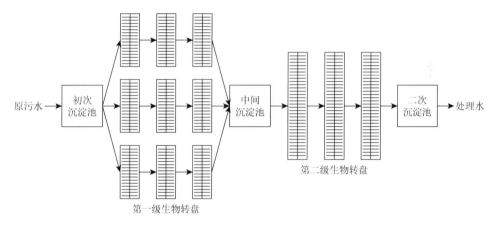

图4-13　生物转盘二级处理流程

　　污水经此处理后，BOD值逐级降低，亦可采用逐级减少的生物转盘工艺流程（图4-14）。

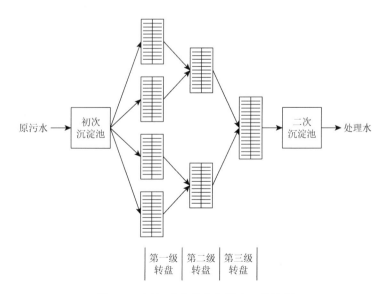

图4-14　逐级减少的生物转盘工艺流程

　　生物转盘作为污水生物处理技术，被广泛认为是一种处理效果好、效率高、便于维护、经济性高的工艺[19]，是因其在工艺和维护运行方面具有如下特点：

　　微生物浓度高，特别是生物转盘的最初几级，这也是生物转盘高效率主要原因之一[19]。

　　生物相分级，在每一级别的转盘表面生长着适于流入该级污水性质的生物相，对微生物的生长繁育、有机污染物的生物降解非常有利[18]。

　　污泥的泥龄长，在生物转盘上能够有世代时间长的微生物在此附着、增殖，如硝化菌等，因此，生物转盘同时兼具硝化、反硝化的功能[18]。

　　若采取适当措施，生物转盘技术还可以用于除磷，因其无需污泥回流，可向最后几级的接触反应槽或直接向二次沉淀池投加混凝剂来去除水中的磷[20]。

　　耐冲击负荷，对从超高浓度有机污水到超低浓度污水（BOD 值达 10000 mg/L 以上到 10 mg/L 以下）都可以采用生物转盘进行处理，并能够得到较好的处理效果[21]。

　　在生物膜上的微生物的食物链较长，故污泥产量较小，约为活性污泥处理系统的一半[22]。接触反应槽不需要曝气，污泥也无需回流处理，因此，动力消耗低，这是本处理工艺最突出的特征之一。无需经常调节生物污泥量，不会产生污泥膨胀的现象，机械设备也相对简单，因此，便于维护管理[23]。

　　设计合理、运行正常的生物转盘，不产生滤池蝇、不出现泡沫也不产生噪声，不存在发生二次污染的现象[18]。生物转盘的流态，单一生物转盘单元是完全混合型的，转盘在不断转动时，接触反应槽内的污水能够得到良好的混合，但多级生物转盘又应作为推流式，因此，生物转盘的流态，应以完全混合推流来考虑。生物转盘自开创以来，迄今为止，仍属于发展中的污水处理技术，近 10～20 年来在工艺方面仍有某些进展，下面就主要部分加以阐述。

　　1）空气驱动生物转盘

　　空气驱动生物转盘是以空气的浮力为动力使转盘旋转，如图 4-15 所示。转盘的外周设有空气罩，转盘下侧设曝气管，其管上均等地安装扩散器，来自扩散器的空气均匀地吹向空气罩，产生浮力故而使转盘转动。这种生物转盘特点是：槽内污水中溶解氧的含量较高，在负荷率相同时，具有较高的 BOD 去除率；生物膜较薄，此时具有较强的生物活性；通过调节空气量可改变转盘的转数，采用空气量调节装置，根据槽内溶解氧的变化自动运行；便于维修管理。

　　2）生物转盘与其他处理设备相组合

　　近年来人们为了二级处理工艺效率的提高和节约用地，先后提出了生物转盘与其他类型处理设备相结合的方案，其中主要有：适用于小型生活污水处理站的将生物转盘与沉淀池相组合（图 4-16）；生物转盘与曝气池相组合（图 4-17）。

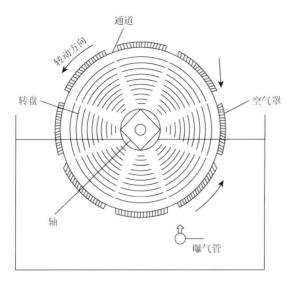

图 4-15 空气驱动生物转盘剖面图

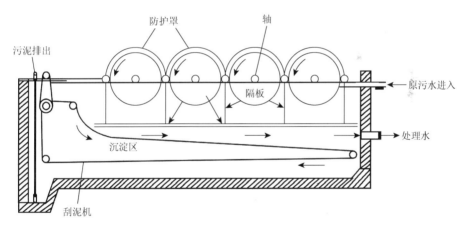

图 4-16 与沉淀池组合的生物转盘

根据美国某城市的实际运行结果表明，生物转盘与曝气池相组合能提高原有设备的处理效果和处理能力，占地面积减小，附加设备费用亦降低；处理效果较稳定，生物量高，设备中微生物增殖迅速，活性强；污泥产量少且易于沉淀；动力消耗减少，活性污泥装置本身能够提供生物转盘转动的能量；负荷选择适宜，可取得硝化的效果。这是一种处理效果好、效率高、经济性较高的处理设备。

3）藻类生物转盘

藻类生物转盘的主要特点是加大了转盘间的距离，增加了盘面的受光面积，将经由筛选后的藻类接种于盘面，其上形成藻菌共生体系。藻类通过光合作用释

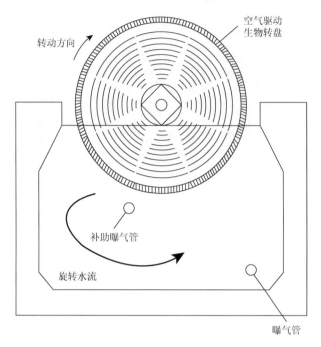

图 4-17　与曝气池组合的生物转盘

放氧气后提高了水中的溶解氧，为好氧菌提供了丰富的氧气，而微生物经由新陈代谢所放出的 CO_2 成为藻类的主要碳源，继而又促进了藻类的光合作用。在菌藻的共生体系下，污水得到净化[24]。该方案是为了去除二级处理水中的无机盐，控制水体富营养化而提出的。这种设备的出水中溶解氧含量高，一般可达近饱和的程度。此外，还有脱除 NH_3 的功能，可达到深度处理的要求。

4.3.4　好氧生物接触氧化

生物接触氧化法也称淹没式生物滤池，近年来，该技术在国内外得到了广泛的研究与应用[25]。将该技术用于处理生活污水和某些工业有机污水，取得了良好的处理效果，特别是在日本、美国得到了迅速发展和应用，广泛地用于处理生活污水、城市污水和食品加工等工业废水，而且还用于处理地表水源水的微污染[26]。我国从 20 世纪 70 年代开始引进生物接触氧化处理技术，并得到了广泛的应用，除应用生活污水和城市污水外，还应用于石油化工、农药、印染、纺织、苎麻脱胶、轻工造纸、食品加工和发酵酿造等工业废水处理，都取得了良好的处理效果。此外，我国污水处理工程技术人员在新型填料和曝气器的研制方面均取得了显著的成效。

4.3.4.1　工艺原理

生物接触氧化法是一种介于生物滤池与活性污泥法二者之间的生物处理技术。也可以说是具有活性污泥法特点的生物膜法，兼具两种处理方法的优点，故深受污水处理工程领域人们的重视[27]。

生物接触氧化处理技术，在工艺、功能以及运行等方面的主要特征如下：

（1）本工艺使用的填料形式多样，便于氧的转移，溶解氧充沛，适于微生物生存增殖，不但可满足细菌和多种种属原生动物、后生动物以及生长氧化能力较强的球衣菌属的丝状菌生长，而且无污泥膨胀之虑。

（2）填料表面布满生物膜，形成了生物膜的主体结构，此间由于丝状菌的大量滋生，有可能形成一个呈立体结构的密集的生物网，当污水在其中通过时可起到类似"过滤"的作用，能够有效地提高净化效果[28]。

（3）生物膜表面不间断接受到曝气吹脱，有利于保持生物膜的生物活性，同时抑制厌氧膜的增殖，也易于提高氧气的利用效率，从而保持较高浓度的活性生物量。因此，生物接触氧化处理技术能够容纳较高的有机负荷率，处理效率较高，有利于缩小池容，减少占地面积。

（4）较强的适应冲击负荷的能力，在仪器装置间歇运行条件下，仍能够维持良好的处理效果，因而对排水不均匀的企业，更具有实际应用意义。

（5）操作简单、运行方便、便于维护管理，无需污泥回流，不见污泥膨胀现象，也不产生滤池蝇[29]。

（6）污泥产量少，污泥颗粒较大，容易沉淀。

生物接触氧化处理技术还兼具有多种净化功能，除能有效地去除有机污染物外，若运行得当还能够用来脱氮，因此，还可以用作三级处理技术。

生物接触氧化处理技术的缺点主要是：如设计或运行不当，可能会发生填料堵塞，除此之外，布水、曝气不易均匀，易导致在局部部位出现死角[30]。

4.3.4.2　工艺形式

截至目前，接触氧化池在形式上，按曝气装置所设位置，分为分流式与直流式；按水流循环方式，又可分为填料内循环与外循环式。

国外多采取分流式，分流式接触曝气池根据曝气装置所设位置又可分为两种：中心曝气型和单侧曝气型。

在国内，采用的接触氧化池多为直流式（图4-18）。直接在填料底部曝气是这种接触氧化池的特点，在填料上产生上向流，此时生物膜受到气流的冲击、搅动，加速脱落、更新，从而使生物膜经常保持较高的生物活性，以便于避免堵塞现象的产生。此外，上升气流与填料之间不断地撞击，使气泡破碎，直径减小，进而增加了气泡与污水间的接触面积，从而提高了氧的转移率。在我国采用的是外循环式直流生物接触氧化池。如图 4-19 所示，密集的穿孔管曝气设于填料底部，可在填料体内、外形成循环，均化负荷，处理效果良好。

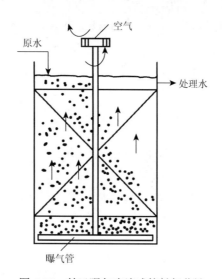

图 4-18　鼓风曝气直流式接触氧化池

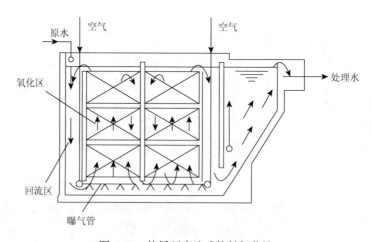

图 4-19　外循环直流式接触氧化池

近年来，我国的城市建设事业发展迅速，各地涌现大量居民小区。为了适应居民小区生活污水处理的需要，某环境工程设计与研究单位开发了以多段串联生物接触氧化技术为主体的生活污水处理设备系列，见图 4-20。设备系统可制成地埋式，也可设于地上，已在国内一些小区应用，效果良好。

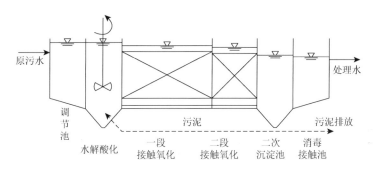

图 4-20　以多段（二段）串联生物接触氧化为主体的生活污水处理设备系统

　　生物接触氧化处理工艺在我国的应用较广泛。图 4-21 为某厂以生物接触氧化工艺为主体处理工艺的污水处理流程。污水处理厂设计规模为 10000 m³/d，进水 BOD_5 值平均为 117 mg/L，处理水 BOD_5 值为 13.9 mg/L，去除率达 85%，COD 去除率 64%，悬浮物去除率达 78%，处理水水质达二级处理要求。

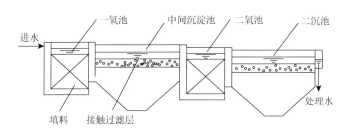

图 4-21　某市污水处理厂处理流程

　　该厂采用炉渣填料，该填料的比表面积大，且有一定的吸附能力，且该填料属废渣，价廉易得。该工艺方便维护管理，减少污泥回流过程，无需担忧污泥膨胀；对水质、水量变化的适应范围较大。

　　在居民小区的生活污水处理方面，亦较广泛地采用以生物接触氧化技术为主体的处理系统，并且多已形成系列化，适用于不同的水量和具体场合，设备投产后，运行稳定，处理效果良好[30]。

　　在我国纺织行业集中的城市和地区，生物接触氧化处理技术被较为普遍地采用，以此处理印染废水和纺织废水。例如以生物接触氧化技术为主体处理设备的某丝绸印花厂的废水处理站，其前设有调节预曝气池，其后设有混凝沉淀装置，同时投加碱式氯化铝和聚丙烯酰胺，系统完备。自 1982 年投产以来，该系统一直稳定运行，同时具有良好的处理效果。处理水 BOD 值始终保持在 30 mg/L 以下，去除率达 95%，COD 值在 150 mg/L 以下，去除率达 80%～90%，色度去除率达 90% 以上。

我国的一些单位试行用生物接触氧化技术来处理难度较大的石油化工废水，也取得了较为良好的效果。图 4-22 是某石油化工涤纶厂采用缺氧-好氧（生物接触氧化）系统进行处理的工艺流程。该厂接触氧化池按推流式方式运行，在降低污泥量方面起到一定的作用。

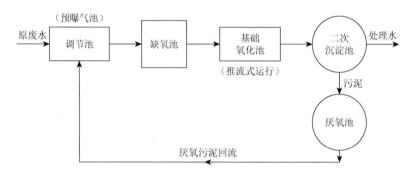

图 4-22　某石油化工涤纶厂废水处理工艺流程

石油化工废水所含成分极其复杂，COD 值高达 2200 mg/L，BOD 值 1500 mg/L。该系统运行情况良好，BOD 的容积负荷率高达 2.2 kg/(m³·d)，去除率一般都在 80% 以上。在我国，还应用生物接触氧化工艺处理含酚废水、啤酒废水、黏胶纤维废水、腈纶废水及乳品加工废水等，都取得了良好的处理效果[31]。

4.3.5　曝气生物滤池

4.3.5.1　工艺原理

曝气生物滤池（biological aerated filter，BAF），是 20 世纪 80 年代末和 90 年代初兴起于欧美的一种污水生物处理技术，最开始应用于三级处理，经发展后直接用于二级处理。该处理工艺耐受负荷高，因而被广泛应用于生活污水、生活杂排水和食品加工、酿造和造纸工业废水等处理中[32]，目前已有 100 多座污水处理厂在全世界应用了这种技术[33]。随着研究的逐步深入，曝气生物滤池呈现从单一的工艺向系列综合工艺的发展趋势，有效去除 COD、SS、BOD 以及脱氮、除磷、硝化，去除有害物质。

4.3.5.2 工艺形式

图 4-23 所示为曝气生物滤池构造的示意图。通常地,曝气生物滤池特征如下:①选择陶粒、焦炭、石英砂、活性炭等粒状填料作为生物载体;②与一般生物滤池及生物滤塔不同,在去除 BOD、氨氮时需进行曝气;③高水力负荷、高容积负荷、水力停留时间短及高的生物膜活性;④同时兼具生物氧化降解和截留 SS 的功能,废水经由生物处理单元之后无需设置二次沉淀池;⑤为清洗滤池中截留的 SS,需定期进行反冲洗,同时更换生物膜。

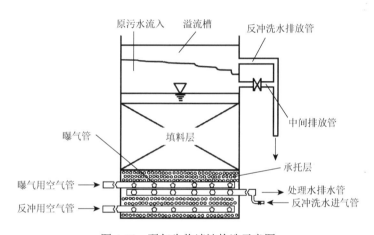

图 4-23 曝气生物滤池构造示意图

4.3.6 好氧移动床生物膜反应器

综合多年运行经验,活性污泥法的发展应用虽较为成熟,但仍有很多的缺点和不足不容忽视,如一方面曝气池容积大、占地面积高、基建费用高等,另一方面对水质、水量变化的适应性较低,设备运行效果易受水质、水量变化的影响等。鉴于上述情况,活性污泥法逐渐被生物膜法所取代。生物膜法弥补了活性污泥法的诸多不足,其优点如下:稳定性好、较强抗有机负荷和水力负荷冲击的能力、污泥不膨胀、无回流,有机物的去除率高,反应器的体积小、污水处理厂占地面积小等。然而生物膜法也有其特有的缺陷,如其滤料易堵塞生物滤池、需周期性反冲洗,同时填料以及填料下曝气设备的更换难度较高、生物流化床反应器中的载体颗粒只有在流化状态下才能发挥作用,工艺的稳定性较差等。

介于以上两种工艺的缺点和不足,移动床生物膜反应器(MBBR)应运而生。

MBBR 法在 20 世纪 80 年代末就崭露头角并很快在欧洲得到应用，它是在传统的活性污泥法和生物接触氧化法两者上取其精华而成的一种新型、高效的复合工艺处理方法。其核心部分就是利用比重接近水的悬浮填料作为微生物的活性载体直接投加到曝气池中，依靠曝气池内的曝气和水流的提升作用而保持流化状态，当微生物定殖在载体上，漂浮的载体在反应器内混合液的回旋翻转作用下自由移动，从而达到污水处理的目的。

作为一种将悬浮生长的活性污泥法和附着生长的生物膜法结合的一种工艺，MBBR 法兼具两者的优点[34]：占地少——在相同的负荷条件下它仅需普通氧化池容积的 20%；附着在载体上的微生物随水流流动因而无需活性污泥回流或循环反冲洗；载体生物不断脱落，避免堵塞；有机负荷高、承受冲击负荷能力强，因此出水的水质稳定；水头损失小、动力消耗低，运行简单，易于操作管理；同时适用于改造工程等。

在近十几年的研究中，MBBR 法已经成为一种成熟的污水处理工艺，广泛应用于食品工业废水、屠宰废水、造纸废水、炼油废水等工业废水中[35]，同时也可以用于城市生活污水以及城市废水与工业废水的混合污水的处理。许多工程应用的实践表明，用 MBBR 法处理污水效果良好。

4.3.6.1　工艺原理

MBBR 工艺原理是指通过向反应器体系中投加一定数量的悬浮载体，以此提高反应器中的生物种类及生物总量，进而提高反应器的处理效率[36]。由于填料密度与水相近，因此在曝气的时候，与水呈完全混合状态，微生物生长在气、液、固三相环境中。载体在水中的碰撞和剪切作用，使空气气泡更加细小，增加了氧气的利用率[37]。另外，每个载体内外的生物种类均不同，内部为厌氧菌或兼氧菌的生长环境；相应地，外部为好养菌，这样每个载体都可以作为一个微型反应器，同时进行硝化反应和反硝化反应，使处理效果提高。

MBBR 工艺同时具备传统流化床和生物接触氧化法两种工艺的优点，是一种新型、高效的污水处理工艺，其工作原理是依靠曝气池内的曝气和水流之间的提升作用使载体处于流化状态，而后形成悬浮生长的活性污泥和附着生长的生物膜，这就使得移动床生物膜占据了反应器的整个空间，附着相和悬浮相生物两者的优越性得到充分发挥，使之扬长避短，相互补充。较之以往的填料，悬浮填料因其能与污水之间频繁多次接触而被称为"移动的生物膜"。好氧 MBBR 工艺如图 4-24所示。

较之活性污泥法和固定填料生物膜法，既兼具活性污泥法的高效性和运转灵活性，又兼备耐冲击负荷、泥龄长、剩余污泥少等传统生物膜法的特点[37]。

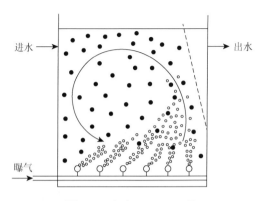

图4-24 好氧 MBBR 工艺

多选用聚乙烯、聚丙烯及其改性材料、聚氨酯泡沫体等制成的填料,其比重接近于水,填料形状以圆柱状和球状为主,易于挂膜,不结团、不堵塞且脱膜容易。

填料上可同时形成好氧、缺氧和厌氧环境,硝化和反硝化反应均能够在一个反应体系内发生,具有良好的去除氨氮的效果。

反应器内具有较高的污泥浓度,通常情况下污泥浓度为普通活性污泥法的 5～10 倍,可高达 30～40 g/L,大大提高了反应器对有机物的处理效率,同时抗冲击负荷能力强。

曝气池内不必设有填料支架,对填料以及池底的曝气装置的维护方便因而可较为方便地维护填料及池底的曝气装置,同时能够减少资金投入及占地面积。

1)填料对 MBBR 法的影响

MBBR 法的技术关键在于填料的比重接近于水、能够在轻微搅拌下随水自由运动的生物填料。通常填料由聚乙烯塑料制成,每一个载体为高 8 mm、直径 10 mm 的小圆柱体,圆柱体内置有十字支撑,柱体的外壁有突出的呈竖条状鳍翅,填料的中空部分占整个体系体积的 0.95,即在一个充满水和填料的容器中,每一个填料中水占的体积为 95%[38]。考虑到填料的旋转以及反应体系的总容器容积,填料的填充比是指被载体所占空间的比例,为了达到最优的混合效果,填料的填充比应不高于 0.7。理论上,填料的总比表面积是以每一单位体积生物载体的比表面积数量为标准进行定义的,大多为 700 m²/m³。在实际过程中,生物膜在载体内部生长时,实际有效利用的比表面积约为 500 m²/m³。

此种生物填料有利于微生物在其内侧附着生长,形成的生物膜较稳定,且易于形成流化状态。当污水的预处理要求较低或其中含有大量纤维物质时,例如在市政污水处理过程中不采用初沉池或者在处理含有大量纤维的造纸废水时,通常采用的生物填料为比表面积较小、尺寸较大的;而当已有较好的预处理或污水用于硝化时,采用比表面积大的生物填料。

2）溶解氧对 MBBR 法的影响

有学者对溶解氧（dissolved oxygen，DO）在 MBBR 中影响同步硝化-反硝化生物脱氮过程的机理进行了详细分析，认为一个主要的限制因素是 DO 浓度。通过控制 DO 浓度，可将生物膜的不同部位分化成好氧区或缺氧区，这样便为实现同步硝化-反硝化提供了物理条件的基础。理论上，若 DO 浓度过高，DO 可渗透到生物膜内部，导致其内部难以形成缺氧区，使大量的氨氮被氧化生成硝酸盐和亚硝酸盐，致使出水总氮居高不下；反之，若 DO 浓度很低，将造成生物膜内部出现大比例的厌氧区，使出水中硝氮和亚硝氮浓度都很低，也就是说生物膜反硝化能力增强[37]，但由于供应不足的 DO，MBBR 工艺硝化效果下降，致使出水氨氮浓度上升，进而出水总氮上升，影响最终的污水处理效果。通过探究最终得出了 MBBR 法处理城市生活污水时的一个 DO 最佳值：当 DO 质量浓度高于 2 mg/L 时，DO 通常不会对 MBBR 的硝化效果产生影响，此时氨氮的去除率可达 97%～99%，且出水氨氮都能保持在 1.0 mg/L 以下；当 DO 质量浓度约为 1.0 mg/L 时，氨氮的去除率大约在 84%，出水氨氮浓度上升明显。此外，曝气池内 DO 亦不应过高，溶解氧过高将致使有机污染物分解过快，导致微生物营养缺乏，活性污泥容易老化，结构易于松散。此外，DO 过高，耗能过高，经济性差[39]。

因 MBBR 法主要是通过添加悬浮填料来实现最终的污水处理，所以整个污水处理结果的关键是 DO 对悬浮填料的影响。曹占平等研究了 MBBR 法的充氧能力，表明反应体系的充氧能力在一定范围内与悬浮填料填充率呈正相关。在曝气的作用下，水与填料共同流化，水流紊动程度较无填料时大，从而气液界面的更新和氧的转移加速，提高了氧的转移速率[40]。填料、气流和水流三者之间的这种切割作用和紊动作用随着填料数量的增多而不断加强。然而当加入填料量为 60%时，填料在液相水中的流化效果变差，水体紊动程度随之降低，导致氧的传递速率下降，氧的利用率降低[40]。故针对不同类型的水质，DO 量的控制对整个工艺最终的污水处理结果来说是至关重要的。

3）水力停留时间对 MBBR 工艺的影响

确保净化效果和工程投资经济性的重要控制因素之一是适宜的水力停留时间（hydraulic retention time，HRT）。HRT 的长短将直接影响到污水中的有机物与生物膜间的接触时间，从而影响微生物对污水中有机物的吸附和降解效率，所以应针对不同的污水类型找出经济而合理的 HRT 非常关键[41]。国内外对 HRT 的研究并不仅局限于研究 HRT 本身的影响，而是通过本身及具体的实验去宏观把握。Hosseini 等[37]利用 MBBR 法实验研究了含酚类工业废水，结果表明：通常随着 HRT 的逐渐延长，与出水 COD 浓度呈现负相关关系。更重要的影响因素是废水中酚类物质的 COD 浓度与总的 COD 浓度的比值（COD_{ph}/COD_{tot}），当 COD_{ph} 的浓度为 480 mg/L（即这一比值达到 0.6）时，COD 的去除效率最佳且并不受 HRT 的影响。国内的实验大多认为出水 COD 平均浓度与 HRT 的延长负相关，可通过加大填料的投加比例（高达 70%）来实现缩短 HRT[37]，若对出水水质要求不高时可减少填料的投加比例。另外还有试验结果表明：在氨氮负荷条件中低时，与 HRT 减少相对应的是氨氮填料表面负荷逐步升高，同时有机物去除率维持原有水平或有一定增长；另一方面，当氨氮负荷升至高水平后，伴随着 HRT 的减短，氨氮去除率进一步降低。这些针对 HRT 开展的实验研究结果为今后 MBBR 法的推广应用奠定了坚实的基础，但同时存在较多的有待改进之处，比如试验研究中只是单纯地考虑 HRT 本身对处理效果的影响，忽略了 HRT 与其他因素的有机结合，而 Hosseini 等研究对酚类废水的处理时将 HRT 和其他因素有机结合起来，不仅找到影响实验的最重要因素，同时很好地体现出了实验过程中各因素之间的相互影响、相互制约关系。所以，我们应更全面、更细致、更综合地研究废水处理的影响因素。

4）水温对 MBBR 法的影响

温度在微生物生理活动的各项影响因素中非常重要。适宜的温度，能够起到促进、强化微生物的生理活动的效果；而温度不适宜，能够削弱甚至会破坏微生物的生理活动[37]。若温度不适宜将导致微生物形态和生理特性的改变，甚至导致微生物死亡[42]。微生物的生理活动强劲、旺盛，表现在增殖方面则是裂殖速度快、世代时间短的温度条件称为微生物的最适温度[43]。MBBR 法的工作原理主要是通过生物膜中各类微生物的新陈代谢来降解污水中有机污染物[37]，所以生物膜生长的好坏与废水处理的最终结果有直接关系，尤其对于生长周期长且对环境的变化敏感异常的硝化菌、反硝化菌而言，硝化菌的适宜温度是 20～30℃，反硝化菌的适宜温度是 20～40℃，当温度低于 15℃时，二者的生活性均降低，5℃时完全停止，所以这类细菌的生长发育受温度变化的直接影响。相关实验结果表明，氨氮填料表面负荷的变化基本与水温的变化正相关。当水温降低时填料表面负荷减少，水温升高时填料表面负荷约达到水温低时的 15 倍。由此可见，硝化细菌活性受温度影响很大，低温条件下生物活性较弱。

5）pH 值对 MBBR 法的影响

微生物的生理活动与其生存环境的酸碱度密切相关，酸碱度适宜是微生物进行正常生理活动的基础[43]。pH 值偏大，微生物自身酶系统的催化能力就会减弱，甚至消失[37]。不同种属的微生物各有其适应的 pH 值范围，在这一范围内，还可分为最低、最适和最高 pH 值。当微生物处于最低或最高的 pH 值环境中，其虽能成活，但生理活性微弱，容易死亡，增殖速率大大降低。而对于污水生物处理的微生物，6.5～8.5 之间一般为最佳的 pH 值范围。作为一种将生物膜法与活性污泥法相结合的工艺，MBBR 法同样是以微生物的生长发育来达到降解有机物的目的。

所以取得良好污水处理效果的必要条件之一是保持微生物最佳 pH 值范围。当污水（特别是工业废水）的 pH 值波动较大时，则需考虑设置调节池，将污水的 pH 值调节到适宜范围后再进行曝气处理。

6）其他因素对 MBBR 法的影响

影响因素与实验过程中的具体设置条件密切相关。如通常控制在 3～4 的气水比，这个范围的气量能使反应器中的填料均匀地循环转动起来；浊度同样需要控制在一定范围内，一系列的研究结果表明：浊度大将导致某些悬浮物易于覆盖在生物膜的表面，阻碍生物新陈代谢作用的进行，致使处理效率大幅下降，同时还易导致填料堵塞，另外整个实验过程中对进水的浊度和出水的浊度进行了检测，测得进水浊度为 17.6～160 NTU，出水浊度为 18.1～142 NTU，结果表明中试装置对浊度基本没有去除效果，出水浊度与进水浊度的变化一致，因而进水浊度需要严格控制；去除率受 COD 容积负荷的很大影响，研究表明当 COD 容积负荷去除率为 0.48～2.93 kg/(m^3·d)时，对 COD 的去除率基本稳定在 60%～80%。在相同的 HRT 下，COD 的去除率与负荷呈正相关。这是由于当进水 COD 浓度较低时，微生物降解有机物的速率亦较小，未充分发挥其降解能力；而当进水 COD 浓度增大时，促进了生物膜微生物的生长，降解速率提高，因此 COD 去除率得到了提高。污水处理受以上因素不同程度的影响，营养物质、有毒物质等同样会影响污水的处理效果，如果以上物质过多地偏离微生物生长所需，就会对污水处理的最终效果产生影响。须因地制宜、因需制宜来确定何种因素是主要影响 MBBR 法污水处理的最终结果。

4.3.6.2　工艺形式

MBBR 工艺形式简单，其最大特色就是利用悬浮填料，即水中活动性极佳的生物载体，可以随着水流在反应器内做大范围活动。MBBR 工艺既吸取了污泥絮体可以自由活动的活性污泥工艺优势，又兼具了生物膜工艺中填料可为微生物提供稳固附着生长空间的特点。该工艺广泛应用于生活污水、工业废水、市政给水等多种水质中。MBBR 的应用形式主要有如下几类：单独的 MBBR 工艺、MBBR 与活性污泥的联合工艺、MBBR 与其他工艺的组合工艺[44]。

1）单独的 MBBR 工艺

单独的 MBBR 工艺完全由单个或多个 MBBR 串联或并联组合而成，主要用于新建城市污水、工业废水处理厂和已有旧污水厂的升级改造[44]，其目的是用于一次性处理废水中的 BOD$_5$ 去除、COD、脱氮、除磷等。Jahren 等利用了好氧移动床反应器在 55℃的高温条件下处理热机造纸白水，溶解性化学需氧量（soluble chemical oxygen demand，SCOD）去除率可达 60%～65%[45]。当三个或三个以上

MBBR 串联起来时，该工艺主要用于废水脱氮。根据反硝化与硝化作用的先后顺序，又可将脱氮工艺分为前置反硝化、后置反硝化、前置反硝化与后置反硝化相结合三种形式[46]。

2）MBBR 与活性污泥联合工艺

MBBR 与活性污泥联合工艺主要用于去除废水中 COD、BOD_5 以及氨氮的硝化、反硝化过程[47]。工艺的结构形式是将一个 MBBR 分成两段，其中第一段不进行曝气处理，为缺氧部分，属活性污泥法，主要进行反硝化，其反硝化率可达到 50%[44]；第二段为曝气处理，是好氧部分，好氧段主要用来除去大量的污染物和氨氮的硝化，而在好氧段增加的活性污泥，在提高填料上污泥数量的同时，也延长了活性污泥的泥龄[48]，进而促使生长缓慢的硝化菌生长。通过填料充填比的改变，可有效地调控硝化菌的数目[44]。

3）MBBR 与其他工艺的组合工艺

为消减大部分有机负荷，提高后续处理单元的去除效果，可采取将 MBBR 放在氧化沟、活性污泥、序批式反应器（sequencing batch reactor，SBR）等废水处理单元的前面。此外，还可以采用将 MBBR 法和一些物理、化学方法相结合，而后应用于要求深度处理的小型污水处理厂[49]。有研究者将铝用作絮凝剂与移动床生物膜反应器联用，使出水 COD 达到 50 mg/L 以下，BOD_5 的去除率不低于 96%，出水总磷浓度低于 0.38 mg/L，去除率不低于 97%。同时，其他污染物也得到了有效治理。

4.4 好氧生物膜数学模型

微生物在底物充足的情况下会优先进行生物合成反应，在这个条件下，微生物无需进行内源代谢提供能量来保持生命活动。反之，当底物不足时，内源呼吸会在生物体内优先发生提供能量来保持生命活动。在好氧反应过程中，能否将有机物成功处理的关键可总结为三点：①足够的溶解氧；②污水的可生化性；③微生物的活性。对于不同的生物处理工艺，污染物特性（一般指有机物）、生物特性、DO 的需求特性最终都会导致有机物的降解不同。因此，对生物处理工艺的研究和改良都是基于以上特性进行针对性开展。

1）有机物的降解

有机物好氧生物降解的一般途径如图 4-25 所示。大分子有机物无法直接被生物降解或者利用，需要先在微生物产生的各类胞外酶的作用下分解为小分子有机物。这些小分子有机物被好氧微生物继续氧化分解或者利用，通过不同途径进入三羧酸循环，最终被分解为二氧化碳、水等无机物。

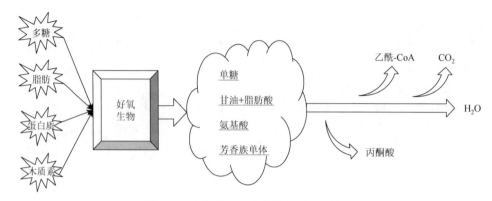

图 4-25　有机物好氧生物降解的一般途径

难降解有机物由于其结构复杂或者毒性对生物体产生抑制作用，极少类的微生物可直接适应在此条件下生存，而大多数都需要在驯化和培养一段时间后才能用于对难降解有机物的降解，而不同类型难降解有机物在生物作用下的降解路径也不同。

关于有机化合物降解动力学已开展了许多研究工作。根据微生物降解目标、微生物生长方式、环境因素的变化和工艺的不同，所选取的动力学方程和方程的参数等也会产生变化。最常见的两种模型是指数模型［式（4-1）］与双曲线模型［式（4-2）］。

$$-\frac{\mathrm{d}c}{\mathrm{d}t} = Kc^n \qquad\qquad (4\text{-}1)$$

式中，c 为污染物浓度，mg/L；t 为反应时间，h；K 为降解速率常数，1/h；n 为反应级数，$n \geqslant 0$。指数方程一般适用于均匀溶液中的化学反应。根据反应历程的不同，K、n 取值不同。生物降解污染物的数据可以在较大范围内利用此方程进行拟合。

当 $n = 1$ 时，生物降解速率表示如式（4-2）所示：

$$-\frac{\mathrm{d}c}{\mathrm{d}t} = \frac{k_1 c}{k_2 + c} \qquad\qquad (4\text{-}2)$$

式中，k_1 为随浓度增加的最大反应速率，1/h；k_2 为假平衡常数，mg/L。而双曲线方程适用于非均相的化学反应。在数学表达形式上与表示酶动力学的米氏方程（Michaelis-Menten equation）相似。

2）微生物的增殖

微生物的增殖一般指生物群体的平均增殖表现，这是因为在微生物处理过程中使用的不是单一菌体而是混合群体。

生物增长曲线如图 4-26 所示，它是通过将微生物接种在污水中，控制一定的温度和溶解氧，按周期计算生物量得到的。随着时间的延长，有机物（底物）浓度逐渐降低，微生物的增殖经历适应期、对数增殖期、衰减期及内源呼吸期。

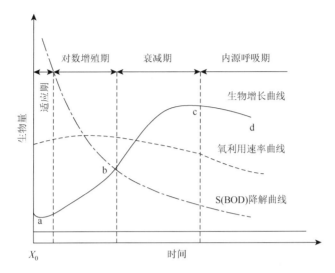

图 4-26 活性污泥微生物增殖曲线及其和有机物降解、氧利用速率的关系（间歇培养、底物一次性投加）

在温度适宜、溶解氧充足，而且不存在抑制物质的条件下，活性污泥微生物的增殖速率主要取决于营养物或有机底物量（F）与微生物量（M）的比值（F/M）。所以，它也是有机底物降解速率、氧利用速率和活性污泥的凝聚、吸附性能等活性污泥性质的重要影响因素。

当微生物接种到新的有机物基质中时，都会包括一个适应的过程也就是适应阶段。适应阶段的长短以及生物能否成功适应取决于接种微生物的生长状况、有机物的性质及环境因素等。当基质是难降解有机物时，适应期相应会延长。

对数增殖期 F/M 值很高，微生物处于营养过剩状态。在此期间，微生物以最大速率代谢基质并进行自身增殖，属于对数增殖期。此时生物处于营养过剩的条件下，内源呼吸趋近于 0；增殖速率与基质浓度无关，与微生物自身浓度呈一级反应。微生物细胞数量按指数增殖：

$$N = N_0 2^n \tag{4-3}$$

式中，N、N_0 为最终及起始微生物量，个；n 为世代数，代。

随着新细胞的不断合成，有机物浓度的下降，F/M 值下降，营养物质不断减少，当浓度降低至为微生物生长的限制因素，微生物进入衰减期。在此期间微生物的生长与剩余有机物的浓度有关，微生物的生长呈一级反应。

随着有机物浓度的进一步降低，剩余的营养物质无法完成为细胞合成提供足够能量。此时，微生物需要通过代谢自身细胞物质提供生长所需能量，即内源呼吸阶段，在此阶段微生物总量随着自身代谢不断减少，并走向衰亡。

3）溶解氧的提供

溶解氧是影响好氧生物处理过程的必备条件。缺少溶解氧，对有机物的降解过程将不会发生，充足的溶解氧保证好氧生物降解的持续进行。在不同的好氧生物处理过程和工艺中，溶解氧的提供方式也随之发生变化。如在废水好氧生物处理过程中，溶解氧可以通过鼓风曝气、表面曝气、自然通风等方式提供。

4.4.1　生物膜增长与底物去除动力学

4.4.1.1　微生物增殖

1）微生物净比增殖速度

在废水处理过程中，微生物的净增殖速度等于总增殖速度减去自身衰减速度，可用式（4-4）表示：

$$\left(\frac{\mathrm{d}X}{\mathrm{d}t}\right)_{\mathrm{g}}=\left(\frac{\mathrm{d}X}{\mathrm{d}t}\right)_{\mathrm{T}}-\left(\frac{\mathrm{d}X}{\mathrm{d}t}\right)_{\mathrm{E}} \tag{4-4}$$

式中，$\left(\dfrac{\mathrm{d}X}{\mathrm{d}t}\right)_{\mathrm{g}}$ 为微生物净增殖速度，kg/d；$\left(\dfrac{\mathrm{d}X}{\mathrm{d}t}\right)_{\mathrm{T}}$ 为微生物总增殖速度，kg/d；$\left(\dfrac{\mathrm{d}X}{\mathrm{d}t}\right)_{\mathrm{E}}$ 为微生物自身分解速度，kg/d。

微生物总增殖速度与有机物（底物）利用速度成正比，即

$$\left(\frac{\mathrm{d}X}{\mathrm{d}t}\right)_{\mathrm{T}}=Y\frac{\mathrm{d}F}{\mathrm{d}t} \tag{4-5}$$

式中，$\dfrac{\mathrm{d}F}{\mathrm{d}t}=-\dfrac{\mathrm{d}S}{\mathrm{d}t}$ 为底物利用速度，kg/d；Y 为产率系数。

假设微生物自身分解速度符合一级反应，即

$$\left(\frac{\mathrm{d}X}{\mathrm{d}t}\right)_{\mathrm{E}}=-k_{\mathrm{d}}X \tag{4-6}$$

式中，k_{d} 为微生物自身分解系数，1/d。

将式（4-5）和式（4-6）代入式（4-4），得

$$\left(\frac{\mathrm{d}X}{\mathrm{d}t}\right)_{\mathrm{g}}=Y\frac{\mathrm{d}F}{\mathrm{d}t}-k_{\mathrm{d}}X \tag{4-7}$$

等式两边同时除以 X，得

$$\frac{\left(\dfrac{\mathrm{d}X}{\mathrm{d}t}\right)_{\mathrm{g}}}{X}=Y\frac{\dfrac{\mathrm{d}F}{\mathrm{d}t}}{X}-k_{\mathrm{d}} \tag{4-8}$$

或

$$\mu_g = YU - k_d \tag{4-9}$$

式中，μ_g 为考虑微生物自身分解微生物比增殖速率，又称微生物净比增殖速度，

$1/d$；$U = \dfrac{\dfrac{dF}{dt}}{X}$ 为比底物利用速度。

2）水力停留时间

当水力停留时间大于细菌最大生长速率的逆时，主要获得裸载体和中间覆盖载体，而几乎没有生物膜覆盖的载体。此外，可以清楚地看到，只有很少的附着生物量，附着和悬浮生物量的比例很低；当水力停留时间小于细菌最大生长速率的倒数时，几乎所有的载体都被生物膜完全覆盖，附着和悬浮生物量的比例显著增加。由于悬浮和固定生物质之间对底物的竞争以及分离过程，在较长的水力停留时间内，覆盖载体颗粒的连续生物膜可以忽略不计。尽管底物基质供应量不足，中间覆盖的载体是稳定的。随着水力停留时间的缩短和悬浮生物量浓度的降低，悬浮生物量只能转化一小部分可用基质。因此，在保持脱附速率不变的情况下，附着生物量的增长将会增加，因为水力停留时间的改变并不会显著改变水动力条件。由于附着生物质的生长速度高于脱离速度，生物膜能够完全覆盖载体。可以得出结论，稳定的生物膜覆盖载体的主要是在水力停留时间短于最大增长率的倒数时获得的。在较长的水力停留时间下，一些附着的生物质在载体材料的缝隙中以片状生物膜的形式存在。

3）C/N

在生物膜的形成过程中，C/N 的控制尤为注意。硝化菌会随着 C/N 的增加而减少，这会导致硝化速率的下降。当碳源充足时，异氧菌的活性会明显高于硝化细菌的活性。当氮的浓度或比例增加时硝化菌的活性恢复，异养菌的活性随之降低。由于生物膜厚度、非均相分布等原因，生物膜中的微生物不能顺利地利用底物实现增殖。此外，低 C/N 不利于微生物自身的生存与增殖，容易造成丝状菌爆发使得污泥絮体松散膨胀，无法顺利形成生物膜。因此，要控制 C/N 在一个较宽的区间，确保微生物在自身生长的需求之上保证足够的碳源用以合成胞外聚合物（EPS）。

4）pH 值

pH 值是影响生物膜生长、附着的重要因素；不同 pH 值下的细菌会带有不同电荷，细菌微生物自身的 Zeta（等电点）约为 3.5。不论是生活污水还是工业废水的水体，pH 值一般都是大于 3.5 的，因此在氨基酸的电离作用下，微生物表面呈负电性。pH 值同样影响着微生物的生长，如：硝化细菌的适宜 pH 值为 5.8～8.5，产甲烷菌适宜的 pH 值为 6.8～7.2；微生物体内酶活性会随着 pH 值变化产生代谢变化，因此必须将 pH 值维持在一个合理的区间才能使微生物增殖。

5）载体的性质

载体材料与微生物之间发生静电作用使微生物与载体相互黏附，如前所述，

微生物表面电荷在一般水体内多以负电性的形式存在，因此易与带正电荷的载体材料结合。在没有正电荷载体的存在下，微生物还可以通过表面的鞭毛、菌丝、胞外聚合物与载体相互黏附；而载体表面的电荷也会由于污水中的各种离子产生变化，由负至正，与微生物相互作用。微生物和载体之间的黏附还可通过载体表面的亲、疏水性来增强相互作用力。一般来说，载体表面的疏水性越强越能吸引携带疏水性基团的微生物；同样，携带亲水性基团的微生物会被亲水性强的载体吸引。载体表面的光滑粗糙程度是影响微生物附着于载体形成生物膜的重要因素；载体表面越粗糙，微生物越容易附着在载体上；当水体剪切力大于附着力时，微生物会被水流冲刷下载体，而载体的粗糙会减少这样的情况发生。

6）营养物需要量与污泥停留时间的关系

生物膜法的原理是好氧异养细菌从污水中去除溶解的有机物以及吸附的悬浮固体和其他一些物质。这些好氧细菌将一部可生物降解的有机物作为碳源合成新的细胞物质，另一部分有机物被氧化作为细胞合成及其他生命活动所需的能量。细胞的合成不能仅依靠有机物的存在，污水中必须含有合成细胞所需的营养元素时才能发生。例如氮和磷是细胞增殖必备元素，在生活污水厂中一般不会缺少营养物质，而在工业污水厂中有机物的浓度较高而缺失营养元素。如图 4-27 所示，微生物对营养物质的需要量随生物固体停留时间增加而减少。

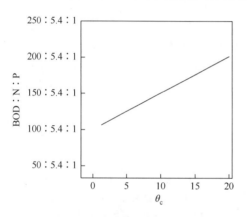

图 4-27　氮磷需要量与 θ_c 的关系

一般情况下我们把生物膜微生物的分子式设为 $C_{60}H_{87}O_{23}N_{12}P$，其分子量为 1374。其中氮所占比例为 0.122，磷所占比例为 0.023（均以质量计）。因此可利用下列公式计算氮磷的需要量。

$$氮的需要量 = 0.122\Delta X \tag{4-10}$$

$$磷的需要量 = 0.023\Delta X \tag{4-11}$$

式中，ΔX 为生物体的日产量（kg/d）。

将公式（4-11）代入上述两式得到式（4-12）和式（4-13）两式，可知微生物对氮、磷的需要量与污泥停留时间成反比：

$$氮的需要量 = 0.122\frac{YO}{1+k_d\theta_c}(S_0 - S_e) \tag{4-12}$$

$$磷的需要量 = 0.023 \frac{YO}{1+k_d \theta_c}(S_0 - S_e) \qquad (4-13)$$

4.4.1.2　底物去除

反应器中底物浓度、溶解氧浓度会随着进水量、水质发生变化，而不同工艺的设计是为了实现对污染物的有效去除，因此反应器的变化和水质水量的变化都会影响微生物的性质，从而影响出水水质。预测这些变化可采用如图 4-28 所示的动力学模型。对模型作如下的假设：

（1）将废水中的 BOD 分为快速分解的溶解性 BOD（溶解性底物：S-BOD）和缓慢分解的非溶解性 BOD（非溶解性底物：SS-BOD）。

（2）降解溶解性 BOD 的微生物增殖速度用 Monod 公式表示。

（3）将降解非溶解性 BOD 的微生物增殖分两步：①非溶解性 BOD 首先被生物膜微生物吸附和储存；②接着微生物利用储存的底物合成新细胞，可用 Monod 公式表示。

（4）生物膜微生物的自身分解速度与生物膜量成正比。

（5）未被自身分解的生物膜微生物分为不可生物降解的有机物和非溶解性 BOD。

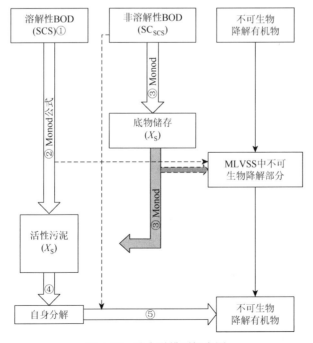

图 4-28　动力学模型概念图

　　污水中有机物的去除是通过微生物的吸附过程和底物分解过程共同完成的，现分述如下。

　　1. 吸附过程

　　吸附过程是指当污水中非溶解性 BOD（SS-BOD 底物）与生物膜絮体接触时，有机物被生物膜吸附在表面，从而使污水中底物浓度降低。反映吸附过程的吸附等温式有朗缪尔（Langmuir）公式、亨利（Henry）公式、弗罗因德利希（Freundlich）公式、卡茨（Katz）公式、BET 公式和埃肯弗尔德（Eckenfelder）公式等。朗缪尔公式如式（4-14）所示：

$$q = \frac{abS}{1+bS} \qquad (4\text{-}14)$$

式中，q 为吸附平衡时的吸附量；S 为吸附平衡时底物浓度；a、b 为常数。

　　当底物浓度很低时，$bc \ll 1$，式（4-14）分母中 bS 可忽略不计，则变为亨利公式：

$$q = abS = kS \qquad (4\text{-}15)$$

当低底物浓度时，朗缪尔公式与亨利公式相同。

　　当底物浓度很高时，$bc \gg 1$，可近似写成：

$$q = a \qquad (4\text{-}16)$$

式中，a 为最大吸附量，生物膜的吸附量随底物浓度增高而增加。由朗缪尔公式所述，底物浓度与吸附容量成正比，且当底物达到一定浓度时，吸附量约等于 a。而当底物浓度中等时，可用弗罗因德利希公式表示：

$$q = kS^{\frac{1}{n}} \qquad (4\text{-}17)$$

　　卡茨假设弗罗因德利希公式中的 $n \approx 1$，导出公式（4-17）和埃肯弗尔德公式[式（4-18）]：

$$\frac{\mathrm{d}S}{\mathrm{d}t} = -\frac{1}{Y}\frac{\mathrm{d}X}{\mathrm{d}t} = -\frac{1}{Y}k_1 S = -K_1 S \qquad (4\text{-}18)$$

$$\frac{S_r}{S_0'} = 1 - \frac{1}{XK'} \qquad (4\text{-}19)$$

$$\frac{S_r}{S_0'} = 1 - \mathrm{e}^{(-K'X)} \qquad (4\text{-}20)$$

式中，S_r 为初期吸附的底物浓度；X 为混合液悬浮固体浓度；S_0' 为初期可能被吸附的底物浓度；K' 为吸附速度常数。

2. 底物分解过程

底物分解过程是生物膜的酶促反应使底物分解的过程。目前，描述底物分解过程的公式有多个，下边介绍两个有代表性的公式。

1）莫诺（Monod）公式（一相说）

微生物比增殖速度与底物浓度的关系可用 Monod 公式和图 4-29 表示。

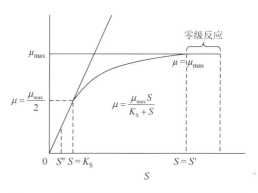

图 4-29　微生物比增殖速度与底物浓度的关系

$$\mu = \frac{1}{X}\left(\frac{\mathrm{d}X}{\mathrm{d}t}\right) = \mu_{\max}\frac{S}{S + K_S} \tag{4-21}$$

式中，μ 为微生物比增殖速度，1/d；$\mu_{\max}$ 为微生物最大比增殖速度，1/d；X 为微生物浓度，mg/L；t 为反应时间，d；S 为底物浓度，mg/L，以 C-BOD 或 COD 表示；K_S 为饱和常数，mg/L，为 $\mu = \mu_{\max}/2$ 时底物浓度。

微生物的总增殖速度（γ_0）：

$$\gamma_0 = \mu X = \left(\frac{\mathrm{d}X}{\mathrm{d}t}\right) = \frac{\mu_{\max}SX}{K_S + S} \tag{4-22}$$

式中，γ_0 为微生物总增殖速度，mg/(L·d)。

分解单位底物产生的微生物量称为产率系数，用公式表示如下：

$$Y = \frac{\left(\dfrac{\mathrm{d}X}{\mathrm{d}t}\right)}{\dfrac{\mathrm{d}S}{\mathrm{d}t}} = \frac{\gamma_0}{\gamma_S} \tag{4-23}$$

式中，Y 为产率系数；$\gamma_{\mathrm{S}} = \mathrm{d}S/\mathrm{d}t$ 为底物去除速度，mg/(L·d)。

由式（4-22）和式（4-23）得

$$\gamma_{\mathrm{S}} = -\frac{\mathrm{d}S}{\mathrm{d}t} = \frac{\mu_{\max} SX}{Y(K_{\mathrm{S}} + S)} \tag{4-24}$$

令 $\mu_{\max}/Y = K$，称为最大比底物去除速度，则上式变为

$$-\frac{\mathrm{d}S}{\mathrm{d}t} = \frac{KSX}{K_{\mathrm{S}} + S} \tag{4-25}$$

式（4-25）称为 Monod 底物去除动力学公式。

2）埃肯弗尔德（Eckenfelder）公式（二相说）

对数增殖期：

$$\frac{\mathrm{d}X}{\mathrm{d}t} = k_1 S \tag{4-26}$$

$$\frac{\mathrm{d}S}{\mathrm{d}t} = -\frac{1}{Y}\frac{\mathrm{d}X}{\mathrm{d}t} = -\frac{1}{Y}k_1 S = -K_1 S \tag{4-27}$$

衰减增殖期：

$$\frac{\mathrm{d}X}{\mathrm{d}t} = k_2 XS \tag{4-28}$$

$$\frac{\mathrm{d}S}{\mathrm{d}t} = -\frac{1}{Y}\frac{\mathrm{d}X}{\mathrm{d}t} = -\frac{1}{Y}k_2 XS = -K_2 XS \tag{4-29}$$

式中，K_1、K_2、k_1、k_2 为常数。

事实上如果将吸附过程和解吸过程分开是比较困难的，因此统一用 Monod 公式或 Eckenfelder 公式表示（由于两个过程的公式相似）两个过程，一般多采用 Monod 公式。

4.4.2　微生物能量代谢数学模型

从实质上说，污水生物处理的过程就是微生物利用污染物进行能量代谢的过程。从能量的角度出发，在质量守恒与能量守恒的基础上建立了能量代谢方程，再经过模型试验求解出参数。该数学模型可从微观的角度解释微生物作用机理，可运用该方程优化好氧生物膜工艺，从而优化系统的能量配置，达到节能降耗的目的。微生物能量的转化是通过生物内部的化学反应来实现的，不但有能量释放的过程，也有能量吸收的过程。

微生物对有机物的分解过程，属于释放能量。同理，有机物的合成过程则属于吸收能量。但是，能量释放和能量吸收不是一个循环交替的反应，也就是说通过分解有机物释放的能量不能被生物吸收，必须通过将其转变成高能键化合物储存起来然后参与吸能反应。直接参与吸能反应的最主要的高能键化合物是三磷酸

腺苷（ATP），ATP 的量可以决定生物细胞合成的量，也有用单位 ATP 所形成新的细胞质量来表示细胞生长量。但是在好氧反应中，生成 ATP 的磷酸化反应有两种：基质水平磷酸化和电子传递磷酸化；只有少量的 ATP 在基质水平磷酸化中由过耦合反应而生成。大量的 ATP 是在第二种过程：电子传递磷酸化中产生的，无法实现对两种方法产生 ATP 的定量研究。所以，我们考虑到，大量的 ATP 是依赖电子传递磷酸化产生的，因此有效的电子数量才是关键。在好氧反应过程中电子的转移是通过 NADH 传递至电子受体，NADH 的量被认为是代表能量传递水平的值。所以，微生物生长的能量代谢方程可以通过 NADH 的量来建立。

4.4.2.1　能量代谢模型的建立

1）物料衡算

有机物好氧降解过程：

$$aCH_xO_y + bO_2 + cH_jO_kN_l \Longrightarrow CH_aO_bN_d + dCO_2 + eH_2O \qquad (4\text{-}30)$$

其中，CH_xO_y 代表污染物的分子式，$H_jO_kN_l$ 代表氨氮或者硝酸盐作为氮源，$CH_aO_bN_d$ 代表污泥的平均成分。

2）能量的产生

污染物在降解过程中直接释放能量，称为基质磷酸化：

$$(d)CH_xO_y + \frac{\gamma_S}{2}(d)NAD^+ \longrightarrow (d)CO_2 + \frac{\gamma_S}{2}(d)(NADH + H^+) \qquad (4\text{-}31)$$

污染物降解过程的能量通过电子传递系统进入氧化磷酸化过程，产生能量。

$$2d(NADH + H^+) + bO_2 \longrightarrow 2bNAD^+ + 2H_2O \qquad (4\text{-}32)$$

因此，能量产生速率可以表示为

$$\left(\frac{dNADH}{dt}\right)_{产能} = \left(-\frac{ds}{dt}\right)\frac{\gamma_S}{2}(d) \qquad (4\text{-}33)$$

其中，γ_S 是被降解污染物质的还原势；还原势代表一个分子氧化过程中理论上所能够释放的电子数。

3）能量的消耗

能量代谢产生的能量用于两个方面：细胞合成和细胞功能维护。细胞合成新细胞质的合成方程式为

$$(1+\sigma)CH_xO_y + \frac{\delta}{n}H_iO_kN_l + \frac{1}{2}\left[\gamma_X - \gamma_S(1+\sigma) - \frac{\delta}{n}\gamma_N\right](NADH + H^+) \longrightarrow CH_\alpha O_\beta B_\delta$$
$$+ \sigma CO_2 + fH_2O$$

$$(4\text{-}34)$$

因此，细胞质合成所消耗能量的速率为

$$\left(\frac{\mathrm{dNADH}}{\mathrm{d}t}\right)_{生长} = \left(\frac{\mathrm{d}X}{\mathrm{d}t}\right)\frac{1}{2}\left[\gamma_X - \gamma_S(1+\sigma) - \frac{\delta}{n}\gamma_N\right] \tag{4-35}$$

其中，γ_X 和 γ_N 分别代表微生物和氮的还原势，δ 是细胞合成中释放的 CO_2 摩尔数。细胞功能维护，亦即内源呼吸，需要不断地消耗能量，如下式所示：

$$m\mathrm{NADH}(\mathrm{NADH+H^+}) \longrightarrow m\mathrm{NADH}(\mathrm{NAD^+ + H_2O}) \tag{4-36}$$

因此，内源呼吸消耗能量的速率为

$$[\mathrm{dNADH/d}t] = m_{\mathrm{NADH}}X \tag{4-37}$$

其中，m_{NADH} 代表基于 NADH 的维持系数，与污染物浓度相关。当浓度较低时，细胞生长速率相对独立；在污染物浓度充足时，细胞生长速率的影响较大。

4）能量的守恒

设定细胞内部 NADH 处于稳态水平，没有积累，根据能量守恒原理，则

$$\left[\frac{\mathrm{dNADH}}{\mathrm{d}t}\right]_{产能} = \left[\frac{\mathrm{d}E}{\mathrm{d}t}\right] = r_E = \left[\frac{\mathrm{d}X}{\mathrm{d}t}\right]\frac{1}{2}\left[\gamma_X - \gamma_S(1+\sigma) - \frac{\delta}{N}\gamma_N\right] + m_{\mathrm{NADH}}X \tag{4-38}$$

简化上式，得到

$$r_E = \left[\frac{\mathrm{d}X}{\mathrm{d}t}\right]A + m_{\mathrm{NADH}}X \tag{4-39}$$

A 值是细胞和基质的还原势的综合体现；针对不同水质，不同条件下的微生物，A 的值也会发生变化。对于生活污水厂来说，污水的水质区别较小，假设污泥处于良好的状态，A 的值就会在一个范围内浮动。

对上式（4-39）变形，两边同除以 X，有

$$\frac{r_E}{X} = \frac{\left[\frac{\mathrm{d}X}{\mathrm{d}t}\right]}{X}A + m_{\mathrm{NADH}} \tag{4-40}$$

根据污泥龄的定义，有

$$\theta_e = \frac{VX}{\Delta X} = \frac{X}{\left[\frac{\mathrm{d}X}{\mathrm{d}t}\right]} \tag{4-41}$$

将式（4-40）变形后代入式（4-41），可以得到式（4-42）：

$$q_E = \frac{1}{\theta_c} \times A + m_{\mathrm{NADH}} \tag{4-42}$$

式中，q_E 为比能量利用速率。

4.4.2.2　能量代谢模型参数的求解

根据以上公式测定不同泥龄下对应的 q_E 值，然后对 $q_E \sim \theta_c$ 作图即可得到 A、m_{NADH} 值。

对于 q_E 的值，在确定了需去除 COD 的量后，根据麦金尼的研究所述，约三分之一的可降解有机物可以作为微生物氧化分解释放的能量，也就是用于产能 COD 的量。

电子消耗速率可通过 COD 与电子之间的关系得到，单位 NADH 可携带两个电子，二者相结合即得到 NADH 消耗速率。

注：当 1 mol 碳源完全氧化时，所需要氧的摩尔数的 4 倍称为该基质的有效电子数。照此计算，8 g COD = 8 g O_2，8/32 = 0.25 mol O_2，0.25×4 = 1 个有效电子，或 1 个电子当量。即 1 个电子当量 = 8 g COD。

好氧生物膜法主要研究的是微生物在载体上的增长及降解底物的动力学，在液相部分对有机物的降解及微生物的增长静态数学模型与好氧活性污泥是相同的。

4.4.2.3　基于计算流体力学的数值模拟概述

计算流体力学（computational fluid dynamics，CFD）应用于生物处理反应器中，主要借助流体力学参数和流体机理模型，分析反应器中的流场和影响微生物生长的环境因素变化，达到优化反应器设计和运行的目的。

CFD 技术主要利用计算机对有限差分、有限单元或有限体积等方法将离散后的方程进行求解，模拟流体在特定条件的状态并获得数据。随着计算机科学快速发展和计算机硬件性能的飞速提高，计算流体力学迅猛发展。CFD 可以实现复杂几何状态下的液体的流态，这是传统流体力学研究所无法实现的。同时还得到了我们认知外，测量能力之外的流动现象，目前在一定程度上替代了风洞试验。

CFD 是以计算流体力学模拟为基础，目前已经在工程或非工程的各个领域中实现应用。如：飞机等交通工具的空气动力学研究；船舶流体动力学研究；化学过程工程，如混合和分离，聚合物熔融等；建筑物内外环境研究；水文学和海洋动力学中所涉及的河流、港湾、海洋的流动情况；环境工程中污染物质迁移规律、排放气体与液体的流布；生物医学工程中生物芯片内部的流动微环境；等等。另一方面，计算科学与技术的快速发展同时，数值计算已作为一种研究手段，越来越多地融入到其他各种学科当中。反过来，各种学科问题的迫切解答，又促进了计算方法的研究和发展。由于流体力学模型求解的需要，有限差分法、有限元法等计算方法已经在实际中得到了广泛应用和迅猛发展。这无疑也促进了计算流体力学技术的进一步发展和完善。目前，国内外运用于计算流体力学模拟的 CFD 商业软件主要有 STAR-CD、FLUENT 和 CFX 等。

FLUENT 是国际上应用较多的一款 CFD 软件包，涉及流体、热能以及化学，在航空航天、汽车设计、石油天然气、涡轮机设计等方面均可使用。它采用不同的数值方法和离散格式，从而在特定的条件下使它的计算速度、精度和结果的稳定性、灵敏度等方面达到最佳状态，以实现流体在复杂条件下的计算。

4.4.2.4 基于计算流体力学的数值模拟过程

数值模拟是在进行一个虚拟的物理实验，也称数值实验，它是一种特定的计算，再通过图像显示出来。流体力学的数值模拟是计算流体力学的任务，数值模拟包括以下几个步骤。首先，根据所需问题特性的反映建立一个数学模型。数值模拟的出发点在于对应问题各量之间的微分方程及相应的定解条件。其次，是寻求高效率、高准确度的计算方法，包括方程的离散化和解方程方法；计算网格的建立、边界条件的处理也包含在内。确定好计算方法和坐标系统再进行整个工作的主体："编程"和"计算"。如遇见非线性方程等比较复杂的问题时，需要先进行验证再进行模拟的计算。最后，流场的图像显示是不可缺少的部分，它可以将复杂的数值和操作参数以图像的形式展示出来，方便我们直观地判断模拟结果。同时，计算机图像显示系统的发展也辅助 CFD 模拟的进步。

在计算流体力学时，通常应用比较成熟的数值方法，有比较典型的配置和操作过程。商业 CFD 软件进行数值模拟都包括预处理、运算和后处理三个主要部分。

预处理的本质是通过操作界面将流动问题输入程序中，然后将输入数据转换为适合运算部分使用的格式。预处理阶段的用户操作内容有：①定义有关的几何区域，即计算域；网格生成，即将计算域划分为较小的、不重叠的子域或单元网格；②选择需要模拟的物理、化学现象的模型；③给定适当的边界条件。流动问题的解如：速度、压力、温度等参数定义在每一单元的节点上。CFD 模拟出的精度由网格单元的数目决定。网格的细密程度决定了解的精度、必需的计算机硬件和计算时间。最佳网格少有均匀形式出现，多是非均匀的：点到点之间变化快的区间网格较细，变化较慢的区间网格较粗。因此得出，发展 CFD 的目标之一是自适应网格生成能力。程序可以自动在迅速变化的区域细化网格以达到更好的精度。目前在高级软件中这一目标尚未实现，需要 CFD 用户有设计网格的能力，以达到满足解题精度和降低成本的需求。网格生成技术是计算机流体力学发展的一个重要分支，也是 CFD 作为工程应用的有效工具所面临的关键技术之一。如果希望生成一个复杂的网络，则需要一个专业队伍的共同努力。并且在工程应用上，从以往的经验来看超过 50%的时间被用于定义计算域几何结构和网格生成,这大量消耗着用户的时间并降低了效率。为此,现在新型的 CFD 软件均有配套的 CAD 界面,或者通过配套的表面建模和网格生成器输入数据来解决以上问题,如著名的PATRAN 和 I-DEAS。时至今日,预处理能给用户提供一般流体的性能参数库和调用特别的物理、化学过程模型如:湍流模型、辐射热传导模型、燃烧模型。

运算中的数值方法有三个不同的流派:有限差分法、有限元法和谱法。它们大都要进行三个步骤形成运算基础:①利用简单的函数形式近似表达未知的变量;②将近似式代入流动控制方程并离散化,随后通过数学方式处理得到代数方程组;③解代数方程组。流动变量的近似处理和方程离散的处理方式是三种流派之间的主要差别。有限差分法的核心是将未知的流动问题的变量通过坐标网格节点上的点描述出来。此方法多采用泰勒级数展开的截断式得到流动变量在一点导数的近似表达式,其中用到这一点和邻点的样本。有限元法描述未知的流动变量的局部变化的核心是在单元内用线性的或二次的函数,这类函数也成为了简单的片函数。但是这里存在一个问题:将分片近似函数代入方程后不能准确成立。这里需要通过定义残差来度量这一误差。具体步骤为:将误差与一组权函数相乘,再积分;让积分结果为零使得加权积分在意义上消除误差,从而得到一组近似未知系数的方程。在谱法中近似表达未知量的方法为傅氏级数或切比雪夫多项式级数的截断式。它与前两者不同之处在于谱法不是局部的近似,而是对整个计算域有效。将两种表达为质量方法的截断级数代入方程,则代入的条件会产生相对应的代数方程;但在实际中,物理现象比较复杂,是非线性存在的,因此要用迭代解法求解代数方程组。常用的解法有代数方程的 TDMA 逐行算子和能保证压力、正确速度联系的 SIMPLE 算法。商业软件也给用户提供了其他选择,如 STONE 算法和共轭梯度法等。

如同前处理一样,后处理领域已有大量的辅助开发工作来协助人们获得更好的体验。由于具有高超绘图能力的计算软件日益增多,先进的 CFD 软件包都装备有数据可视化工具。这包括:区域几何结构和网格显示、矢量图、二维(三维)曲面图、粒子踪迹图(又称脉线图或者染色线图)、图像处理(移动、旋转、缩放等)、彩色图像的存储等功能。近来,这些配置还包括结果动态显示的动画。除了图形,软件中都包含了数据输出功能,让用户将数据在其他软件中进一步处理。如同其他许多计算机辅助工程(CEA)的分支一样,CFD 在图形输出方面已经取得巨大进步,能让非专业学习软件的工作人员顺利使用。做出正确决定要求有良好的建模技巧。所有问题中除了最简单的那些,我们都需要做出假定以使复杂性减少至可着手的程度,同时需要保持问题的特征。在这一步引入的简化是否合适,在一定程度上是由 CFD 产生的信息的质量所决定的,因此 CFD 用户必须一直明确无误地记住已做过的所有假定。

4.5　好氧生物膜微生物学分析

4.5.1　生物膜多样性分析

生物膜是一种生长并附着在活性的或非活性的载体表面的单一或混合的微生物群体，形成于自然环境或人工环境中，是由各种寄居的好氧菌、厌氧菌、兼性菌、真菌、原生动物和较高等动物组成的复杂的微生态系统。

生物膜内微生物的菌群组成是反映生物膜特性的最重要的指标，它决定着生物反应器对污染物的降解效率。生物膜中的微生物群体的空间分布非常复杂，在混合群体的微生物膜中，好氧菌群一般分布于生物膜表层中，而厌氧菌主要存在于生物膜内层。位于生物膜的外表层的菌群一般繁殖较快，而增长率较低的菌群往往生长于生物膜的内部深层。作为一个功能化的有机体，生物膜的种群分布是按照生态系统的各种功能需求而优化组成的，形成了顶级群落模式。根据微生物生态学观点，环境因子对微生物个体的影响首先是影响某些敏感生物，环境因子的改变会先对微生物群落中对环境因子变化较为敏感的微生物个体产生较大影响；并且，此现象会引起生物种间相互作用的连锁反应，层层传递；最终当微生物群落无法承受环境因子的变化，微生物群落将不再稳定，群落结构将会发生较大波动。在生物反应体系中，由于形成的生物膜生物种类繁多，群落结复杂，形成了一种稳定的高度组织化的多细胞结构微生态系统，因此，当反应系统受到外界的环境负荷冲击时，由于生物膜体系的缓冲作用，环境负荷在不断传递过程中得到削弱，这也是流化床生物膜体系和传统的活性污泥法相比，具有良好的抵御冲击负荷能力的原因。

4.5.2　生物膜群落结构分析

污染物质的生物降解就是依赖于环境中微生物菌群的代谢作用，将有毒有害的有机物分解为简单无机物的现象。因此，对反应过程中微生物群落结构进行研究有助于探究降解机理。通常研究群落结构的分子生物学方法主要有变性梯度凝胶电泳（denaturing gradient gel electrophoresis，DGGE）技术、高通量测序技术等。

4.5.2.1　DGGE 和高通量测序简介

DGGE 是基于聚合酶链式反应（polymerase chain reaction，PCR）扩增技术的分子生物学技术，由 Fischer 和 Lerman 于 1979 年构想出并成功应用于实现只有一个碱基差别的 DNA 片段的分离。此后，学者和研究人员对该技术进行了改进，最重要的是在 1985 年 Myers 等引入 GC-clamp 有效地提高了 DGGE 技术的分离效果。Muyzer 等于 1993 年首次将 DGGE 应用于微生物群落的研究，极大地推动了分子生物学技术在群落结构方面的应用。目前，DGGE 技术已经成为微生物多样性研究的重要手段之一。

DGGE 是根据 GC 比例不同达到将片段相同的 DNA 分离的目的。DNA 是由 AGCT 四种碱基组成，其中，AT 碱基对之间由两个氢键连接，GC 碱基对之间由三个氢键连接，因此 AT 碱基对比 CG 碱基对对变性剂具有更低的耐受性。由于 DNA 片段中碱基对的含量和排列存在差异，导致双链 DNA 解链的温度不同，因此能够在含有梯度变性剂的聚丙烯酰胺凝胶电泳的过程中得到分离。高通量测序技术是新一代微生物生态学研究方法，已经在微生物群落研究中得到了广泛的应用。目前，高通量测序主要包括 454 焦磷酸测序、Solexa 测序、SOLiD 测序。2005 年，454 公司以焦磷酸测序为基础推出了超高通量基因组测序系统——Genome Sequencer 20 System，该技术首次应用边合成边测序的形式提高了测序效率。454 高通量测序技术的原理为酶级联化学反应，具体反应步骤如下：第一，将 PCR 扩增得到的单链 DNA 与引物杂交；第二，与 DNA 聚合酶等各种反应聚合酶和 5′-磷酸硫酸腺苷在特定条件下进行孵育；第三，测序中加入的 dNTPs（deoxyribonucleotide triphosphates）与模板配对产生的等摩尔数的焦磷酸会在酶的作用下转化为 ATP，并释放可见光，可经过 CCD 荧光检测出来，并获得序列信息。454 焦磷酸测序原理如图 4-30 所示。

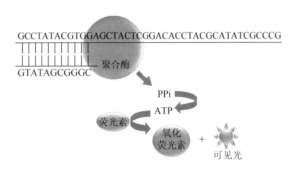

图 4-30　焦磷酸测序原理

随后 Illumina 公司和 ABI 公司相继推出了 Solexa 测序技术以及 SOLiD 测序技术。这两种测序技术的原理与焦磷酸测序相似，Illumina 高通量测序在反应生成新 DNA 互补链时加入的 dNTPs 经过酶级联反应产生荧光，通过捕获光信号后经软件分析获得互补链序列信息；ABI-SOLiD 的高通量测序在产生新的 DNA 互补链时加入了有荧光标记 dNTPs 或者半简并引物，在形成新的互补链时发出荧光，捕获荧光经过分析得到序列信息。2011 年，Illumina 公司推出了 MiSeq 测序系统，该系统以边合成边测序技术为基础通过特殊的可逆终止试剂能够对数百万个片段同时进行大规模平行测序。可以对其他测序平台的相对测序原始错误率起到大大降低的作用。

4.5.2.2　DGGE 技术在微生物群落分析中的应用

由于 DGGE 技术能够准确并快速地鉴定微生物种群、揭示复杂微生物群落结构的演替规律、获取微生物种群时间及空间上的动态信息，因此，是目前研究微生物群落结构的重要的生物学手段之一。PCR-DGGE 技术可同时进行多份样品分析测定，可监测生境中微生物群落结构在时间或空间上的动态变化，正是这些突出的优势使 DGGE 能够在反应器微生物群落结构中发挥重要作用，用于指导反应器的启动和运行，并及时监测反应器是否处于正常运行状态。

赵玲侠等[50]应用 DGGE 技术解析了大庆油田聚驱后油藏的细菌和古菌群落结构组成及分布特征，证明其中微生物种类丰富并存有诸多未培养的细菌。诸多研究已经证明，油田本源微生物具有降解原油产生甲烷的一系类细菌，包括石油水解酸化菌群以及产甲烷菌群等。即使油藏本源微生物通过油井采出液离开油藏环境到达地面以及转移到实验室环境中仍能对石油类物质表现出一定的降解能力。赵继红等[51]采用 DGGE 分子生物学技术对啤酒废水处理系统进行微生物群落分析，细菌的多样性与 SBR 池的深度、曝气量、不同处理时段无关，但优势菌群存在差异，水解酸化阶段微生物多样性与池的深度有关。Boon 等[52]利用 DGGE 技术和统计学方法分别对处理纺织厂、造纸厂废水、食品厂废水和生活污水废水池中的微生物菌群结构进行分析，结果表明，DGGE 技术可成功用于比较不同微生物群落的结构差异，并且可以作为污水处理过程中监测和控制运行状态的有效手段，指导污水处理过程的升级改善，帮助改进活性污泥工艺达到有效处理不同种类废水的目的，同时增强系统的稳定性。

4.5.2.3　高通量测序技术在微生物群落分析中的应用

高通量测序技术（也被称为第二代测序技术）简单快速，能够获取大量序列信息，快速准确地分析出物种的种类和数量，现今已经在海洋、土壤、矿井、沼气发酵、活性污泥等微生物的研究中得到广泛运用。在多种高通量测序技术中，罗氏 454 测序技术和 Illumina 测序技术是目前应用最为广泛的两项技术。其中，罗氏 454 测序技术是最早进行商业化应用的第二代测序技术。在高通量测序中，基因片段的读取长度是将序列匹配到相应数据库产生基因注释的关键因素，与

Illumina 测序读取片段相比,罗氏 454 测序每次运行可读取较长的读长(约 400 碱基对),因此在获得微生物群落信息方面发挥了重要作用。相比之下,Illumina 测序的优点是,具有低的错误发生率、低成本和高的通量,在这些方面,Illumina 测序占据明显优势。高通量测序技术在水处理系统中有着广泛的应用,尤其可应用于活性污泥和生物膜等生物法处理技术中,可通过对系统中微生物群落组成和功能的研究,深入了解反应器对污染物的作用机制,起到指示反应器的运行性能、为系统运行提供指示及预警以及改进管理措施的作用。

Huang 等[53]利用罗氏 454 测序技术研究生物膜中的生物组成信息,找到了生物膜中微生物的优势种群。Yuan 等[54]利用 Illumina 高通量测序技术研究了微生物反应器中微生物降解污染物的新陈代谢路径,结果表明不同反应器中微生物整体代谢途径相似,但参与特定糖类代谢和膜运输的基因显著不同。并且,微生物的降解基因丰度和多样性随反应器以及采样时间的不同具有显著差异,此研究结果为进一步探究和评估活性污泥降解有机污染物和净化废水的能力提供了重要依据。此外,Illumina 技术还可应用于饮用水氯消毒过程中的微生物研究,结果表明,消毒过程中的微生物群落结构对氯有十分显著的响应,受到氯消毒的微生物群落,其抗性微生物和微生物抗性基因都得到浓缩,变形菌(Proteobacteria)成为优势抗性微生物种。

Krause[55]采用 454 高通量测序法分析了沼气反应器中的微生物群落结构及组成,可知厚壁菌门的梭菌属是反应器中常见的细菌菌属而甲烷微菌属为产甲烷古菌的优势菌属。Sogin 等[56]在 2006 年采用 454 高通量测序法研究了深海中微生物多样性,结果发现,在北大西洋海底和热泉中的微生物的数量比以前报道的高 1～2 个数量级,且比以前变得更加复杂。芮俊鹏等[57]应用 Illumina 高通量测序对以猪粪为原料的沼气系统的微生物群落进行了研究,可知 Firmicutes sp.是细菌的优势菌群,而古菌中产甲烷菌和互营菌的群落组成对沼气发酵产气效率有重要影响。Hu 等[58]采用高通量测序技术研究了不同 MBR 污水处理系统中的微生物群落结构,结果表明有些污水厂的活性污泥中优势菌种为 Proteobacteria sp.,而有些污水厂的活性污泥中则为 Bacteroidetes sp.。

以处理生活污水的某好氧处理工艺反应器中的生物膜为例,利用高通量测序技术对生物膜群落结构进行研究。将微生物总 DNA 进行提取后,采用高通量测序技术,并对测序结果进行了测序统计,之后对生物膜中细菌的组成和相对丰度进行了分析。

丰富等级曲线是用来描述物种的丰度和均匀度的重要指标,在等级丰度曲线中,水平方向上,曲线的宽度反映了物种的丰度,当曲线在横轴上的跨度越大时,代表物种的丰度越高;曲线的平缓程度可以反映样品中物种的均匀度,曲线越趋向平坦,代表物种分布越均匀。随着操作分类单元(OUT)等级的升高,OUT 的丰度显著平缓，这说明生物膜样品中的细菌种类分布也相对越均匀。

Shannon 曲线是利用样品的测序量在不同的测序深度时以微生物多样性指数构建的曲线，反映了生物膜样品中微生物的多样性指数，从而得出各样本在不同测序数量时的微生物多样性。随着测试序列数的增加，生物膜样品中的微生物多样性指数却并未增加，基本处于水平状态，这说明继续增加测序深度已经无法检测到大量的尚未发现的新微生物。所以，这表明生物膜的测序结果无需加大测序深度，已经可以足够反映当前样本所包含的微生物信息，具有代表性。

生物膜的样本通过高通量测序共得到的 OTU 分别在门、纲、目、科、属 5 个分类水平进行比对鉴定。OTU 的分类结果表明，生物膜样本的测序序列中，隶属于 15 个门、14 个纲、58 个目、80 个科和 148 个属。细菌菌群组成中，在门水平至少隶属于 15 个不同的细菌门，其相对丰度≥1.00%的共 5 个门。门水平细菌菌群组成如图 4-31 所示。其中 Proteobacteria（变形菌门）所占比例最大，为 63.50%，此外，Cyanobacteria（蓝藻菌门）和 Gemmatimonadetes（芽单胞菌门）分别占14.40%和13.10%。其次为 Bacteroidetes（拟杆菌门）3.90%、Chloroflexi（绿弯菌门）2.80%。其余门类均低于 1.00%，与未知类群合并总计占比例为 2.30%。因此，Proteobacteria（变形菌门）为自然水体生物膜中的优势菌种。

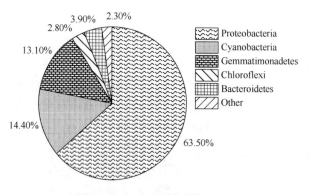

图 4-31　门水平群落结构组成

在纲水平隶属于 14 个不同的纲，其中相对丰度≥1.00%的纲有 8 个，如图 4-32 所示。其中变形菌门的 Gammaproteobacteria（γ-变形菌纲）所占比例最高，达50.30%。其次为 Alphaproteobacteria（α-变形菌纲）15.30%，以及 Cyanobacteria（蓝藻纲）12.80%、Gemmatimonadetes（芽单胞菌纲）10.00%、Sphingobacteria（鞘脂杆菌纲）3.20%、Betaproteobacteria（β-变形菌纲）3.00%、Anaerolineae（厌氧绳菌纲）1.30%和 Chloroflexia（绿弯菌纲）1.10%。其余不足 1.00%和未知分类群类约为 3.00%。

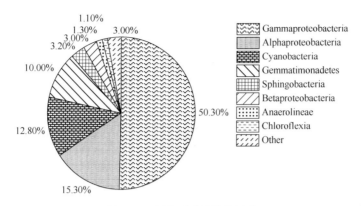

图 4-32　纲水平群落结构组成

生物膜中的细菌隶属于 58 个目，相对丰度≥1%的有 13 个，如图 4-33 所示。Xanthomonadales（黄色单胞菌目）丰度最高，为 47.80%，其余分别为 Gemmatimonadales（芽单胞菌目）11.93%，Subsection Ⅰ 5.93%，Subsection Ⅲ 5.67%，Rhodobacterales（红细菌目）4.40%，Rhizobiales（根瘤菌目）3.57%，Sphingobacteriales（鞘脂杆菌目）3.00%，Rhodospirillales（红螺菌目）2.77%，Burkholderiales（伯克氏菌目）2.53%，Sphingomonadales（鞘脂单胞菌目）2.03%，Caulobacterales（柄杆菌目）1.83%，Subsection Ⅳ 1.67%，Anaerolineales（厌氧绳菌目）1.37%。未知分类群类和不足 1%的群类总计约为 5.5%。

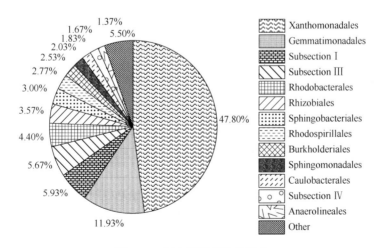

图 4-33　目水平群落结构组成

为了深入了解生物膜细菌的群落组成，在科和属水平上对细菌的组成结构进一步分析。在科和属水平上大约有 21.80% OTU 未能分类。全部细菌序列中至少有 80 个科，丰度≥1%的科有 12 个。其中丰度最高的是 Xanthomonadaceae（黄色单胞菌科）47.76%，其次为 Gemmatimonadaceae（芽单胞菌科）11.93%、Rhodobacteraceae（红细菌科）4.4%。在属水平，全部细菌序列至少有 148 个属，其中丰度≥1%的属有 16 个，其中黄色单胞菌科的 Silanimonas 所占比例最高为 42.0%，其次为芽单胞菌科的某属 10.80%，黄色单胞菌科的 Lysobacter sp.（溶杆菌属）4.5%，Geitlerinema sp.（线状蓝细菌属）2.60%，Rhodobacter sp.（红杆菌属）2.57%，Leptolyngbya sp.（瘦鞘丝藻属）2.10%，Gemmatimonas sp.（芽单胞菌属）1.33%，Roseomonas sp.（玫瑰单胞菌属）1.17%，Arenimonas sp.（砂单胞菌属）13%。

4.5.3　生物膜附着细胞基因表达

微生物是地球上分布最广泛的类群，在各种生境，甚至于冰川、海底及冻土层中等极端环境下，都可以发现微生物的存在，在物质合成、降解、调节自然界多种元素地球化学循环等方面具有十分重要的功能。同时，在一切高等生物体内，微生物都是不可或缺的一部分。微生物与人类的关系也密不可分，除了致病细菌以外，还存在大量有益细菌，这些细菌可以造福人类，例如寄居在人体的微生物参与调控人体内的代谢、防御和生长等重要生理过程，对人体健康和发育产生不容忽视的影响。但由于微生物个体微小、新陈代谢旺盛、繁殖能力强及易发生变异，目前人类对微生物的作用机制仍处于不断探索阶段。此外，目前人类发现的微生物仅占自然界中存在的微生物的极少部分，并且环境中可培养的微生物只占自然界微生物的很少部分（<1%～10%），而纯培养等传统的研究方法又会丢失了大量有效信息，因而通过传统方法对微生物的整体情况难以获得全面和准确的了解。

1998 年 Handelsman[59]首次提出了宏基因组（metagenome）概念，即针对环境样品中微生物的基因组总和进行研究。宏基因组学是将环境中全部微小生物的遗传信息看作一个整体，自上而下地研究微生物与自然环境或微生物与微生物之间的遗传组成及群落功能。宏基因组学不仅能够克服微生物难以培养的障碍，还可以与生物信息学方法相结合，揭示微生物之间、微生物与环境之间响应关系，为从群落结构水平上全面认识微生物的生态特征和功能提供了新的方法，在微生物资源的开拓与利用方面展现出了巨大的潜力。

作为宏基因组学最为成熟的关键技术，高通量测序技术和基因芯片技术具有信息获取全面、准确的特点（表 4-2），其获得的信息的深入程度是其他传统技术无法企及的。曾经 Illumina 测序读取长度较短，但随着技术的发展，Illumina 测序读取长度逐渐改善，随着技术的改善其性价比将得到提升，预计可能逐步取代 454 测序技术，成为宏基因组学研究领域的主流应用技术。

表 4-2 高通量测序和基因芯片技术的性能比较

方法	高通量测序	基因芯片
准确性	高	高
全面性	高	高
信息深度	高	高
定量性	低	高
发现新物种	有	无
受污染物干扰	高	低
受群落主要物种干扰	高	低

基因芯片是一种小型化的 DNA 阵列。它依据杂交测序方法，通过将大量 DNA 探针固定于固体基质的表面，产生二维 DNA 探针阵列，根据 DNA 碱基互补杂交原则，将荧光标记后的目标物与之杂交，通过检测杂交信号实现对生物样品基因表达和监测分析，具有快速、高效、并行的优点。在环境微生物研究领域中得到应用的基因芯片主要有系统发育芯片（phylo chip）和功能基因芯片（geo chip）两种类型。随着高通量测序技术的发展，系统发育芯片受到了功能相似的 16S rDNA 测序技术的冲击。但功能基因芯片能够与高通量测序技术相互补充，可将微生物群落的结构和功能紧密结合，应用于对原位微生物群落功能结构和代谢功能的研究。最新版本的功能基因芯片 Geo Chip 4.0 包含了 83992 个寡核苷酸探针，对应于 410 个功能基因类别，另外还包括调控碳、氮、磷、硫等元素循环在内的 152414 个功能基因。

高通量测序和基因芯片等高通量宏基因组学技术为微生物研究提供了庞大的数据量，并且随着高通量测序和基因芯片技术的不断改进，技术成本逐渐下降、通量不断提高、准确度越来越有保障。但是，高通量测序和基因芯片等技术在为科学研究提供有效手段的同时，针对海量数据的处理并从中挖掘到有效信息成为宏基因组学研究的一大难点。生物信息学（bioinformatics）的发展赶不上高通量宏基因组学技术的发展速度，成为制约微生物研究的一大瓶颈。生物信息学是以计算机为工具，通过对宏基因组数据进行模型或网络的构建，对获得的无限多的数据量进行有效分析，分析微生物群落内部以及微生物与环境因子之间相互作用的信息。Deng 等[60]基于宏基因组学技术的高通量数据，成功构建了分子生态网络（molecular ecological networks，MENs），其可以将微生物之间的复杂的相互作用关系转化为图的形式直观表达，该网络可根据数据固有特性自动选择阈值，可较好地揭示环境中微生物之间以及微生物之间的联系，以及微生物对环境因子的响应，并且对高通量技术普遍存在的高噪声问题有很好的耐受性。它可以为我们探究未知物种的生态位提供有效的分析手段。

　　高通量测序的准确度高，对环境微生物群落的主要物种的识别速度快、标准化、精度高，与先进的生物信息学方法相结合可以对新物种进行识别与筛查。但高通量测序结果的分析方法较为复杂，并且由于通量的限制，信息深度、定量性还不够好，对群落中丰度较低的微生物识别较差；此外，在研究动植物体内的微生物群落时，宿主的DNA也会被测序，对结果造成影响，而若要排除宿主DNA的影响，将增加测序成本。与高通量测序互补的是，基因芯片虽然不能发现新基因，但其高通量性、准确性、定量性以及对环境变化的抗性、微生物基因检验的深度和效率是传统方法和高通量测序技术都难以企及的。

参 考 文 献

[1] 陈兵红. 沸石固定化细胞处理农村生活污水中氨氮效果研究[J]. 环境科学与技术，2009，32（7）：132-135.

[2] Coleman N P，Crofcheck C L，Nokes S E，et al. Effects of growth media pH and reaction water activity on the conversion of acetophenone to（S）-1-phenylethanol by saccharomyces cerevisiae immobilized on Celite 635 and in calcium alginate[J]. Transactions of the Asabe，2009，52（2）：665-671.

[3] Jeong S K，Cho J-S，Kong I-S，et al. Purification of aquarium water by PVA gel-immobilized photosynthetic bacteria during goldfish rearing[J]. Biotechnology and Bioprocess Engineering，2009，14（2）：238-247.

[4] Gutierrez M C，Garcia-Carvajal Z Y，Jobbagy M，et al. Poly (vinyl alcohol) scaffolds with tailored morphologies for drug delivery and controlled release[J]. Advanced Functional Materials，2007，17（17）：3505-3513.

[5] 张启霞，徐灏龙，吴斌. 微生物固定化网状聚氨酯载体的研制[J]. 工程塑料应用，2007，（2）：41-44.

[6] Ramirez M，Gomez J M，Aroca G，et al. Removal of hydrogen sulfide and ammonia from gas mixtures by co-immobilized cells using a new configuration of two biotrickling filters[J]. Water Science and Technology，2009，59（7）：1353-1359.

[7] 吴国杰，张燕，崔英德. 戊二醛对壳聚糖-聚醚水凝胶溶胀动力学的影响[J]. 化工学报，2009，60（S1）：122-126.

[8] 王广金，褚良银，陈文梅，等. 微生物固定化聚醚砜微囊载体的制备及其性能研究[J]. 四川大学学报（工程科学版），2005，（3）：47-51.

[9] 齐水莲，潘志恒，赵豆豆，等. 新型生物转笼净化器处理生活污水技术研究[J]. 河南科技，2015，573（10）：128-129.

[10] 李建政，任南琪. 污染控制微生物生态学[M]. 哈尔滨：哈尔滨工业大学出版社，2005.

[11] 蔡建安，陈洁华，张文艺. 计算机仿真和可视化设计：基于LabVIEW的工程软件应用[M]. 重庆：重庆大学出版社，2006.

[12] 田道贺. 间歇式双循环工厂化养殖系统构建及应用[D]. 舟山：浙江海洋大学，2019.

[13] 吕亲乐. 改性沸石去除废水中氨氮的实验研究[D]. 太原：太原理工大学，2010.

[14] 付江涛. 水力驱动式生物转笼处理市政废水中试研究[D]. 武汉：武汉科技大学，2006.

[15] 陈志强，李芳，杨越，等. 网状生物转盘处理污水试验研究[J].哈尔滨工业大学学报，2006，（12）：2077-2080.

[16] 贾玉珍. 生物膜法主要工艺类型及其优缺点比较[J]. 城市建设理论研究（电子版），2013，（27）：1-4.

[17] 肖小明. 混凝沉降与生物转盘组合处理印染助剂废水研究[D]. 广州：华南理工大学，2005.

[18] 顾秀根. 转鼓式一体化污水处理装置在农村生活污水处理中的应用[D]. 苏州：苏州科技大学，2013.

[19] 冯迪. 生物膜反应器与沸石-微波辐射法联合处理城市生活污水[D]. 沈阳：东北大学，2011.

[20] 李芳. 网状生物转盘处理生活污水的试验研究[D]. 哈尔滨：哈尔滨工业大学，2005.

[21] 康伟，杨子文. 焦化污水深度处理研究[C]. 景德镇：中国炼焦行业协会，2007.

[22] 付江涛. 水力驱动式生物转笼处理市政废水中试研究[D]. 武汉：武汉科技大学，2006.

[23] 康玉鹏，孙佰波，丁东旭. 用生物转盘法处理甜菜制糖废水[J]. 中国甜菜糖业，2002，(3)：47-48.

[24] 刘媛. MBBR 处理城镇污水的基础研究[D]. 西安：西安建筑科技大学，2007.

[25] 黄欣. 电-生物膜填料塔处理含重金属离子的废水[D]. 天津：天津大学，2006.

[26] 徐绍明. 水解-两级接触氧化工艺处理啤酒废水的生产性试验研究[D]. 哈尔滨：哈尔滨工业大学，2009.

[27] 刘道行. 高速公路服务区污水生态处理工艺研究[D]. 济南：山东大学，2011.

[28] 于阿华. 扎兰屯市城市污水处理厂改造方案优化与试验[D]. 哈尔滨：哈尔滨工业大学，2008.

[29] 张亚峰，张军利. 车站污水处理技术应用研究进展[J]. 污染防治技术，2011，9 (3)：359-360.

[30] 李振伟. 纳滤浓水中有机物去除的试验研究[D]. 天津：天津大学，2011.

[31] 梁凤萍. 金属制品工厂生产废水处理工程案例分析[J]. 广东化工，2010，37 (5)：176-177，183.

[32] 张滢. 曝气生物滤池处理生活污水的应用研究[D]. 上海：同济大学，2008.

[33] 刘灿灿，沈耀良. 曝气生物滤池的工艺特性及运行控制[J]. 工业用水与废水，2008，39 (2)：20-23.

[34] 张有贤，王金相，李圣峰，等. A/O + MBBR 组合工艺在炼油废水处理中的应用[J]. 水处理技术，2010，36 (12)：122-126.

[35] 张建刚. 不溶性催化电极与电催化反应器的制备及其对废水中有机物、菌藻和纤维素类物质的催化降解作用[D]. 北京：北京化工大学，2010.

[36] 刘畅. MBBR（移动床生物膜反应器）处理铁路高浓度粪便污水的探讨[J]. 建筑工程技术与设计，2015，(10)：2371-2371.

[37] Borghei S M，Hosseini S H. The treatment of phenolic wastewater using a moving bed biofilm reactor[J]. Process Biochemistry，2004，39 (10)：1177-1181.

[38] 沈雁群. 城镇污水 MBBR 强化氮除磷技术研究[D]. 杭州：浙江大学，2011.

[39] 魏维利. MBBR 污水处理脱氮机理及关键技术研究[D]. 淮南：安徽理工大学，2013.

[40] 孟涛，刘杰，杨超，等. MBBR 工艺用于青岛李村河污水处理厂升级改造[J]. 中国给水排水，2013，29 (2)：59-61.

[41] 左冰. 移动床生物膜法处理餐饮废水的基础研究[D]. 沈阳：东北大学，2012.

[42] 徐晓军. 恶臭气体生物净化理论与技术[M]. 北京：化学工业出版社，2005.

[43] 李景贤，罗麟，杨慧霞. MBBR 法工艺的应用现状及其研究进展[J]. 四川环境，2007，26 (5)：97-101.

[44] 孙靖霄. 移动床生物膜反应器处理腈纶废水的试验研究[D]. 哈尔滨：哈尔滨工业大学，2006.

[45] 于鹏飞，张兴文，秦伟杰，等. 内循环移动床生物膜反应器的研究与应用[J]. 环境科学与技术，2008，31 (11)：120-123.

[46] 洪国强. 水解酸化-MBBR 工艺升级改造中药废水中试研究[D]. 重庆：重庆大学，2011.

[47] 王星骅. 移动床-动态膜生物反应器处理 PVA 退浆废水的试验研究[D]. 上海：东华大学，2009.

[48] 李兵，张建强. 移动床生物膜反应器在污水处理中的应用[J]. 西安文理学院学报（自然科学版），2011，33 (4)：6-8.

[49] 佐秋红. 采用新型悬浮填料（KP-珠）生物处理市政污水的性能研究[D]. 大连：大连理工大学，2009.

[50] 赵玲侠，高配科，曹美娜，等. 大庆聚驱后油藏内源微生物群落结构解析与分布特征研究[J]. 环境科学，2012，(2)：625-632.

[51] 赵继红，何淑英，李继香，等. PCR-DGGE 分析啤酒废水生物处理工艺的微生物区系[J]. 环境科学，2008，(10)：2950-2955.

[52] Boon N，De Windt W，Verstraete W，et al. Evaluation of nested PCR-DGGE（denaturing gradient gel

electrophoresis) with group-specific 16S rRNA primers for the analysis of bacterial communities from different wastewater treatment plants[J]. FEMS Microbiology Ecology, 2002, 39: 101-112.

[53] Huang Y, Song Y L, Wang X H, et al. Analysis of the microbial community differences between suspending sludge and biofilm in contact-oxidation tank for dyeing wastewater treatment[J]. Chinese Journal of Environmental Engineering, 2014, 8 (8): 3241-3246.

[54] Yuan Y, Chen C, Zhao Y K, et al. Influence of COD/sulfate ratios on the integrated reactor system for simultaneous removal of carbon, sulfur and nitrogen[J]. Water Science and Technology, 2015, 71: 709-716.

[55] Krause L. From single genomes to natural microbial communities: Novel methods for the high-throughput analysis of genomic sequences[J]. ResearchGate, 2007, doi: http://pub.uni-bielefeld.de/publication/2302005.

[56] Sogin M, Morrison H, Huber J, et al. Microbial diversity in the deep sea and the underexplored "rare biosphere" [J]. Proceedings of the National Academy of Sciences of the United States of America, 2006, 103: 12115-12120.

[57] 芮俊鹏, 李吉进, 李家宝, 等. 猪粪原料沼气工程系统中的原核微生物群落结构[J]. 化工学报, 2014, 65 (5): 1868-1875.

[58] Hu M, Wang X, Wen X, et al. Microbial community structures in different wastewater treatment plants as revealed by 454-pyrosequencing analysis[J]. Bioresource technology, 2012, 117: 72-79.

[59] Handelsman J, Rondon M R, Brady S F, et al. Molecular biological access to the chemistry of unknown soil microbes: A new frontier for natural products-ScienceDirect[J]. Chemistry & Biology, 1998, 5: 245-249.

[60] Deng Y, Jiang Y H, Yang Y H, et al. Molecular ecological network analyses[J]. BMC Bioinformatics, 2012, 13: 113.

5　生物膜强化脱氮技术

近年来在污水生物脱氮领域涌现出一些新的工艺,如同步硝化反硝化(simultaneous nitrification denitrification, SND)、短程硝化反硝化工艺(shortcut nitrification denitrification, SHARON)、移动床生物膜(moving bed biofilm reactor, MBBR)、厌氧氨氧化等(anaerobic ammonium oxidation, Anammox)。其中,生物膜法因具有操作简单、无污膨胀、抗冲击负荷能力强等优点,已被越来越多地用于污水强化脱氮。鉴于此,本章主要介绍生物脱氮原理与方法、节能低耗型生物膜强化脱氮技术、短程硝化-厌氧氨氧化-反硝化耦合脱氮工艺(simultaneous partial nitrification-anaerobic ammonium oxidation and denitrification, SNAD)脱氮技术及动态膜填料强化生物膜系统脱氮工艺等内容。

5.1　生物脱氮原理与方法

5.1.1　传统生物脱氮理论

氮在污水生物处理中的转化途径如图 5-1 所示,有机氮在氨氧化菌的作用下,发生氨化作用,转化为氨氮(NH_4^+),一部分 NH_4^+ 被用作新的细胞物质,另一部

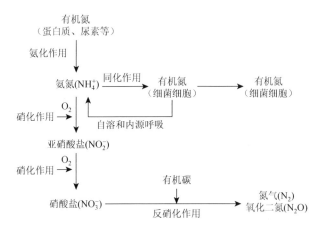

图 5-1　污水生物处理中氮的转化途径

分则通过硝化作用转化为亚硝态氮（NO_2^-）再转化为硝态氮，通过反硝化作用生成 N_2 或 N_2O 排出进入大气。通常，污水处理中主要通过硝化和反硝化过程将氮从系统中去除，使其进入大气参与整个自然界的氮循环。因此，传统的生物脱氮过程主要包括硝化和反硝化过程。

1）硝化过程

传统生物脱氮理论指的是硝化过程中所需的碳源为无机碳化合物（如 CO_2、CO_3^{2-}、HCO_3^- 等），在好氧条件下，NH_4^+ 和 NO_2^- 被自养型硝化菌氧化，转化为 NO_3^- 的过程。硝化反应主要分为两个阶段，第一阶段的反应方程式如（5-1）所示，该阶段，氨氧化细菌将 NH_4^+ 转化为 NO_2^-；第二阶段的反应方程式如（5-2）所示，NO_2^- 在该阶段被亚硝化细菌转换为 NO_3^-。研究表明，氨氧化菌相比于亚硝化菌增长较慢，因此，第一阶段限制了整个硝化反应的速率。

$$第一阶段：NH_4^+ + 2O_2 \longrightarrow NO_2^- + 2H_2O \tag{5-1}$$

$$第二阶段：2NO_2^- + O_2 \longrightarrow 2NO_3^- \tag{5-2}$$

2）反硝化过程

反硝化过程是硝酸亚铁在缺氧条件下被反硝化细菌转换为氮气的过程，此时电子受体为氮氧化物。反硝化过程对氮的去除率约为 70%～75%。假单胞菌（Pseudomonaceae）、芽孢杆菌（Bacillaceae）、红螺菌（Rhodospirillaceae）、根瘤菌（Rhizobiaceae）、噬纤维菌（Cytophagaceae）等菌属于常见的反硝化细菌。除此之外，酵母菌、放线菌、真菌等均可发生反硝化反应。通常，为了保证反硝化反应能够顺利进行，需要在反硝化池中投加诸如有机酸、烷烃、苯酸盐、醇类等的有机化合物，作为微生物生长的碳源。式（5-3）为反硝化过程中的化学反应方程式。

$$2NO_3^- + 10e^- + 12H^+ \longrightarrow N_2 + 6H_2O \tag{5-3}$$

5.1.2　传统生物脱氮工艺的应用现状

曝气池、硝化池、反硝化池和沉淀池等为传统生物脱氮过程中的主要构筑物。有机物降解和硝化主要在曝气池内完成，反硝化池中发生反硝化反应，将氮转换为氮气。活性污泥法中的单级活性污泥法系统、氧化沟工艺、多级活性污泥法系统、SBR 工艺等和生物膜法中的生物滤池、生物转盘、生物流化床等均是基于该理论的脱氮技术。有学者对传统脱氮工艺进行了改进，开发出了 A^2/O 工艺、改进 AB 工艺、UCT 工艺和 A/O 工艺等。

1. 单级、多级活性污泥法系统

有机物的去除和硝化在一个曝气池中进行，先去碳（包括脱氨基）后硝化，

曝气时间较长；然后含有 NO₃⁻ 的污水进入反硝化池，在缺氧条件下，NO₃⁻ 还原细菌利用 NO₃⁻ 为电子受体，利用外加碳源、原水中剩余碳源或活性污泥内源呼吸释放的有机碳化合物作为电子供体，进行无氧呼吸。图 5-2 所示为无需外加碳源的 Wuhrmann 工艺，该工艺是单级污泥脱氮系统的先驱。然而对于城市污水的处理，经过好氧池处理的出水中有机物含量很低，因此常以甲醇为外加碳源以促进反硝化池内的反硝化过程。

图 5-2　Wuhrmann 工艺

在单级活性污泥系统的基础上，改进的系统包括两级、多级活性污泥系统。其中，以多级活性污泥系统为例，主要分为两大部分：第一部分，活性污泥在好氧条件下去除 COD，污泥经沉淀池回流到曝气池，但与后半部分并不混合；第二部分，通过硝化和反硝化作用达到脱氮目的。

刘庄泉等[1]针对上海二级城市污水处理厂的生化反应池存在的问题，包括水力停留时间（HRT）长、工艺流程复杂（多个混合液、污泥回流系统）等，将污水处理厂的曝气池按照比例分割为几个区，形成厌氧、缺氧、好氧交替环境，并在厌氧和好氧区添加污泥浓缩区，将传统活性污泥法升级为多级活性污泥系统，达到生物脱氮除磷的目的。改造后，污水依次进入各个处理区，污泥浓度也沿着水流方向逐渐降低，能保证二沉池的稳定运行。结果表明，改造后的系统对氮、磷的去除效果远高于原有处理系统。

2. 氧化沟和 SBR 工艺

氧化沟是将传统活性污泥法的曝气池改造为循环混合曝气池，属于延时曝气的活性污泥法。该工艺通过曝气设备和搅动设备，使污水在氧化沟渠道内循环流动。氧化沟脱氮是基于同步硝化反硝化理论，在一个反应器内达到硝化和反硝化两个过程。该工艺流程简单、节约碳源，从而降低建设运费和运行费用。

高守有[2]采用奥贝尔（Orbal）氧化沟模型处理城市污水，有效容积为 330 L，结果表明，在不外加碳源和硝化液内回流的条件下，控制 DO 浓度，可实现同步硝化反硝化过程，总氮（TN）去除率平均为 61%，出水 TN 浓度平均为 14 mg/L。DO 浓度是氧化沟同步硝化反硝化的决定因素，通过控制外沟低 DO 运行，可稳定实现 Orbal 氧化沟的低能高效脱氮。彭永臻等[3]研究了改良型卡鲁塞尔

（Carrousel）氧化沟工艺脱氮除磷，连续运行 3 年，结果发现，将 DO 控制在 0.3～0.7 mg/L 范围内，能使出水 TN 浓度低于 20 mg/L；氧化沟中发生的同步硝化反硝化对 TN 的去除贡献占系统总脱氮的 66%。涂茂[4]在 Carrousel 2000 氧化沟中投加悬浮填料，考察在不外加碳源条件下氧化沟生物脱氮的最佳效能，结果发现，在污泥回流比为 50%、污泥龄为 25 d、混合液回流比为 250%、填料投配比为 30%、HRT 为 10 h、曝气量为 80 L/h 时，该工艺处理效果最佳。当曝气量为 65 L/h 时，系统 TN 去除最佳，平均去除率为 74.15%。好氧段的同步硝化反硝化效果也较佳，SND/TN 为 14.92%，低 DO 浓度有利于同步硝化反硝化的发生。

序批式反应器（SBR）是进出水一体式反应装置，整个工艺包括进水、反应、沉淀、出水和闲置 5 个阶段，通过调控各个阶段的运行时间，使微生物经历缺氧和好氧周期，实现同步硝化反硝化过程，从而达到生物脱氮除磷的目的。常见的 SBR 工艺有间歇式循环延时曝气法（ICEAS）、循环式活性污泥系统（CASS/CASP）、连续曝气-间歇曝气串联工艺（DAT-IAT）、UNITANK 系统等。

周锐峰[5]研究了 SBR 改良工艺——DAT-IAT 工艺的生物脱氮性能，该工艺装置位于抚顺市三宝屯污水处理厂，于 2001 年投入使用，日处理污水为 25 万吨，一年的运行数据结果显示，COD 平均去除率为 88.4%，BOD_5 去除率为 93.9%，NH_4^+ 去除率为 75.5%，平均出水低于 4.0 mg/L，生物脱氮效果好且出水低于污水厂出水设计值。李论等[6]研究了采用 SBR 作为二级处理单元的组合工艺（见图 5-3）处理制药废水，出水 COD≤200 mg/L、BOD_5≤70 mg/L、NH_4^+≤50 mg/L、SS≤30 mg/L，达到了《污水综合排放标准》（GB 8978—1996）生物制药行业二级标准。周阳等[7]改进了原污水处理 UASB＋SBR 工艺，各个 SBR 反应池内增设两台推流器使得污水充分混合。C/N 控制约为 5∶1，pH≥6.5，提高反硝化速率；调整 SBR 段工艺运行为进水→缺氧搅拌（3 h）→曝气（6.5 h）→缺氧搅拌（1 h）→沉淀（1 h）→排水（0.5 h）。运行结果显示，NH_4^+ 在第一缺氧过程和第二缺氧过程中变化不明显，而在曝气过程中呈现逐渐降低的趋势，说明硝化反应主要发生在曝气过程，而缺氧搅拌过程主要进行反硝化反应，TN 的去除率为 88%，脱氮效果良好。此外，C/N 比和污泥浓度对 SBR 的脱氮效果有显著影响，C/N 比低于 4 时脱氮效果较差，而混合液悬浮固体浓度（MLSS）在 3500～4000 mg/L 时脱氮效果较佳。

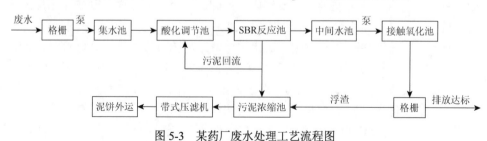

图 5-3　某药厂废水处理工艺流程图

王思民等[8]研究了 CASS 工艺的生物脱氮机理和影响因素。CASS 工艺主反应区的 DO 为 0.5 mg/L 时，反硝化速率与硝化速率几乎一致，硝化过程和反硝化过程在同一反应器同步进行。污泥回流比 $R=1$ 时，系统活性污泥混合良好，增大回流比脱氮效果不再发生变化。碳源分批投加可以降低碳源不足对脱氮效果的影响，使得 NH_4^+ 和 TN 的去除率更好。此外，温度、HRT、氧化还原电位（ORP）、污泥停留时间（SRT）、污泥龄、游离氨浓度对 CASS 工艺运行也影响污染物的去除。

3. A/O 和 A²/O 工艺

A/O 工艺脱氮最早始于 20 世纪 80 年代，其主要特征在于将反硝化段提前，放在缺氧或好氧段之前。因此也称为前置反硝化生物脱氮系统，是目前在我国广泛应用的传统生物脱氮工艺。

马昊俊等[9]采用 A/O 工艺处理低碳氮比（4∶1）生活污水，该工艺对 COD、NH_4^+、TN 的去除效果良好，去除率分别达到为 86.80%、95.21% 和 72.85%。微生物分析发现各个反应区硝化、反硝化细菌数量逐渐依次降低，去除率与微生物的变化呈现一致的现象。李绍[10]采用水解＋两级 A/O 工艺处理化工废水，研究了 A/O 工艺改进和优化的方式，进而强化脱氮。采用串联的方式运行两级 A/O 工艺，废水经物化预处理以及水解酸化处理之后，进入两级 A/O 反应池，并在池中进行硝化液循环流动，最后进入二沉池沉淀。沉淀池的污泥需要回流到 A/O 池中，这确保了该工艺在较高进水浓度下仍有高效的氮去除效果。出水 NH_4^+ 维持在 150～250 mg/L，去除率为 70%～75%。

A²/O 工艺由厌氧池、缺氧池和好氧池组成。厌氧池发生水解以及释放磷，缺氧池发生反硝化脱氮，好氧池进行磷的吸收和硝化反应，好氧池出水经过二沉池沉淀后排出。马艳娜等[11]设计了一套 A²/O 工艺强化脱氮中试装置处理厂区曝气沉砂池出水。采用氧化沟作为好氧池强化系统对 TN 和 NH_4^+ 的去除，降低硝化液回流的能耗。进水 COD、NH_4^+、TN 的平均浓度为 513.6 mg/L、22.4 mg/L、34.2 mg/L，该工艺对 COD、NH_4^+、TN 的去除率分别达到了 91.2%、84.4% 和 71.44%，污染物去除效果好，出水水质满足一级 A 标准。武勇[12]考察了倒置 A²/O 工艺对重庆市冠石城北污水厂中氮去除的效果，将厌氧段和缺氧段互换，在缺氧段充分混合污水、回流污泥和回流的硝化液，完成反硝化脱氮后进入厌氧段释磷，最后在好氧段硝化和生物除磷。该污水厂采用倒置 A²/O 工艺后处理能力提高了 2 倍，污水处理能力提高。NH_4^+ 的去除率增加了 33%，这表明相比传统脱氮工艺，倒置 A²/O 工艺具有明显的优势。

5.1.3　新型生物脱氮工艺研究进展

传统生物脱氮工艺在实际运行的过程中存在许多问题，例如工艺过程复杂、脱氮效果差以及污泥停留时间长等。因此，亟需开发更高效、更节能、更经济的生物脱氮工艺。

新型生物脱氮工艺主要是简化脱氮途径以及开发新的脱氮工艺，主要包括SND、SHARON、限氧自氧型硝化反硝化（oxygen limited autotrophic nitrification denitrification，OLAND）、异养硝化-好氧反硝化（HN-AD）和 Anammox 等。

5.1.3.1　同步硝化反硝化工艺

SND 是将硝化和反硝化过程在一个反应器内同时实现，进水 NH_4^+ 经过硝化微生物的硝化作用氧化为 NO_2^- 或 NO_3^-，再通过反硝化微生物的反硝化作用将产生的 NO_2^- 或 NO_3^- 还原为氮气。SND 的科学合理性可以从以下三个方面来解释：①从宏观内环境上来看，SND 的发生主要是由于反应器内 DO 分布不均、混合不均导致。②从微观环境上来说，污水处理中污泥的存在形式主要为具有一定厚度的絮体或生物膜，氧在传递过程中会产生具有浓度梯度差异的微环境，有利于同一反应器内实现 SND。絮体或生物膜外表面 DO 浓度较高，好氧硝化菌及氨氧化菌占优势；DO 在外表面被优势菌利用大量消耗及传递受阻，深入絮体或生物膜内部时，DO 浓度下降形成缺氧区，菌群以反硝化菌为主。③从微生物学的角度来说，存在好氧反硝化菌和异养硝化菌，使反硝化和硝化作用可以同时在好氧和缺氧条件下进行。这三种理论从不同方面对 SND 过程进行了解释，为同步硝化反硝化工艺的研究奠定了理论基础。

杨红等[13]升级改造了营口市某污水处理厂，投加改性悬浮填料将原有活性污泥工艺改成泥膜共生的复合生物处理工艺。厌氧、缺氧及好氧区在填料上的生物膜内逐渐形成，实现了同步硝化反硝化，解决了污水停留时间不足造成处理效果差的问题。运行前 7 天出水 COD 浓度维持在 50～60 mg/L，之后出水 COD＜30 mg/L，去除率高达 91%以上。运行前 10 d，出水 NH_4^+、TN 浓度不稳定且浓度高，随着硝化微生物的增多，出水 NH_4^+ 和 TN 降低至 1 mg/L 和 10 mg/L 以下，去除率分别为 98%和 76%。经过 3 个月调试运行，系统对 COD、BOD_5、NH_4^+、TN 的去除率分别为 90%～97%、96%～98%、95%～100%和 70%～77%，出水满足一级 A 标准和中水回用水质要求。王全震等[14]研究了膜生物反应器（MBR）中 SND 的过程，并探讨了不同因素对 SND 脱氮效率的影响。在 MBR 系统中实现同步硝化反硝化，活性污泥在膜的内部和外部形成溶解氧梯度，膜表面主要形成异养好氧菌和硝化菌，而内部缺氧区主要形成反硝化菌。此外，MBR 反应器也具有以下优点：可截留世代时间长的细菌，悬浮固体浓度高，混合液黏度高和低溶解氧等，这都有利于 SND 过程的发生。MBR 中实现 SND 过程主要的影响因素包括：曝气强度、pH、C/N、污泥停留时间等，建议溶解氧浓度维持在 0.5～1.5 mg/L 之间、pH 偏中性或碱性、C/N 接近 5，在 MBR 反应器中实现 SND 过程时，MBR 膜污染问题需要进一步研究，寻求合理的解决方案。

5.1.3.2　短程硝化反硝化工艺

SHARON 是利用氨氧化细菌与亚硝酸盐氧化菌在生理特性方面的差异，控制反应器内的环境条件富集氨氧化菌，淘汰亚硝酸盐氧化菌。因此，亚硝酸盐的积累是短程硝化反硝化的重点。SHARON 工艺是短程硝化-反硝化的经典工艺，利用高温（35℃）条件下氨氧化菌的比增长速率大于亚硝酸盐氧化菌的特点，实现氨氧化菌的优势富集，适合处理高负荷的氨氮污水（>0.5 g N/L）。

荷兰代尔夫特理工大学在 1998 年首次将 SHARON 工艺从实验室规模放大到实际规模，应用于 Dokahaven 污水处理厂，用来解决原 AB 工艺因缺乏碳源导致的反硝化效果差的现象。该工艺应用后硝化回流液 TN 含量从 50 mg/L 降到 41 mg/L，减轻了工艺的总凯氏氮（TKN）负荷，最终出水 NH_4^+ 为 8 mg/L，比应用之前出水 NH_4^+ 浓度降低近 50%。

短程硝化反硝化在中国的研究仍处于实验探究阶段，高凌[15]针对短程硝化反硝化启动周期较长、处理效果不理想等问题，在反应器中投加特殊培养基，可以有效缩短短程硝化活性污泥的培养时间，NO_2^- 的积累可稳定在 95%以上。活性污泥接种到 SBR 后，通过曝气量使反应器内部形成局部缺氧区，能够增加 TN 的去除率，既降低了反硝化段碳源的投加量，又节省了曝气量。

5.1.3.3　厌氧氨氧化工艺

Anammox 是指在厌氧或缺氧条件下，厌氧氨氧化细菌是以 NH_4^+ 为电子供体，NO_2^- 为电子受体，无机碳为碳源实现氮的去除。近年的研究表明厌氧氨氧化过程在多种环境中都有存在，在全球氮循环中起着重要作用。厌氧氨氧化过程也相继在陆地土壤或淡水生态系统中报道，是近 20 年来新型生物脱氮技术的研发热点之一。目前，该技术已经用于食品加工废水和垃圾渗滤液等废水的处理，容积氮去除速率最高可达 9.5 kg N/(m²·d)，远远高于传统生物脱氮工艺［容积氮去除率<0.50 kg N/(m²·d)］，并且其处理费用仅为 0.75 欧元/(kg·N)，低于传统生物脱氮工艺的 2～5 欧元/(kg·N)，表 5-1 是厌氧氨氧化工艺的应用效果。

表 5-1　厌氧氨氧化工艺的应用效果（反应器容积＞1 m³）

国家/地点	反应器类型	容积(m³)	最大去除负荷 [kg/(m³·d)]	主体微生物
荷兰 Rotterdam	颗粒污泥	70	10	*Brocadia*
荷兰 Balk	颗粒污泥	5	4	*Kuenenia*
瑞典 STtockholm	移动床	2	0.1	*Brocadia*
瑞士 Zurich	SBR	2.5	2	—
荷兰 Lichtenvoorde	颗粒污泥	100	1	*Kuenenia*

5.1.3.4　单级自养型硝化反硝化工艺

单级自养脱氮工艺是指在单一反应器中完成由 NH_4^+ 直接到氮气的转化，主要包括限氧条件下的 OLAND 工艺、基于亚硝化的自养脱氮 CANON（completely autotophic nitrigen-removal over nitrite）工艺和好氧/缺氧反硝化（aerobic/anoxic deammonification）工艺。

OLAND 工艺是由 Gentleman 微生物生态实验室开发的，根据好氧氨氧化菌和 Anammox 菌的生活习性，控制系统内的 DO 浓度，控制硝化过程到 NO_2^- 阶段，Anammox 菌利用 NH_4^+ 和 NO_2^- 反应生成 N_2。反应式如下：

$$NH_4^+ + 3NO_2^- + 2H^+ + e^- \longrightarrow 1.5N_2 + NO_3^- + 3H_2O \qquad (5\text{-}4)$$

同硝化-反硝化工艺相比，该工艺可节省 63%的 O_2 和无需外加有机碳，同时可减少占地面积，因此可以降低运行成本。

De Clippeleir 等[16]采用高 1.5 m，直径 0.11 m 的下流式氧饱和生物滤床的 OLAND 工艺处理 NH_4^+ 废水［(248±10) ppmv］，负荷为（0.86±0.04）kg N/(m³·biofilter·d)，空床期为 14 s。经过 45 天的连续运行，TN 的去除速率为(0.67±0.06)kg N/(m³·biofilter·d)，NH_4^+ 去除率达 99%，TN 去除率为 75%～80%，其中 36%的短程硝化反硝化过程发生在滤床顶部。首次在气相生物滤床中实现了高效稳定的自养型硝化过程，显示了该工艺在处理气态 NH_4^+ 的可行性。

CANON 工艺是结合了短程硝化和 Anammox 过程，在一个反应器内实现氨氧化细菌和厌氧氨氧化菌的协同作用脱氮。由于 CANON 工艺中的功能菌氨氧化细菌和厌氧氨氧化菌均可利用 CO_2 作为唯一碳源（无需外加有机物），因此适合处理低 C/N 含 NH_4^+ 的废水，实现完全自养脱氮。

张科等[17]采用循环式颗粒污泥反应器（MQIC）+CANON 工艺处理生物科技公司（生产赖氨酸为主）的废水，进水 COD 5000 mg/L、NH_4^+ 600～800 mg/L。

经该组合工艺处理后，出水 COD≤150 mg/L、NH$_4^+$≤25 mg/L、TN≤40 mg/L，达到《淀粉工业水污染物排放标准》（GB 25461—2010）。李龙伟等[18]采用电絮凝和 CANON 组合工艺处理石油裂化催化剂废水，处理效果良好。CANON 工艺中的微生物经过 108 d 的石油裂化催化剂废水驯化成功后，出水 COD<100 mg/L、NH$_4^+$<10 mg/L，符合复合石油化工企业污水排放标准（GB 8978—1996）。

5.1.3.5　异养硝化-好氧反硝化工艺

HN-AD 是可利用有机碳源的异养硝化菌群的特殊脱氮工艺。这些异养硝化菌大部分还具有好氧反硝化功能，能够在同一个反应器实现硝化和反硝化过程。20世纪 80 年代，Robertson 和 Kuene 首次发现了一种兼具异养硝化-反硝化功能的菌群 *Thiosphaera pantotropha*（后来被更名为 *Paracoccus pantotrophus* ATCC 35512），从而打破了硝化过程只能发生在自养型硝化菌群中，以及反硝化只能发生于缺氧或厌氧条件中的传统观点，为开发新型生物脱氮工艺提供了理论基础。

近几年来，研究者从各种污水处理系统中分离出多种异养硝化微生物，包括无色杆菌属（*Achromobacter*）、芽孢杆菌属（*Bacillus*）、丛毛单胞菌属（*Comamonas*）、不动杆菌属（*Acinetobacter*）、产碱菌属（*Alcaligenes*）和土壤杆菌属（*Agrobacterium*）等。这些异养硝化微生物可利用多种碳源，生长速率快，细胞产量高，并且能够代谢各种形态的氮化物。各种异氧硝化菌的脱氮机理也各不相同，研究发现，HN-AD 过程中的酶几乎都位于细胞周质中，周质硝酸盐还原酶（NAP）代谢中间产物均为羟胺；菌株类别和培养条件都会影响 HN-AD 的脱氮途径和关键酶的表达。*Bacillus methyloptrophicus* 和 *Providencia rettigeri* 的HN-AD 脱氮途径见图5-4 和图5-5。

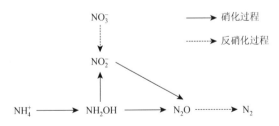

图 5-4　*Bacillus methyloptrophicus* 的脱氮途径

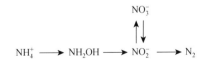

图 5-5　*Providencia rettigeri* 的脱氮途径

此外，不同的异养硝化微生物的硝化反硝化特性、脱氮效率和对生长条件的要求也各不相同。因此，影响异养硝化微生物脱氮的因素包括：碳源类型、温度、pH、C/N、DO 浓度等。

1）有机碳源类型

有机碳源的类型既影响异养硝化微生物的生长，又影响微生物脱氮效率。能被 HN-AD 菌利用的碳源包括：葡萄糖、半乳糖、乙酸盐、醋酸钠、丁二酸钠、牛肉膏、蛋白胨、乙醇、柠檬酸盐等。不同的碳源氧化还原电位不同，因而提供电子的能力不同。此外，不同的碳源影响脱氮过程中的酶活性，从而使菌种的脱氮途径和电子转移途径发生改变，影响脱氮效率。

2）C/N

C/N（COD/TN）不仅影响异养硝化微生物的硝化速率，还影响异养硝化菌对COD 的去除。Kim 等[19]研究了在不同的 C/N 条件下，混合培养多株芽孢杆菌属的异养硝化菌，C/N 为 8 时，菌群对 NH_4^+ 去除率明显高于 C/N 为 4 时的 NH_4^+ 去除率。在碳源为醋酸盐的条件下，COD/TN 为 20 时，*Alcaligenes faecalis* No.4 菌对 NH_4^+ 去除率为 100%。当 COD/TN 为 5 时，NH_4^+ 不能完全被去除。总的来说，C/N 在 2～10 范围内，异养硝化菌都能够有效地处理污水。

3）溶解氧浓度

不同属的异养硝化微生物对 DO 的耐受能力差异显著，但大部分异养硝化菌在 DO 浓度为 3 mg/L 条件下能够进行反硝化过程。*Microvirgula aerodenitrificans* 在 DO 浓度低于 4.5 mg/L 时，反硝化速率大幅升高。而 DO 浓度高于 4.5 mg/L 时，反硝化速率不再发生变化。有研究发现，DO 浓度可能影响菌体内单加氧酶（AMO）和 NAP 的表达，进而影响了脱氮途径。

4）温度和 pH

与自养型硝化微生物相比，异养硝化微生物对温度敏感性相对较低。温度主要影响异养硝化菌体内酶的活性，最适温度范围是 28～37℃，不同菌属的异养硝化微生物的最适 pH 也存在区别，但异养硝化菌比自养硝化菌对 pH 的适应能力更强，pH 在 7.5～8.5 之间都可。

异养硝化-反硝化生物脱氮工艺具有诸多优点：实现同步硝化反硝化、占地面积小、COD 和氮同时去除等优势，在单级好氧反应器（如连续搅拌反应器和 SBR）、膜工艺中广泛应用。

Ji 等[20]在升流的淹没式生物滤池中接种了 *Pseudomonas stutzeri* X31 菌株，实现了在好氧条件下有效去除 COD 和脱氮，并且几乎没有亚硝酸盐积累。Huang 等[21]采用一种新型异养-自养反硝化工艺处理被硝酸盐污染的地下水，将颗粒状海绵铁、甲醇和混菌混合在一起，实现好氧条件下的反硝化脱氮。

传统生物脱氮工艺与新型生物脱氮工艺各具有优缺点，传统生物脱氮工艺的研究起步早，目前在世界各国的污水处理厂中广泛应用。新型生物脱氮工艺理论相对较新，部分机理和运行参数控制方面有待进一步研究和实践。

5.1.3.6 反硝化厌氧甲烷氧化

反硝化厌氧甲烷氧化（DAMO）是新近发现的生物过程。DAMO 过程耦联了甲烷氧化和反硝化过程，自 2006 年 DAMO 过程被首次证实后，因其长达数月的世代周期，富集时间在 10～16 个月，且在富集过程达到一定的细胞密度后便难以继续进行，这限制了对其进行广泛深入的研究。目前的研究大多集中在 DAMO 的富集影响因素、自然分布等；对 DAMO 微生物的生理特性、代谢机理以及工程应用的潜力研究较少。该过程由与嗜甲烷古菌同源的 ANME-2 d 古菌和隶属于 NC10 门的细菌共同催化完成，可与 Anammox 过程耦合实现 CH_4、NH_4^+、NO_2^- 以及 NO_3^- 的共去除。然而，对该过程深入的研究不仅有利于对自然界元素生物地球化学循环的认识，理解自然生态系统的甲烷汇及其对全球气候平衡控制的贡献度，也有利于为废水可持续生化处理技术的开发提供新思路。

5.2 节能低耗型生物膜强化脱氮技术

5.2.1 生物膜强化的多段或分段进水脱氮技术

1. 泥膜共生工艺简介

哈尔滨工业大学丁杰教授课题组采用自主研发的多相流动态膜生物载体用于泥膜共生系统，兼具传统流化床和生物接触氧化法两者的优点，是一种新型高效的污水处理技术。该技术依靠曝气池内的曝气和水流的提升作用使载体处于流化状态，进而形成悬浮生长的活性污泥和附着生长的生物膜，这就使得移动床生物膜使用了整个反应器空间，充分发挥附着相和悬浮相生物两者的优越性，使之扬长避短，相互补充。与以往的填料不同的是，悬浮填料能与污水频繁多次接触因而被称为"移动的生物膜"（图 5-6）。结合移动的生物膜作为生物载体，课题组开发了多种工艺模式用于脱碳除氮等目的（图 5-7）。

图 5-6　多相流动态膜生物载体填料

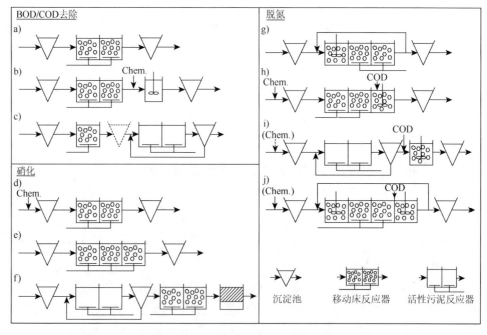

图 5-7　典型多相流动态膜工艺流程图

chem. 表示化学药剂

2. 分段进水工艺简介

1）工艺原理

该工艺的特点就是将污泥回流到第一段的缺氧池。各级的缺氧池与好氧池连接成为一段，如图 5-8 所示。分段进水系统是由几个缺氧/好氧处理单元串联组合在一起的，每一个池子都采用完全混合式。上一段好氧池出水的硝化液直接进入到下一段的缺氧区，当出水对氮要求严格时，可以适当增加内回流，提高氮的去除效果。缺氧池经常出现碳源不足的情况，有效的回流比进入各级缺氧池，可以有效弥补缺氧池碳源不足导致的脱氮效果差的弊端，回流的污泥进入第一级缺氧池，可以形成一个污泥的浓度梯度。但前面几段的污泥浓度升高，使得泥龄增加、污泥负荷变小。

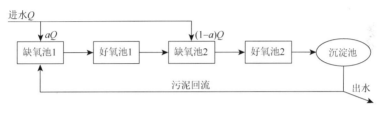

图 5-8 工艺示意图

2）工艺特点

分段进水生物脱氮工艺的特点主要有：

（1）分段进水工艺是由几段缺氧池和好氧池单元串联而成的，废水依次经过缺氧和好氧，NH_4^+ 和 COD 都能比较好地去除。此外不同的进水比例下，水力停留时间不同，废水在反应器的首段停留时间最长，后面依次降低。

（2）第一级好氧区的硝化液直接进入第二级的缺氧区，利用分段进入缺氧池的碳源反硝化，脱氮效果大大提高。

（3）缺氧池中会产生碱度，可以补充好氧池硝化过程对碱度的需求。

（4）工艺不仅对 NH_4^+ 的去除效果很好，对 TN 的去除效率也很高，好氧池中 NH_4^+ 转化为 NO_3^-，出水的 NO_3^- 进入下一级的缺氧池，利用分流而来的废水中的碳源进行反硝化，大大提高了 NO_3^- 和 TN 的去除而且最后一级的进水流量最小，在一定的 C/N 的条件下，TN 的去除率可以达到 95%。

5.2.2 短程硝化反硝化控制关键技术研究

5.2.2.1 不同曝气方式下短程硝化反硝化工艺控制研究

与传统的生物脱氮工艺相比，短程硝化反硝化更加节能且减少碳源使用，特别在处理低 C/N 污水方面被广泛地研究。实现短程硝化反硝化的关键是如何将氨氧化过程控制在亚硝化阶段，目前研究大多采取调控 DO、游离氨、温度、pH

值或改变运行方式等方法。相比之下 DO 调控更具有优势：①可节省供氧能耗；②控制方式灵活简便；③适用于各类性质的污水。

研究采用 SBBR 短程硝化反硝化处理稀土加工废水，调节反应器内温度为 28～30℃，pH = 7.0～8.5，每个周期向反应器内加入 6 L 稀土加工废水，排水比为 1/2。试验共设置三种不同的曝气量 7.2 L/h、12.0 L/h 和 15.6 L/h，对应每个曝气阶段反应器内 DO 浓度为 0.5 mg/L、0.8 mg/L 和 1.2 mg/L。试验的一个周期分为：瞬时进水—曝气（5.5 h/8.5 h）—停曝混合 1.5 h—沉淀 0.5 h—瞬时出水—静置 0.5 h。其中在最小曝气量下，将曝气时间由 5.5 h 延长至 8.5 h，以提高氮的转化率。曝气和进出水均通过可编程的时间控制器对空压机和水泵实现自动控制。连续曝气模式下三种曝气量 SBBR 系统具体运行周期见图 5-9。

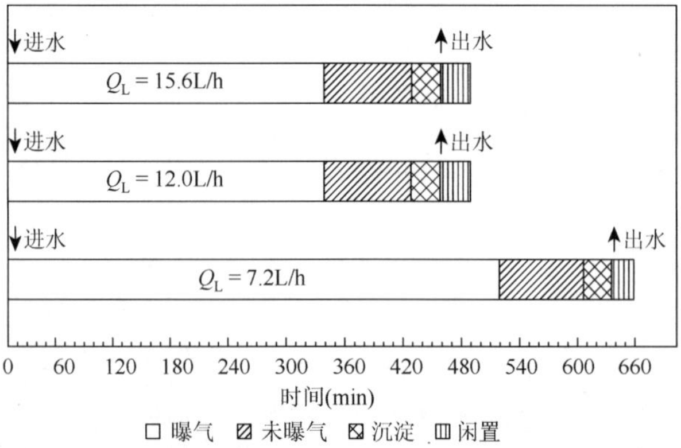

图 5-9　连续曝气模式下不同曝气量 SBBR 系统运行周期

根据曝气量的大小实验分为三个阶段，第一个阶段曝气量为 12.0 L/h 进行挂膜和运行，共连续运行 60 d。第二阶段曝气量为 15.6 L/h，连续运行 30 d。第三阶段曝气量为 7.2 L/h 连续运行 30 d。挂膜成功后，每个阶段运行结束后及时将悬浮污泥和脱落的生物膜从反应器中排出。

1. COD 去除效果分析

SBBR 短程硝化反硝化系统在曝气量为 12.0 L/h 下运行 60 d 后，曝气量提高至 15.6 L/h 和降低至 7.2 L/h 各运行 30 d。不同曝气量会在 SBBR 反应器内产生不同 DO 浓度。测定了反应器在三种不同曝气量下的 DO，DO 浓度差为 0.3～0.5 mg/L。由图 5-10 可知，不同曝气量下 DO 浓度差对 SBBR 短程硝化反硝化系统 COD 去除的影响不明显。本试验以一种低碳源、高氨氮浓度的人工模拟生活污水作为进水，COD 浓度为 250～400 mg/L，经过驯化后的生物膜在低 DO 的条件下（DO 浓度均＜1.5 mg/L）能快速有效地去除污水中的 COD，三种曝气量控制条件下 COD 出水浓度均低于《城镇污水处理厂污染物排放标准》（GB 18918—2002）一级 A 标准，COD 的去除率均可达到 90%以上。

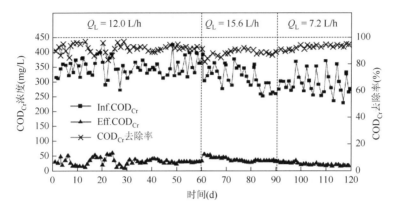

图 5-10 不同曝气量下 SBBR 对 COD 的去除效果

2. 脱氮效果分析

如图 5-11 所示，不同曝气量下 DO 与 SBBR 短程硝化反硝化系统的脱氮效果呈现负相关。系统运行期间，进水 TN 浓度保持在 70～85 mg/L。曝气量设定为 12.0 L/h（DO 浓度为 0.8 mg/L），当短程硝化反硝化系统稳定、生物膜成熟后（45 d 后），TN 平均去除率约为 75.3%。曝气量增加至 15.6 L/h（DO 为 1.2 mg/L）后，TN 去除率下降，平均去除率为 70.3%。之后再将曝气量降低至 7.2 L/h（DO 为 0.5 mg/L），TN 的平均去除率回升至 78.1%。证明在低 DO 条件下（DO 在 0.5～1.5 mg/L 之间），反应器内 DO 浓度越低，系统脱氮效果越好。

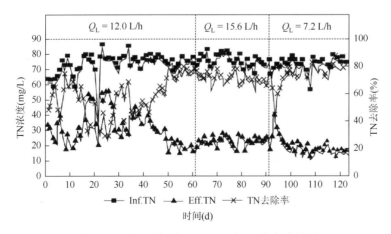

图 5-11 不同曝气量下 SBBR 对 TN 的去除效果

　　曝气量不同导致系统 DO 浓度存在差异，DO 浓度差异所引起的短程硝化反硝化效果的改变也发生于曝气阶段，即系统的同步硝化反硝化过程改变。

3. 氨氮去除效果分析

　　根据图 5-12，DO 浓度与 SBBR 短程硝化反硝化系统 NH_4^+ 去除呈现正相关性，NH_4^+ 去除率随着 DO 浓度减小而降低。整个运行期间，进水 NH_4^+ 浓度保持在 60～75 mg/L。反应器内 NH_4^+ 在大曝气量 15.6 L/h（DO 为 1.2 mg/L）可被全部转化，去除率达到 100%。系统出水 NH_4^+ 在小曝气量 7.2 L/h（DO 为 0.5 mg/L）下仍为 15 mg/L，NH_4^+ 去除率只有 80%左右。

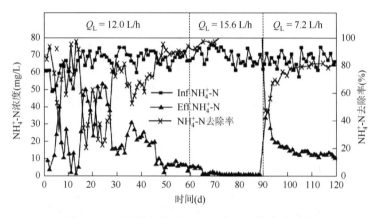

图 5-12　不同曝气量下 SBBR 对 NH_4^+ 的去除效果

　　在本试验中，NH_4^+ 去除的主要途径为有氧条件下氨氧化细菌（AOB）的氨氧化反应。关于 DO 对氨氧化速率的影响有以下原因：第一，DO 是氨氧化作用的原料，随着反应的进行 DO 降低，这成为制约氨氧化速率的因素。第二，氨氧化作用是以 AOB 为主体进行的，系统中 DO 的降低可能会对生物膜中 AOB 生物特性产生影响，从而导致氨氧化速率降低。通过对不同曝气量下短程硝化生物膜特性的研究可知：经过 30 d 的试验，DO 浓度变化确实会对短程硝化生物膜上 AOB 生物特性产生影响。DO 降低，AOB 活性降低，但 AOB 数量却增大。然而，DO 变化对 AOB 生物特性的影响是长期作用的结果，在曝气量改变后并不会立刻显现。在改变曝气量后的第一个周期 NH_4^+ 去除率已出现明显变化，证明在本试验中存在 DO 制约作用。

4. 亚硝态氮累积效果分析

　　如图 5-13 所示，不同曝气量下 DO 与 SBBR 短程硝化反硝化系统 NO_2^- 累积效果具有负相关性。SBBR 采用曝气量 12.0 L/h、DO 浓度为 0.8 mg/L，实现短程硝化反硝化，在短程硝化生物膜成熟后（45 d），系统曝气阶段结束时 NO_2^--N 和 NO_3^--N 的平均浓度分别为 9.67 mg/L 和 0.99 mg/L，NO_3^- 还原率达到 90%～92%。改用大曝气量 15.6 L/h（DO 为 1.2 mg/L），NO_3^--N 出水浓度增加，虽 NO_2^--N 也增加，但硝酸盐还原酶（Nar）降至 60%～65%。采用小曝气量 7.2 L/h（DO 为 0.5 mg/L）时，NO_2^--N 仅为 5～6 mg/L，但 NO_3^--N 的生成完全受到抑制，NO_3^- 还原升至 100%。

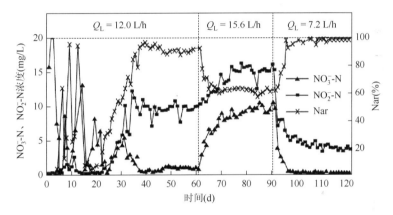

图 5-13　不同曝气量下 SBBR 的 NO_2^- 累积效果

5.2.2.2　低 C/N 条件下短程硝化反硝化工艺控制研究

本试验采用序批式 SBR 反应器对短程硝化反硝化影响因素和系统运行稳定性进行了研究。控制反应器内的初始 pH 值为 7.5～8.5、FA＞5 g/L，并适当控制排泥，筛选亚硝化菌成为优势菌种来实现 NO_2^- 的积累。试验通过投加碳酸钠调节 pH 值（7.5～8.5），投加 NH_4Cl 调节进水 NH_4^+ 浓度，从而来调节 FA 浓度大小，进而控制 pH 值与 FA，结合适宜的 DO（2.5～3.0 mg/L）、正常温度 18～22℃、适宜的污泥龄，研究 pH 值与 FA 对短程硝化影响情况。试验采用食品加工废水，其进水 COD 浓度为 400～600 mg/L，NH_4^+ 浓度为 70～80 mg/L。SBR 装置的运行条件为：短时进水（约 8 min），曝气反应 6～8 h，搅拌反应 2 h，再曝气 10 min，沉淀 30 min，排水 15 min。

1. 低 C/N 下有机物和 NH_4^+ 去除效果

在 C/N = 3.6 条件下有机物和 NH_4^+ 是否能得到较好的降解，多个周期内好氧硝化阶段有机物和 NH_4^+ 的去除情况研究如图 5-14 所示。

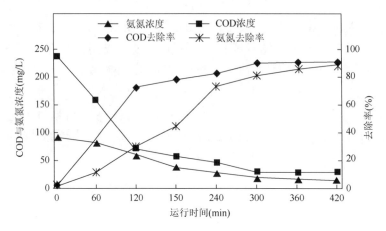

图 5-14　低 C/N 下有机物与 NH$_4^+$ 去除情况

由图 5-14 可知，反应进行初期有机物依然能快速降解，2 h 内 COD 去除率为 72.03%，与先前研究控制 pH 值实现短程硝化反硝化时 COD 去除率为 81.56% 相比略有降低，但硝化结束时系统有机物浓度降至 25 mg/L，去除率仍高达 89.4%。原因可能是，进水有机物浓度相对较低，低碳源条件下异养微生物的生长略受抑制，但总体影响效果不大。相比之下 NH$_4^+$ 的去除过程则与正常状态下类似，整个硝化过程去除率不断升高，硝化结束时水体 NH$_4^+$ 降低至 9.2 mg/L，去除率高达 88.46%。NH$_4^+$ 的去除原因为 SBR 反应器中发生了同步硝化反硝化。同时 C/N = 3.6 条件下有机物和 NH$_4^+$ 均可达到良好的去除效果，碳氮比控制因素对有机物和 NH$_4^+$ 的降解效果影响不大，碳源不足不是硝化段有机物和 NH$_4^+$ 去除的抑制性因素。

2. 低 C/N 长期运行系统稳定性

SBR 反应器长期运行 50 天情况发现，C/N = 3.6 时 SBR 反应器中 NO$_2^-$ 积累最高，短程硝化实现效果最佳，说明此 C/N 条件下更容易实现短程硝化。保持前期运行条件继续运行 30 天，结果如图 5-15 所示。

由图 5-15 可知，系统运行 80 天，NO$_2^-$ 浓度不断升高最终稳定在 30～35 mg/L，而 NO$_3^-$ 浓度则由 32.6 mg/L 降低至 5 mg/L 以下（17 天后），表明该过程亚硝化率始终保持在 90% 以上，效果较好。

试验初期，对系统进行了适当排泥来筛选微生物，以使亚硝化菌逐渐成为优势菌群，有利于快速实现短程硝化反硝化。实验运行 25 天后，NO$_2^-$ 浓度始终保持在较高水平，说明亚硝化菌群在系统中已形成了绝对的优势且活性较好，该现象也说明控制适宜的 C/N 比可以较好地实现短程硝化反硝化，且短期内运行效果良好，稳定性较强。

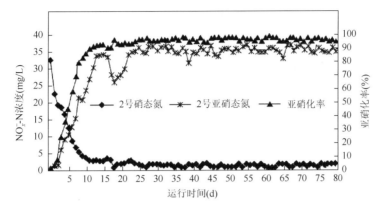

图 5-15 SBR 长期运行稳定性情况

3. pH 变化对 FA 的影响

当进水温度为 18～22℃，进水 NH_4^+ 浓度不同时，pH 变化对 FA 的影响如表 5-2 所示。

表 5-2 FA 随 pH 变化表

pH \ FA（mg/L）	进水 NH_4^+（mg/L）				
	60	70	80	90	100
7.0	0.29	0.34	0.39	0.44	0.48
7.5	2.08	2.44	2.78	3.14	3.48
8.0	6.40	7.48	8.54	9.62	10.68
8.5	15.24	17.78	20.32	22.86	25.40

由表可知，当 pH 值大于 7.5 时，FA 浓度受 pH 变化影响较大，即使较小 pH 的增加也可引起 FA 浓度的大幅度增加。同时说明较高 pH 与 FA 对硝化细菌的抑制程度更为严重，故此条件下对亚硝化菌的快速繁殖、淘汰硝化菌较为有利，可以出现 NO_2^- 的积累。

4. SBR 周期内 pH 变化规律

生物脱氮是一个硝化与反硝化的过程，硝化过程产酸耗碱，因此 pH 会有所降低，而反硝化过程则能产生碱度，过程中 pH 会有所升高。但对于 SBR 一个完整周期过程中 pH 的变化差异比较大。本次试验研究了 SBR 单个周期内 pH 变化规律，经过多次试验研究得出结果如图 5-16 所示。

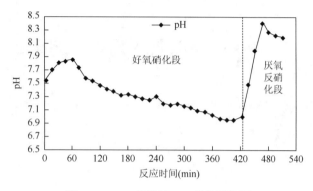

图 5-16　SBR 周期内 pH 变化规律图

由图 5-16 可知，pH 的变化曲线短时间内稍微有所升高，然后不断下降，直到硝化反应趋于稳定，并略有升高。而当反应进行到反硝化过程时，pH 又短时间内大幅度上升，随后逐渐缓缓下降。SBR 单个周期内 pH 值出现波动的原因如下：第一，曝气使得 NH_4^+ 在碱性条件下挥发。系统中的硝化作用在反应初期小于挥发作用，故反应器中 pH 值会略有升高。此外，微生物的呼吸作用会消耗体系内的 H^+，有利于 pH 的升高。第二，pH 先稍微升高后下降，其原因主要是好氧硝化过程产生 H^+ 引起的，硝化过程是一个产酸耗碱的过程，故硝化过程 pH 值会不断下降，直至硝化反应结束。同时，微生物再降解过程中会产生一些小分子有机酸与一定量的 CO_2，当其释放到体系中时会引起 pH 值的下降。第三，在反硝化过程中，由于反硝化不断产生碱度，pH 值会逐渐上升。pH 最大值出现后又开始有所下降，这主要是因为系统内的一部分兼性异养菌进入厌氧产酸发酵阶段，使体系中 H^+ 浓度增多。

5. SBR 周期内有机物去除情况

SBR 系统内有机物的降解是一系列复杂的生化反应的结果，其中既有同化反应又有异化反应，普通的化学反应无法准确地模拟此过程。在进行有机物去除分析试验时，每天排泥维持反应器内污泥浓度在 3000 mL 左右，每隔 1 h 取样测定 COD 值，经过多个周期的试验研究，发现 COD 降解随时间的变化具有相似性，其变化规律如图 5-17 所示。

由图 5-17 可知，SBR 工艺反应开始阶段微生物对有机物的降解较快，反应进行到 120 min 时，COD 浓度已从初始进水的 575 mg/L 降到 106 mg/L，COD 去除率高达 51.56%。但 120 min 以后，COD 浓度变化不如前期明显。这是因为反应过程中有机物的降解大致可分为两个阶段：第一个阶段是碳氧化阶段，由于初始进水含碳有机物浓度较高，使增殖速度较快的异养型细菌迅速增殖，故 COD 降解迅速，COD 浓度曲线下降明显，易降解的有机物在短时间内几乎完全得到降解。第二阶段 NH_4^+ 的降解速度加快，NO_2^- 浓度逐渐上升，而 COD 却再难以降解，这

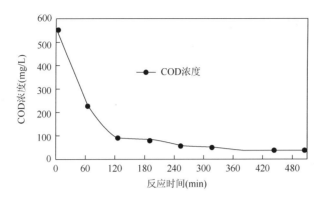

图 5-17　SBR 周期内 COD 浓度变化规律图

是硝化反应的主要阶段。SBR 工艺反应过程中，COD 降解分为两个阶段，前 2 h 的快速降解阶段与其后的缓慢难降解阶段。对于不同的反应器不同运行条件，反应时段的时间划分也许不完全一致，但对 SBR 反应系统内 COD 变化规律的认识具有一定的理论指导意义。

6. 亚硝酸盐积累与稳定性研究

试验通过投加碳酸钠调节 pH 值在 8.0 左右，投加 NH_4Cl 调节进水 NH_4^+ 浓度，控制 DO 为 2~3 mg/L，温度 18~22℃，适宜的污泥龄，采用人工配水，其进水 COD 浓度为 400~600 mg/L，NH_4^+ 浓度为 70~80 mg/L。

由图 5-18 可知，整个 SBR 反应系统运行 48 天内，NO_2^- 浓度不断升高至稳定在 30 m/L 以上，而 NO_3^- 浓度则由初始的 25.6 mg/L 不断降低至 5 mg/L 以下，该过程亚硝化率始终保持在 90% 以上，说明短程硝化实现效果良好。

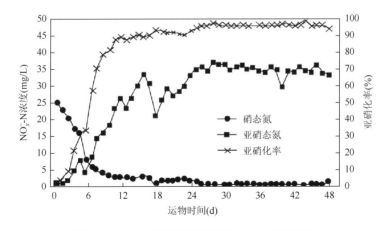

图 5-18　SBR 反应器长期运行 NO_x^--N 浓度变化

SBR 运行初期系统内 NO_2^- 浓度增长缓慢，NO_3^- 浓度略有下降，反应进行至第 6 天，NO_2^- 浓度增长 7.8 mg/L，而 NO_3^- 浓度降至 16.1 mg/L。通过排泥来对系统微生物进行筛选，使亚硝化菌逐渐成为优势菌群，有利于快速实现亚硝酸的积累和短程硝化反硝化过程。系统排泥对硝化菌和亚硝化菌均有一定程度的影响，NO_3^- 浓度大幅度下降至 8.2 mg/L，而 NO_2^- 浓度也下降至 4.3 mg/L，此后亚硝化速率明显提升，亚硝酸浓度大幅度上升，运行到第 25 天升高至 30.4 mg/L，亚硝化率高达 91.62%，说明亚硝化过程良好。运行到第 18 天再一次进行排泥，此后 NO_3^- 浓度始终保持在较低水平，亚硝化率保持在 91.2%～98.6%，第 40 天再次排泥时，排泥过程对 NO_2^- 浓度变化几乎不再影响，说明亚硝化菌群在系统中已形成了绝对的优势且活性较好，故系统稳定运行 48 天，没有出现任何异常现象，同时说明控制 pH 可以较好地实现短程硝化反硝化，且短期内运行效果良好，稳定性较强。

5.2.3 短程硝化反硝化菌种筛选富集及强化技术研究

5.2.3.1 短程硝化反硝化菌种富集及强化的关键控制因素研究

本实验通过改变 SBR 反应器的运行条件，反应器连续运行 140 天，来考察反应器的 N 污染物去除情况。SBR 反应器不同运行阶段的控制参数如表 5-3 所示，其运行工况可分为 6 个阶段，主要包括改变反应器的进水 pH、DO 及 COD/N 等参数。SBR 反应器采用缺氧-好氧的运行模式，单周期运行时间是 8 h。包括进水 5 min，85 min 缺氧反硝化，300 min 曝气及 5 min 的出水。另外，沉降时间逐渐由 20 min 降低到 7 min，其余时间为闲置阶段。

表 5-3 SBR 反应器不同运行阶段的详细操作条件

阶段	时间（d）	进水 COD（mg/L）	NH_4^+（mg/L）	进水 pH	DO（mg/L）	温度（℃）
I	1～13	600	300	7.5～7.8	2～4	23～25
II	14～25	600	300	7.8～8.2	2～4	23～25
III	26～40	600	300	8.2～8.5	2～4	24～26
IV	41～66	600	300	8.2～8.5	0.5～1	24～26
V	67～100	800～1000	300	8.2～8.5	0.5～1	24～27
VI	101～140	600	300	8.2～8.5	0.5～1	24～27

1. SBR 不同影响因素下长期运行工况

SBR 反应器长期运行下氮去除分析如图 5-19 所示。初始阶段，DO 被控制在 2 mg/L 来考察高 DO 浓度对于 NO_2^- 积累的影响情况。阶段 I （1～13 天）数据表明，出水 NH_4^+ 浓度短期内由 64.9 mg/L 逐渐下降到 14.9 mg/L，并且一直保持比较稳定的去除率，这说明短程硝化反硝化反应器对进水高 NH_4^+ 负荷进行了短暂的适应。与之相对应的，出水 NO_2^- 浓度由 155.4 mg/L 下降到 1.47 mg/L。这表明高 DO 浓度可快速破坏短程硝化反应器的 NO_2^- 积累。

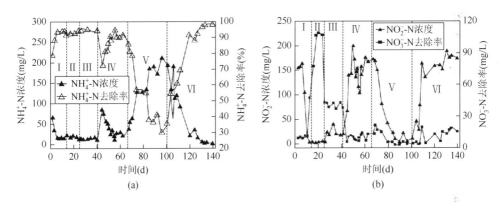

图 5-19 SBR 反应器长期运行下的 N 污染物去除分析

（a）出水 NH_4^+ 浓度及其去除率；（b）出水 NO_2^- 浓度和硝态氮去除率

结果表明，仅仅改变 SBR 反应器的进水 pH 值不足以完全恢复 SBR 反应器的全部 NO_2^- 积累。阶段 IV（41～66 天），DO 浓度被下降到 1.0 mg/L，以此来考察和分析低 DO 对短程硝化反硝化系统的恢复情况。第 45 天，出水 NH_4^+ 浓度增加至 73.81 mg/L，导致 NH_4^+ 去除率仅仅为 70.4%。相对应的，出水 NO_2^- 和硝态氮浓度分别为 138.7 mg/L 和 8.79 mg/L。这主要是因为 DO 浓度的突然降低，反应器造成的不完全硝化。数据表明，活性污泥经过一段时间对低 DO 的适应之后，NO_2^- 积累得以快速提高。进一步运行发现，SBR 反应器对 NH_4^+ 去除逐渐由 75.4% 增加到 93.1%。与此同时，出水 NO_2^- 和硝态氮浓度分别稳定在 168.3 mg/L 和 11.27 mg/L，SBR 反应器的 NAr 为 93.7%。这表明 SBR 反应器通过低 DO 的控制策略，短程硝化反硝化运行效果得以成功恢复。根据实验设计，阶段 V （67～100 天），SBR 反应器的进水 COD 浓度由 600 mg/L 增加到 1000 mg/L，与之对应的 COD/N 比由 2：1 增加到 3.3：1。数据表明，出水 NH_4^+ 去除率逐渐由 87.5% 下降到 29.1%，而出水 NO_2^- 和 NO_3^- 浓度分别为 2.01 mg/L 和 1.41 mg/L。可见，COD/N 的增加可在短期内破坏 SBR 系统的硝化性能，并且抑制 AOB 和 NOB 的硝化活性，导致反应器出水恶化。阶段 VI（101～140 天），进水 COD 浓度重新下降到 600 mg/L，以此来考察 NO$_2^-$ 积累的恢复情况。经过 40 天的连续运行，出水 NH$_4^+$ 浓度及其去除率分别为 2.70 mg/L 和 99.1%（第 135 天）。相对应的，出水 NO$_2^-$ 和 NO$_3^-$ 浓度分别为178.8 mg/L 和 16.7 mg/L，Nar 比例恢复为 91.5%。这表明反应器已经恢复到全程硝化反硝化运行模式。然而，与降低 DO 浓度对短程硝化反硝化系统的快速恢复相比，COD/N 比的调控需要的时间明显较长，造成这一差异的主要原因在于反应器优势微生物种群的变化。

2. 短程硝化反硝化菌种富集及强化过程的关键调控技术

为了进一步研究短程硝化反硝化菌种富集过程的关键调控技术，本实验测试了不同运行阶段的典型运行周期，包括阶段 III（第 36 天）、阶段 IV（第 55 天）、阶段 V（第 85 天）和阶段 VI（第 140 天），测试指标包括氮浓度、pH 值和 DO 浓度等，每隔 30 min 测试一次，所有测试数据都在一个典型阶段的稳定运行周期，具有明显的代表性。各个典型运行周期下的氮浓度、pH 值和 DO 浓度见图 5-20。

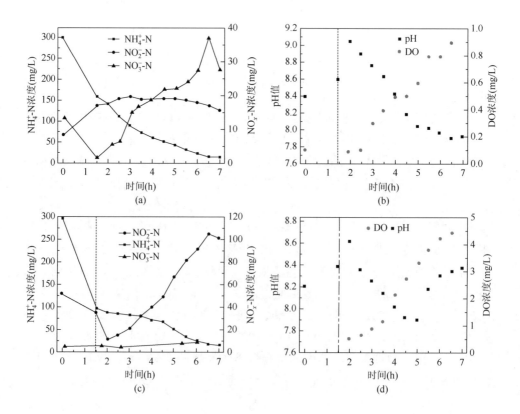

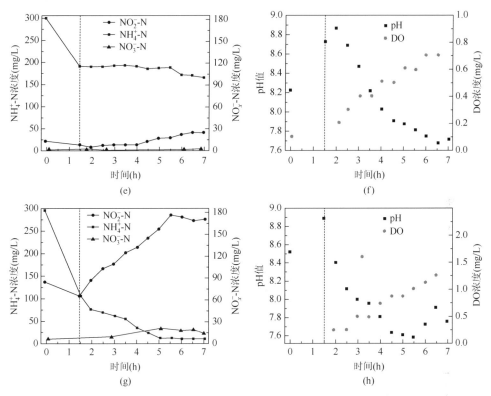

图 5-20　SBR 典型运行周期内的氮浓度、pH 值和 DO 浓度变化

（a, b）阶段Ⅲ，第 36 天；（c, d）阶段Ⅳ，第 55 天；（e, f）阶段Ⅴ，第 85 天；（g, h）阶段Ⅵ，第 140 天

1）DO 精确控制技术

反应器在高 DO 的控制情况下，SBR 的 NH_4^+ 去除率为 95.2%，相对应的，出水 NO_2^- 和 NO_3^- 浓度分别为 15.07 mg/L 和 27.32 mg/L。数据表明，NH_4^+ 的降解并未出现 NO_2^- 先上升后下降的趋势，而 NO_3^- 浓度持续上升。这表明，通过控制进水氧的浓度可以提高 FA 浓度，系统的 Nar 数值已经增加到 35.5%，AOB 的活性已经得到了一定程度的改善，但并未完全实现全程硝化反硝化。

低 DO（0.2～0.8 mg/L）的控制条件下，SBR 反应器的典型运行周期下氮变化趋势：当 DO 浓度下降至 1 mg/L 上下时，系统的 NH_4^+ 去除率及 Nar 分别为 96.4% 和 96.3%。这表明低 DO 控制下，反应器具有良好的硝化性能，并未因 DO 的下降而出现硝化能力的下降，而反应器中的 N 浓度持续位于 10 mg/L 下，充分证实了短程硝化反硝化的现象在较低 DO 的控制策略下得以重新实现。

2）碳源控制技术

反应器的出水 NH_4^+ 及其去除率分别为 166.3 mg/L 和 44.6%，反应器的 NH_4^+ 去除率受到了严重的抑制。但是 COD 浓度提高到 1000 mg/L 以后（第 85 天），尽管

SBR 反应器的 NH_4^+ 去除率不高，NO_2^- 积累率高达 92.7%，这主要是尤其较高浓度的 COD 进水，会与 NH_4^+ 硝化过程竞争 DO，导致 AOB 和 NOB 活性受到抑制。

在 COD/N 下降到 2 以后，短程硝化反硝化得以成功恢复（第 140 天）。NH_4^+ 几乎在曝气阶段的前 3.5 h 内得以全部去除，这意味着硝化菌的高活性。与此相对应的，反应器的出水 NO_2^- 和 NO_3^- 浓度分别为 172.9 mg/L 和 13.6 mg/L。这说明 NOB 的活性受到抑制，而 AOB 是反应器进行硝化作用的优势菌种。

3) NO_2^- 浓度控制技术

图 5-21 显示了典型短程硝化反硝化运行周期下 FA 和 FNA 的浓度。如图 5-21（a）（第 55 天）所示，由于反应器进水 NH_4^+ 浓度较高，导致进水 FA 浓度为 29.95 mg/L，要远远高于 NOB 的抑制浓度（0.1～4.0 mg/L）。因此，反应器的进水 FA 对 NOB 的活性起到了一定的抑制作用，这也解释了反应器进水 pH 的提高可以降低 NO_2^- 的积累。然而，进水 FA 浓度逐渐随着曝气阶段 NH_4^+ 的降解而下降，在第 4 h 时，其浓度下降到 4.2 mg/L，这表明 FA 逐渐失去了对 NOB 的抑制能力。与此同时，随着曝气过程中 NO_2^- 的积累和 pH 的变化，反应器 FNA 的浓度逐渐由 0.0024 mg/L 增加到 0.0173 mg/L。FNA 的浓度高于文献报道的 NOB 抑制浓度，这也表明了 FNA 会在 FA 浓度下降之后，继续抑制 NOB 的活性。

由图 5-21（b）的结果可以看出，第 140 天时短程硝化反硝化运行周期下的 FA 和 FNA 的浓度变化，相比于第 55 天的进水 FA 浓度，第 140 天的进水 FA 由于进水 pH 的变化而有所增加，但是其下降趋势与图 5-21（a）一致。与之不同的一点是，FNA 浓度在曝气末期下降，主要原因在于 pH 的变化，而 pH 的变化主要是由于反应器中曝气末期的 CO_2 吹脱造成的。但是其同样伴随着 FA 的下降而升高的趋势。可见，曝气阶段 FA 和 FNA 的联合作用抑制了 NOB 的作用，并且导致了 SBR 系统中的 NO_2^- 积累。

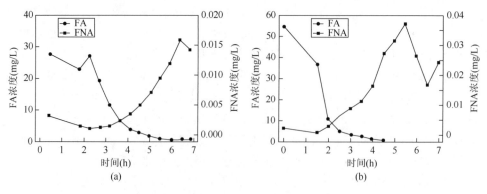

图 5-21 典型短程硝化反硝化运行周期中的 FA 和 FNA 浓度分析

(a) 阶段Ⅲ，第 55 天；(b) 阶段Ⅵ，第 140 天

5.2.3.2　短程硝化反硝化菌种富集及强化过程中污泥沉降性能分析

前面已经讨论，通过改善污泥沉降时间进行絮状污泥的选择性调控可有效改善污泥的沉降性能。图 5-22 显示了 SBR 反应器长期运行状态下的污泥沉降特性，反应器的初始 MLSS 和 SVI 指数分别为 3.08 g/L 和 115.6 mL/g。

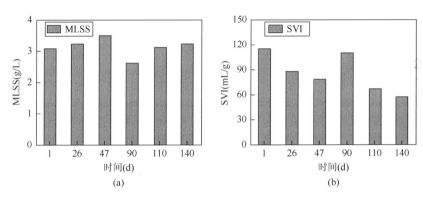

图 5-22　SBR 反应器长期运行过程中的污泥沉降特性分析
(a) MLSS；(b) SVI

本实验中，反应器 MLSS 维持在 3.0 g/L，而该数据的控制是通过排放曝气末期的污泥及缩短沉降时间共同实现的。因此，随着反应时间的运行，SVI 的数值逐渐下降到 78.3 mL/g。第 90 天，由于反应器的丝状菌膨胀，反应器的 SVI 数值下降到 108.5 mL/g。随后，当 COD 浓度下降到 600 mg/L 后，SVI 数值恢复到 56.6 mL/g。整体而言，沉降时间的选择可以改善反应器的污泥沉降性能。

表 5-4 显示了不同运行时间下的污泥粒径分布。数据表明，接种污泥的平均粒径和中央粒径分别为 74.57 μm 和 72.90 μm。第 138 天的污泥平均粒径和中央粒径分别为 428.8 μm 和 342.2 μm，表明通过污泥沉降时间来调控反应器的污泥浓度具有一定的选择性。

表 5-4　不同运行时间下的污泥粒径分布（第 1 和 138 天）

污泥粒径分布	<10%	<25%	<50%	<75%	<90%
第 1 天（μm）	21.43	45.28	72.90	102.2	128.5
第 138 天（μm）	113.2	210.1	342.2	547.7	856.7

5.2.3.3　短程硝化反硝化菌种富集及强化后的微生物学表征

采用 FISH 技术分析污泥中 AOB 和 NOB 相对丰度，证实反应器中活性污泥最初和最终的微生物种群变化情况。FISH 结果表明（图 5-23、图 5-24），接种污泥（第 1 天）的污泥中 AOB 和 NOB 的平均丰度为 83.5%和 3.2%，这表明 AOB 在反应器的运行初期具有较高的硝化活性，也解释了反应器最初启动运行过程中

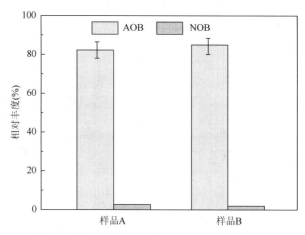

图 5-23　不同运行阶段的污泥 AOB 和 NOB 相对丰度

接种污泥（样品 A，第 1 天）；短程硝化反硝化污泥（样品 B，第 137 天）

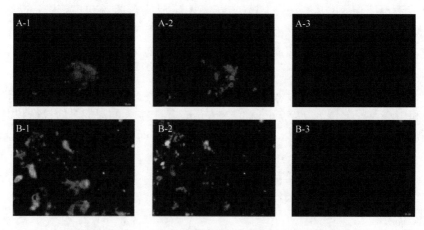

图 5-24　SBR 反应器不同运行阶段的污泥 FISH 结果

（A-1）接种污泥（第 1 天，全菌）；（A-2）接种污泥（AOB）；（A-3）接种污泥（NOB）；（B-1）短程硝化反硝化污泥（第 137 天，全菌）；（B-2）短程硝化反硝化污泥（AOB）；（B-3）短程硝化反硝化污泥（NOB）

的出水 NO_2^- 积累。第 137 天，AOB 的相对丰度增加到 85.8%，而 NOB 很难被检测到。可以看出，两者之间的污泥 AOB 丰度并未表现出明显的不同，也意味着反应器中 AOB 的富集以及 NOB 的洗脱。

FISH 技术是短程硝化反硝化工艺微生物检测的常用手段。A/O 生物脱氮中试试验装置处理实际生活污水，同样利用低 DO 实现了短程硝化反硝化，FISH 定量分析结果表明，AOB 约占系统所有活性细菌的 5%，而 NOB 几乎检测不到。

5.2.3.4 短程硝化反硝化菌群 EPS 浓度变化

本实验对 EPS 主要成分［多糖（PS）和蛋白质（PN）］的浓度进行了定量分析，用来分析 EPS 在短程硝化反硝化过程实现中的变化趋势（图 5-25）。结果表明，接种污泥中 PN 和 PS 的浓度分别为（40.16±2.01）mg/g VSS 和（15.67±0.78）mg/g VSS。随着反应器的持续运行，PN 和 PS 的浓度分别增加到（65.46±3.27）mg/g VSS 和（21.63±1.08）mg/g VSS（第 115 天）。这些结果表明，反应器在低 DO（0.3～0.8 mg/L）时，PS 和 PN 增加主要归因于活性污泥在敏感环境下的自我保护机制。

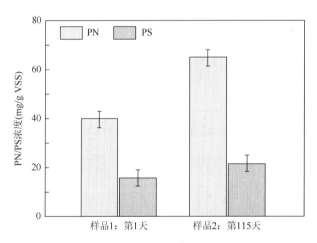

图 5-25 反应器短程硝化转化过程中 EPS 的浓度变化

5.3 SNAD 脱氮技术

短程硝化-厌氧氨氧化-反硝化耦合脱氮工艺（SNAD）是将短程硝化工艺、厌氧氨氧化工艺以及传统硝化反硝化工艺耦合在同一反应器中，通过优化反应器运行条件，达到获得稳定出水效果的目的。首先，氨氧化菌将 NH_4^+ 氧化为 NO_2^-，厌氧氨氧化菌利用 NO_2^- 将剩余的 NH_4^+ 氧化为氮气，释放 NO_3^-，NO_3^- 被异养反硝化菌利用剩余的有机物作为电子供体进行还原。因此，在 SNAD 系统中，厌氧氨氧化是脱氮的主要过程，并负责 NO_3^- 的产生，因此与反硝化的发生有关。

短程硝化是在缺氧条件下实现的，因此低氧浓度对 SNAD 系统的高效、稳定运行至关重要。而反硝化和厌氧氨氧化是在厌氧条件下进行的。目前，将短程硝化和厌氧氨氧化工艺耦合反硝化工艺正在研究中，利用短程硝化过程为厌氧氨氧化提供条件，厌氧氨氧化过程是工艺脱氮的主要过程，而反硝化脱氮是将厌氧氨氧化生成的副产物与 COD 同步脱除，利用该工艺可以实现脱氮的目的。

该工艺最大的优势在于无需额外碳源，避免了传统脱氮工艺中 COD 和氮去除之间复杂的关系。通过计算，短程硝化-厌氧氨氧化工艺相比于传统硝化反硝化工艺，在曝气量上节省 50%，在外加碳源上节约了 10%，曝气和外加碳源的优化可为实际工程运行节约近 90% 的费用。

作者课题采用升流式内循环反应器（FBBR），内部填充移动式生物载体，构建 SNAD 系统用于处理高 NH_4^+ 工业废水，并优化工艺参数。

5.3.1　填料类型与填充率对 SNAD 系统运行的影响

为考察不同填料类型对 SNAD 系统挂膜的影响，作者课题组选用目前应用较广泛的 PE02 填料与最新开发的多相流动态膜微生物（multiple fluidized dynamic，MFD）填料，对比两种填料的挂膜性能，以期为 SNAD 系统处理高 NH_4^+ 工业废水的开发设计提供帮助。

PE02 填料内有十字型支撑结构，为圆柱形，直径为 10 mm，高为 9 mm；MFD 填料外壁为螺旋式上升孔道，内部存在多个鳍型结构，含有十字支撑结构，直径为 12 mm，高为 13 mm，见图 5-26。两种填料基本参数见表 5-5。

(a)　　　　　　　　　　(b)

图 5-26　SNAD 系统采用的生物载体

（a）PE02 填料；（b）MFD 填料

表 5-5 填料基本参数

填料	规格（mm）	比表面积（m²/m³）	空隙率	比重（g/cm³）
PE02	$\Phi 10 \times 9$	600	0.97	0.97
MFD	$\Phi 12 \times 13$	650	0.95	0.93

填料是生物膜的载体，是 SNAD 工艺的重要组成，直接影响着反应器的挂膜启动以及运行效果。填料的表面性能、亲水性能、表面粗糙程度取决于填料的材质，直接影响微生物附着形成生物膜的好坏；填料的空隙率和比表面积是由填料的结构决定的，好的结构更易于流化以及传质；填充率是生物膜反应器重要的工艺参数，填充率过低，载体上的生物膜不易更新；填充率过高，载体碰撞剧烈，导致生物膜脱落迅速，出水水质不稳定，难以实现污染物的高效去除。聚乙烯类悬浮填料在生物膜工艺中广泛应用，本研究选用两种结构不同的聚乙烯类填料——PE02 填料和 MFD 填料。进行不同填充率条件下的平行实验（共两组，第一组选用 PE02 填料，第二组选用 MFD 填料，每组 3 个 FBBR），考察对比填料结构、填充率对启动过程中挂膜时间、生物量以及运行效果的影响；探究多孔结构 MFD 填料的处理优势及最佳填充率。HRT 在整个实验过程中为 6～12 h，第 1～5 天为 12 h，第 6～15 天为 9 h，第 16～25 天为 6 h，水温为室温 18～23℃、pH 为 6.2～7.5，三个流化床反应器分别采用 20%、40%、60%的填充率。在这些条件下进行挂膜启动，对比两组实验结果，研究填料结构、填充率对挂膜启动过程的影响。

5.3.1.1 SNAD 系统挂膜时间和生物量分析

两种填料在不同填充率下的挂膜时间如图 5-27 所示，MFD 在填充率为 40%时仅需 7 d 即可挂膜成功，而在填充率为 20%和 60%时，其挂膜时间有所延长，可能原因在于填充率为 20%时，系统内填料较少，附着的微生物少，当填充率增加至 60%时，系统内填料较多，相互之间剧烈碰撞，导致部分生物膜脱落。PE02 在填充率为 20%、40%和 60%时，挂膜时间分别为 8 d、14 d 和 18 d。在填充率为 40%时，PE02 挂膜时间为 MFD 填料的两倍，这可能是 PE02 填料和 MFD 填料构型上的差异引起的。综合考虑填料上生物量及挂膜时间，建议选用 MFD 作为 FBBR 填料，填充率为 40%。

由图 5-28 可知，两种填料上的生物量在 HRT 分别为 6 h、12 h 和 9 h 三个阶段差别较大。PE02 填料、MFD 填料上附着的生物量在第 1～5 天（HRT = 12 h，启动初期）几乎为 0。两种填料在反应器运行第 6～15 天（HRT = 9 h）挂膜成功，填料上生物量开始快速增长。其中，FR = 40%时 MFD 上生物量增长最快，生

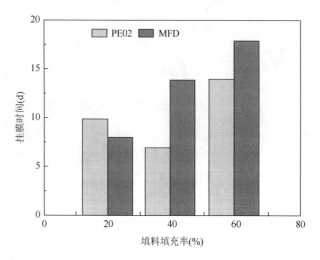

图 5-27　不同填充率下 MFD 填料、PE02 填料的挂膜时间对比

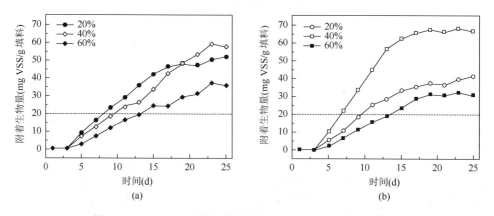

图 5-28　（a）PE02 填料上生物量；（b）MFD 填料上生物量

物量在第 15 天已超过 60 mg VSS/g 填料；而 PE02 填料上生物量在三种不同 FR 下差别较小，平均附着生物量约为 31 mg VSS/g 填料。启动末期第 16～25 天 （HRT = 6 h），MFD 填料上的生物量在 FR = 40%时最高，为 66.7 mg VSS/g 填料，比 PE02 填料的生物量约高 10 mg VSS/g 填料。采用 SEM 对此时的填料进行分析，如图 5-29 所示，MFD 填料上微生物种类形态丰富，生物膜结构较为致密，主要为丝状菌、球菌和杆菌；PE02 填料上微生物群落多为丝状菌、杆菌，仅有少量球菌，和填料上生物量结果大致类似。

　　生物量在 FR = 60%时有所降低，可能原因在于填料较多，相互之间碰撞加剧，在反应器内造成拥堵，流化程度降低。建议选用 MFD 作为 FBBR 填料，填充率为 40%。

图 5-29　不同填料上生物膜 SEM 图

（a）PE02 填料；（b）MFD 填料

5.3.1.2　SNAD 系统启动初期有机物、NH_4^+ 去除情况分析

两种填料的 COD 效能在启动初期差别较小（图 5-30～图 5-32 所示），其中 MFD 和 PE02 在不同填充率下的 COD 去除率起始值分别为 55.31%（20%填充率）、52.31%（40%填充率）、53.31%（60%填充率）和 54.17%（20%填充率）、43.32%（40%填充率）、44.17%（60%填充率）。两种填料 COD 去除效能随着时间延长呈升高趋势。启动期末 MFD 和 PE02 填料的 COD 去除率在填充率为 20%、40%、60%时分别为 78.49%、86.49%、75.49%（MFD）和 84.49%、84.49%、74.49%（PE02），由此表明，在填充率为 40%时，两种填料的 COD 去除效能最优。

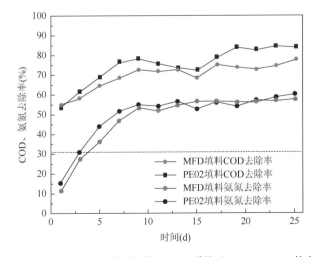

图 5-30　20%填充率下两种填料的 SNAD 系统对 COD、NH_4^+ 的去除率

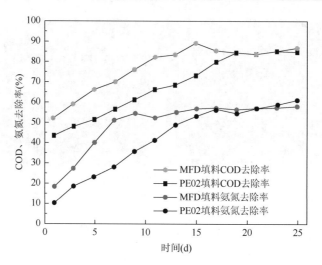

图 5-31 40%填充率下两种填料的 SNAD 系统对 COD、 NH$_4^+$ 的去除率

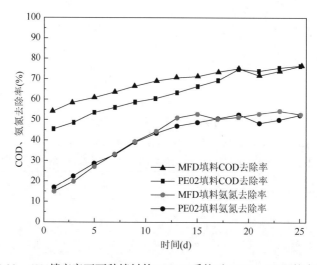

图 5-32 60%填充率下两种填料的 SNAD 系统对 COD、 NH$_4^+$ 的去除率

PE02 填料在启动期末的 NH$_4^+$ 去除率分别为 61.09%（20%填充率）、60.18%（40%填充率）、51.09%（60%填充率），仅比 MFD 填料去除率高 3%左右，表明 NH$_4^+$ 的去除率受填充率和填料构型的影响可以忽略不计。

MFD 填料的 COD 去除率稍高于 PE02 填料，其原因可能在于 MFD 填料的多孔结构使填料易于流化，能增强微生物与污染物的接触。填充率为 40%的条件下，MFD 填料的 COD 去除率相对较高，因此优选填充率为 40%。

5.3.2 C/N 比与溶解氧对 SNAD 系统启动过程的影响

进水中的有机物和 NH_4^+ 是微生物的生长所必需的营养物质，是反应器内微生物群落能够正常进行生长、繁殖等新陈代谢活动的基础，合适的 C/N 比是流化床生物膜反应器能够实现 SNAD 脱氮的重要影响因素。有研究表明，当 C/N 比低于 6：1 时，可造成亚硝氮积累，发生不完全硝化；而当 C 源过量时，硝化作用会受到抑制，导致出水中有机物的含量增加，降低出水水质。此外，要实现 SNAD 过程，系统内必须同时存在好氧区和厌氧区以保障硝化细菌和反硝化细菌适宜的生存环境。溶解氧浓度不足时，硝化细菌因无法得到足够的电子供体而致硝化速率降低；溶解氧浓度过高，会抑制反硝化菌的生长，使 NH_4^+ 转化为大量硝态和 NO_2^-，形成积累。流化床内导流筒和中间局部曝气的设计，使反应器划分出好氧区和缺氧区，随着微生物在填料上的附着形成致密的生物膜，填料在导流筒内在充足的氧浓度条件下进行有机物代谢和硝化作用；当填料随水流运动到导流筒外部时，在溶解氧不足的条件下，氧传质受限，生物膜内部厌氧层发生反硝化作用，由此循环往复，实现污水中氮的去除。

本研究采用 MFD 填料的 FBBR 反应器共进行两组平行实验（每组 3 个 FBBR 反应器）分别考察 C/N 比和溶解氧浓度对挂膜启动期的影响。当考察 C/N 比条件时，进水 COD 浓度为 1250 mg/L，C/N 比分别为 6：1、10：1、14：1，HRT 为 12 h，pH 为 6.2~7.5，水温为 18~23℃；考察溶解氧浓度条件时，进水 COD 浓度为 1250 mg/L，NH_4^+ 浓度为 180 mg/L，调节曝气量来改变溶解氧浓度，依次为 1~2 mg/L、3~4 mg/L、5~6 mg/L，其他运行条件与 C/N 比平行实验条件相同。

5.3.2.1 C/N 比与 DO 对 SNAD 系统挂膜时间、生物量的影响

实验结果表明，不同 C/N 比、DO 条件下填料的挂膜时间大致相同，平均 7~10 天左右；而生物量方面，如图 5-33 所示，C/N 越高，附着生物量越多，C/N 比为 14：1 时，启动期末的附着生物量为 73.4 mg VSS/g 填料，比 6：1、10：1 时分别增加 19.5%、8.91%，增幅逐渐缩小，因此，维持 C/N 在 10：1 左右既可保证足够的附着生物量，同时节省碳源，降低运行成本。与 C/N 比条件的改变相比，DO 对挂膜启动期填料上生物量的影响更为明显。如图 5-34 所示，当系统内的 DO 为 5~6 mg/L 时，填料上的生物量呈现先增多后减少的过程，最大生物量浓度仅为 30 mg VSS/(g 填料·L)左右，同比其他 DO 浓度条件下的生物量减少近 1 倍，这是由于维持较高的 DO 浓度需要更大的曝气量，当气流增大时，增加了气泡对

填料上生物膜的剪切力,填料相互碰撞程度增大,微生物附着困难,难以形成稳定的、不可逆的生物膜。当 DO 浓度在 1～2 mg/L 时,附着生物量增加缓慢,说明 DO 不充足影响微生物代谢,从而抑制了微生物繁殖速度。因此,DO 浓度在挂膜启动期宜维持在 3～4 mg/L 左右,使填料在流化床内循环移动,同时保证微生物代谢、生长繁殖速度。

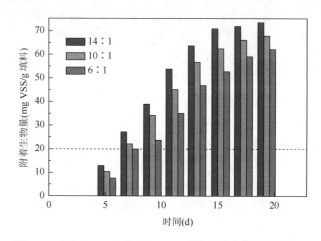

图 5-33　不同 C/N 条件下 SNAD 系统附着生物量生长情况

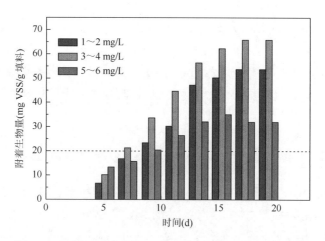

图 5-34　不同 DO 条件下 SNAD 系统附着生物量生长情况

5.3.2.2　C/N 比与溶解氧对 SNAD 系统有机物、NH_4^+ 去除情况的影响

在 C/N 比为 6：1、10：1 和 14：1 条件下,FBBR 的 COD 和 NH_4^+ 去除效能如图 5-35 所示。启动期间进水 C/N 比为 10：1 时,系统 COD 去除效能较好。NH_4^+

去除率在 C/N 比为 10∶1 时最高，为 58.17%，分别比 C/N 为 6∶1 和 14∶1 时高了 22.26% 和 17.26%。原因在于 C/N 比过低，不能为微生物生长提供足够的碳源；C/N 比过高时，异养微生物易形成优势菌群，系统中硝化菌群在一定程度上受到抑制。结合不同 C/N 比下填料上生物量分析，建议在 FBBR 启动期间将 C/N 比控制在 10∶1。

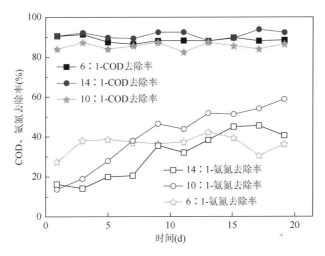

图 5-35 不同 C/N 条件下 SNAD 系统 COD、NH_4^+ 去除情况

此外，DO 浓度也影响系统对 NH_4^+ 的去除效果。从图 5-36 可知，系统启动运行 15 天后的 NH_4^+ 的去除率分别为 32.56%（1～2 mg/L）、59.29%（3～4 mg/L）和

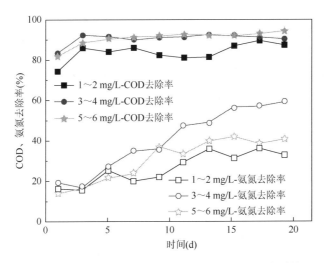

图 5-36 不同 DO 条件下 SNAD 系统 COD、NH_4^+ 去除情况

40.32%（5～6 mg/L）。当系统内 DO 较低时，难以保持硝化细菌进行硝化反应所需的 DO 量，因生物膜具有一定的厚度，随着系统运行，生物膜逐渐成熟，氧的传质效率逐渐降低，这些均会对氮的去除效能产生一定的影响。因此，为了保证较高的 NH_4^+ 去除率，建议将系统内 DO 浓度控制在 2 mg/L 以上，以保证 NH_4^+ 的去除效能。

5.3.3　SNAD 工艺形式对系统启动过程的影响

本试验采用 MFD 填料构建泥膜共生型 SNAD 系统（IFAS）和移动床生物膜系统（MBBR），以活性污泥系统（AS）作为对比，研究不同运行方式下 SNAD 系统的启动过程。

三种不同类型系统均以序批式运行，每天运行 2 个周期，每个周期包括 30 min 进水、600 min 好氧、60 min 沉淀、30 min 排水，体积交换比为 50%。启动阶段运行条件如下：DO 为 2～3 mg/L、pH 为 7.0～8.0、温度为 20～25℃。IFAS 和 MBBR 中填料填充率为 40%。接种前先将污泥闷曝 48 h，以充分恢复其活性。IFAS 和 AS 运行过程中定期排出剩余污泥，SRT 设置为 20 d。MBBR 采用延迟排泥法进行挂膜启动，每隔一段时间排出部分悬浮污泥直至将其排空。

5.3.3.1　SNAD 工艺形式对污染物去除效能的影响

图 5-37～图 5-40 和表 5-6 反映了三种不同的工艺对有机物、NH_4^+ 及 TN 的去除效能。稳定运行阶段，IFAS 中 COD 的去除率为 92.6%，与 AS 和 MBBR 相差不大；AS 和 MBBR 中 NH_4^+ 和 TN 的去除率明显低于 IFAS，NH_4^+ 去除率分别比 IFAS 低了 6.2% 和 5.5%，TN 去除率分别比其低了 7.7% 和 6.1%。

可能原因在于 IFAS 中存在两相微生物，生物量较高，微生物更为丰富，因此脱氮能力更强。AS 的 NH_4^+ 和 TN 去除效能均低于 IFAS 和 MBBR，表明填料的多孔结构有助于反应器内氧的传质，使氧在反应器内能更加均匀地分布，有利于脱氮菌的生长，增强了系统的脱氮效能。

5.3.3.2　SNAD 工艺形式对出水氮含量分布情况的影响

三种工艺出水中氮浓度变化如图 5-41 所示。出水中硝态氮随着时间的推移逐渐增加，NH_4^+ 含量逐渐降低，而 NO_2^- 含量则比较稳定。在第 30 天，IFAS 中出水

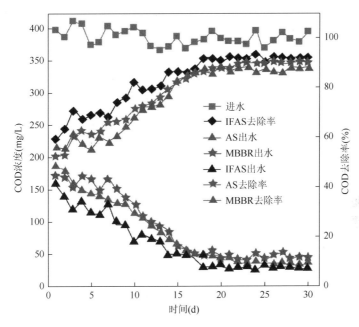

图 5-37　不同体系处理过程中 COD 变化情况

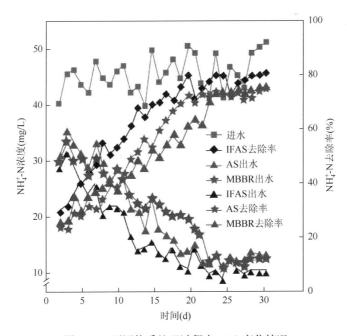

图 5-38　不同体系处理过程中 NH_4^+ 变化情况

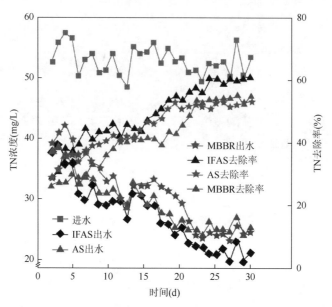

图 5-39　不同工艺处理过程中 TN 变化情况

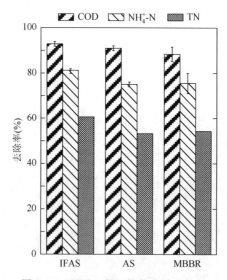

图 5-40　不同工艺污染物去除率比较

表 5-6　三种工艺体系启动阶段特性对比

反应器	COD 去除率（%）	NH$_4^+$ 去除率（%）	TN 去除率（%）	启动时间（d）
IFAS	92.6±0.65	80.8±1.1	60.5±1.05	20
AS	90.5±0.4	74.6±1.31	52.8±2.15	15
MBBR	88.2±2.7	75.3±4.45	54.4±1.55	25

NH_4^+、NO_3^- 和 NO_2^- 浓度分别为 9.86 mg/L、10.17 mg/L 和 0.83 mg/L，而此时 AS 出水中 NH_4^+、NO_3^--N 和 NO_2^--N 含量分别为 13.05 mg/L、11.17 mg/L 和 0.93 mg/L，MBBR 则为 12.69 mg/L、11.01 mg/L 和 0.62 mg/L。IFAS 在启动阶段出水 NH_4^+ 最低。进水中氮含量以 NH_4^+ 为主，NH_4^+ 和 NO_3^- 为出水中氮的主要存在形式，除此之外，出水中还含有少量的 NO_2^- 和其他形式的氮（有机氮等），见图 5-42。三种工艺出水 NH_4^+ 和 TN 浓度分别占进水 TN 含量的 18.5%、19.1%（IFAS），24.5%、20.9%（AS）和 23.8%、20.6%（MBBR）。三种工艺的 TN 去除量和去除率分别为 32.28 mg/L、28.17 mg/L、29.03 mg/L 和 60.5%、52.8%、54.4%。

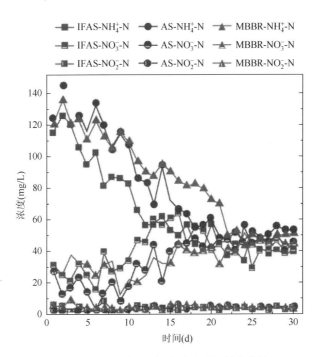

图 5-41　不同体系出水氮含量随时间的变化情况

5.3.3.3　SNAD 工艺形式对微生物特性的影响

图 5-43 反映了 IFAS 和 MBBR 在启动阶段的挂膜过程。在第 7 天左右时 IFAS 体系挂膜成功，此时填料上生物量高于 20 mg SS/g 填料，挂膜成功的填料在反应器内填料总数中占比超过 80%，第 20 天挂膜成熟，填料上生物量高达 69.6 mg SS/g 填料，此时，系统的 COD、NH_4^+、TN 去除率分别为 91.2%、80% 和 53.2%，表明 IFAS 反应器启动成功。在稳定阶段，反应器的 COD、NH_4^+ 及 TN 去除率分别为 92.6%、80.8% 和 60.5%，填料上生物量为 70.7 mg SS/g 填料。而 MBBR 在第

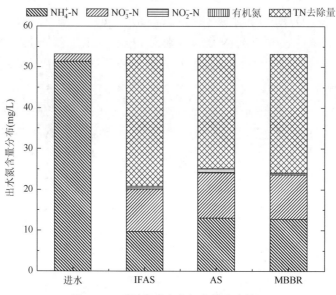

图 5-42　不同体系出水氮含量分布情况

10 天左右挂膜成功，第 25 天生物膜量就达到 80.7 mg SS/g 填料，趋于稳定，挂膜成熟，对 COD、NH_4^+ 及 TN 的去除率分别达到 87.8%、73.6%和 52.7%，表明该反应器已成功启动。在稳定状态，MBBR 的 COD、NH_4^+ 及 TN 去除率分别为 88.2%、75.3%和 54.4%，生物量可达 81 mg SS/g 填料。

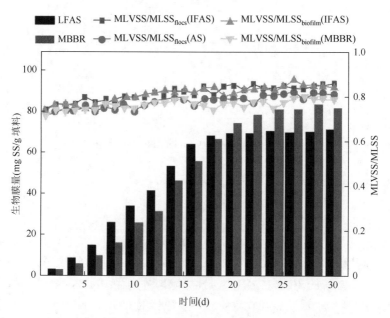

图 5-43　不同工艺体系载体填料上的附着生物膜量及 MLVSS/MLSS 的变化情况

随着运行时间的增加，IFAS 和 MBBR 中的 MLVSS/MLSS 值不断增加，IFAS 体系在启动成功进入稳定运行时，悬浮相和附着相微生物活性均达到最高，分别为 0.85 和 0.83，高于 AS 和 MBBR 体系。由此可见，两相微生物共存在同一反应体系中有助于提高挥发性活性污泥含量，与单纯活性污泥体系只存在悬浮相微生物的情况相比，附着相微生物的存在有助于提高悬浮相微生物的活性。

图 5-44 显示了三种体系中两相微生物的生物量变化情况，IFAS 体系和 AS 体系在运行稳定期的悬浮相污泥浓度分别为 3050 mg/L 和 3620 mg/L，悬浮相污泥浓度分别低于和稍高于初始接种污泥浓度。而 MBBR 体系内的悬浮相污泥浓度约为 537 mg/L。针对附着相微生物而言，IFAS 和 MBBR 中填料上生物量在启动完成后分别达到 70.7 mg SS/g 填料和 81 mg SS/g 填料。根据多相流动态膜微生物载体填料的填充率（40%）及堆积密度（95 kg/m³）进行换算，将单位质量填料上附着的生物膜量换算成污泥浓度，得出 IFAS 和 MBBR 体系的生物膜量分别为 2687 mg/L 和 3079 mg/L，其中附着微生物量占总生物量的比例分别为 0.47 和 0.85，IFAS 复合体系中填料上附着的生物量低于 MBBR 体系。

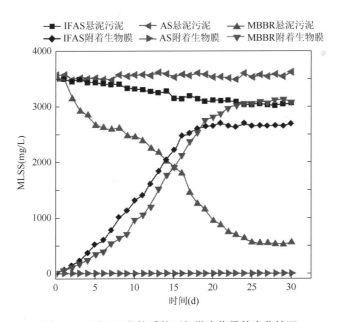

图 5-44 不同工艺体系的两相微生物量的变化情况

两相微生物在 IFAS 中共存于同一反应器中附着于载体填料的表面及内部的悬浮态活性污泥，一部分逐渐转化为附着态生物膜，同时两相微生物利用相同的底物各自生长，并各自进行新陈代谢，附着态生物膜的衰减产物脱落从而进入悬浮态污泥中，一部分转化为悬浮相微生物，最终一起以剩余污泥的形式排出系统。因而悬浮相微生物量在 IFAS 体系中有所降低，而附着相微生物在单纯活性污泥（AS）中不存在，从而能在 AS 中保持相对稳定的污泥浓度。而 MBBR 中由于悬浮相污泥的排出，系统内主要以附着相生物膜为主，悬浮相较少，与 IFAS 相比，附着相微生物对底物及氧的竞争有所减轻，因而生物膜量高于 IFAS 体系。

　　表 5-7 为三种不同体系中微生物特征对比。IFAS 中 SVI 较低，为 98 mL/g，比 AS 中 SVI 低了约 12 mL/g，由此可以说明活性污泥在 IFAS 中的沉降性能较好。其原因可能在于 IFAS 中存在附着相微生物，阻止丝状菌的生长，有助于提高悬浮相污泥的沉降性能，进而增强系统的稳定性。污泥的黏度、粒径及均匀性和表面电位在 IFAS 中分别为 1.2 Pa·s、187 μm、0.75 和–15.6 mV，与 AS 体系进行比较，可以看出黏度和粒径降低，而粒径均匀性和 Zeta 电位增加。

表 5-7　三种工艺体系中微生物特性对比

微生物特性	IFAS	AS	MBBR
悬浮相活性污泥生物量 X_{flocs}（mg MLSS/L）	3050±65.6	3620±90	537±15.3
附着相生物膜量（mg SS/g 填料）	70.7±0.43	0	81±1.58
生物膜量折算的污泥浓度 $X_{biofilm}$（mg MLSS/L）	2687±16.6	0	3079±60.1
总生物量 X_{total}（换算成 mg MLSS/L）	5737±81.6	3620±90	3616±54.3
$X_{biofilm}/X_{total}$	0.47	0	0.85
MLVSS/MLSS$_{flocs}$	0.85	0.8	—
MLVSS/MLSS$_{biofilm}$	0.83	—	0.78
SVI（mL/g）	98	110	—
黏度（Pa·s）	1.2	1.6	—
粒径（μm）	187	205	—
粒径均匀性	0.75	0.53	—
Zeta 电位（mV）	–15.6	–20.1	—

5.3.4　进水负荷对 SNAD 系统运行效能及微生物特性的影响

5.3.4.1　有机负荷对 SNAD 系统运行效能的影响

　　图 5-45、图 5-46 反映了不同反应器在不同有机负荷下的 COD 变化情况。在 IFAS、AS 和 MBBR 三种不同体系中，COD 的去除效能随有机负荷的变化呈现出不同的趋势。在 COD 容积负荷为 0.8 kg COD/(m³·d)时，IFAS 反应器的 COD 去除

率最高，出水 COD 在 15～40 mg/L 之间，AS 中 COD 变化情况和 IFAS 体系类似，COD 去除率均在 94%以上；MBBR 的 COD 去除率为 91.6%。将有机负荷增加至 1.2 kg COD/(m³·d)时，IFAS 和 AS 的 COD 去除率均有所增加，出水 COD 浓度为

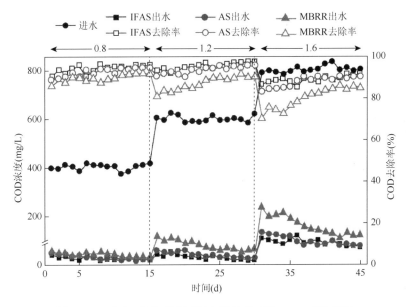

图 5-45　不同工艺体系在不同有机负荷下的 COD 变化情况

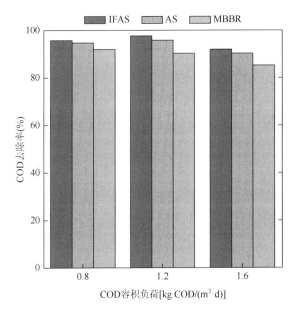

图 5-46　不同工艺体系在不同有机负荷下的 COD 去除率比较

15～60 mg/L，COD 去除率分别为 97.5%和 95.6%，MBBR 体系的 COD 去除率为 90.3%，则稍有下降。当有机负荷为 1.6 kg COD/(m^3·d)时，IFAS 和 AS 的 COD 去除率分别为 91.5%和 90.2%，相比于之前稍有下降，而 MBBR 对 COD 的去除率下降至 85.1%，出水 COD 浓度为 100～130 mg/L。

在活性污泥系统中，出水 COD 和进水负荷在底物受限的情况下，遵循一级反应关系。由上述分析可知，IFAS 和 AS 体系的出水 COD 在有机负荷小于 1.2 kg COD/(m^3·d)时随进水负荷变化很小，去除效果基本相同，表明此时体系内的微生物量几乎不限制有机物去除。进一步提高进水负荷时，IFAS 对 COD 的去除效果优于 AS 体系，此时 IFAS 中附着相微生物的存在发挥了一定的作用。而在 MBBR 中，去除率随着 COD 容积负荷的增大，明显降低，原因在于生物膜体系中传质阻力较大；与悬浮相污泥相比，对 COD 去除起主要作用的异养微生物在填料上的生长较差，对底物的利用性也较差。

5.3.4.2　NH_4^+ 负荷对 SNAD 系统运行效能的影响

不同 NH_4^+ 负荷下三种体系的 NH_4^+ 变化和去除率如图5-47、图5-48所示。IFAS、AS 和 MBBR 体系对 NH_4^+-N 的去除效果与进水 NH_4^+ 负荷成反比，IFAS 的 NH_4^+ 的去除效能最好。IFAS 反应器在 0.08 kg N/(m^3/d)的 NH_4^+ 负荷下，出水 NH_4^+ 浓度为 2～3 mg/L，而 MBBR、AS 出水 NH_4^+ 浓度则为 3～4 mg/L 和 4～5 mg/L。NH_4^+ 去

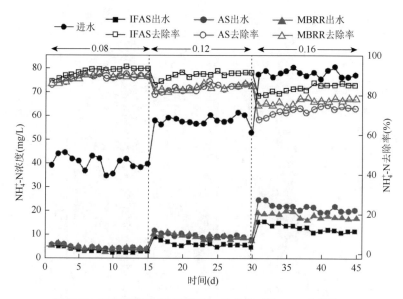

图 5-47　不同工艺体系在不同 NH_4^+ 负荷下的 NH_4^+ 变化情况

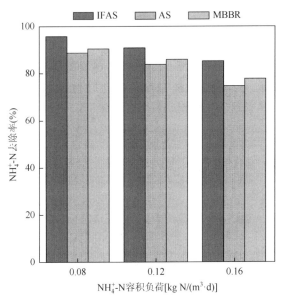

图 5-48 不同工艺体系在不同 NH_4^+ 负荷下的 NH_4^+ 去除率比较

除率在 IFAS、AS 和 MBBR 中分别为 93.6%、89.5%和 90.8%。继续将 NH_4^+ 容积负荷提高为 0.12 kg N/(m³·d)时，IFAS 中 NH_4^+ 去除率下降至为 91.4%，但仍能维持较高的去除率，去除率分别降至 85.1%和 86.1%，NH_4^+ 去除效果差异较小。当容积负荷达到 0.16 kgN/(m³·d)时，IFAS、AS 和 MBBR 的 NH_4^+ 去除率分别降至 85.5%、74.2%和 78.6%，其中 IFAS 的 NH_4^+ 去除效果最好，AS 的出水 NH_4^+ 达到 20 mg/L以上，比 IFAS 体系出水中 NH_4^+ 浓度约高 50%，去除率下降最为明显。

通过对三种体系的分析可知，IFAS 的 NH_4^+ 的去除效果明显优于其他两种工艺体系。IFAS 体系的出水 NH_4^+ 在 NH_4^+ 容积负荷小于 0.12 kg N/(m³·d)时变化较小，去除效能差异较小，表明 IFAS 体系具有完全硝化能力，较高的有机物并未对硝化过程造成影响，反应器内悬浮、附着两相微生物的共存强化了系统的硝化能力。IFAS 对 NH_4^+ 的去除效能随着进水负荷进一步的提高而下降，但仍高于其他体系，附着相微生物在 IFAS 中的存在起了主要作用。AS 和 MBBR 的 NH_4^+ 去除情况在 NH_4^+ 容积负荷较小时基本相同，进一步提高 NH_4^+ 容积负荷时，AS 的出水 NH_4^+ 明显提高，原因在于 AS 中存在于悬浮相的 AOB 菌的生长和代谢受到有机物的抑制，加强了其与异养菌的竞争，而生物膜体系中存在的不同微环境有助于 AOB 的生长和脱氨作用，能提高体系抗负荷冲击能力。

不同 NH_4^+ 负荷条件下各反应器的 TN 变化和去除率效能如图 5-49、图 5-50 所示。在 0.08~0.12 kg N/(m³·d)范围内，随着 NH_4^+ 负荷的提高，三种体系的 TN 去除效果不断增强,其中 IFAS 中的 TN 去除率效能最优。IFAS、AS 和 MBBR 三种体系的 TN 去除率分别从 78.2%、70.7%和 72.8%升高至 80.3%、72.1%和 74.3%。当容积负荷提高为 0.16 kg N/(m³·d)时,IFAS 出水 TN 有一定升高,达到 20 mg/L 以上,TN 去除率下降为 70.4%,仍维持比较好的脱氮效果。而 AS 和 MBBR 体系的出水 TN 则有较大提高,去除率分别降至 55.8%和 60.6%,其中 MBBR 体系脱氮效果优于 AS。

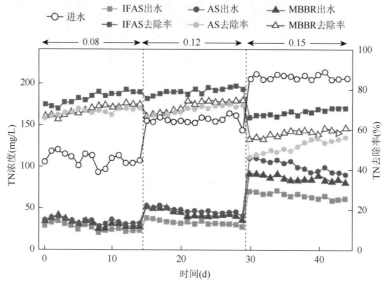

图 5-49　不同工艺体系在不同 NH$_4^+$ 负荷下的 TN 变化情况

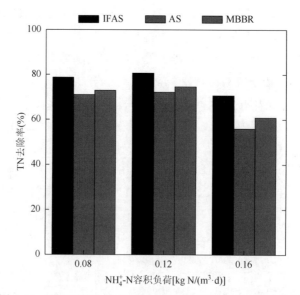

图 5-50　不同工艺体系在不同 NH$_4^+$ 负荷下的 TN 去除率比较

IFAS 中 TN 去除效能最优的原因可能有以下几点：第一，三种体系内微观环境的复杂度由大到小分别为 IFAS、MBBR 和 AS。其中，AS 体系较为单一，生物膜内部存在的缺氧及厌氧环境为反硝化细菌提供了有利的生存空间，使得反硝化作用在有氧条件下得以进行；第二，附着相微生物的存在使得 IFAS 体系内微生物总量大幅提高，微生物种群结构和 AS、MBBR 相比更为难复杂，有助于为厌氧氨氧化菌、好氧反硝化菌、异养硝化菌等新型脱氮微生物的生存。

5.3.4.3　进水负荷对 SNAD 系统微生物特性的影响

1. 进水负荷对 SNAD 系统微生物量的影响

图 5-51 反映了不同进水负荷下 MBBR 和 IFAS 中填料上生物量的变化情况。两个反应器中填料上生物量随着进水负荷的增加而增加，当 COD 容积负荷从 $0.8 \, kg \, COD/(m^3 \cdot d)$ 升高至 $1.6 \, kg \, COD/(m^3 \cdot d)$ 时，IFAS 的生物膜量分别达到 70.7 mg SS/g 填料、75.5 mg SS/g 填料和 79.2 mg SS/g 填料，而 MBBR 中生物量可达 81 mg SS/g 填料、91.6 mg SS/g 填料和 97.1 mg SS/g 填料，分别比 IFAS 高了约 10.3 mg SS/g 填料、16.1 mg SS/g 填料、17.9 mg SS/g 填料，原因在于附着相微生物在 IFAS 体系中与悬浮相微生物之间存在着对氧和营养物质的竞争，附着相微生物的生长受到一定限制，而 MBBR 体系内附着相微生物占主要优势，因此生物量增长的较快。

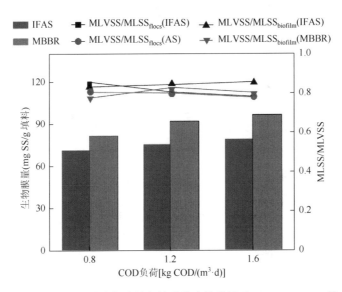

图 5-51　不同体系载体填料上的附着生物膜量及 MLVSS/MLSS 值

IFAS、AS 和 MBBR 在不同条件下反应器中悬浮微生物和附着微生物量如图 5-52 和表 5-8 所示，其中 MBBR 生物膜量在不同进水负荷下表现出明显的差异，而生物量在 IFAS 中变化较小，AS 中悬浮相活性污泥浓度稍有提高。在 0.8 kg COD/(m³·d) 升至 1.6 kg COD/(m³·d) 的条件下，IFAS 和 AS 的悬浮相污泥浓度分别从 3050 mg/L 和 3620 mg/L 增至 3110 mg/L 和 3810 mg/L。同时将单位质量填料上附着的生物膜量换算成污泥浓度，得出 IFAS 和 MBBR 体系的生物膜量分别从 2687 mg/L 和 3079 mg/L 增至 3010 mg/L 和 3690 mg/L。随着进水负荷的提高，IFAS 中的总生物量最高可达 6120 mg MLSS/L，而 AS 和 MBBR 的总生物量最高分别为 3810 mg MLSS/L 和 3690 mg MLSS/L。可以看出 IFAS 中的总生物量最高，约为其他两种体系的 1.6 倍，AS 和 MBBR 的总生物量相差不大。

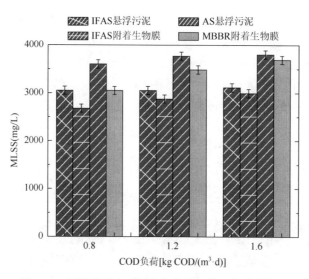

图 5-52　不同体系在不同有机负荷下的两相微生物量

表 5-8　三种体系在不同进水负荷条件下的生物量对比

反应器	微生物特性	阶段 1	阶段 2	阶段 3
IFAS	悬浮相活性污泥生物量 X_{flocs}（mg MLSS/L）	3050±81.9	3070±81.8	3110±62.4
	悬浮相活性污泥生物量 X_{flocs}（mg MLVSS/L）	2610±55.2	2420±32.5	2430±47.9
	MLVSS/MLSS$_{flocs}$	0.85	0.8	0.78
	附着相生物膜量（mg SS/g 填料）	70.7±0.43	75.5±0.87	79.2±0.45
	生物膜量折算的污泥浓度 $X_{biofilm}$（mg MLSS/L）	2687±70.2	2870±72.1	3010±70.3
	生物膜量折算的污泥浓度 $X_{biofilm}$（mg MLVSS/L）	2230±52.3	2450±35.6	2590±47.1
	MLVSS/MLSS$_{biofilm}$	0.83	0.85	0.86
	总生物量 X_{total}（mg MLSS/L）	5737±34.8	5940±46.2	6120±54.3
	$X_{biofilm}/X_{total}$（以 MLVSS 计）	0.46	0.5	0.52

续表

反应器	微生物特性	阶段 1	阶段 2	阶段 3
AS	悬浮相活性污泥生物量 X_{flocs}（mg MLSS/L）	3620 ± 75.5	3780 ± 36.1	3810 ± 55.7
	悬浮相活性污泥生物量 X_{flocs}（mg MLVSS/L）	2890 ± 45.3	3060 ± 53.9	2970 ± 26.6
	MLVSS/MLSS$_{flocs}$	0.8	0.81	0.78
MBBR	附着相生物膜量（mg SS/g 填料）	81 ± 2.06	91.6 ± 0.13	97.1 ± 0.24
	生物膜量折算的污泥浓度 $X_{biofilm}$（mg MLSS/L）	3080 ± 98.6	3480 ± 88.9	3690 ± 60.2
	生物膜量折算的污泥浓度 $X_{biofilm}$（mg MLVSS/L）	2400 ± 35.2	2850 ± 41.7	2950 ± 56.1
	MLVSS/MLSS$_{biofilm}$	0.78	0.82	0.8

在生物膜形成过程中，微生物在载体表面的附着和生长受多种条件的影响，如载体性质、有机负荷的高低、悬浮相微生物浓度及反应体系水力条件等，这是一个自发的动态过程。在 IFAS 反应器内，附着生物膜与悬浮相活性污泥可达到一种动态平衡，悬浮相污泥不断附着在载体表面及内部，而附着相生物膜不断脱落进入悬浮相，生物膜颜色较深，与悬浮相活性污泥接近，呈灰黑色。而 MBBR 中生物膜的生长速度较慢，启动阶段所需时间较长，生物膜颜色稍浅，呈灰褐色。当进水负荷提高时，IFAS 中的两相微生物竞争 DO 和有机物，而悬浮相的传质阻力小于附着相，因此生物膜量在 IFAS 中的生长受到限制。

然而，BOD_5 浓度对 SNAD 系统内生物膜和活性污泥也存在一定的影响，如图 5-53 所示，反应器内活性污泥浓度在 BOD_5 小于 100 mg/L 的情况下几乎为零。生物量随着进水 BOD_5 浓度的升高而升高，但当 BOD_5 浓度高于 300 mg/L 以后，生物量增长速率减小。

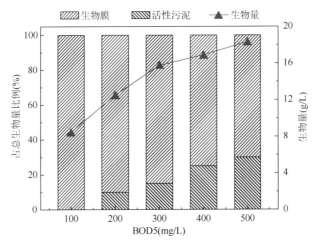

图 5-53　BOD_5 浓度与泥膜比和生物量之间的关系

　　调节污泥回流比可以调节 SNAD 系统中活性污泥和生物膜的比例，系统在污泥回流比为 0 时以 MBBR 方式运行，在污泥回流比大于 50% 的条件下以 IFAS 方式运行。从图 5-54 可以看出，系统中活性污泥和生物膜与污泥回流比成正比，但当污泥回流比超过 150% 时，活性污泥和生物膜的比例随污泥回流比的增大而升高幅度变缓，系统中微生物量（活性污泥 + 生物膜）在污泥回流比为 150% 时达到最大，原因在于过高的污泥回流比导致系统中产生了较高的活性污泥比例，活性污泥传质效率高于生物膜，因此对溶解氧和水中营养物质的吸附与转化效率远大于生物膜，导致生物膜量下降。

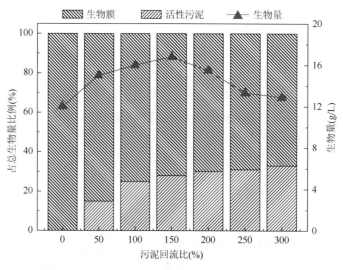

图 5-54　污泥回流比与泥膜比和生物量之间的关系

2. 进水负荷对 SNAD 系统微生物耗氧活性的影响

　　测定 IFAS 中的悬浮污泥和附着生物膜的比耗氧速率（SOUR），将测定结果与 AS 和 MBBR 系统进行对比分析，以此验证有机物去除过程中两相微生物各自的耗氧活性情况，如图 5-55 所示。由图 5-55（a）可知，IFAS 中两相微生物、AS 和 MBBR 内微生物的总比耗氧速率均随进水容积负荷的增大而增大。其中 IFAS 中悬浮相污泥的 SOUR 值高于附着相生物膜，表明 IFAS 复合体系内附着相的传质阻力与悬浮相相比较大。IFAS 在 0.8 kg COD/(m^3·d) 的进水负荷下，悬浮相具有较高的耗氧速率，而附着相 SOUR 较低，传质阻力大于悬浮相，可认为此时 IFAS 体系内的附着相微生物对 COD 的去除几乎不起作用。当负荷提高至 1.2 kg COD/(m^3·d) 时，IFAS 内悬浮污泥 SOUR 开始低于 AS，说明此时附着相微生物参与了 COD 的去除，有机负荷的变化已经影响到附着相微生物的生长，进而减弱了悬浮相微生物的活性。当负荷进一步提高时，IFAS 内悬浮污泥 SOUR 明显低于 AS，分别为

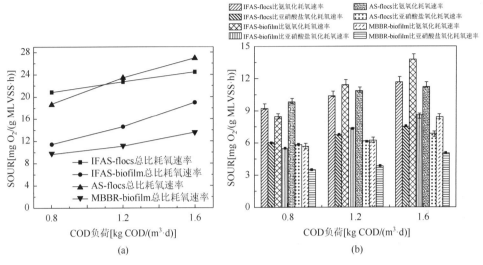

图 5-55 不同体系比耗氧速率的测定

（a）总比耗氧速率；（b）比 NH_4^+-N 氧化耗氧速率和比 NO_2^- 氧化耗氧速率

24.3 mg O_2/(g MLVSS·h)和 27.1 mg O_2/(g MLVSS·h)，但 IFAS 对 COD 的去除率仍高于 AS，表明 IFAS 中附着相微生物参与 COD 去除过程的程度变大，附着相逐渐占主导作用。将 IFAS 中的悬浮污泥和载体填料分别按各自生物量比例取出，测定其比亚硝酸盐氧化耗氧速率和比氨氧化耗氧速率，如图 5-55（b）所示。当进水负荷逐渐提高时，IFAS 中两相微生物、AS 和 MBBR 内微生物的比氨氧化耗氧速率和比亚硝酸盐氧化耗氧速率均随之逐渐增大。进水负荷的提高使得液相底物浓度增大，有效促进了附着相的传质过程，提高了附着相微生物的活性，增强了附着相微生物的参与程度。

综上分析得到，IFAS 中附着相微生物参与 COD 去除过程的程度与有机负荷状态及相应的底物浓度有关，随着负荷的提高，贡献程度增大。在较低有机负荷下，悬浮相对 COD 的去除起主要作用，随着负荷的提高，附着相微生物参与贡献的程度逐渐增大。由于在复合体系内两相微生物对限制性底物的利用存在竞争，且底物在附着相生物膜内的传质阻力大于悬浮相，因此只有当底物负荷升高至临界值，使得生物膜内外底物浓度梯度大于其传质阻力时，底物才能进入生物膜内得到去除。

3. 进水负荷对 SNAD 系统微生物硝化活性的影响

在碳氧化和硝化同时存在的体系中，有机负荷的提高会降低体系的硝化效果。分析 IFAS 体系中两相微生物在去除 NH_4^+ 过程中所起的作用，对 IFAS 中的悬浮污泥和附着相生物膜进行硝化速率（SNR）的测定，并与 AS 和 MBBR 进行对比，以此验证两相微生物各自的硝化活性情况，如图 5-56 所示。随着进水有机负荷从

0.8 kg COD/(m^3·d)升高到 1.2 kg COD/(m^3·d),相应的 NH$_4^+$负荷从 0.08 kg NH$_4^+$/(m^3·d)
提高到 0.12 kg NH$_4^+$/(m^3·d),三种体系中悬浮污泥和生物膜的硝化速率[SNR,包
括比氨氧化速率(SAOR)和比亚硝酸盐氧化速率(SNOR)]均得到提高,这是
由于体系内 NH$_4^+$负荷有相应的提高,而 NH$_4^+$负荷是限制硝化细菌生长的主要因素
之一,此时体系的硝化能力处于 NH$_4^+$底物限制状态,有机物的存在对硝化作用的抑
制程度小于 NH$_4^+$负荷提高对硝化作用的促进程度。随着 NH$_4^+$负荷进一步提高至
0.16 kg NH$_4^+$/(m^3·d)时,除了 IFAS 的附着相生物膜呈现增长趋势,三种体系中悬浮
污泥和生物膜的硝化速率均呈现下降趋势,这是由于此时有机物的增加对硝化作用
的抑制程度大于 NH$_4^+$负荷提高对硝化作用的促进程度,有机物的抑制已经占主导作
用,因而降低了硝化速率。对 IFAS 体系的硝化速率进行分析可知,随着进水负荷的
提高,IFAS 内生物膜相 SNR 值有明显提高,整体均优于悬浮相,其中比亚硝酸盐氧
化速率均高于比氨氧化速率,二者变化趋势相似。对另外两种体系进行分析可知,
AS 体系的悬浮相活性污泥传质阻力较小,体系内液相底物浓度梯度较小,不利于异
养细菌和硝化细菌的共存,使得有机物去除和硝化作用难以同时发挥良好效能。而
MBBR 体系中生物膜的特殊结构使得异养细菌和硝化细菌共存于生物膜的有效传质
区域中,可共同完成对有机物和 NH$_4^+$的去除作用,但二者对载体填料的有效比表面
积存在着一定程度的竞争。因此有机负荷的提高会促进异养细菌的生长,这就使得
部分硝化细菌在竞争中较为不利,影响硝化过程的进行,使体系的硝化能力降低。

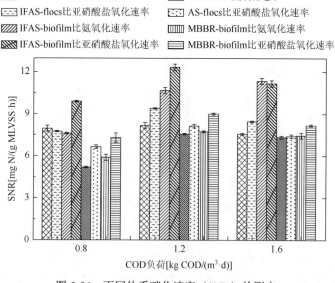

图 5-56　不同体系硝化速率(SNR)的测定

从 SNR 变化趋势可看出,当进水负荷到达某一限定值时,IFAS 中悬浮相微

生物的硝化速率随负荷的提高逐渐减小。由生物量分析可知，IFAS 内总生物量较大，污泥负荷是低于 AS 单独体系的，而 IFAS 中悬浮相微生物的硝化速率却呈下降趋势，说明悬浮相微生物首先受到了负荷提高带来的不利影响，自身的硝化过程受到限制。由于悬浮相传质阻力较小，当负荷变化时，悬浮相微生物优先于附着相发挥作用，先进行微生物群落的演替，这可缓解不利影响因素对附着相微生物的影响，使生长缓慢且对环境要求严苛的硝化细菌很好地发挥效能，抵消了有机负荷对 NH_4^+ 去除的不利影响，提高了系统的稳定性，使得 IFAS 体系在高有机负荷下仍具有较好的硝化效果。综上，进水负荷越高，附着相微生物对体系硝化作用的贡献越大，复合体系的硝化作用越能显示出优势。

4. 进水负荷对 SNAD 系统微生物反硝化活性的影响

为了分析 IFAS 体系中两相微生物在反硝化过程中所起的作用，在每个阶段，对 IFAS 中的悬浮污泥和附着相生物膜进行反硝化速率（SNUR）的测定（图 5-57），并与 AS 和 MBBR 进行对比，以此验证两相微生物各自的反硝化活性情况。总体上随着体系有机负荷的提高，IFAS、AS 和 MBBR 内微生物的反硝化速率均有所提高，说明在系统具有硝化能力的前提下，有机负荷的提高有利于异养反硝化细菌的生长。当 COD 负荷较低为 0.8 kg COD/(m³·d)时，IFAS 悬浮相的反硝化速率为 0.81 mg NO_3^--N/(g MLVSS·h)，稍高于 AS 体系的 0.79 mg NO_3^--N/(g MLVSS·h)，但随着负荷的提高，IFAS 内悬浮相的反硝化速率逐渐低于 AS 体系，且差异越来越大，原因是 IFAS 的总生物量较大，相同负荷时附着相微生物的存在降低了 IFAS 中悬浮相的污泥负荷。在各个阶段，IFAS 附着相的反硝化速率始终高于悬浮相，且高于相同负荷条件下的 AS 和 MBBR 内相应微生物，表明进水负荷的提高促进了生物膜中反硝化细菌的增殖，反硝化细菌在异养细菌中的比例随负荷的提高

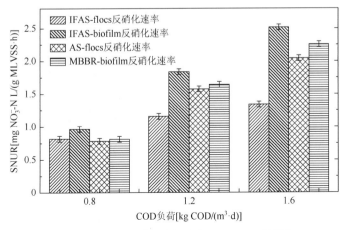

图 5-57　不同体系反硝化速率（SNUR）的测定

而增大，增多的碳源被附着相的反硝化细菌用以进行反硝化作用，表明附着相对反硝化脱氮的贡献程度较大。综上，IFAS 在悬浮相的反硝化速率较低时，整体的脱氮效果却最好，说明悬浮相在脱氮方面所起的作用较小，附着相微生物在反硝化脱氮过程中发挥着较大作用，并且进水负荷越高，附着相发挥的作用越大。

5. 进水负荷对 SNAD 系统微生物胞外聚合物（EPS）特性的影响

分析在不同进水负荷下，IFAS 体系中两相微生物的胞外聚合物的组成及含量，并与 AS 和 MBBR 进行对比，如图 5-58 所示。以蛋白质和多糖含量的总和作为 EPS 含量（以 MLVSS 计）。从整体来看，随着进水负荷的提高，不同体系的两相微生物 EPS 中的蛋白质和多糖含量及 EPS 总量均有所提高，原因是在较低负荷下，微生物可利用的基质有限，当营养物质缺乏时，微生物会以 EPS 中的物质作为营养来源进行代谢活动，使得 EPS 含量下降；而在较高负荷下，微生物细胞无法将所有碳源用于细胞合成，多余的碳源被转化成胞内聚合物和在 EPS 中积累的胞外高分子物质，这些使得 EPS 含量增加。在不同的负荷阶段，针对 EPS 中蛋白质含量而言，IFAS 中附着相生物膜的蛋白质含量始终高于其他体系，MBBR 中生物膜次之，而 IFAS 中悬浮相污泥的蛋白质含量低于 AS 中悬浮相污泥；针对 EPS 中多糖含量而言，AS 中悬浮相污泥的多糖含量始终高于其他体系，MBBR 中生物膜次之，而 IFAS 中悬浮相污泥的多糖含量高于 IFAS 中附着相生物膜。

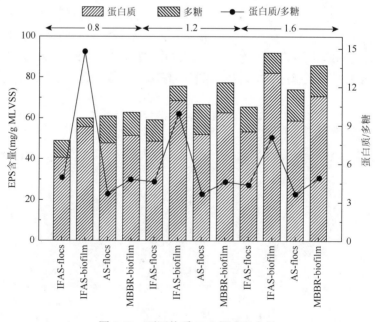

图 5-58 不同体系 EPS 组成及含量

可以看出,与 IFAS 中悬浮相相比,IFAS 中生物膜的蛋白质含量和 EPS 总量较高,多糖含量较少,蛋白质/多糖比值较高。随着负荷的提高,二者的蛋白质含量差异越来越明显,而多糖含量差异越来越小,其中 IFAS 中附着相的蛋白质/多糖比值有明显下降,从 14.7 降至 8.1,而 IFAS 中悬浮相的比值变化较小,从 5.0 逐渐降至 4.3。研究表明,微生物的胞外聚合物可以反映微生物特性及构成的变化情况,对工艺体系的运行有着重要的作用,而蛋白质作为主要的 EPS 成分,与多糖的比值约为 4~15,二者的含量与进水基质、负荷、工艺运行条件等有密切关系。进水负荷的变化可使微生物的构成及其代谢活动发生变化,因而微生物分泌的 EPS 的成分和含量随之变化。在低负荷条件下,与 MBBR 生物膜相比,IFAS 中的生物膜较薄,EPS 总量较低,原因是进水基质浓度较低时,由于附着相的传质阻力较大,有悬浮相存在的情况下,悬浮相污泥主要起去除污染物的作用,附着相生物膜参与的程度较小,生物膜代谢活动不强因而 EPS 较低。在高负荷下,由于附着相的基质浓度达到一定限值,附着相生物膜的代谢活性增强,生物膜逐渐起主导作用,参与污染物去除的程度增大,其蛋白质含量和 EPS 总量明显提高,且高于 MBBR 中生物膜 EPS 含量。

6. 进水负荷对 SNAD 系统微生物沉降特性的影响

图 5-59 描述了污泥容积指数在 IFAS 和 AS 体系中的变化情况。SVI 值与有机负荷成正比。当有机负荷从 0.8 kg COD/(m³·d)逐渐升至 1.6 kg COD/(m³·d)时,IFAS 中悬浮相 SVI 分别为 99 mL/g、112 mL/g 和 124 mL/g,比 AS 中悬浮相 SVI 分别低了约 11 mL/g、14 mL/g 和 17 mL/g。悬浮污泥在 IFAS 中沉降性能较好,原因是附着相微生物的存在阻止了丝状菌的生长,能减小污泥发生膨胀的可能性,使系统的稳定性加强。

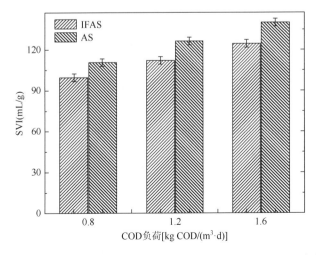

图 5-59 IFAS 和 AS 在不同有机负荷下的悬浮相微生物量的 SVI 变化情况

7. 进水负荷对 SNAD 系统微生物物化特性的影响

表 5-9 描述了其他微生物在 IFAS 和 AS 中的特征。随着进水负荷的提高，悬浮相活性污泥在 IFAS 反应器中的黏度、均匀性及粒径和以前相比有所提升，然而，Zeta 电位变化不大，但 AS 体系中污泥的黏度、均匀性及粒径仍较高，Zeta 电位较小。表明 IFAS 反应器的稳定性和污染物降解能力更好。

表 5-9　IFAS 和 AS 在不同进水负荷条件下的其他微生物特性对比

	微生物特性	阶段 1	阶段 2	阶段 3
IFAS	黏度（Pa·s）	1.2	1.3	1.4
	粒径（μm）	186	190	192
	粒径均匀性	0.76	0.78	0.81
	Zeta 电位（mV）	−15.3	−15.4	−15.2
AS	黏度（Pa·s）	1.6	1.7	1.8
	粒径（μm）	206	210	215
	粒径均匀性	0.52	0.56	0.6
	Zeta 电位（mV）	−20.3	−21.6	−20.9

5.3.5　溶解氧对 SNAD 系统运行效能及微生物特性的影响

5.3.5.1　溶解氧对 SNAD 系统运行效能的影响

图 5-60、图 5-61 反映了在不同 DO 下，各个反应器的 COD 变化情况。三个反应器的 COD 去除效能变化趋势基本相似。当 DO 从 0.5 mg/L 升至 2.5 mg/L 时，COD 去除率逐渐增加。然而，COD 去除率在 DO 达 4.5 mg/L 时逐渐降低，IFAS 中 COD 效能最好。当 DO 为 0.5 mg/L 时，IFAS 反应器初期出水 COD 浓度较高，在 110～150 mg/L 之间，COD 去除率仅为 65.3%，随后出水 COD 逐渐降低，最终稳定在 35～45 mg/L 之间，去除率达到 90.5%。AS 体系出水 COD 浓度稍高，最终 COD 去除率为 86.6%；MBBR 中 COD 去除率为 79.3%。IFAS 的 COD 去除效能最为稳定，波动较小。当 DO 为 2.5 mg/L 时，IFAS 和 AS 出水 COD 均在 10～15 mg/L 之间，差别不大，COD 去除率均较高，分别为 97.6% 和 97.2%，而 MBBR 体系的出水 COD 稍高，去除率为 92.3%。当 DO 提高至 4.5 mg/L 时，三种体系的

出水 COD 均有明显提高。IFAS 和 AS 在运行初期的 COD 去除率分别为 90.3%和 90.2%，随着运行时间延长，出水 COD 逐渐增大，去除率逐渐降低。IFAS 体系的最终 COD 浓度在 70～90 mg/L 之间，AS 的出水 COD 稍高，在 90～110 mg/L 之间，二者 COD 去除率分别降至 80.3%和 77.5%，而 MBBR 体系最终出水 COD 达到 110～130 mg/L，去除率相比最低为 70.6%。

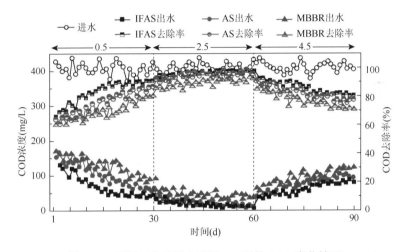

图 5-60　不同工艺体系在不同 DO 下的 COD 变化情况

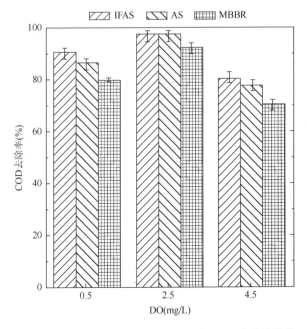

图 5-61　不同工艺体系在不同 DO 下的 COD 去除率比较

　　三个系统在不同 DO 条件下，COD 去除效能存在差异的原因在于低 DO 时微生物的耗氧速率较低，代谢时间较长，反应器内 DO 不足，导致部分微生物因难以习惯低氧环境而死亡，胞内物质溶出，EPS 和代谢产物分泌增多，一部分被污泥直接吸附后得以降解，另一部分则游离在水相中，因此低 DO 运行初期反应器出水 COD 浓度较高。随着运行时间的提高，微生物逐渐适应了反应器内的环境，因而 COD 去除率逐渐升高。高 DO 下的微生物耗氧速率较高，对有机物的分解较快，但有机物分解过快易导致微生物缺乏营养，微生物自身被过多氧化，内源呼吸增强，易造成活性污泥的老化和结构松散，絮凝效果变差，污泥结构被破坏，无机成分增加，使得有效生物量大大减少，因此出水 COD 浓度较高，去除率有一定降低。

　　通过对 IFAS、AS 和 MBBR 的 COD 去除效能的比较分析可知，IFAS 系统最为稳定，COD 去除效果最优，出水 COD 波动范围较小。IFAS 的 COD 去除率在 DO 为 0.5 mg/L、2.5 mg/L 和 4.5 mg/L 时分别为 90.5%、97.6% 和 80.3%。表明悬浮相和附着相构成的复合体系有助于提高体系的稳定性，悬浮相和附着相中的好氧菌和兼氧菌可利用环境中的 DO，而生物膜内层中的厌氧菌可以不受体系中 DO 的限制进行厌氧反应。IFAS 对 COD 的去除效果优于 AS 体系，尤其在低 DO 条件下，此时 IFAS 中附着相微生物的存在发挥了一定的作用。当 MBBR 中 DO 过低时，COD 去除率明显较低，其原因在于生物膜体系相对于另外两种体系的传质阻力较大；生物膜在较高 DO 下会大量脱落，去除率因生物量的减少而降低。

　　图 5-62、图 5-63 反映了反应器中 NH_4^+ 的变化情况。结果表明，IFAS 的去除效果最好，在低 DO 下 AS 的 NH_4^+ 去除效果最差，而在高 DO 下 MBBR 的 NH_4^+ 去除效果最差。NH_4^+ 去除率在 DO 为 0.5~2.5 mg/L 时，与 DO 浓度成正比；当 DO 达到 4.5 mg/L 时，NH_4^+ 去除率逐渐降低。IFAS 在 0.5 mg/L 的 DO 下，初期出水 NH_4^+ 浓度在 20 mg/L 左右，去除率仅为 53.5%，后期出水 NH_4^+ 浓度最终稳定在 6~8 mg/L，去除率升高至 85.7%。与之相比，AS 的 NH_4^+ 去除效能较差，在反应器运行后期出水 NH_4^+ 浓度在 10~15 mg/L 范围内，最终 NH_4^+ 去除率最低为 73.2%；MBBR 的去除率为 77.3%，介于 IFAS 和 AS 之间，三个系统的 NH_4^+ 去除效能与 COD 去除效能的变化趋势一致。当 DO 为 2.5 mg/L 时，IFAS 和 MBBR 体系的 NH_4^+ 去除率均较高，分别为 95.3% 和 91.4%，而 AS 体系的出水 NH_4^+ 较高，去除率为 89.2%。当 DO 提高至 4.5 mg/L 时，随着运行时间的延长，IFAS、AS 和 MBBR 的出水 NH_4^+ 浓度均有一定程度的升高，NH_4^+ 去除率均明显降低，分别为 79.6%、76.9% 和 68.3%。其中 IFAS 的 NH_4^+ 去除效果仍最优，而 MBBR 的出水 NH_4^+ 达到 15 mg/L 以上，去除率下降最为明显。

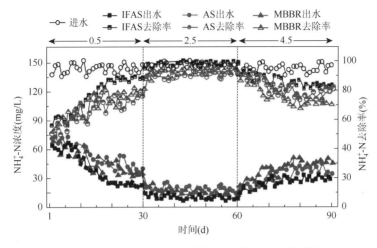

图 5-62 不同工艺体系在不同 DO 下的 NH_4^+ 变化情况

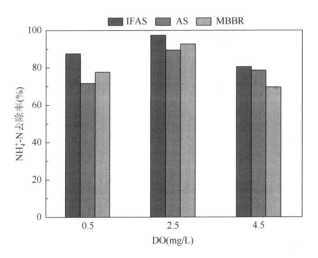

图 5-63 不同工艺体系在不同 DO 下的 NH_4^+ 去除率比较

NH_4^+ 主要通过硝化作用去除，DO 为影响硝化反应的关键因素之一，控制着整个反应过程。DO 浓度较低时，会抑制硝化作用的进行。主要参与硝化反应的氨氧化菌（AOB）和亚硝酸盐氧化菌（NOB）对 DO 的饱和系数不同，AOB 的氧饱和系数较低，因此在低 DO 环境下 AOB 菌的适应能力更强。在低 DO 环境下，AOB 快速富集，逐渐成为优势种群，能将硝化过程控制在短程硝化阶段，硝化速率逐渐提高直至恢复，减少了 DO 浓度对微生物代谢的影响。

通过对三种反应器在不同 DO 条件下的 NH_4^+ 去除效能的分析，IFAS 复合体系效果最好，出水波动范围较小，系统最为稳定。当 DO 为 0.5 mg/L、2.5 mg/L、

4.5 mg/L 时, IFAS 的 NH_4^+ 去除率分别达 85.7%、95.3% 和 79.6%。即使在低 DO 下, IFAS 的 NH_4^+ 去除效能仍可达到较高水平, 原因在于两相微生物的协同作用, 经过低 DO 环境的驯化, AOB 的富集能有效提高硝化作用。IFAS 在高 DO 下对 NH_4^+ 的去除效果有所下降, 原因在于较高的曝气量加剧了填料之间的碰撞和摩擦, 促使生物膜从载体填料上脱离流失, 进而使得体系生物量减少, 微生物量减少。而 AS 体系在高 DO 下的 NH_4^+ 去除率高于低 DO 条件下的去除率, 表明 DO 对 AS 的硝化作用影响较大。而 IFAS 和 MBBR 中均存在附着相微生物, 因较高的曝气量而脱落, 在 DO 为 4.5 时 NH_4^+ 的去除率低于 AS。

　　反应器在不同 DO 下的 TN 变化情况如图 5-64 和图 5-65 所示, 不同 DO 下, TN 的去除效果在 IFAS 中最好, AS 的 TN 去除效果最差。当 DO 为 0.5 mg/L 时, IFAS、AS 和 MBBR 三种体系的出水 TN 浓度随运行时间的延长呈逐渐降低的趋

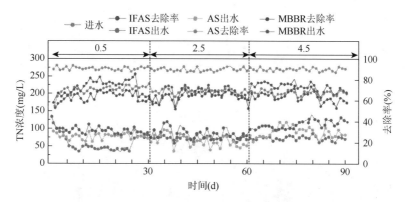

图 5-64　不同工艺体系在不同 DO 下的 TN 变化情况

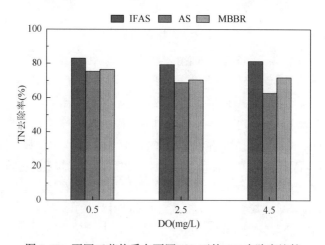

图 5-65　不同工艺体系在不同 DO 下的 TN 去除率比较

势，初始 TN 去除率分别为 59.7%、58.6% 和 57.8%，经过低 DO 驯化后，最终 TN 去除率比初始 TN 去除率高了 32.1%、27.2% 和 25.5%。当 TN 去除率在 DO 为 2.5 mg/L 时变化较小，IFAS、AS 和 MBBR 的 TN 去除率分别为 78.6%、70.3% 和 71.5%，显著低于 DO 为 0.5 mg/L 条件下的去除率，和另外两种体系相比，IFAS 的出水 TN 波动范围较小，系统稳定性较强，DO 的提高不利于 AS 和 MBBR 中 TN 的脱除，这是由于反硝化过程在好氧条件下被抑制，使得体系中含氮物质无法转化为氮气。当 DO 达到 4.5 mg/L 时，三种体系的 TN 去除率分别为 71.2%、53.5% 和 62.4%，IFAS 的 TN 去除效能均为最好。

低 DO 有助于短程硝化和同步硝化反硝化的同时会在一定程度上影响系统的硝化反应。硝化反应通常由 AOB 菌和 NOB 菌共同完成，首先是 AOB 菌将 NH_4^+ 转化为 NO_2^-，随后在 NOB 菌的作用下，NO_2^- 被进一步转化为 NO_3^-。AOB 菌由于具有较低的 DO 饱和常数，在低 DO 条件下可成为优势菌种，比增长速率逐步高于 NOB 菌。AOB 菌可通过周期性排泥逐渐富集，在与 NOB 菌的竞争中占优势，实现短程硝化作用，将硝化过程控制在第一步反应上，即 NH_4^+ 在 AOB 菌的作用下被氧化为 NO_2^-。硝化反应和反硝化反应是不同的反应过程，在不同的条件下发生。硝化反应完成后，生成的 NO_3^- 和 NO_2^- 会在反硝化细菌的作用下被还原成 N_2。而 SND 是将硝化和反硝化两个过程结合在一个反应器内同时进行。SND 实现的原因在于反应器内可形成具有不同 DO 浓度的微环境，使得好氧和缺氧环境同时存在，如悬浮相污泥絮体外部和内部及生物膜表面和内部均可形成不同 DO 浓度梯度的微环境，这就形成了好氧-缺氧的环境，好氧条件下发生硝化反应，硝化反应在缺氧环境中受到抑制，反硝化细菌在缺氧条件下利用硝化反应的产物进行反硝化作用。

TN 在 IFAS 和 MBBR 中的去除率高于其在 AS 中的去除率，原因是生物膜具有特有的结构特征，有利于微生物多样性的发展，另外 IFAS 体系内同时存在两相微生物，进一步加大了微生物种群的多样性和多层次的空间结构。DO 浓度在生物膜中形成了一定的浓度梯度，生物膜表面为好氧环境，生长了大量好氧微生物，随着生物膜厚度的增加，在其内部形成缺氧及厌氧区，为反硝化菌的生长提供了有利条件，有助于实现短程硝化及 SND。有机物去除的异养菌及脱氮功能菌（AOB、NOB 及反硝化细菌等）在生物膜中共存，使得生物膜系统具有良好的稳定性，且由于悬浮相活性污泥的缓冲作用，生物膜中的微生物更能够适应多变的环境条件，减少了环境条件改变带来的冲击。在碳氧化、SND 共存的系统中，高 DO 在利于污染物去除的同时一定程度上削弱了反硝化脱氮所需的缺氧微环境，降低了 TN 去除效果，不利于生物膜的生长，减少了附着相生物量，从而系统的脱氮能力降低；而低 DO 会抑制 NH_4^+ 的硝化过程，反硝化因缺乏电子受体硝态氮很难进行下去，但随着驯化过程的进行，有效富集了能适应低 DO 条件的 AOB 菌，反应器中 NOB 菌被淘汰，进而使短程硝化过程得以顺利进行，硝化速率逐渐提高直至恢复，同时反硝化在低 DO 条件下效果较好，因此低 DO 下体系中可实现较高的 TN 去除效能。

5.3.5.2 溶解氧对 SNAD 系统微生物特性的影响

1. 两相微生物量

两相微生物的生物量在不同 DO 下的变化情况如图 5-66 和表 5-10 所示，随着 DO 的提高，IFAS 和 MBBR 体系内的附着相生物膜量呈现先增长后减少的趋势。

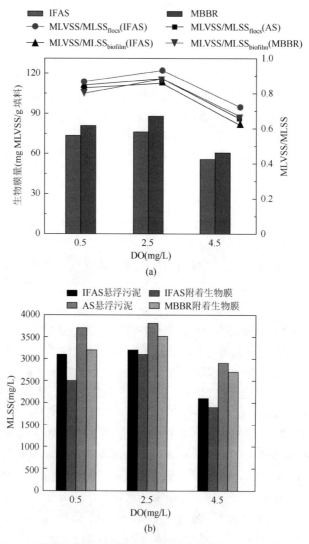

图 5-66　不同体系载体填料上的两相微生物量及 MLVSS/MLSS 值

IFAS 和 AS 体系的悬浮相活性污泥浓度在 DO 稍有提高时变化不大,之后明显降低。分析不同 DO 下 IFAS 两相微生物的挥发性成分(如 MLVSS),附着相挥发性生物量分别为 2074 mg MLVSS/g 填料、2640 mg MLVSS/g 填料和 1280 mg MLVSS/g 填料,悬浮相挥发性生物量分别为 2390 mg MLVSS/L、2560 mg MLVSS/L 和 1310 mg MLVSS/L。附着相 MLVSS 占总 MLVSS 的比例($X_{biofilm}/X_{total}$)分别为 0.43、0.48 和 0.47,表明随着 DO 的提高,附着相微生物活性逐渐高于悬浮相微生物。IFAS 的悬浮相生物量在 DO 为 0.5 mg/L 和 2.5 mg/L 时相差不大,附着相生物量随 DO 提高而逐渐升高,在 DO 为 2.5 mg/L 时,总生物量达到最高值 6190 mg MLSS/L;当 DO 为 4.5 mg/L 时,附着相生物膜大量脱落,悬浮相污泥由于自身氧化也有所减少。当 DO 从 0.5 mg/L 增加到 2.5 mg/L 时,IFAS 中悬浮相和附着相 MLVSS/MLSS 值逐渐升高,最高至 0.81 和 0.86,附着相生物膜活性提高较明显,对污染物去除的贡献程度相应增大;当 DO 过高时,两相微生物因受到不利影响,微生物活性降低。

表 5-10　三种体系在不同 DO 条件下的生物量对比

反应器	微生物特性	DO = 0.5 mg/L	DO = 2.5 mg/L	DO = 4.5 mg/L
IFAS	悬浮相活性污泥生物量 X_{flocs}(mg MLSS/L)	3070±61.9	3120±81.8	2140±62.4
	悬浮相活性污泥生物量 X_{flocs}(mg MLVSS/L)	2390±45.2	2560±32.5	1310±47.9
	MLVSS/MLSS$_{flocs}$	0.78	0.82	0.61
	附着相生物膜量(mg SS/g 填料)	70.7±0.43	75.5±0.87	79.2±0.45
	生物膜量折算的污泥浓度 $X_{biofilm}$(mg MLSS/L)	2560±70.2	3070±72.1	1910±70.3
	生物膜量折算的污泥浓度 $X_{biofilm}$(mg MLVSS/L)	2074±52.3	2640±35.6	1280±47.1
	MLVSS/MLSS$_{biofilm}$	0.81	0.86	0.67
	总生物量 X_{total}(mg MLSS/L)	5630±34.8	6190±46.2	4050±54.3
	$X_{biofilm}/X_{total}$(以 MLVSS 计)	0.43	0.48	0.47
AS	悬浮相活性污泥生物量 X_{flocs}(mg MLSS/L)	3640±75.5	3760±36.1	2910±55.7
	悬浮相活性污泥生物量 X_{flocs}(mg MLVSS/L)	2870±45.3	3010±53.9	1680±26.6
	MLVSS/MLSS$_{flocs}$	0.79	0.8	0.58
MBBR	附着相生物膜量(mg SS/g 填料)	81±2.06	91.6±0.13	97.1±0.24
	生物膜量折算的污泥浓度 $X_{biofilm}$(mg MLSS/L)	3180±98.6	3510±88.9	2690±60.2
	生物膜量折算的污泥浓度 $X_{biofilm}$(mg MLVSS/L)	2390±35.2	2880±41.7	1690±56.1
	MLVSS/MLSS$_{biofilm}$	0.75	0.82	0.63

2. 两相微生物耗氧活性

测定两相微生物在 IFAS 中的 SOUR，并将之与其他两个系统进行对比分析，来了解微生物对氧的消耗情况。由图 5-67（a）可知，三个系统中 SOUR 均与 DO 浓度成正比，随着 DO 浓度的升高而逐渐增大。IFAS 中，填料上附着的微生物 SOUR 低于悬浮相，由此可以说明 IFAS 内悬浮相传质阻力较小。IFAS 内悬浮相

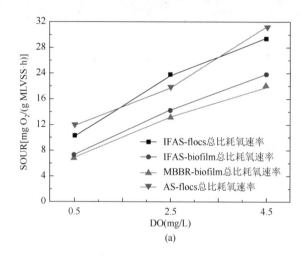

(a)

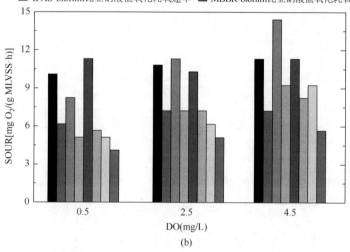

(b)

图 5-67　不同体系比耗氧速率 SOUR 的测定

（a）总比耗氧速率；（b）比氨氧化耗氧速率和比 NO_2^- 氧化耗氧速率

的 SOUR 在 DO 浓度较低时速率较低，低于 AS，但两个反应器的有机物去除率基本相同，说明填料上附着的微生物对有机物的去除起着一定的作用。随着 DO 提高，反应器内微生物对 DO 的消耗速率随着 DO 的提高逐渐增加。然而，较快的有机物分解速率会加强微生物的内源呼吸速率，在一定程度上破坏微生物的微观结构，其特性变差，反应器污染物的去除效能受到影响。图 5-67（b）描述了悬浮微生物和附着微生物量在 IFAS 中的比氨氧化耗氧速率和比亚硝酸盐氧化耗氧速率。当 DO 在 0.5～2.5 mg/L 范围内波动时，低 DO 时附着相参与污染物去除反应可以从比氨氧化和比亚硝酸盐氧化耗氧速率得出；填料上生物膜在溶解氧提高到 4.5 时脱落情况较为严重，发挥作用较小。

3. 两相微生物硝化活性

为了分析 IFAS 体系中两相微生物在去除 NH_4^+ 过程中所起的作用，在每个阶段，对 IFAS 中的悬浮污泥和附着相生物膜进行硝化速率［包括比氨氧化速率（SAOR）和比亚硝酸盐氧化速率（SNOR）］的测定，并与 AS 和 MBBR 进行对比，以此验证两相微生物各自的硝化活性情况，如图 5-68 所示。当 DO 从 0.5 mg/L 增至 2.5 mg/L 时，IFAS 附着相的硝化速率逐渐升高，反硝化速率降低，且均高于自身悬浮相和其他体系，附着相 SAOR 和 SNOR 值最高分别可达 10.7 mg N/(g MLVSS·h)和 12.1 mg N/(g MLVSS·h)。当 DO 增至 4.5 mg/L 时，附着相生物膜大量脱落，硝化和反硝化速率均有明显下降。IFAS 在低 DO 时，整体的脱氮效果最好，TN 去

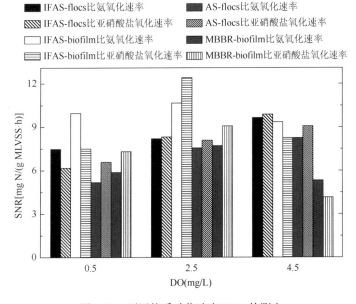

图 5-68   不同体系硝化速率 SNR 的测定

除率达 77.8%，此时悬浮相和附着相的 SAOR 均高于 SNOR，表明 AOB 菌的代谢活性强于 NOB 菌，且附着相中的 AOB 菌和 NOB 菌的硝化活性强于悬浮相中的相应菌群，附着相 AOB 菌在硝化过程中发挥作用较大，硝化过程在合理调控下可被控制在亚硝化阶段。在 IFAS 体系内，附着相生物膜参与硝化过程的程度和硝化速率不但受到电子供体和受体的限制，还受到液相主体中 DO 的制约，这是因为载体的比表面积有限，异养微生物和自养微生物之间存在竞争载体有限表面积的过程，因此附着相微生物参与 NH_4^+ 去除过程的程度与采用的载体填料、填充率及 DO 有关。

4. 两相微生物反硝化活性

为了分析 IFAS 体系中两相微生物在反硝化过程中所起的作用，在每个阶段，对 IFAS 中的悬浮污泥和附着相生物膜进行反硝化速率（SNUR）的测定，并与 AS 和 MBBR 进行对比，以此验证两相微生物各自的反硝化活性情况，如图 5-69 所示。总体上随着体系 DO 的提高，IFAS、AS 和 MBBR 内微生物的反硝化速率均有所下降，说明在系统具有硝化能力的前提下，DO 的提高不利于异养反硝化细菌的生长。当 DO 较低为 0.5 mg/L 时，IFAS 悬浮相的反硝化速率为 2.81 mg NO_3^--N/(g MLVSS·h)，明显高于 AS 体系的 1.98 mg NO_3^--N/(g MLVSS·h)，随着 DO 的提高，二者悬浮相的反硝化速率均逐渐降低，但 IFAS 悬浮相始终高于 AS。在各个阶段，IFAS 附着相的反硝化速率始终高于悬浮相，且高于相同 DO 条件下的 AS 和 MBBR 内相应微生物，表明 DO 明显影响两相微生物中反硝化细菌的增殖，反硝化细菌在异养细菌中的比例随 DO 的提高而减小，生物膜中的反硝化细菌比例高于悬浮相污泥，表明附着相对反硝化脱氮的贡献程度较大。综上，IFAS 在悬浮相的反硝化速率较低时，整体的脱氮效果却最好，说明悬浮相在脱氮方面所起的作用较小，附着相微生物在反硝化脱氮过程中发挥着较大作用。

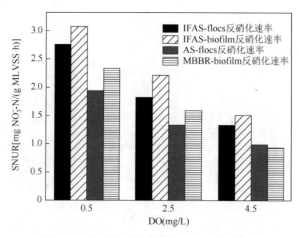

图 5-69 不同体系反硝化速率 SNUR 的测定

5. 两相微生物 EPS 特性

为了分析在不同 DO 条件下 IFAS 体系中两相微生物的胞外聚合物的组成及含量，在每个阶段，对 IFAS 中的悬浮污泥和附着相生物膜进行 EPS 的测定，并与 AS 和 MBBR 进行对比，以此比较两相微生物各自的 EPS 组成及含量变化情况，如图 5-70 所示。以蛋白质和多糖含量的总和作为 EPS 含量（以 MLVSS 计）。当 DO 从 0.5 mg/L 增至 2.5 mg/L 时，微生物 EPS 中蛋白质和多糖含量及 EPS 总量稍有下降；在低 DO 时，不同体系微生物 EPS 中蛋白质和多糖含量及 EPS 总量均有所升高。当 DO 增至 4.5 mg/L 时，蛋白质含量和 EPS 总量有明显下降，蛋白质/多糖比值亦降低。当 DO 较低时，微生物基质代谢时间长，部分微生物不能适应低 DO 环境而死亡，胞内物质溶出，EPS 和代谢产物分泌增多；当 DO 较高时，在饥饿状态下细胞发生自身氧化，微生物会分解 EPS 及胞内有机物，合成 ATP 以维持自身活性。在相同 DO 下，IFAS 中附着相的蛋白质含量始终高于悬浮相和其他体系，多糖含量较少，蛋白质/多糖比值较高。表明附着相微生物代谢活性较强，生物膜参与污染物去除的程度增大，尤其在低 DO 环境中。

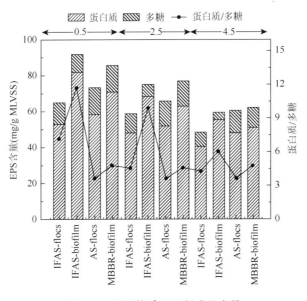

图 5-70　不同体系 EPS 组成及含量

结合 IFAS、AS 和 MBBR 体系的污染物去除效能情况，分析得到 IFAS 中的两相微生物 EPS 成分和含量与微生物代谢、絮凝稳定性和污染物去除等工艺运行效能有一定的联系。分析发现，多糖含量与体系的出水 TN 含量相关，出水 TN 越高，微生物 EPS 多糖含量越高，即与 TN 去除率呈负相关，推测原因是多糖可以作为脱氮过程的有机碳源被反硝化细菌利用。IFAS 中悬浮相 EPS 蛋白质含量与污泥沉降特性相关，蛋白质含量越低，污泥 SVI 值越小，污泥沉降性能越好，推测原因是蛋白质含量与微生物凝聚性能有关，较高的蛋白质成分会阻碍污泥絮体的凝聚效果。IFAS 中附着相生物膜的蛋白质含量约是悬浮相的 1.3~1.5 倍，表明附着相生物膜的代谢活性较强，生物膜的污泥龄较长，可生长世代时间较长的微生物，分泌较多的蛋白质类物质，使得蛋白质的比例增大。

6. 两相微生物沉降性能

比较 IFAS 和 AS 体系悬浮相微生物的污泥容积指数，如图 5-71 所示。IFAS 和 AS 体系中悬浮污泥的 SVI 值随着 DO 的升高呈现逐渐下降的趋势。当 DO 从 0.5 mg/L 增至 4.5 mg/L 时，IFAS 中悬浮相 SVI 分别为 180 mL/g、115 mL/g 和 99 mL/g，而 AS 中悬浮相 SVI 分别为 211 mL/g、128 mL/g 和 90 mL/g。当 DO 为 0.5 mg/L 和 2.5 mg/L 时，IFAS 内悬浮污泥的 SVI 均低于 AS，表明 IFAS 中悬浮污泥沉降性能较好。原因是附着相微生物的存在提高了悬浮相污泥的沉降性能，阻止了丝状菌的生长，能够抑制或减缓污泥膨胀，进而提高系统运行的稳定性。当 DO 增至 4.5 mg/L，IFAS 内悬浮污泥的 SVI 稍高于 AS，表明过高的 DO 水平影响了复合体系内悬浮相污泥的沉降性能。

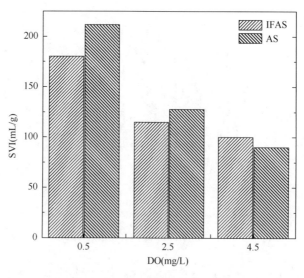

图 5-71　IFAS 和 AS 在不同 DO 下的悬浮相微生物量的 SVI 变化情况

7. 两相微生物其他特性

对比 IFAS 和 AS 在不同进水负荷条件下的其他微生物特性,如表 5-11 所示。在低 DO 时,IFAS 体系悬浮相黏度增加,污泥发生微膨胀,丝状菌有一定程度的增殖;此外粒径增大,均匀性稍有减小,Zeta 电位降低,吸附污染物性能减弱。在高 DO 时,IFAS 体系悬浮相黏度降低,污泥老化严重,无机成分明显提高;此外粒径稍有减小,均匀性明显降低,Zeta 电位明显降低,吸附污染物性能变差。

表 5-11　IFAS 和 AS 在不同 DO 条件下的其他微生物特性对比

	微生物特性	DO = 0.5 mL/g	DO = 2.5 mL/g	DO = 4.5 mL/g
IFAS	黏度（Pa·s）	3.2	1.5	0.8
	粒径（μm）	236	190	152
	粒径均匀性	0.66	0.78	0.31
	Zeta 电位（mV）	−20.3	−15.4	−35.2
AS	黏度（Pa·s）	3.6	1.9	0.4
	粒径（μm）	286	210	175
	粒径均匀性	0.42	0.56	0.22
	Zeta 电位（mV）	−24.3	−21.6	−40.9

5.4　动态膜填料强化生物膜系统脱氮工艺

采用创新生物活性配方材质,研发了多相流动态膜生物载体填料。其基底为环保型可回收 HDPE（高密度聚乙烯）材料;形状为高度开放式的流线型,符合水流动力学外观,可 360°翻转;适用于各种生物过程。

5.4.1　生物填料的参数确定

生物填料的主要特点有:流线型结构,在池内气液相交叉动态翻滚,水力性能好,配合活性亲水材质的作用,形成极好的成膜生化效果;比重控制接近于 1（0.90～0.95）,创新外观易流态化,流线型设计,促进传质;具有非常大的比表面积（650 m²/m³ 的有效面积）,可用于增强生物活性;生物膜生长于受保护的内表面,并易于脱膜,生物浓度稳定,生物膜量大（10～15 g/L）;有效微生物量和生物活性高，自清洗能力强，能维持高强生物菌群；创新的配方更易于生膜，生膜时间最快为 5～8 d；有利于降解难降解有机物的微生物生长，生物菌群丰富，出水水质好；附着生长方式，适合硝化菌生长，脱氮效率高；载体自由通畅地旋转，增加对水中气泡的撞击和切割，延长气泡在水中停留时间，氧气的利用率提高 3%～5%，有效降低了供氧能耗；抗负荷能力强，节能效率高；适用于各种生物过程——需氧（生化需氧量、硝化作用）、缺氧（反硝化作用）和厌氧（高负荷化学需氧量）。具体生物填料参数如表 5-12 所示。

表 5-12　多相流动态膜生物载体填料各项理化参数

理化参数	测试值	理化参数	测试值
规格（mm）	$\Phi 12 \times 13$	破损率（%）	4
比表面积（m^2/m^3）	650	磨损率（%）	14.5
密度（g/cm^3）	0.93	酸失量（%）	0.18
堆积个数（个/m^3）	≥400 000	碱失量（%）	0.14
静态接触角 θ（°）	83	紫外损失（%）	0.023
孔隙率（%）	0.95		

5.4.2　生物脱氮系统中生物填料的脱氮性能及调控参数

载体表面负荷（SALR）、HRT、DO、碱度对生物膜反应器的硝化及脱氮过程影响很大，在运行生物膜反应器时必须合理操控这些运行参数。对于生物膜反应器而言，有效生物膜净面积是关键的设计参数，而生物膜反应器的有机负荷常用 SALR 表示。对于自养硝化菌来说，载体表面负荷过高会促进异养型细菌迅速繁殖，抑制硝化细菌成为优势菌群；由于悬浮填料可以使世代时间长的硝化细菌停留在反应器内，生物膜反应器的水力停留时间可以相对较短，因此确定最佳的水力停留时间可有效节省运行成本；FBBR 的溶解氧主要由反应器底部的曝气装置提供，曝气量不仅影响填料的流化程度，而且间接影响反应器内可供微生物利用的氧浓度和氧传质效率；适宜的碱度不仅维持系统内的 pH，还影响着硝化反硝化过程。

本节实验选取 FBBR 中挂膜成熟的填料若干，投放入 10 L 反应器中，按照试验设计顺序进行 17 组连续流实验，在反应器运行温度为（21±1.0）℃、填料填充率为 40%条件下，考察有机负荷（以 SALR 表示）、HRT、曝气量对 FBBR 脱氮效果的影响并优化以上运行参数。

5.4.2.1　Box-Behnken 试验设计

试验对 SALR、HRT 及曝气量三个运行参数进行优化，表 5-13 给出了试验设计中试验变量的编码值与实际值的对照表，表 5-14 给出了编码值对应的相应参数值。COD、TN、NH_4^+ 去除率及碱度消耗量的影响因素多项式类型经适合度检验确定采用二次多项式（quadratic polynomial）模型，0.0172、0.0223、0.0022 和 0.0530 分别为其 p 值（Prob$>F$）。

表 5-13　试验中自变量的编码值与实际值的对照

因子代码	自变量	编码值		
		−1.000	0.000	1.000
A	SALR[g COD/(m²·d)]	3	5	7
B	HRT（h）	6	8	10
C	曝气量（L/min）	0.4	0.6	0.8

表 5-14　响应曲面的 Box-Behnken 设计及试验值

序号	有机负荷编码值	水力停留时间编码值	曝气量编码值	COD去除率（%）	NH_4^+去除率（%）	TN去除率（%）	碱度消耗量（mg/L）
1	0.000	0.000	0.000	84.89	88.82	41.99	223.23
2	−1.000	−1.000	0.000	76.92	65.26	35.35	150.6
3	0.000	0.000	0.000	95.2	86.71	61.04	126.92
4	−1.000	0.000	−1.000	85.77	49.85	46.89	263.2
5	0.000	−1.000	1.000	83.78	81.8	57.3	193.7
6	0.000	1.000	1.000	83.00	69.6	62.01	271.66
7	−1.000	1.000	0.000	87.32	67.94	38.77	193.7
8	0.000	0.000	0.000	92.12	85.19	62.19	104.38
9	0.000	1.000	−1.000	90.33	58.7	40.63	338.99
10	1.000	0.000	1.000	88.03	41.66	38.91	242.13
11	1.000	0.000	−1.000	92.6	58.68	42.7	360.05
12	0.000	−1.000	−1.000	75.37	51.52	55.58	135.84
13	1.000	1.000	0.000	89.66	77.44	26.76	338.98
14	−1.000	0.000	1.000	95.34	71.49	72.92	121.07
15	0.000	0.000	0.000	95.97	82.35	73.37	125.33
16	0.000	0.000	0.000	93.24	85.68	64.8	114.77
17	1.000	−1.000	0.000	83.09	52.03	35.5	172.64

5.4.2.2　SALR、HRT、曝气量对 FBBR 运行效果的影响

1. SALR、HRT、曝气量对 COD 去除率的影响

以 COD 去除率为响应值（Y_1），以 SALR、HRT 和曝气量为自变量，可以得到如下多项式回归方程：

$$Y_1 = 92.28 + 1.00*A + 3.89*B + 0.76*C - 0.96*A*B - 3.54*A*C - 3.93*B*C \\ -0.36*A^2 - 7.68*B^2 - 1.49*C^2 \tag{5-5}$$

该方程的方差分析（ANOVA）见表 5-15。由表 5-15 可知，$F = 4.42$，p 值（Prob$>F$）小于 0.05，表明其显著性良好。由图 5-72～图 5-74 可知，HRT 对响应值影响显著，COD 去除率随着 HRT 的增加先增加后减少，COD 去除率在 HRT 为 8～9 h、曝气量为 0.6 L/min 时可超过 90%。响应值受有机负荷和曝气量的影响较小。有机负荷为 3～4 g COD/(m²·d)、HRT = 8 h 时，曝气量从 0.4 L/min 增加到 0.8 L/min，COD 去除率仅增加了 2%左右；当有机负荷为 5 g COD/(m²·d)、HRT = 8～10 h，COD 去除率的提高受曝气量影响较小。

表 5-15　COD 去除率模型的方差分析

项目	平方和	自由度	均方	F 值	p 值（Prob$>F$）	备注
模型	515.96	9	57.33	4.42	0.0314	显著性
A-SALR	8.06	1	8.06	0.62	0.4562	
B-HRT	121.29	1	121.29	9.36	0.0183*	
C-曝气量	4.62	1	4.62	0.36	0.5692	
AC	49.98	1	49.98	3.86	0.0903	
BC	61.94	1	61.94	4.78	0.0650	
A^2	0.55	1	0.55	0.042	0.8429	
B^2	248.07	1	248.07	19.15	0.0033*	
C^2	9.33	1	9.33	0.72	0.4243	
残差	90.70	7	12.96			
纯误差	77.70	4	19.43			
总和	606.65	16				

$R^2 = 0.8505$；*为显著因子。

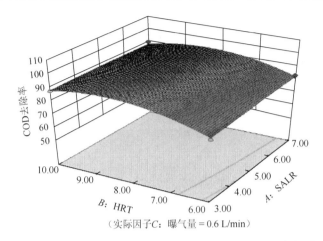

图 5-72 SALR 和 HRT 对 COD 去除率的等高线图及响应面

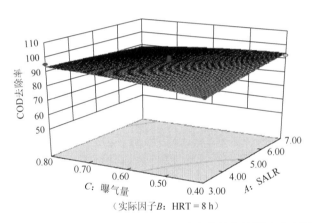

图 5-73 SALR 和曝气量对 COD 去除率的等高线图及响应面

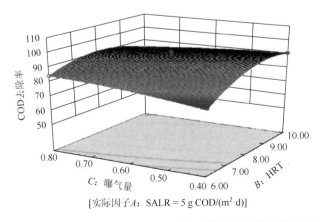

图 5-74 HRT 和曝气量对 COD 去除率的等高线图及响应面

2. SALR、HRT、曝气量对 NH$_4^+$ 去除率的影响

将 HRT、有机负荷和曝气量为自变量，NH$_4^+$ 去除率作为响应值（Y_2），经响应曲面模拟，可得方程式（5-6）：

$$Y_2 = 85.753.09*A + 2.88*B + 5.72*C + 5.68*A*B-9.67*A*C-4.85*B*C$$
$$-15.03*A^2-5.05*B^2-15.30*C^2$$

（5-6）

该方程的方差分析（ANOVA）见表 5-16。该模型的 $F = 6.93$，p 值（Prob＞F）小于 0.05，表明其显著性良好，仅存在 0.92%的水平上差异显著。本模型中 A^2 及 C^2 对 NH$_4^+$ 去除率影响显著。

表 5-16　NH$_4^+$ 去除率模型的方差分析

项目	平方和	自由度	均方	F 值	p 值（Prob＞F）	备注
模型	3238.31	9	359.81	6.93	0.0092	显著性
A-SALR	76.45	1	76.45	1.47	0.2644	
B-HRT	66.53	1	66.53	1.28	0.2950	
C-曝气量	262.21	1	262.21	5.05	0.0595	
AB	129.61	1	129.61	2.49	0.1588	
AC	373.65	1	373.65	7.19	0.0314	
BC	93.90	1	93.90	1.81	0.2207	
A^2	951.64	1	951.64	18.32	0.0037*	
B^2	107.33	1	107.33	2.07	0.1938	
C^2	985.16	1	985.16	18.97	0.0033*	
残差	363.62	7	51.95			
纯误差	22.22	4	5.56			
总和	3601.93	16				

$R^2 = 0.8990$；*为显著因子。

由图 5-57～图 5-77 可知，有机负荷和曝气量对响应值影响显著，当 HRT = 8 h，NH$_4^+$ 的去除率随曝气量和有机负荷的增加先增大后减少。NH$_4^+$ 去除率在曝气量为 0.4 L/min、有机负荷为 3 g COD/(m^2·d)时仅为 43.12%，在曝气量为 0.6 L/min、有机负荷为 3 g COD/(m^2·d)时，可达 71.55%，表明适当地加强曝气能增加氧的传质作用，促进 FBBR 对 NH$_4^+$ 的去除。当有机负荷从 5 g COD/(m^2·d)增加到 7 g COD/(m^2·d)时，NH$_4^+$ 去除率逐渐降低，原因可能在于有机负荷较高时，促进了异养微生物代谢，耗氧量增加，导致可供硝化菌利用的氧不足，硝化作用在一定程度上受到抑制。

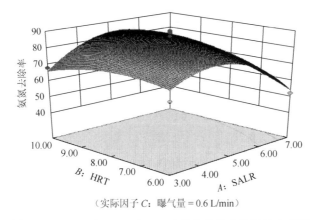

（实际因子 C：曝气量 = 0.6 L/min）

图 5-75　SALR 和 HRT 对 NH$_4^+$ 去除率的等高线图及响应面

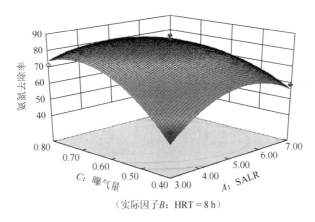

（实际因子 B：HRT = 8 h）

图 5-76　SALR 和曝气量对 NH$_4^+$ 去除率的等高线图及响应面

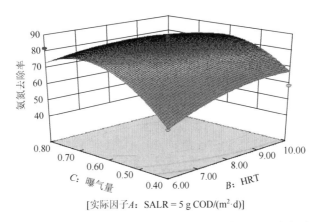

[实际因子 A：SALR = 5 g COD/(m^2·d)]

图 5-77　HRT 和曝气量对 NH$_4^+$ 去除率的等高线图及响应面

3. SALR、HRT、曝气量对 TN 去除率的影响

将 HRT、有机负荷和曝气量作为自变量，TN 去除率为响应值（Y_3），建立模型，得到方程式（5-7）：

$$Y_3 = 60.68-6.26*A-1.94*B+5.67*C-7.46*A*C+4.91*B*C-15.05*A^2 \\ -11.53*B^2+4.73*C^2 \tag{5-7}$$

该方程的方差分析（ANOVA）见表 5-17。该模型 $F = 3.90$，p 值（Prob$>F$）小于 0.05，表明其显著性良好，自变量对 TN 去除率仅存在概率 3.58% 的水平上差异显著。A、A^2 及 B^2 在模型中对 TN 去除率影响显著。

表 5-17 TN 去除率模型的方差分析

项目	平方和	自由度	均方	F 值	p 值（Prob$>F$）	备注
模型	2559.4	8	319.93	3.90	0.0358	显著性
A-SALR	313.25	1	313.25	3.82	0.0865*	
B-HRT	30.26	1	30.26	0.37	0.5605	
C-曝气量	256.96	1	256.96	3.13	0.1148	
AC	222.31	1	222.31	2.71	0.1384	
BC	96.63	1	96.63	1.18	0.3095	
A^2	954.20	1	954.20	11.63	0.0092*	
B^2	559.65	1	559.65	6.82	0.0311*	
C^2	94.24	1	94.24	1.15	0.3152	
残差	656.55	8	82.07			
纯误差	529.74	4	132.43			
总和	3216.01	16				

$R^2 = 0.8073$；*为显著因子。

各因素之间回归优化的响应图如图 5-78～图 5-80 所示。结果表明，对 TN 去除率影响显著的因素为 HRT 和有机负荷。TN 的去除率在 HRT = 8 h、曝气量为 0.6 L/min、有机负荷为 4～5 g COD/(m^2·d)条件下可超过 60%。TN 去除率在有机负荷过高或者过低时仅为 30% 左右，明显降低。原因可能在于有机负荷过低时难以为反硝化作用提供足够的碳源，有机负荷偏高时，一定程度上抑制了硝化作用。

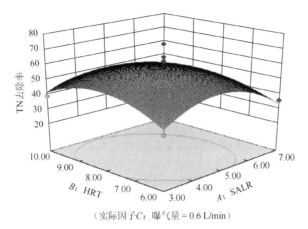

（实际因子C：曝气量 = 0.6 L/min）

图 5-78 SALR 和 HRT 对 TN 去除率的等高线图及响应面

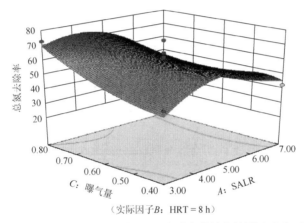

（实际因子B：HRT = 8 h）

图 5-79 SALR 和曝气量对 TN 去除率的等高线图及响应面

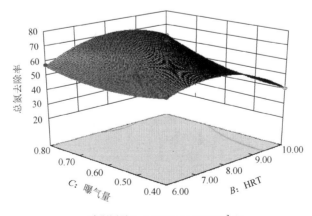

[实际因子A：SALR = 5 g COD/(m²·d)]

图 5-80 HRT 和曝气量对 TN 去除率的等高线图及响应面

当有机负荷为 5 g COD/(m²·d)时、曝气量为 0.60 L/min，不同 HRT 下系统的 TN 去除率分别为 51.25%（HRT = 6 h）、60.89%（HRT = 8 h）、47.75%（HRT = 10 h），HRT = 8 h 时，TN 去除率最高。原因在于 HRT 较小时，污水流速增大，会造成污染负荷增大，FBBR 中微生物与污染物反应不充分，HRT 较高则会延长微生物在反应器内的停留时间，导致部分老化的生物膜难以排出系统。

4. SALR、HRT、曝气量对碱度消耗量的影响

碱度可以对系统的硝化、反硝化过程起到指示作用，在硝化过程中每生成 1 mg/L 的硝态氮，就要消耗 7.14 mg/L 的碱度；而反硝化过程中每反应 1 mg/L 的硝态氮会生成 3.57 mg/L 的碱度。本节以碱度的消耗量为响应值（Y_4），以有机负荷、水力停留时间和曝气量为自变量，可以得到多项式回归方程式（5-8）：

$$Y_4 = 138.93 + 48.15*A + 61.32*B - 33.69*C + 30.81*A*B + 6.05*A*C - 31.30*B*C$$
$$+ 43.31*A^2 + 31.74*B^2 + 64.38*C^2 \tag{5-8}$$

该方程的方差分析（ANOVA）见表 5-18。该模型的 F 值为 4.24，p 值（Prob＞F）小于 0.05，说明模型具有良好的显著性，仅存在概率 3.50%的水平上差异显著。本模型中 A、B 及 C^2 对模型响应值影响显著。

表 5-18　碱度消耗量模型的方差分析

项目	平方和	自由度	均方	F 值	p 值（Prob＞F）	备注
模型	98257.65	9	10917.52	4.24	0.0350	显著性
A-SALR	18550.27	1	18550.27	7.20	0.0314[*]	
B-HRT	30079.91	1	30079.91	11.68	0.0112[*]	
C-曝气量	9080.13	1	9080.13	3.53	0.1025	
AB	3797.02	1	3797.02	1.47	0.2640	
AC	146.53	1	146.53	0.057	0.8183	
BC	3918.13	1	3918.13	1.52	0.2572	
A^2	7897.74	1	7897.74	3.07	0.1233	
B^2	4243.00	1	4243.00	1.65	0.2401	
C^2	17450.10	1	17450.10	6.78	0.0353[*]	
残差	18023.88	7	2574.84			
纯误差	9213.10	4	2303.27			
总和	1.163×10^5	16				

$R^2 = 0.8450$；*为显著因子。

　　为了重点考察反硝化过程的影响，进水 C/N 比≥6∶1，因此，碱度消耗量越低，说明系统的反硝化过程越明显，有利于 TN 的去除。由图 5-81～图 5-83 可知，SALR 和 HRT 对碱度消耗量有显著影响，当曝气量固定在 0.6 L/min、水力停留时间为 6～8 h、SALR 为 5 g COD/(m^2·d)左右时，碱度的消耗量预测值低于 150 mg/L；随着 SALR 的增加和 HRT 延长，碱度消耗量呈上升趋势。当 HRT 为 8 h，SALR 提高到 7 g COD/(m^2·d)时，NH$_4^+$去除率下降到 67.74%，TN 去除率下降到 39.46%，说明碱度消耗量增加的主要原因有两个方面：一方面是硝化作用明显，释放 H$^+$，消耗了大量的碱度；另一方面，系统反硝化作用稍差，产生的碱度不足以补充硝化过程消耗的碱度。

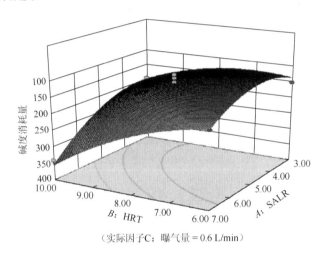

图 5-81　SALR 和 HRT 对碱度消耗量的等高线图及响应面

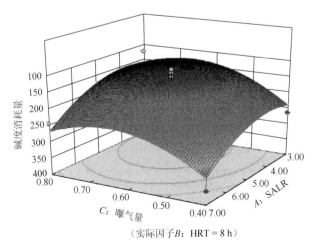

图 5-82　SALR 和曝气量对碱度消耗量的等高线图及响应面

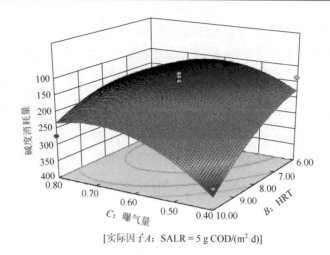

[实际因子 A： SALR = 5 g COD/(m²·d)]

图 5-83　HRT 和曝气量对碱度消耗量的等高线图及响应面

综上，在本实验条件下，Box-Behnken 模型得到的优化 FBBR 反应器运行参数的方案为：SALR 为 4.18 g COD/(m²·d)，HRT 为 8 h，曝气量为 1.66 L/min，即气水比为 35∶1 时，预测 COD 的去除率为 92.61%，NH_4^+ 去除率为 84.63%，TN 去除率为 67.93%，碱度的消耗量为 128.74 mg/L。

5. 模型的验证

取上述优化条件，调整 FBBR 运行参数，使有机负荷为 4.18 g COD/(m²·d)，水力停留时间为 8 h，气水比为 35∶1，连续运行 10 个周期：

连续运行 30~40 d 后，COD、NH_4^+、TN 的平均去除率为 91.45%±0.38%、85.77%±0.04%、65.58%±0.21%，碱度的平均消耗量为（133.14±2.23）mg/L，出水 COD、NH_4^+、TN 分别为 19 mg/L、3.0 mg/L、11.0 mg/L，达到《城镇污水处理厂污染物排放标准》（GB 18918—2002）中规定的一级 A 标准，说明本研究建立的模型预测性能良好，可为该工艺的实际运行提供技术上的支撑。

5.4.3　污泥接种方法对生物膜脱氮系统工艺的影响

通常情况下，用于处理高浓度有机废水的生物膜反应器，建议采用自然挂膜法；而对于城市生活污水，由于污染物浓度不高，采用自然挂膜法挂膜缓慢，因此选择合适的污泥接种方式，可使载体表面快速形成稳定的生物膜。本实验对比了两种污泥接种方法，即快速排泥法和延迟排泥法。它们的根本区别在于接种污泥在流化床生物膜反应器内的存留时间的长短，延迟排泥法是陆续将接种污泥排出反应器外，而快速排泥法在曝气 48 h 以后即刻排出反应器外。

5.4.3.1　有机物、NH_4^+ 去除情况

　　考察了采用延迟排泥法和快速排泥法对复合系统挂膜启动期间 COD 的去除情况。如图 5-84 和图 5-85 所示，采用快速排泥法的复合系统挂膜时间更短，为 7 天；但最初的 10 天，COD 去除率较低，平均去除率低于 50%。而采用延迟排泥法的复合系统，其 COD 去除率在整个挂膜启动期间都维持在较高的水平，平均 COD

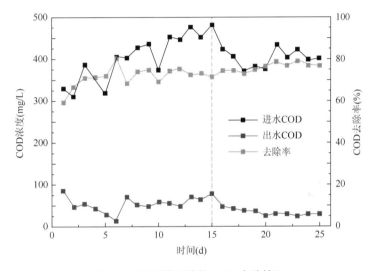

图 5-84　延迟排泥法的 COD 去除情况

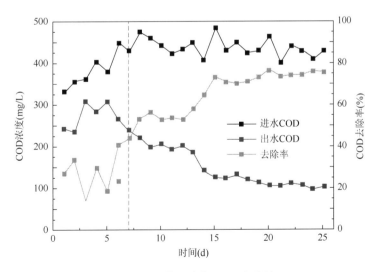

图 5-85　快速排泥法的 COD 去除情况

去除率为 75%左右。延迟排泥法延长了部分污泥在反应器的停留时间,系统内的悬浮生物量较高,因而 COD 去除率始终维持在较高的水平。

考察了采用延迟排泥法和快速排泥法对复合系统挂膜启动期间氨氮的去除情况。如图 5-86 和图 5-87 所示。启动期末,采用快速排泥法的复合系统 NH_4^+ 去除率明显提高,可达 63.63%;而采用延迟排泥法的复合系统在整个启动期内的 NH_4^+ 去除率提高并不明显,始终维持在较低水平。这同样与其接种污泥在反应器内的存留时间过长有关,悬浮的生物量始终多于填料上附着的生物量,异养菌群数量较多,抑制了硝化细菌的生长。

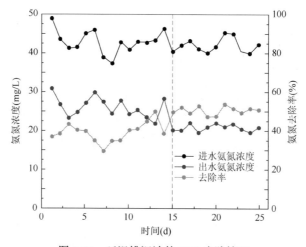

图 5-86　延迟排泥法的 NH_4^+ 去除情况

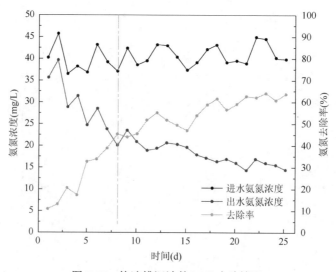

图 5-87　快速排泥法的 NH_4^+ 去除情况

5.4.3.2　碱度与 pH

出水 TN 中 NH_4^+、硝态氮和 NO_2^- 所占含量一定程度上可以反映系统的脱氮效果（由于 NO_2^- 的浓度始终小于 0.1 mg/L，故忽略不计）。对比两种污泥接种方法启动期出水 TN 中氮的存在形态（图 5-88 和图 5-89）。出水 TN 中 NH_4^+ 所占比

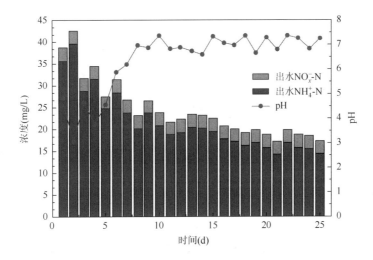

图 5-88　延迟排泥法的启动期出水中氮的存在形态及出水 pH 变化情况

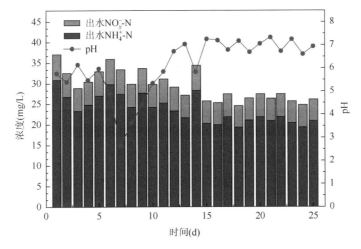

图 5-89　快速排泥法的启动期出水中氮的存在形态及出水 pH 变化情况

例均超过 70%，而 TN 的去除率低于 50%，说明系统内硝化反硝化过程还没有完全建立起来。采用快速排泥法的复合系统，其出水硝态氮浓度相对更低，说明系统内反硝化菌生长情况稍好一些，但仍然不能满足城市生活污水对 TN 的处理要求。

观察出水 pH 值发现，出水 pH 值与出水 NH$_4^+$ 浓度有一定的关系，当出水中 NH$_4^+$ 的浓度降低时，出水 pH 值有所上升，这可能与硝化作用需要消耗一定的碱度有关，有文献指出其实出水碱度能够更为准确地指示系统内的硝化、反硝化作用的发生。

5.4.4　动态生物膜系统微生物群落结构特征及脱氮机制分析

生物膜是复合系统处理污水的关键，有目的地控制微生物附着并形成结构有序、功能分化的生物膜对于许多环境工程实践至关重要。从挂膜启动到稳定运行，系统内的微生物群落结构特征和群落演替与反应器运行效果存在一定的联系，本节通过宏基因组测序技术对采用 MFD 填料的复合系统从挂膜启动初期接种污泥（以下简称 SS）、挂膜启动 25 天后填料上的生物膜（以下简称 BSPb）以及运行优化 30 天后填料上的生物膜（以下简称 BM）共三个样本进行研究，从菌种数量、菌种多样性和菌群结构的角度对单个样本以及样本间的差异进行综合全面的解析，并结合复合系统在各阶段对有机物、NH$_4^+$ 和 TN 的去除情况，重点分析复合系统工艺的脱氮机制。

5.4.4.1　动态生物膜系统各运行阶段系统内微生物菌种数量和多样性对比

1. OTU 分类的方法说明

微生物的菌种数量和多样性根据 OTU 分类结果判定。OTU 分类方法是先对样本 DNA 中碱基对序列进行测序和质量控制等一系列数据处理后，将多条序列根据其序列之间距离来进行聚类，再根据序列之间的相似性作为域值分成操作分类单元（OTU）。通常情况下，域值的序列相似性定为 0.97，该操作分类单元被认为可能属于属；域值的序列相似性定为 0.99，该操作分类单元被认为可能属于种。OTU 聚类采用的软件为 uclust，uclust 首先筛选出序列中最长 reads 作为种子序列，然后找出所有与该序列在域值范围内相似的序列并将其归为一类，然后依次类推，直到所有序列均聚好类别，每一个类别作为一个 OTU，因此，样本中所包含的 OTU 数目可以间接反映该样本中微生物的菌种数量及多样性。

2. 样本间的韦恩（Venn）图

样本 SS、BSPb 以及 BM 中的 OTU 数目分别是 3113、1576 和 995（图 5-90），说明动态生物膜系统中的菌群种类从挂膜启动初期、挂膜启动末期再到运行稳定这一过程中呈现逐渐减少的趋势，一些不能适应系统内部环境变化的菌群逐渐消亡。从各样本之间的共有 OTU 数目可以看出，BM 与 SS 的共有菌种数量为 81 个，与 BSPb 的共有菌种数量不超过 70 个，比 BSPb 和 SS 共有的菌种数量少 66.7%，说明动态生物膜系统附着在生物膜上的菌种数量在进入稳定运行期后发生较大变化。对挂膜启动初期、挂膜启动末期、运行参数优化后的稳定期系统内生物量（以MLVSS 计）进行测定，结果显示，这三个阶段的生物量依次为 3000 mg/L、6000 mg/L 和 8500 mg/L，说明系统内微生物量不断增加并且微生物群落从菌种种类丰富向个别菌种成为优势种群的方向演替发展。

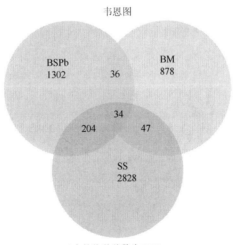

韦恩图

BSPb中的物种总数为1576
BM中的物种总数为995
SS中的物种总数为3113
BSPb和BM间重复的物种数为70
BSPb和SS间重复的物种数为238
BM和SS间重复的物种数为81

图 5-90　接种污泥（SS）、挂膜启动期生物膜（BSPb）以及运行优化后的生物膜（BM）的样本韦恩图

3. Beta 多样性分析

Beta 多样性分析是基于 Unifrac metric 值来衡量样本间物种组成的相似度。首

先，将 OTU 种子序列比对到 Greengene 核心 16r RNA 序列中，根据多序列队列构建以种子序列为节点的系统发育树，再通过计算进化树中不同样本间不同分支长度总和获得 Unifrac metric 值。通常情况下，Unifrac metric 值位于 0~1 之间，数值越小说明样本间相似度越高。Beta 多样性分析有样本距离计算、样本聚类和样本 PCA 分析三类，本实验对三个样本进行样本距离计算和样本聚类的 Beta 多样性分析，结果如图 5-91 所示。

图 5-91 中不同的颜色代表不同的距离值，颜色越接近红色表示样本间距离越近，相似度越高；颜色越接近蓝色表示样本间距离越远，相似度越低。BM 与 SS 和 BSPb 的样本间距离相差不大，与 BSPb 稍近，而 SS 与 BSPb 的样本间距离最远，说明 BM 与 SS 和 BSPb 的菌群均有一定程度的相似性，与 BSPb 的相似度更高，而 SS 与 BSPb 的相似度较低。BSPb、BM 上的菌群都是由 SS 中的菌群附着到填料上形成的，只是菌群种类不如 SS 丰富；而 BSPb 和 BM 之间的菌群结构差异是系统在不同运行工况下填料上的菌群对外部环境不断适应而日趋丰富的结果，由此，样本间距离热图反映了系统内菌群从接种污泥到少量菌群附着形成生物膜再到菌群结构丰富多样的演替过程。

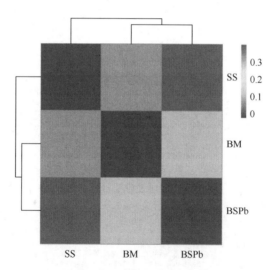

图 5-91 SS、BSPb、BM 样本间距离热图
（扫描封底二维码可查看本书彩图信息）

4. 主坐标（POCA）分析

POCA 分析是基于 OUT 聚类与 RDPclassifier 分类结果的三个最高的 OUT 聚类以及菌群，以这三个结果的 reads 数目制作成 3D 图，观察样本之间的关

系。SS、BSPb、BM 三个样本的 POCA 分析 3D 图如图 5-92 所示,选取 RDP 分析结果给出的三个样本中 reads 数目最多的三个种属结果 P1、P2 和 P3,它们对样本间差异的贡献率分别是 67.5%、32.5%和 0.0%。当样本间的相似度较高时,样本点在图中越聚集,反之则越分散。图中三个散点分别代表 SS、BSPb 以及 BM,样本点在三个坐标轴上的距离代表了样本受该种属影响下的相似性距离。如果距离较为分散,说明三个样本间的相似度不高,各样本中的优势菌群不尽相同。

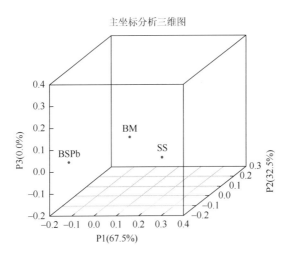

图 5-92　SS、BSPb、BM 的样本 POCA 分析 3D 图

5.4.4.2　动态生物膜系统各运行阶段系统内微生物菌群结构对比

1. RDP 分类的方法说明

RDP 分类方法可统计微生物样本在门、纲、目、科、属水平上的菌群结构,该方法对样本 DNA 中碱基对序列进行测序和质量控制等一系列数据处理后,采用 RDP classifier 软件根据贝叶斯算法对 97%相似度水平的 OTU 代表序列进行物种分类,并在界门纲目科属种水平下,统计各个样本的菌落组成。该方法所得分类结果的可信度基于 RDP 分类域值,即计算每条序列在属水平上分配到此类中的概率值,一般概率值应大于 0.8。

2. 动态生物膜系统各运行阶段系统菌群结构总体分析

图 5-93 所示为门(phylum)水平上三个阶段的微生物样本菌群分布图,结果表明,复合系统各运行阶段总量位居前四位的菌种基本相同,按照总量从大

到小依次为变形细菌门（Proteobacteria）、拟杆菌门（Bacteroidetes）、疣微菌门（Verrucomicrobia）和厚壁菌门（Firmicutes），这四种菌群量总和分别占 SS、BSPb、BM 菌群总量的 75%、98%和 93%。挂膜启动初期的菌群种类最丰富，多达十余种，进入挂膜启动末期和稳定运行期后，一些数量占比很少的菌群如硝化螺旋菌门（Nitrospirae）、衣原体（Chalmydiae）、绿弯菌门（Ignavibacteriae）等菌群逐渐被淘汰，变形细菌门和拟杆菌门成为最主要的两大优势菌群。有研究显示，大多数异养硝化-好氧反硝化细菌属于变形菌门，并且只有变形菌门中的菌属能够产生 NAP，该酶在好氧条件下的表达是异养硝化菌在好氧条件下进行反硝化的关键。因此，该工艺的脱氮机制很可能与异养硝化-好氧反硝化菌群有关。此外，BM 中放线菌门（Actinobacteria）的菌种数量占比有所增加。放线菌因菌落呈放射状而得名，大多有基内菌丝和气生菌丝，形成的菌落比较牢固，因此，含有放线菌的生物膜形态结构稳定、致密，与 SEM 下的菌落形态相符。

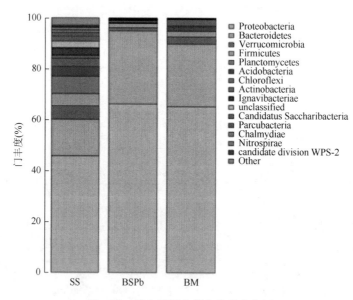

图 5-93　门水平所有样本菌群分布图

此外，从门水平物种丰度热图（图 5-94）可知，接种污泥中的菌群不仅种类丰富而且各类物种的丰度也较为均衡，位列前 10 位的菌群之间丰度值差距不大，因此系统内生物膜形成是多种细菌参与附着的过程，稳定运行期填料上生物膜表观形貌特征如图 5-95 所示，最先在"荒芜"的填料表面"栖息定居"的先锋细菌对于加速或减缓生物膜的形成具有重要作用。

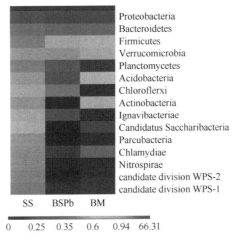

图 5-94　门水平物种丰富度

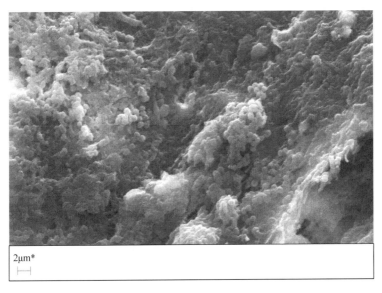

图 5-95　稳定运行期填料上生物膜表观形貌特征

3. 动态生物膜系统各运行阶段硝化、反硝化菌群结构分析

1) 挂膜启动初期

如图 5-96 所示, SS 中菌群种类丰富, 优势菌种为红环菌科 (Rhodocyclaceae), 占菌群总量的 15% 以上。硝化菌群有自养硝化型的亚硝化单胞菌科 (Nitroso-monadaceae) 和异养硝化型的产碱菌科 (Alcaligenaceae)、丛毛单胞菌科 (Coma-monadaceae), 这三类菌群的数量占比均不超过 5%。挂膜启动初期 (1～5 天) 复

合系统的NH_4^+去除率低于30%，COD去除率在50%左右，说明这一阶段微生物主要进行同化作用，利用NH_4^+和有机物进行合成代谢供微生物生长繁殖，与硝化过程相关的酶还没有被表达，硝化细菌的硝化作用不明显。

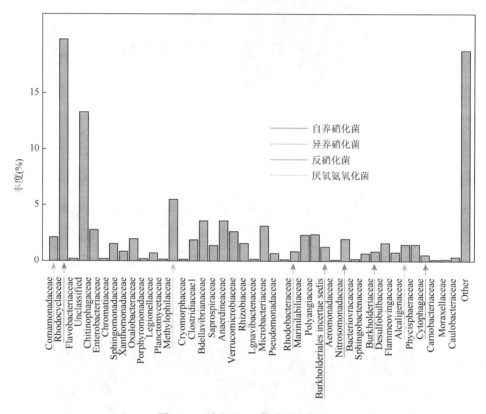

图 5-96　科水平 SS 菌群分布情况

这一阶段的复合系统中反硝化菌群则以红环菌科为主，另有红杆菌科（Rhodobacteraceae）、伯克氏菌科（Burkholderiales incertae sedis/Burkholderiaceae）以及噬纤维菌科（Cytophagaceae）。此外，SS样本中还含有5%的厌氧氨氧化菌——浮霉菌科（Planctomycetaceae），这些菌群的存在，为系统的硝化、反硝化过程提供了多种可能性，如同步硝化反硝化、异养硝化-好氧反硝化、厌氧氨氧化等。

2）挂膜启动末期

采用快速排泥法将接种污泥放入反应器进行挂膜启动运行25天以后去除挂膜成熟的填料获得挂膜启动期生物膜样本BSPb，其菌群分布情况如图5-97所示。结果表明，优先附着生长在填料上的菌种多为变形菌和拟杆菌，如β-变形菌门伯克氏纲的丛毛单胞菌科（Comamonadaceae）、拟杆菌门的黄杆菌科（Flavobacteriaceae）以及 γ-变形菌门的着色菌科（Chromatiaceae）；异养硝化菌丛毛单胞菌科成为优势菌种，占菌群总量的30%以上。此外，还有极少量的红杆菌科（Rhodobacteraceae）、伯克氏菌科（Burkholderiales incertae sedis）以及假单胞菌科（Pseudomonadaceae）；菌群分布中没有发现典型的硝化细菌，但有极少量的厌氧氨氧化菌群浮霉菌科（Planctomycetaceae），这可能是挂膜启动期 COD 去除率较高而 NH_4^+ 去除率相对较低的主要原因。一方面，一些有鞭毛、纤毛的异养菌较快附着到填料上形成优势菌；另一方面，挂膜启动期 COD/TN 在 6.5～8.0 左右，更适宜异养硝化菌生长，因而自养型硝化菌的生长繁殖受到抑制。此外，硝化细菌自身的世代时间较长，对外部环境变化敏感，较短的挂膜启动期内难以形成稳定的自养硝化菌群。

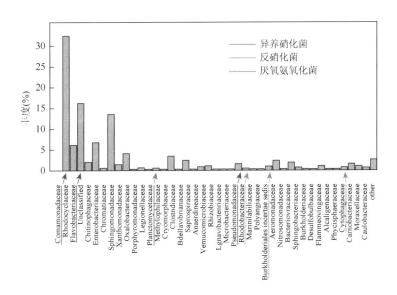

图 5-97　BSPb 样本菌群分布情况

3）稳定运行期

图 5-98 所示为纲水平的 BM 菌群分布情况，结果显示，γ-变形菌纲是主要的优势菌群，占菌群总量的 25%以上，而大部分异养硝化-反硝化菌都属于 γ-变形菌纲。进一步分析科水平的 BM 菌群分布情况（图 5-99）可知，γ-变形菌纲的肠杆菌科（Enterobacteriaceae）、α-变形菌门的鞘脂单胞菌科（Sphingomonadaceae）为优势菌群，分别占菌群总量的 15%和 10%以上。硝化菌群进入稳定运行期后，群落结构发生明显变化，丛毛单胞菌科（Comamonadaceae）数量减少，系统内主要的异养硝

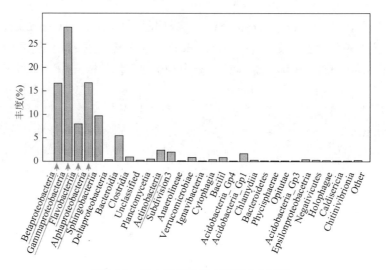

图 5-98　纲水平 BM 样本菌群分布情况

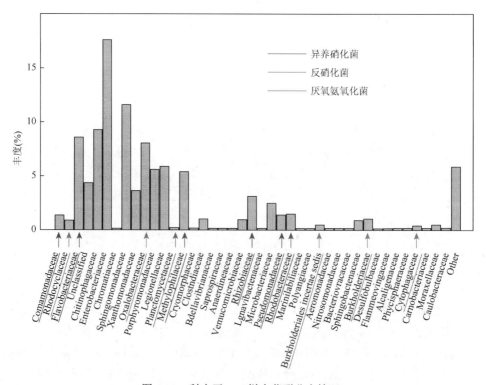

图 5-99　科水平 BM 样本菌群分布情况

化-好氧反硝化菌群有根瘤菌科（Rhizobiaceae）、假单胞菌科（Pseudomonadaceae）、红杆菌科（Rhodobacteraceae），还有少量的草酸杆菌科（Oxalobacteraceae）、嗜甲

基菌科（Methylophilaceae）以及伯克氏菌科（Burkholderiaceae）。对比挂膜启动期和参数优化后的运行期 TN 去除情况和碱度消耗情况，后者的 TN 去除率比前者高 25.74%，而碱度消耗比前者少 89.53 mg/L，运行期的反硝化作用更显著，反硝化细菌代谢旺盛，说明参数优化后促使复合系统内反硝化菌群的种类更加丰富，并改变了优势菌群。

5.4.4.3　动态生物膜系统脱氮机制分析

通过对动态生物膜系统各阶段的微生物群落特征分析和对比可知，挂膜启动末期和稳定运行期硝化菌的主要构成是异养型硝化菌，自养硝化菌群和厌氧氨氧化菌群在挂膜启动末期已大幅减少，总量不到1%。挂膜启动末期 NH_4^+ 的去除率为63.63%，稳定运行期 NH_4^+ 的去除率为84.63%，TN 去除率为67.93%，说明系统内存在显著的硝化作用，因此可以确定复合系统工艺的脱氮机制为异养硝化-好氧反硝化。MFD 填料的多孔特点增加了填料各部分生物膜与氧和液相中污染物的接触面积，填料各处生物膜几乎均可与外界进行物质交换，几乎不存在缺氧层和厌氧层，因此挂膜启动期末和稳定运行期系统内主要的优势菌群均为好氧菌，硝化细菌也以异养硝化反硝化菌群为主。此外，挂膜启动期和稳定运行期参与异养硝化反硝化的菌群有所不同，挂膜启动期的异养硝化菌科以丛毛单胞菌科（Comamonadaceae）为主，这类菌科中已被发现的异养硝化菌株有 Comanonas sp. GAD4，Comanonas sp. N1 等；而稳定运行期的异养硝化菌科以根瘤菌科（Rhizobiaceae）、假单胞菌科（Pseudomonadaceae）、红杆菌科（Rhodobacteraceae）为主，上述菌科中已被分离并鉴定的异养硝化菌株有 Rhizobium DN7、Pseudomonas qy37、Pseudomonas YZN-001、Paracoccus sp.等。

异养硝化-好氧反硝化菌的脱氮机制因菌种不同而异，尤其是硝化过程，受溶解氧、C/N 比、有机碳源类型、温度及 pH 影响，硝化特性和脱氮效率差别明显。以往学者[48]的研究认为，HN-AD 过程中产生的过剩还原力被用于合成聚 β-羟基丁酸，代谢过程中克服了传统电子传递链中细胞色素 c 和细胞色素 a$_3$ 之间的瓶颈，允许电子同时传递到反硝化酶和氧气，从而完成好氧条件下的反硝化过程。因此，确定 HN-AD 脱氮机制和代谢途径的关键是参与 HN-AD 过程的不同关键酶。异养硝化菌与自养硝化菌具有相似的酶系统，有单加氧酶（AMO）和羟氨氧化酶（HAO）；参与好氧反硝化过程的酶主要有 Nar、亚硝酸盐还原酶（Nir）、一氧化氮还原酶（Nor）和氧化二氮还原酶（Nos），这些酶都位于细胞周质中。其中，好氧条件下的 Nar 主要是 NAP 表达，因此，检测 HN-AD 菌群细胞周质中的 NAP 的活性即可证明系统存在好氧反硝化过程。

由于动态生物膜系统中的菌群为混合菌群，因而其脱氮机制只能通过出水中含氮产物并结合已有的研究结论进行初步的探讨。根据稳定运行期的出水 TN 中氮的分布情况可知，出水 TN 的主要成分是 NH_4^+（70%）和硝态氮（8%），几乎不存在 NO_2^-。脱氮过程中各个阶段的主要功能菌种及关键酶的基因与特性需要通过间歇曝气、溴百酚蓝培养基或其他选择培养基对系统中的 HN-AD 菌群进行分离纯化后，检测硝化、反硝化过程中的关键酶的基因表达及酶活性，从而进一步细化和探究。

5.5　反硝化厌氧甲烷氧化脱氮工艺

　　全球氮循环在调节气候变化以及氮素转化过程中起着关键作用，涉及各种微生物介导的一系列生物过程（图 5-100）。微生物在厌氧环境中分解含氮有机物释放出 NH_4^+，经扩散作用进入好氧环境中；氨氧化菌和亚硝酸盐氧化菌驱动的硝化过程能够在好氧条件下通过 NO_2^- 将 NH_4^+ 转化为 NO_3^-；不同的异养反硝化菌在缺氧条件下以有机碳为电子供体，将 NO_3^- 依次还原为 NO_2^-、NO、N_2O 和 N_2。自 19 世纪末废水生物处理技术发展以来，硝化/反硝化过程在最初一直被人们认为是自然和工程生态系统中最为普遍的氮素转化过程；直到最近一些新的生物过程逐渐被发现，包括 Anammox、全程氨氧化（Comammox）以及反硝化型厌氧甲烷氧化（DAMO）过程等。这些新生物过程的发现不仅加深了人们对全球氮循环的理解，也为污水处理厂的升级改造提供了可替代的方案，以实现可持续的废水脱氮理念。

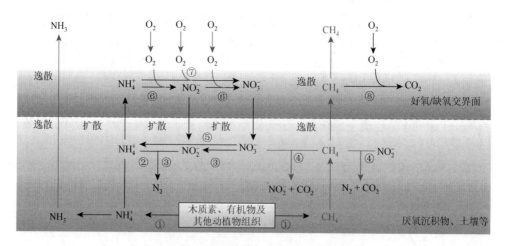

图 5-100　由微生物介导的氮素循环过程

①微生物的氨化作用；②厌氧氨氧化过程；③反硝化过程；④反硝化型厌氧甲烷氧化过程；⑤硝酸盐异化还原为铵过程；⑥硝化过程；⑦全程氨氧化过程；⑧好氧甲烷氧化过程

污水生物脱氮处理过程中的碳源缺乏是普遍的难题，通过投加有机物不仅带来了经济负担，同时也增加了碳足迹的排放，难以满足"碳中和"和"碳达峰"所倡导的要求；而新型的 Anammox 工艺需要精准控制亚硝化以获得废水中特定 NO_2^- 和 NH_4^+ 摩尔比，且该过程无法进一步去除产生的 NO_3^-，最高达 80%的理论脱氮率。在废水生化处理的前置单元——厌氧处理过程中会产生大量的甲烷溶解于出水中，在后续的好氧处理过程中会造成温室气体的排放以及低效的能源回收，这已经成为当前污水厌氧生物处理技术广泛应用的障碍。DAMO 是新近发现的生物过程，DAMO 过程耦联了甲烷氧化和反硝化过程，基于这一原理，DAMO 过程在响应当前"碳中和"的背景下具有非常明显的需求，能够为污水生物脱氮新工艺的设计与发展提供契机。该过程由与嗜甲烷古菌同源的 ANME-2d 古菌和隶属于 NC10 门的细菌共同催化完成，可与 Anammox 过程耦合实现 CH_4、NH_4^+、NO_2^- 以及 NO_3^- 的共去除。哈尔滨工业大学丁杰教授课题组围绕 DAMO 脱氮体系的构建和功能微生物代谢途径机制的解析两个关键问题开展研究，以期为推动 DAMO 工程化应用和加深理解其在生物地球元素循环中的关键作用做出贡献。图 5-101 展示了一种应用 DAMO 过程的典型污水处理流程。

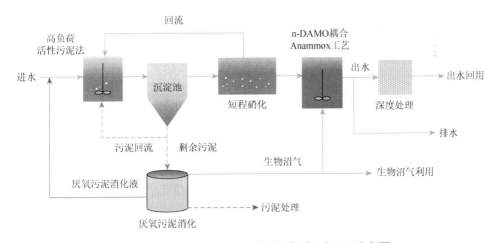

图 5-101　一种应用 DAMO 过程的典型污水处理流程图

5.5.1　DAMO 功能微生物富集培养

DAMO 功能微生物富集培养采用如图 5-102 所示的微生物富集培养反应器。反应器材质为玻璃，具有夹层用于水浴保温。反应器总体积为 2.8 L，有效工作体积为 2.0 L；反应器主体自下而上有三个开口，分别是甲烷曝气口、液体采样口和顶空气体采样口，同时还装有 pH 电极。甲烷曝气口用于批量甲烷的供应，通过甲烷曝气口定期充入含有 95% CH₄ 和 5% CO₂ 的混合气体以实现反应器内溶解性甲烷的供应；液体采样口用于日常的水样收集以及定期的生物样品采集；顶空气体采样口用于采集反应器顶空的气体。磁力搅拌器用于反应器内部的泥水混合。

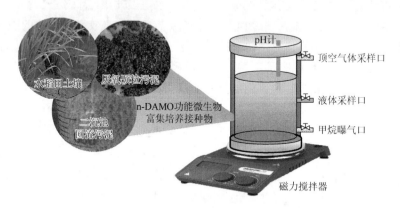

图 5-102　DAMO 功能微生物富集培养 SBR 反应器示意图

　　功能微生物富集反应器采用序批式模式运行。接种物为农田沟渠土、IC 厌氧反应器颗粒污泥和二沉池活性污泥以 2∶1∶1 比例混合的混合物。农田沟渠土于 2016 年 7 月取自湖北省襄阳市某水稻田（N32°01′8.26″，E111°55′33.75″；取样深度为 60～80 cm）；IC 厌氧反应器颗粒污泥来自安徽省某造纸厂；二沉池活性污泥来自于哈尔滨市文昌污水处理厂；三种污泥的理化参数见表 5-19。富集培养的温度为 30～32℃，顶空甲烷混合气体的分压约为 100 kPa。接种物和培养基通过磁力搅拌器进行混合，搅拌转速为 200 r/min。富集培养反应器的运行周期为 15～20 天，定期进行新鲜培养基的更换（新鲜培养基在使用之前用高纯氮气进行曝气除氧，培养基的成分见表 5-20），每次更换 500 mL。加入新鲜培养基后，先用高纯氮气（99.999%）曝气 20 min 消除氧气的影响，然后通入 95% 的 CH₄ 和 5% 的 CO₂ 的混合气体置换反应器顶空气相中的氮气。

表 5-19　接种污泥的理化参数

样品	pH	MLVSS（g/L）	NH_4^+（mg N/L）	NO_3^-（mg N/L）	NO_2^-（mg N/L）
农田沟渠土	6.45	0.894	7.56	2.58	0.43
IC 颗粒污泥	7.72	51.401	19.57	1.22	0.23
二沉池污泥	6.98	4.468	2.32	3.45	0.98

表 5-20 微生物富集培养的培养基组成成分及其含量

基础培养基成分及含量（g/L）		酸性微量元素溶液成分及含量（g/L）		碱性微量元素溶液成分及含量（g/L）	
KH_2PO_4	0.075	HCl	100 mmol/L	NaOH	10 mmol/L
$CaCl_2 \cdot 2H_2O$	0.300	$FeSO_4 \cdot 7H_2O$	5.560	SeO_2	0.067
$MgCl_2 \cdot 6H_2O$	0.165	$ZnSO_4 \cdot 7H_2O$	0.068	$Na_2WO_4 \cdot 2H_2O$	0.050
酸性微量溶液	0.0005	$CoCl_2 \cdot 6H_2O$	0.120	Na_2MoO_4	0.242
碱性微量溶液	0.0002	$MnCl_2 \cdot 4H_2O$	0.500		
		$CuSO_4$	1.600		
		$NiCl_2 \cdot 6H_2O$	0.095		
		H_3BO_3	0.014		

以 CH_4、NO_3^- 和 NH_4^+ 为底物启动富集反应器 SBR-I，培养以 ANME-2d 古菌和 Anammox 细菌为主的 DAMO 耦合 Anammox 共富集培养物；以 CH_4 和 NO_2^- 为底物启动富集反应器 SBR-II，培养以 NC10 细菌为主的 DAMO 富集培养物。在富集培养过程中，通过批次补充硝酸钠浓缩液和氯化铵浓缩液来维持富集反应器 SBR-I 内的各氮素基质浓度在 50～200 mg N/L；通过批次补充亚硝酸钠浓缩液来维持反应器 SBR-II 内的氮素基质浓度在 10～25 mg N/L。

考虑反硝化过程的甲烷需求量以及氮气的产生量，根据富集反应器内的脱氮速率及时调整甲烷的曝气频率，以防止由于甲烷不足引起富集效率低下以及反应器内部压强过大导致反应器的破裂（富集启动时的甲烷曝气频率为每天一次，一次 10 min，气流量为 500～700 mL/min）。

5.5.2 膜曝气膜生物反应器及启动运行

膜曝气膜生物反应器（MAMBR）的构型如图 5-103 所示。MAMBR 的总体积为 2.5 L，其中 2.0 L 为有效的工作体积。反应器内装配用于甲烷无泡曝气的耐高压透气膜组件和用于膜过滤出水的超滤膜组件。耐高压透气膜组件由 256 根中空纤维膜组成，每根中空纤维膜长 18 cm，内外直径为 180 μm/280 μm。用于甲烷曝气的中空纤维膜总膜表面积为 0.04 m^2，比表面积为 20 m^2/m^3。含有 CH_4 和 CO_2 混合气体［19:1（V/V）］的高压气瓶通过气动减压阀与曝气中空纤维膜连接，并通过控制膜腔内的气压为 100 kPa（相对压力）使甲烷的膜通量为 0.05 mmol CH_4/(L·m^2·s)。超滤膜组件的总膜表面积为 0.2 m^2，膜孔径为 0.05 μm，其操作方式为序批式运行，即在一个操作循环中（10 min）具有 9 min 的工作状态和 1 min 的弛豫状态。整个膜过滤出水系统的运行与否由压力传感器传输到计算机的跨膜压力信号决定。

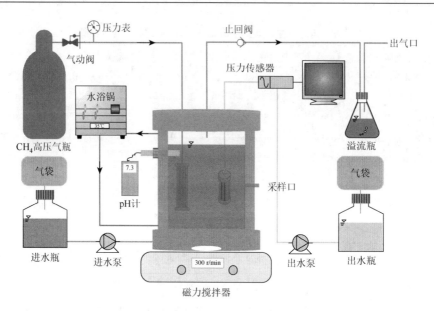

图 5-103　膜曝气膜生物反应器系统结构示意图

MAMBR 用连续流运行模式启动,接种污泥为富集反应器 SBR-Ⅰ 中的 DAMO 耦合 Anammox 共富集培养物。为了模拟对短程硝化工艺出水的脱氮处理,MAMBR 的进水中含有 NH_4^+ 和 NO_2^-;甲烷通过高压无泡曝气膜组件进行持续供给,甲烷的供应膜通量为 0.05 mmol CH_4/(L·m²·s)。在启动时,控制进水中 NO_2^- 和 NH_4^+ 的浓度比为 1.06,该比值符合 DAMO 耦合 Anammox 工艺完全脱氮时的理论化学计量比。最初的 TN 进水负荷为 600 mg N/(L·d);第 9 天增加至 1030 mg N/(L·d);然后梯度增加至 1442 mg N/(L·d)、2000 mg N/(L·d) 以及 2500 mg N/(L·d),具体的运行条件控制如表 5-21 所示。

表 5-21　MAMBR 运行条件控制

阶段（d）	进水（mg N/L）		TN 负荷 [mg N/(L·d)]	HRT（d）	进水 NO_2^- 与 NH_4^+ 的浓度比
	NO_2^-	NH_4^+			
0～8	2572.8	2427.2	600	8.3	1.06
9～14	2572.8	2427.2	1030	4.8	1.06
15～21	2641.5	2358.5	1030	4.8	1.12
22～56	2716.9	2283.1	1030	4.8	1.19
57～78	2716.9	2283.1	1442	3.5	1.19
79～125	2716.9	2283.1	2000	2.5	1.19
126～154	2716.9	2283.1	2500	2.0	1.19
155～200	2695.9	2304.1	2500	2.0	1.17

5.5.3   膜曝气膜生物反应器脱氮性能及其模型优化

5.5.3.1   曝气膜材料优选

本节研究首先采用四种不同材质［聚二甲基硅氧烷（PDMS）、复合材料、硅橡胶（silicone rubber）以及聚丙烯（polypropylene）］的中空纤维膜进行甲烷膜通量、挂膜效能的预试验。四种膜材料的理化参数见表 5-22。试验结果表明，B 膜的甲烷膜通量最高，D 膜次之。挂膜效率的试验结果表明，B 膜的挂膜效率最高，D 膜的过膜效率最低（图 5-104）。通过扫描电镜观察了其表面的微观结构，结果如图 5-105 所示。因此，对于 MAMBR 的甲烷曝气膜材料，优选 D 膜，具有较高的甲烷膜通量，同时具有最小的挂膜效率，难以形成生物膜，适合用于悬浮污泥的研究。

表 5-22   中空纤维膜材料理化参数

膜材料编号	膜材质	膜内径（μm）	膜外径（μm）	接触角（°）	泡点（MPa）	甲烷膜通量 [mmol/(m²·s)]
A	硅橡胶	110	200	38.5	0.09	0.045
B	PDMS	120	200	43.2	0.05	0.055
C	聚丙烯	170	210	52.3	0.25	0.032
D	复合材料	220	280	86.5	0.10	0.050

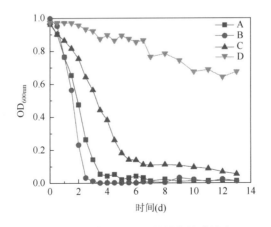

图 5-104   四种不同膜材料的挂膜效率

用培养液中 OD_{600} 值的大小衡量膜材料的挂膜效率

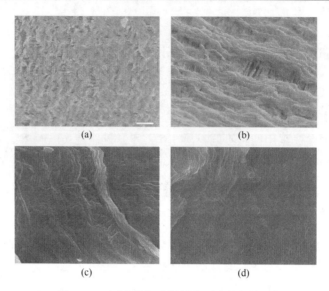

图 5-105　四种曝气膜材料表面电镜扫描图

（a）A 膜材料；（b）B 膜材料；（c）C 膜材料和（d）D 膜材料。图中比例尺为 1 μm

5.5.3.2　MAMBR 脱氮性能及种群结构

MAMBR 长期运行的脱氮性能如图 5-106 所示。可以看出，在较短的时间内（160 天）进水的 TN 负荷从 600 mg N/(L·d)提高至 2500 mg N/(L·d)，TN 的去除率始终保持在 90%以上［图 5-106（a）］。图 5-106（b）为出水中各形态氮的浓度变化曲线以及进水 NH_4^+ 和 NO_2^- 的进水负荷曲线。可以看出，在反应器运行的整个过程中，出水的 NO_2^- 始终接近 0；当负荷提高时，出水中的 NH_4^+ 和 NO_3^- 浓度均出现先增高后降低的趋势，这表明功能微生物的活性越来越高，且厌氧氨氧化活性一直没有达到其脱氮能力的上限。在运行的第 149 天，出水的 NH_4^+ 浓度接近 0，此时出水的 TN 以 NO_3^- 的形态为主。为了进一步降低出水中 TN 的浓度，NH_4^+ 和 NO_2^- 的进水负荷比从 1∶1.19 被调至为 1∶1.17。可以看出，出水中 NO_3^- 的浓度从 50 mg N/L 左右逐渐降低至 25 mg N/L 以下。由此说明，在该体系中，当出水中 NH_4^+ 的浓度为 0 时（NH_4^+ 不足），ANME-2d 古菌还原 NO_3^- 的产物 NO_2^- 会出现积累（NC10 细菌的 NO_2^- 还原速率小于 ANME-2d 古菌的 NO_2^- 生产速率），这一信号会以负反馈的形式作用于 ANME-2d 古菌，使得 ANME-2d 古菌的 NO_3^- 还原速率维持在一定的范围。当增加 NH_4^+ 和 NO_2^- 的进水负荷比时，NH_4^+ 出现盈余，此时 ANME-2d 古菌的活性进一步提高，使得出水的 NO_3^- 浓度降低。

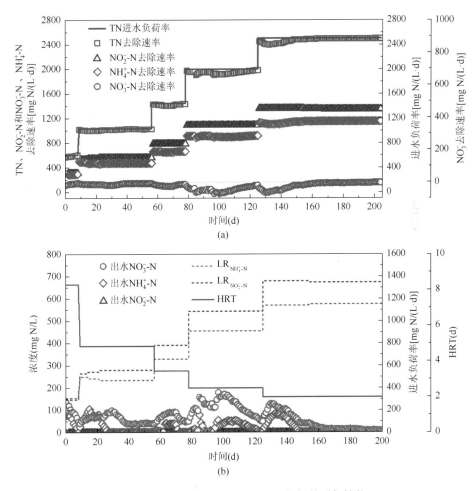

图 5-106　MAMBR 在 200 天运行期间的脱氮性能

（a）TN 负荷率和去除速率，NH_4^+、NO_2^- 和 NO_3^- 的去除速率；（b）NH_4^+ 和 NO_2^- 负载量，出水中 NH_4^+、NO_2^- 和 NO_3^- 的浓度

　　在 MAMBR 连续运行过程中，以含有 NH_4^+ 和 NO_2^- 的合成废水作为反应器的进水，以期实现对短程硝化出水的模拟处理。随着 NH_4^+ 和 NO_2^- 进水负荷的增加，Anammox 菌的生长得到促进，在 MAMBR 运行的第 182 天，*Ca. Kuenenia* 属的相对丰度显著增加至 44.99%。相比之下，*Ca. Methanoperedens* 的相对丰度在 MAMBR 运行的第 182 天逐渐下降到 36.44%。随着 MAMBR 稳定运行的出现，ANME-2d 古菌和 Anammox 细菌的相对丰度也逐渐保持稳定，分别为 37% 和 45% 左右 ［图 5-107（a）］。在污泥的表观上可以明显地看出污泥絮体逐渐变红，这主要是由于大量的厌氧氨氧化细菌的增加 ［图 5-107（b）和（c）］。16S rRNA

扩增子测序的结果也可以得到 FISH 的结果支持，如图 5-107（d）所示。在微生物富集阶段，NH_4^+ 和 NO_3^- 的供给下 ANME-2d 古菌在种群中的相对丰度最高，Anammox 细菌次之，NC10 细菌很难被检测到。与之相反，由于 MAMBR 不断地被供给 NH_4^+ 和 NO_2^-，这刺激了 Anammox 细菌的生长。因此，Anammox 细菌的丰度显著增加。此外，CH_4 和 NO_2^- 在 MAMBR 中的共存为 NC10 细菌的生长提供了适宜的环境。因此，检测到了 NC10 细菌的存在。

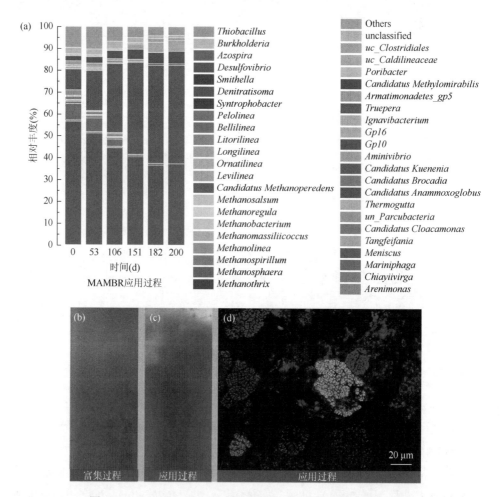

图 5-107　MAMBR 运行过程中微生物群落结构的动态变化过程

（a）微生物种群在"属"水平上的分布，图中显示的属相对丰度都＞0.5%，其余的属归为其他类群中。前缀 uc_ 表示未分类的分类单元；（b）富集过程中第 300 天的污泥絮状体；（c）MAMBR 运行第 200 天时的污泥絮状体；（d）MAMBR 运行第 200 天的污泥 FISH 结果图。ANME-2d 古菌（绿色），NC10 细菌（蓝色）和 Anammox 细菌（红色）

5.5.3.3 MAMBR 数学模型优化

为了描述悬浮生长系统的 DAMO 和 Anammox 耦合过程，预测动态条件下功能微生物种群结构动态变化与脱氮性能之间的关系，同时优化反应器运行操作条件，实现高的脱氮性能，本小节研究了基于三种功能微生物（DAMO 古菌、DAMO 细菌和 Anammox 细菌）的底物转化过程建立数学模型。

采用 Michaelis-Menten 方程对生物过程的酶促反应进行描述，各功能微生物的反应速率和内源呼吸速率均由参与反应的所有底物浓度描述。表 5-23 列出了与 DAMO 和 Anammox 耦合过程相关的过程速率方程，方程中包含了三种功能微生物的生长过程和内源呼吸过程。

表 5-23 生物反应模型的过程动力学速率方程

过程	过程速率方程
（1）ANME-2d 古菌的生长	$\mu_{Da}\dfrac{S_{NO_3^-}}{S_{NO_3^-}+K_{NO_3^-}^{Da}}\dfrac{S_{CH_4}}{S_{CH_4}+K_{CH_4}^{Da}}X_{Da}$
（2）ANME-2d 古菌的内源呼吸	$b_{Da}\dfrac{S_{NO_3^-}}{S_{NO_3^-}+K_{NO_3^-}^{Da}}X_{Da}$
（3）NC10 细菌的生长	$\mu_{Db}\dfrac{S_{NO_2^-}}{S_{NO_2^-}+K_{NO_2^-}^{Db}}\dfrac{S_{CH_4}}{S_{CH_4}+K_{CH_4}^{Db}}X_{Db}$
（4）NC10 细菌的内源呼吸	$b_{Db}\dfrac{S_{NO_3^-}}{S_{NO_3^-}+K_{NO_3^-}^{Db}}X_{Db}$
（5）Anammox 细菌的生长	$\mu_{An}\dfrac{S_{NO_2^-}}{S_{NO_2^-}+K_{NO_2^-}^{An}}\dfrac{S_{NH_4^+}}{S_{NH_4^+}+K_{NH_4^+}^{An}}X_{An}$
（6）Anammox 细菌的内源呼吸	$b_{An}\dfrac{S_{NO_3^-}}{S_{NO_3^-}+K_{NO_3^-}^{An}}X_{An}$

其中，μ_{Da}、μ_{Db} 和 μ_{An} 分别代表 DAMO 古菌、DAMO 细菌以及 Anammox 细菌的最大比生长速率；$S_{NO_3^-}$、S_{CH_4}、$S_{NO_2^-}$ 和 $S_{NH_4^+}$ 分别代表反应器内 NO_3^-、溶解性 CH_4、NO_2^- 和 NH_4^+ 的浓度；$K_{NO_3^-}^{Da}$ 和 $K_{CH_4}^{Da}$ 分别代表 DAMO 古菌对 NO_3^- 和溶解性 CH_4 的底物亲和系数；$K_{NO_2^-}^{Db}$ 和 $K_{CH_4}^{Db}$ 分别代表 DAMO 细菌对 NO_2^- 和溶解性 CH_4 的底物亲和系数；$K_{NO_2^-}^{An}$ 和 $K_{NH_4^+}^{An}$ 代表 Anammox 细菌对 NO_2^- 和 NH_4^+ 的亲和系数；X_{Da}、X_{Db} 和 X_{An} 分别代表反应器内 DAMO 古菌、DAMO 细菌和 Anammox 细菌

的生物浓度；b_{Da}、b_{Db} 和 b_{An} 分别代表 DAMO 古菌、DAMO 细菌以及 Anammox 细菌的内源呼吸速率。与动力学方程有关的化学计量矩阵如表 5-24 所示；其中所涉及的化学计量系数以及动力学参数列于表 5-25 中。通过 AQUASIM 2.1 d 软件建立了 MAMBR 用于污水脱氮的数学模型，并进一步优化了将 DAMO 过程应用于污水脱氮处理的运行参数。

表 5-24　DAMO 和 Anammox 耦合过程的化学计量矩阵

过程	（1）	（2）	（3）	（4）	（5）	（6）
$S_{NH_4^+}$	$-i_{NBM}$	$i_{NBM}-i_{NXI}\times f_I$	$-i_{NBM}$	$i_{NBM}-i_{NXI}*f_I$	$-i_{NBM}-\dfrac{1}{Y_{An}}$	$i_{NBM}-i_{NXI}*f_I$
$S_{NO_3^-}$	$-\dfrac{1-Y_{Da}}{1.14Y_{Da}}$	$\dfrac{1-f_I}{2.86}$	NA	$\dfrac{1-f_I}{2.86}$	$\dfrac{1}{1.14}$	$\dfrac{1-f_I}{2.86}$
$S_{NO_2^-}$	$\dfrac{1-Y_{Da}}{1.14Y_{Da}}$	NA	$\dfrac{1-Y_{Db}}{1.71Y_{Db}}$	NA	$-\dfrac{1}{Y_{An}}-\dfrac{1}{1.14}$	NA
S_{N_2}	NA	$\dfrac{1-f_I}{2.86}$	$\dfrac{1-Y_{Db}}{1.71Y_{Db}}$	$\dfrac{1-f_I}{2.86}$	$\dfrac{2}{Y_{An}}$	$\dfrac{1-f_I}{2.86}$
S_{CH_4}	$-\dfrac{1}{Y_{Da}}$	NA	$-\dfrac{1}{Y_{Db}}$	NA	NA	NA
X_{Da}	1	-1	NA	NA	NA	NA
X_{Db}	NA	NA	1	-1	NA	NA
X_{An}	NA	NA	NA	NA	1	-1
X_I	NA	f_I		f_I		f_I

表 5-25　DAMO 和 Anammox 耦合过程建模的化学计量系数和动力学参数

参数	含义	单位	取值
Y_{Da}	ANME-2d 古菌的产率系数	g COD/g COD	0.38/0.42*
Y_{Db}	NC10 细菌的产率系数	g COD/g COD	0.045/0.04*
Y_{An}	Anammox 细菌的产率系数	g COD/g N	0.11
i_{NBM}	生物细胞中的 N 比例	g N/g COD	0.07
i_{NXI}	惰性物质中的 N 比例	g N/g COD	0.02
f_I	内源呼吸产物中惰性物质的比例	g COD/g COD	0.10
μ_{Da}	ANME-2d 古菌最大比增长速率	h^{-1}	0.0035
b_{Da}	ANME-2d 古菌内源呼吸速率	h^{-1}	0.00009
$K_{NO_3^-}^{Da}$	ANME-2d 古菌的 NO_3^- 亲和常数	g N/m^3	0.11
$K_{CH_4}^{Da}$	ANME-2d 古菌的 CH_4 亲和常数	g COD/m^3	5.888

续表

参数	含义	单位	取值
μ_{Db}	NC10 细菌最大比增长速率	h^{-1}	0.0017
b_{Db}	NC10 细菌内源呼吸速率	h^{-1}	0.00009
$K_{NO_2^-}^{Db}$	NC10 细菌的 NO_2^- 亲和常数	g N/m^3	0.01
$K_{CH_4}^{Db}$	NC10 细菌的 CH$_4$ 亲和常数	g COD/m^3	5.888
$K_{NO_3^-}^{Db}$	NC10 细菌的 NO_3^- 亲和常数	g N/m^3	0.5
μ_{An}	Anammox 细菌最大比增长速率	h^{-1}	0.003
b_{An}	Anammox 细菌内源呼吸速率	h^{-1}	0.00013
$K_{NO_2^-}^{An}$	Anammox 细菌的 NO_2^- 亲和常数	g N/m^3	0.05
$K_{NH_4^+}^{An}$	Anammox 细菌的 NH_4^+ 亲和常数	g N/m^3	0.07
$K_{NO_3^-}^{An}$	Anammox 细菌的 NO_3^- 亲和常数	g N/m^3	0.5

*表示 SBR 和 MAMBR 中的校准参数值, 其余的校准参数值在两个反应器中是相同的。

与常规的活性污泥法不同, MAMBR 工艺中气态底物——甲烷通过无孔中孔纤维膜以无泡曝气的方式从膜腔扩散进入反应器被 DAMO 微生物利用。气相中甲烷浓度取决于进入中空纤维膜的气体流量和压强; 方程 (5-9) 展示了甲烷扩散通量和甲烷传质系数之间的关系, 其中 $Flux_{CH_4}$ 表示甲烷在液相中的扩散通量, k_{CH_4} 表示甲烷总传质系数 (单位: m/h); $S_{CH_4,g}$ 和 $S_{CH_4,l}$ 分别表示甲烷在气相和液相中的浓度 (单位: mol CH$_4$/m^3); H_{CH_4} 为甲烷的亨利系数 (单位: mol CH$_4$/m^3 gas 或 mol CH$_4$/m^3 liquid)。

$$Flux_{CH_4} = k_{CH_4} \times \left(\frac{S_{CH_4,g}}{H_{CH_4}} - S_{CH_4,l} \right) \tag{5-9}$$

$$\frac{dS_{CH_4,t}}{dt} = K_{La} \times (S_{CH_4,S} - S_{CH_4,t}) \tag{5-10}$$

为了确定 MAMBR 反应器中甲烷的总传质系数 k_{CH_4}, 在膜腔压力为 100 kPa 条件下测定了不同膜曝气时间的溶解性甲烷浓度, 并采用速率方程 [方程 (5-10)] 对实验数据进行拟合, 其中 $S_{CH_4,t}$ 为时间 t 时的溶解性甲烷浓度, K_{La} 为甲烷的体积传质系数, $S_{CH_4,S}$ 为液相中甲烷的饱和浓度, 结果如图 5-108 所示。根据数据的拟合结果得到, 甲烷的体积传质系数 K_{La} 为 26.64 h^{-1}。甲烷的总传质系数为

$$k_{CH_4} = \frac{K_{La}}{A/V} = \frac{26.64 \text{ h}^{-1}}{20 \text{ m}^2\text{m}^{-3}} = 1.332 \text{ m/h} 。$$

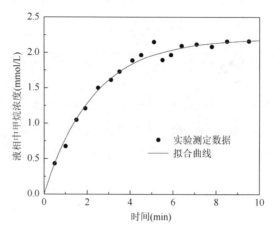

图 5-108　MAMBR 液相中甲烷浓度及根据方程（5-10）确定 K_{La} 的拟合结果

　　为了确定模型标定的关键参数，基于 AQUASIM 内置算法进行灵敏度分析，采用的绝对-相对灵敏度函数如方程（5-11）和方程（5-12）所示，式中 y 是 AQUASIM 计算的任意变量，p 指用常数变量表示的模型参数；绝对-相对灵敏度函数测定 p 出现 100%变化量时 y 的绝对变化量。

$$\delta_{y,p} = p\frac{\partial y}{\partial p} \tag{5-11}$$

$$F^2(p) = \sum_{i=1}^{n}\left(\frac{y_{m,i} - y_i(p)}{\sigma_{m,i}}\right)^2 \tag{5-12}$$

　　模型框架由 20 个化学计量参数和动力学参数组成。根据敏感性分析结果对关键参数值的估计进行选择，其余参数取值来自文献报道。所开发的模型框架中的参数是通过最小化测量值与计算模型结果之间的加权偏差的平方和来进行动态仿真的。参数估计中需要最小化的目标函数如方程（5-12）所示，式中，$y_{m,i}$ 指时间 t_i 时的测试值（i 从 1 到 n），$y_i(p)$ 指时间 t_i 时根据模型计算的实验值（i 从 1 到 n），p 为估计的参数值，$\sigma_{m,i}$ 指测试的标准偏差。使用软件内置的单纯形和割线算法，在每次迭代时，参数数组被新的值替换，直到 $F^2(p)$ 足够接近，满足收敛准则。

　　图 5-109 展示了 MAMBR 反应器去除 NH_4^+ 和 NO_3^- 的灵敏度函数；图 5-110 展示了 MAMBR 反应器内 DAMO 古菌、DAMO 细菌以及 Anammox 细菌生物量变化的敏感性函数。可以看出，对于氮素物质的去除转化，最敏感参数为 DAMO 古菌和 DAMO 细菌的最大比生长速率（μ_{Da} 和 μ_{Db}）；对于三种功能微生物的生物量浓度，敏感性最高的参数分别是 DAMO 古菌、DAMO 细菌以及 Anammox 细菌的产率系数，即 Y_{Da}、Y_{Db} 和 Y_{An}。因此，本研究中选择上述参数进行估计。μ_{Da} 和 μ_{Db}

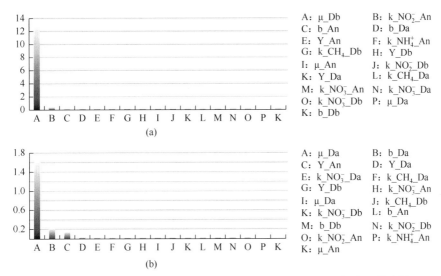

图 5-109　MAMBR 反应器去除 NH_4^+（a）和 NO_3^-（b）的灵敏度函数分析

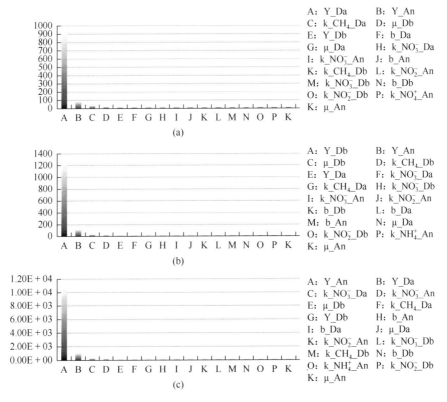

图 5-110　MAMBR 反应器中 DAMO 古菌（a）、DAMO 细菌（b）和 Anammox 细菌（c）生物
量变化的敏感性函数分析

的最优预测值分别为 $0.0035\,h^{-1}$ 和 $0.0017\,h^{-1}$，对应的相关功能微生物的倍增时间分别约为 8 d 和 17 d。与文献报道的参数值对比发现，本研究得到的 DAMO 细菌的最大比生长速率与文献报道的 $0.0018\,h^{-1}$ 非常接近，倍增时间大于 2 周。然而，对于 DAMO 古菌的最大比生长速率，μ_{Da} 的估计值大于 Chen 等[22]的研究结果，甚至超过 Chen 等[23]报道的 Anammox 细菌最大比生长速率的估计值（$0.0028\,h^{-1}$）。本研究结果表明，DAMO 古菌能够以与 Anammox 细菌相适应的方式生长，但比 DAMO 细菌生长速度快得多，这将为 DAMO 耦合 Anammox 一体化工艺带来更广阔的发展前景。

通过参数不确定分析，可以揭示在给定的测量精度下，哪些参数组合可以被估计。对相关系数大于 0.8 的参数组合进行进一步分析，以评估其估计值的不确定性。图 5-111 展示了 95% 置信区间的参数不确定分析结果；其中，两个参数对的 95% 置信区间较小，平均值位于中心；所有单个参数的 95% 置信区间通常在参数值的 15% 以内；因此，参数的不确定性分析证实了参数估计与所得值具有较好的可识别性和可靠性。

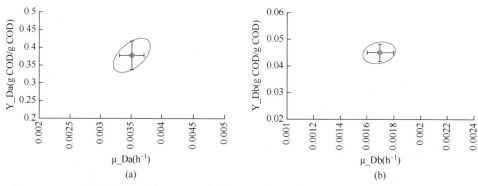

图 5-111　MAMBR 反应器关键模型参数之间参数组合 μ_{Da}（a）和 μ_{Db}（b）的 95% 置信度区域及其标准误差

如图 5-112 所示，将模型预测结果与 SBR-I 富集 DAMO 的实验观测结果进行了比较。在富集 DAMO 过程中，间歇地将 CH_4、NH_4^+ 和 NO_3^- 加入 SBR-I 中富集 ANME-2d 古菌和 Anammox 细菌。最初，由于 DAMO 微生物和 Anammox 细菌的丰度较低，TN、NH_4^+ 和 NO_3^- 的去除速率低于 10 mg N/(L·d) [图 5-112（a）]。供应给 SBR 的 CH_4 从第 60 天增加了两倍，导致氮素去除速率立即增加[图 5-112（a）]。在富集的第 160 天左右，NH_4^+ 和 NO_3^- 的去除速率逐渐趋于稳定，分别在 75 mg N/(L·d) 和 85 mg N/(L·d)。与此同时，CH_4 有供应的增加显著促进了 ANME-2d 古菌和 Anammox 细菌的丰度，而 NC10 细菌群数量略有增加，与其他菌群相比仍处于较

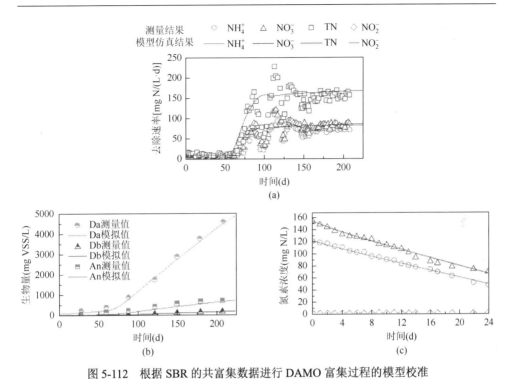

图 5-112 根据 SBR 的共富集数据进行 DAMO 富集过程的模型校准

(a) TN、NH$_4^+$ 和 NO$_3^-$ 的去除速率；(b) ANME-2d 古菌（Da）、NC10 细菌（Db）和 Anammox 细菌（An）的生物量浓度；(c) 24 小时内 NH$_4^+$、NO$_2^-$ 和 NO$_3^-$ 浓度

低水平 [图 5-112 (b)]。在 24 小时内，体系内 NH$_4^+$ 和 NO$_3^-$ 的浓度持续下降，NO$_2^-$ 的浓度忽略不计 [图 5-112 (c)]。从以上结果可以看出所建立模型输出的 N 去除速率和 N 浓度的变化趋势与实验数据吻合较好。该模型对氮素去除速率与 CH$_4$ 利用率之间的关系具有较好的预测能力。同时，该模型也成功地描述了 ANME-2d 古菌、NC10 细菌和 Anammox 细菌的种群变化。

为了验证模型的有效性，对不同反应器在不同运行条件下的数据进行了评估。根据 MAMBR 的实验数据，采用加压透气性膜组件，连续进水中含有 NH$_4^+$ 和 NO$_2^-$，对一些关键参数值进行了评价。Y_{Da} 和 Y_{Db} 的再标定值分别为 0.42 g COD 和 0.04 g COD（表 5-25），与模型标定值非常接近，其余参数值与模型标定值相同。模型预测与 MAMBR 实验观测结果的比较如图 5-113 所示。NH$_4^+$ 和 NO$_2^-$ 的去除率随负荷的增加呈阶梯上升趋势 [图 5-113 (a)]。Anammox 细菌的生物量浓度显著增加，而 ANME-2d 古菌和 NC10 细菌的生物量浓度均以较慢的方式增加。该模型较好地描述了 ANME-2d 古菌、NC10 细菌和 Anammox 细菌的生物量增长情况 [图 5-113 (b)]。

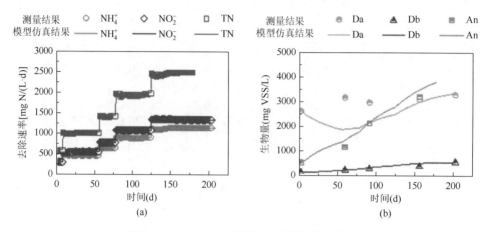

图 5-113　MAMBR 长期运行结果的模型校准

其中 TN、NH_4^+ 一部分转化为 NO_2^-，再通过 DAMO 和 Anammox 的耦合工艺将其去除。为模拟实际情况，假设污泥消化液中 NH_4^+ 总浓度为 1500 mg N/(L·d)，前置硝化反应器的硝化效率为54%（与 MAMBR 进水中 NO_2^- / NH_4^+ 的比例相同），进水浓度为 691 mg NH_4^+ -N/L 和 809 mg NO_2^- -N/L

图 5-114 所示模型模拟了不同 SRT 条件下 DAMO 和 Anammox 一体化工艺的脱氮效率和微生物生物量的变化情况。模型模拟结果表明，SRT 为 50 天时，运行 65 天后 NH_4^+、NO_2^- 和 TN 的去除率达到 100%。其余时间 NO_2^- 去除率保持在 100%，

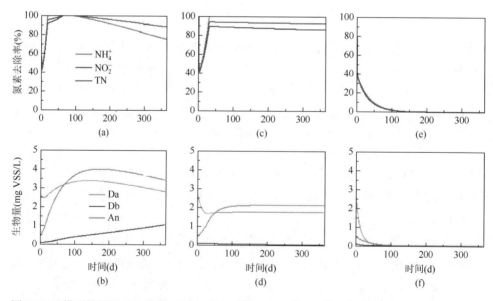

图 5-114　模型模拟了 SRT 为 50 天（a，b）、25 天（c，d）和 10 天（e，f）时，DAMO 和 Anammox 耦合工艺的去除率和微生物生物量的变化

而 NH$_4^+$ 和 TN 去除率从第 105 天开始下降。ANME-2d 古菌最初占优势,而 Anammox 细菌的丰度在第 65 天超过 ANME-2d 古菌。NH$_4^+$ 去除率的降低主要是由于 NC10 细菌丰度的增加,与 Anammox 细菌竞争 NO$_2^-$,导致 NH$_4^+$ 残留。SRT 为 25 天时,NH$_4^+$、NO$_2^-$ 和 TN 的去除率在开始时迅速升高,分别稳定在~100%、~88%和~94%。ANME-2d 古菌和 Anammox 细菌在种群中数量在反应器运行第 50 天发生优势转移。采用短的 SRT 法,NC10 细菌被淘汰,使出水中有 NO$_2^-$ 的残留。在 SRT 为 10 天时,DAMO 微生物和 Anammox 细菌的生物量难以保持,系统的脱氮效率为 0。仿真结果表明,在悬浮生长系统中,SRT 的控制对于采用 DAMO 和 Anammox 耦合的工艺用来完全去除氮素具有重要意义。

最后,通过模型仿真,可以评价重要参数对脱氮效果的综合影响,揭示满足排放标准的优化运行条件。上述模型仿真验证了 SRT 对 MAMBR 系统性能的重要性。前一步(即硝化反应器)的硝化效率是另一个关键参数,它不仅决定了 DAMO 与 Anammox 耦合工艺进水 NO$_2^-$/NH$_4^+$ 的比例,而且影响运行成本,硝化效率越低,成本越低。图 5-115 显示了 MAMBR 中稳态条件下 DAMO 和 Anammox 耦合工艺在 SRT 和硝化效率不同组合下的 TN 去除率。满足排放标准(TN<15 mg N/L)的高水平 TN 去除区域(99%以上)被限制在一个狭窄的区域,SRT 为 15～36 天,硝化效率大于 49%。在研究范围内,脱氮的最佳 SRT 随硝化效率的增加而增大。

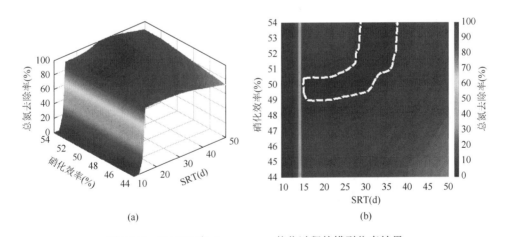

(a)   (b)

图 5-115 DAMO 和 Anammox 一体化过程的模型仿真结果

(a)3D 和 (b)2D 中硝化效率和 SRT 对 TN 去除率的联合影响,其中颜色刻度表示去除率;用白点线突出最佳区域(TN 去除率 99%)

SRT 小于 15 天导致 TN 去除失败。SRT 大于 36 天,硝化效率低于 54%,TN 去除率降低,废水不能直接排放。从 TN 低于 15 mg N/L 的可排放污水的系统运行来看,建议根据最佳区域来控制 SRT 和硝化效率,使 TN 去除率达到 99%以上。

在此基础上，进一步提出将 DAMO 与 Anammox 工艺相结合的 MAMBR 在 15～30 天内采用 SRT 进行操作，使最优硝化效率降至 49%，以节约成本。如前所述，本研究表明 ANME-2d 古菌比 NC10 细菌生长得更快。因此，使用相对较短的 SRT 可以清除 NC10 细菌，但需要保留 ANME-2d 古菌和 Anammox 细菌。

5.5.4　膜生物膜反应器脱氮性能及其运行调控策略

5.5.4.1　MBfR 脱氮性能及其启动策略

膜生物膜反应器（MBfR）不同于上述的 MAMBR，是一种微生物附着生长体系；其中的中空纤维膜具有为微生物生长附着提供载体以及促进甲烷高效传质的双重作用，是另一种具有应用潜力的反应器类型。已报道的文献研究结果表明，应用反硝化厌氧甲烷氧化耦合厌氧氨氧化过程于 MBfR 可实现对市政污水（主流）和污泥厌氧消化液（测流）短程硝化出水的深度脱氮处理。然而，主/侧流污水脱氮处理工艺实现 DAMO 过程则必须强化污泥的厌氧消化过程以满足生物沼气的持续供应。垃圾填埋场在填埋中后期产生的垃圾渗滤，其 TN 浓度可达到 1500～2000 mg N/L，而其中的有机物浓度却远不能满足反硝化所需的电子供体；垃圾填埋场原位产生的垃圾填埋气，其主成分包含甲烷，这为 DAMO 功能微生物处理垃圾渗滤液深度脱氮同步垃圾填埋气原位资源化利用提供了可能性；基于以上背景，本节研究的主要目的在于探究反硝化厌氧甲烷氧化对高浓度含氮废水（2000 mg N/L）处理的可行性，并在此基础上探究反应器的启动策略，以期克服反应器启动周期长的应用瓶颈。

MBfR 的运行分为三个阶段。在第一阶段，进水中含有 NH_4^+ 和 NO_3^-，优先促进 ANME-2d 古菌的生长繁殖，形成以 ANME-2d 古菌为主的生物膜，避免 Anammox 细菌的过度繁殖，占据中空纤维膜表面。在第二阶段，在进水中增加 NO_2^-，形成三氮（NH_4^+、NO_2^- 和 NO_3^-）的进水状态，适当提高 Anammox 细菌的活性，通过提高 Anammox 细菌的膜内 NO_3^- 产率来避免由于生物膜增厚所带来的 NO_3^- 传质受限问题。第三阶段，通过逐步 NO_2^- 替代 NO_3^- 的方法，在保证 ANME-2d 古菌可用 NO_3^- 的同时，将进水中的 NO_2^- 逐步替换，以期实现对垃圾渗滤液短程硝化液的模拟处理。

不同于 MAMBR 反应器，MBfR 反应器将微生物固定在中空纤维膜的表面从而形成具有一定结构的生物膜；该反应器中的中空纤维膜有两个作用：将 CH_4 以无泡曝气的形式溶解于反应体系中，促进了 CH_4 的传质；为微生物提供附着的载体，形成的生物膜对外界的抗负荷冲击能力增强。污泥接种后，NO_3^- 和 NH_4^+ 的去除速率出现逐渐增高的趋势，在反应器运行的第 96 天，其去除速率分别达到 46.9 mg NH_4^+-N/(L·d)

和 57.4 mg NO_3^--N/(L·d)。之后 MBfR 进入连续流运行状态，初始的 HRT 设定为 25.2 d，随后的第 98～113 天，HRT 梯度降低至 9.3 d。在第 126 天，NH_4^+ 和 NO_3^- 的去除速率分别达到 87.1 mg NH_4^+-N/(L·d)和 127.7 mg NO_3^--N/(L·d)，TN 的去除速率达到 212.6 mg N/(L·d)。当进水的 HRT 进一步降低至 8.0 d 时，反应器出水质量出现严重的恶化现象（出水中的 NH_4^+ 和 NO_3^- 出现明显的积累）（图 5-116）。

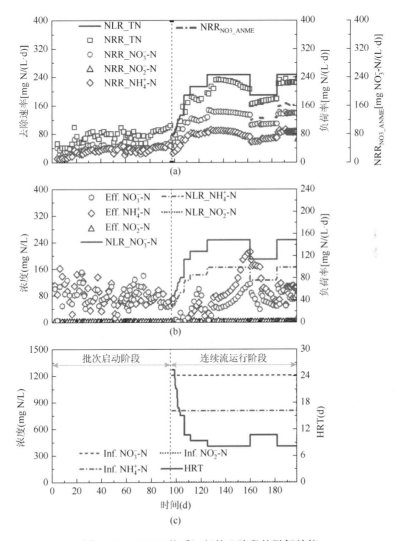

图 5-116 MBfR 体系运行第 I 阶段的脱氮效能

（a）体系中氮素的去除速率曲线以及 TN 的负荷曲线；（b）体系出水中各氮素浓度的曲线以及 NH_4^+、NO_2^- 和硝态氮的进水负荷曲线；（c）体系进水中各氮素浓度的曲线以及 HRT 曲线

为了降低出水中的氮素积累，进水的 HRT 在反应器运行的第 162 天延长至
10.5 d。HRT 延长后进水的 TN 负荷降低至 189.6 mg N/(L·d)，非常明显的是出水中的
NH_4^+ 和 NO_3^- 浓度逐渐降低，但是在分别降低至 60 mg NH_4^+-N/L 和 50 mg NO_3^--N/L
之后出水的氮素浓度不再继续降低达到稳定。当 HRT 在运行的第 184 天降低至
8.0 d 时，尽管出水中始终没有监测到 NO_2^- 的积累，但是 NH_4^+ 和 NO_3^- 的浓度仍然
维持在较高的水平，分别在 100 mg NH_4^+-N/L 和 70 mg NO_3^--N/L；此时，二者的
去除速率分别保持在 85.0 mg NH_4^+-N/(L·d)和 140.0 mg NO_3^--N/(L·d)，这说明以
NH_4^+ 和 NO_3^- 启动 MBfR 的脱氮速率难以再进一步提升（图 5-116）。

为了进一步提高 MBfR 的脱氮速率，从反应器运行的第 200 天开始进入第 II
阶段的运行，进水中同时含有 NH_4^+、NO_3^- 和 NO_2^-（图 5-117）。由于进水中 NO_3^- 的
浓度从 1200 mg NO_3^--N/L 降低至 670 mg NO_3^--N/L，导致出水中的 NO_3^- 浓度突然
降低至 1 mg NO_3^--N/L 以下。

然而，从反应器运行的第 220 天起，HRT 减小至 5.0 d 对应的 TN 进水负荷增
加至 400.0 mg N/(L·d)，出水中的 NH_4^+ 浓度出现明显的下降，在第 234 天下降至
0.8 mg NH_4^+/L，这可能是因为进水的 NO_2^- 为 Anammox 细菌提供了更多的电子受体
所致；尽管如此，出水的 NO_3^- 浓度只出现不明显的积累随后降低至 0.2 mg NO_3^--N/L。

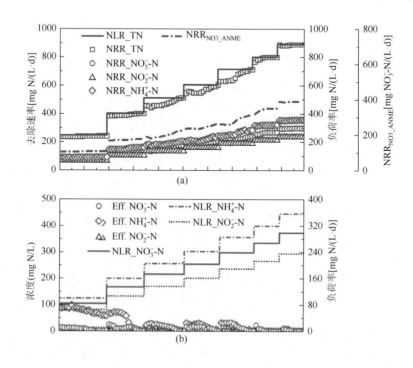

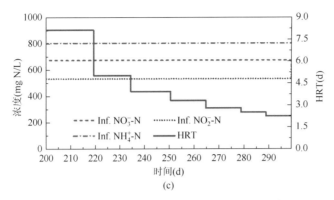

图 5-117 MBfR 体系运行第Ⅱ阶段的脱氮效能

（a）体系中氮素的去除速率曲线以及 TN 的负荷曲线；（b）体系出水中各氮素浓度的曲线以及 NH_4^+、NO_2^- 和硝态氮的进水负荷曲线；（c）体系进水中各氮素浓度的曲线以及 HRT 曲线

此后，MBfR 的进水 TN 负荷先后梯度增加至 512.8 mg N/(L·d)、606.1 mg N/(L·d)、714.3 mg N/(L·d)、800.0 mg N/(L·d)、888.9 mg N/(L·d)，与之对应，TN 的去除速率从 456.7 mg N/(L·d) 增加至 888.2 mg N/(L·d)。值得注意的是，根据化学计量方程计算得到 ANME-2d 古菌的 NO_3^- 去除速率增加至 390.0 mg NO_3^--N/(L·d)（图 5-117），这是 MBfR 运行第Ⅰ阶段末期[160.0 mg NO_3^--N/(L·d)]的 2.4 倍，表明通过调节进水中三氮（NH_4^+、NO_3^- 和 NO_2^-）配比可有效促进 ANME-2d 古菌的活性从而提高反应器的脱氮速率。

在反应器运行的第Ⅲ阶段，为了模拟垃圾渗滤液的短程消化液脱氮处理，进水中的 NO_3^- 逐渐被 NO_2^- 取代（图 5-118）。第 298～344 天，反应器进水中的 NO_3^- 浓度从 670.0 mg NO_3^--N/L 梯度降低至 300.0 mg NO_3^--N/L，而进水的 NO_2^- 浓度从 530.0 mg NO_2^--N/L 梯度增加至 900.0 mg NO_2^--N/L。在此阶段，通过降低反应器的 HRT 从 2.3 d 到 2.0 d 和 1.6 d 再到 1.0 d 来维持进水的 NO_3^- 负荷率保持在 300.0 mg NO_3^--N/(L·d)。

直到反应器的 HRT 降低至 1.6 d 对应的进水 TN 负荷率为 1250.0 mg N/(L·d) 时，出水中才出现明显的 NO_3^- 积累现象，在积累至 10.4～28.8 mg NO_3^--N/L 之后很快降低至 1.0 mg NO_3^--N/L 以下，这说明 ANME-2d 古菌的活性出现了明显的提高。从反应器运行的第 333 天开始，HRT 降低至 1.0 d 对应的 TN 进水负荷率为 2000.0 mg N/(L·d)，此时出水中出现了 NO_3^- 和 NO_2^- 的共同积累；出水中的 NH_4^+ 浓度不同于此，其一直低于 1.0 mg NH_4^+/L，由此推测出水中的 NO_2^- 积累很有可能是用于 Anammox 反应的 NH_4^+ 出现不足。因此，在第 345 天，进水中的 NH_4^+ 浓度从 800 mg NH_4^+/L 增加至 833.0 mg NH_4^+/L 进而增加至 913.0 mg NH_4^+/L（第 358 天）。

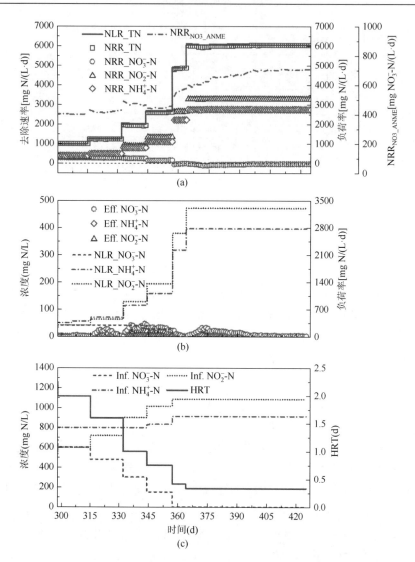

图 5-118　MBfR 体系运行第Ⅲ阶段的脱氮效能

（a）体系中氮素的去除速率曲线以及 TN 的负荷曲线；（b）体系出水中各氮素浓度的曲线以及 NH_4^+、NO_2^- 和硝
态氮的进水负荷曲线；（c）体系进水中各氮素浓度的曲线以及 HRT 曲线

在反应器运行的第 358 天，进水中的 NO_3^- 完全被 NO_2^- 所取代，此时进水中同时只含有 NH_4^+ 和 NO_2^-，与此同时 HRT 进一步缩小至 0.4 d，通过增加 Anammox 细菌的 NO_3^- 产生率来弥补 NO_3^- 进水负荷率的降低量。可以看出，在反应器运行第 364 天，出水中的 NO_3^- 和 NO_2^- 浓度均降低至 1.0 mg N/L 以下 [图 5-118 （b）]，实现了 4875.7 mg N/(L·d) 的 TN 去除速率 [图 5-118 （a）]。从第 365 天开始，HRT

进一步缩短至 0.3 d,对应的 TN 进水负荷率为 6060.6 mg N/(L·d)。在此阶段,出水中仅含有 NO_3^-,最高积累至 35.0 mg NO_3^--N/L 随后很快在第 410 天降低至 3.2 mg NO_3^--N/L。自此,MBfR 在进水 TN 浓度为 2000.0 mg N/L 的运行条件下实现了 6656.0 mg N/(L·d) 的 TN 去除速率以及 95% 以上的 TN 去除效率。出水的 TN 浓度低于我国《城镇污水处理厂污染物排放标准》(GB 18918—2002)的一级 A 标准。

在之前的研究报道中[23-25],反硝化厌氧甲烷氧化耦合厌氧氨氧于 MBfR 反应器中可实现污泥厌氧消化液的深度脱氮。在反应器运行 620 天后,TN 负荷达到 1030 mg N/(L·d),TN 的去除速率达到 99% 左右。在本研究中,反应器的启动阶段,进水底物为 NH_4^+ 和 NO_3^-。从图 5-119 中可以看出,在反应器运行的第 97 天开始转为连续流运行,进水底物为 NH_4^+ 和 NO_3^-。在反应器运行的第 200 天开始,进水底物为 NH_4^+、NO_2^- 以及 NO_3^-;NH_4^+ 的去除速率随着 NO_2^- 负荷的提高而增加,出水中 NO_2^- 的浓度一直维持在 1 mg N/L 左右。由此说明,该体系在以 NH_4^+ 和 NO_3^- 为底物时,DAMO 的活性限制了 Anammox 细菌的活性。但是,在以 NH_4^+ 和 NO_3^- 为底物时,避免了 Anammox 细菌对 DAMO 微生物的过度竞争。

5.5.4.2 功能微生物交互作用

在 MBfR 运行的第 199 天,终止连续进水。通过批次试验探究厌氧甲烷氧化微生物与厌氧氨氧化微生物之间的交互作用(图 5-120)。在批次试验 I 初期,NO_3^- 的

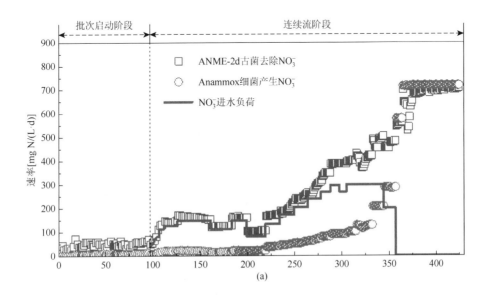

(a)

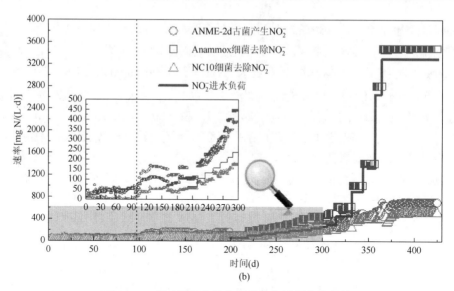

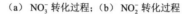

图 5-119　各功能微生物在氮素转化过程中的贡献

（a）NO_3^- 转化过程；（b）NO_2^- 转化过程

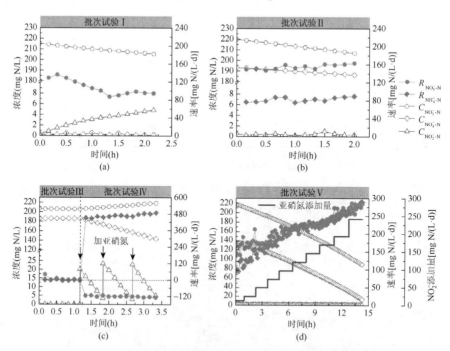

图 5-120　DAMO 和 Anammox 微生物间相互作用的间歇批次试验探究

（a）批次试验 I 中以甲烷和 NO_3^- 为底物的氮素转化过程；（b）批次试验 II 中以甲烷、NH_4^+ 和 NO_3^- 为底物的氮素转化过程；（c）批次 III 中以 NH_4^+ 和 NO_3^- 为底物的氮素转化以及批次试验 IV 中以 NH_4^+、NO_2^- 和 NO_3^- 为底物的氮素转化过程；（d）批次试验 V 中以甲烷、NH_4^+、NO_2^- 和 NO_3^- 为底物的氮素转化过程去除速率为 140.0 mg NO$_3^-$-N/(L·d)，这与 MBfR 长期运行的第 I 阶段稳定期的速率相一致；然而，由 ANME-2d 古菌产生的 NO$_2^-$ 在反应器内积累至 4.9 mg NO$_2^-$-N/L，这不但说明反应器内 NC10 细菌的活性较低，同时也说明 Anammox 细菌的活性可能由于缺乏 NH$_4^+$ 而被限制；由于反应器内 NO$_2^-$ 的积累导致 ANME-2 d 古菌的 NO$_3^-$ 还原活性下降至 95.0 mg NO$_3^-$-N/(L·d)，由此推测 NO$_2^-$ 可能对 ANME-2 d 古菌具有显著的抑制作用[24]。在批次试验 II 中可以看出，在 NH$_4^+$ 存在的情况下，反应器内无 NO$_2^-$ 的积累，NO$_3^-$ 的去除速率稳定地维持在 160.0 mg NO$_3^-$-N/(L·d)左右。

在批次试验III中，既无 NO$_3^-$ 的还原反应也无 NH$_4^+$ 的氧化反应，由此说明 CH$_4$ 是 MBfR 系统内发生氮素转化的决定性因素，从而排除了体系内的异养反硝化过程。在批次试验IV中，NO$_2^-$ 被添加后，反应器内的 NH$_4^+$ 浓度从 186.6 mg NH$_4^+$-N/L 下降至 142.0 mg NH$_4^+$-N/L，与此同时 NO$_3^-$ 的浓度从 206.6 mg NO$_3^-$-N/L 上升至 218.9 mg NO$_3^-$-N/L，并消耗 NO$_2^-$ 59.8 mg N/L。在上述过程中，NO$_2^-$ 消耗量与 NH$_4^+$ 消耗量的比值为 1.34，NO$_3^-$ 产生量与 NH$_4^+$ 消耗量的比值为 0.28，该比值与 Anammox 过程的理论化学计量比非常接近。以上批次试验结果证明 MBfR 体系内存在 ANME-2d 古菌和 Anammox 细菌活性，并且 Anammox 细菌的生存依赖于 ANME-2d 古菌的 NO$_3^-$ 转化过程。

在批次试验 V 中，MBfR 重新供应甲烷，并且通过微量注射泵持续添加 NO$_2^-$，NO$_2^-$ 的添加量从 12.0 mg N/(L·d)增加至 240.0 mg N/(L·d)。可以看出，MBfR 体系在引入 NO$_2^-$ 后，不但出现了 NH$_4^+$ 去除速率的明显增加，从 93.8 mg NH$_4^+$/(L·d)增加至 287.9 mg NH$_4^+$/(L·d)，同时也出现了 NO$_3^-$ 的明显去除，NO$_3^-$ 的去除速率从 141.1 mg NO$_3^-$-N/(L·d)增加至 282.2 mg NO$_3^-$-N/(L·d)。根据物料平衡计算可得，在批次试验 V 过程中，ANME-2d 古菌的硝酸盐还原活性从 129.0 mg NO$_3^-$-N/(L·d) 提升至 357.1 mg NO$_3^-$-N/(L·d)，如图 5-121（a）所示。值得注意的是，批次试验 II 和 V 中的 ANME-2d 古菌活性与 Anammox 细菌的 NO$_3^-$ 产率呈现出明显的线性关系（$R^2 = 0.9$），如图 5-121（b）所示。以上批次试验结果说明，在进水中含有 NO$_3^-$ 和 NH$_4^+$ 的 MBfR 体系中添加 NO$_2^-$，不仅可以刺激 Anammox 细菌的活性，还可以增强 DAMO 古菌的活性，为进一步提高 MBfR 的脱氮性能提供了运行策略。

5.5.4.3 菌群结构和功能基因的动态分析

在"属"水平上对不同时期微生物群落的相对丰度进行了表征（图 5-122）。不同时期分布最丰富的属有 *Candidatus Methanoperedens*、*Candidatus Kuenenia*、*Candidatus Brocadia*、*Candidatus Methylomirabilis*、*un_Rhodocyclaceae* 和

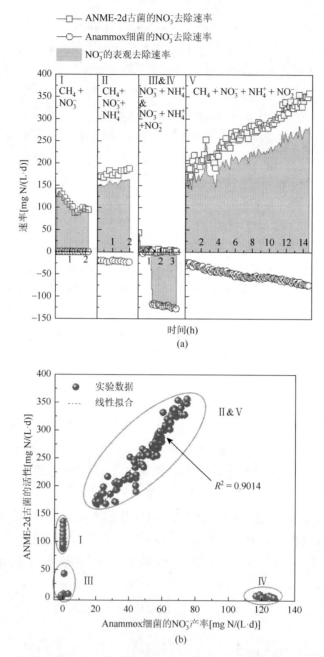

图 5-121　（a）功能微生物对 NO_3^- 的去除率和 NO_3^- 在反应器中的表观去除；（b）ANME-2d 古菌活性与 Anammox 细菌的 NO_3^- 产量之间的关系

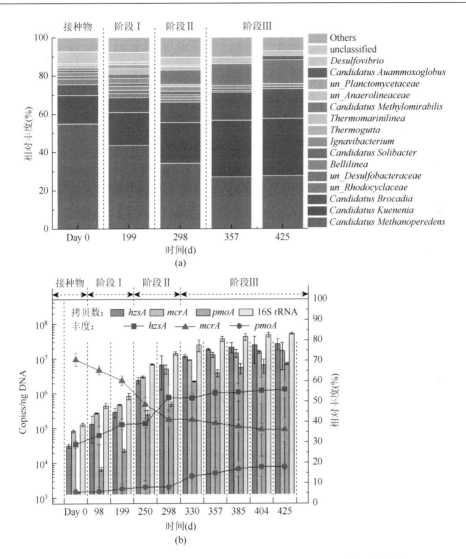

图 5-122　MBfR 中的微生物群落分析及微生物功能基因的动态分析

（a）微生物种群在"属"水平上的相对丰度，图中只显示相对丰度为＞0.5%的"属"，其余类群归为"Others"。
前缀 uc_表示未分类的分类单元；（b）qPCR 技术定量在不同 MBfR 时期的功能基因。*hzsA* 基因代表 AnAOB 的功
能基因，*mcrA* 和 *pmoA* 基因分别代表 DAMO 古菌和 DAMO 细菌的功能基因

Ignavibacterium。属于广古菌门的 *Ca. Methanoperedens* 属，以硝态氮驱动的厌氧
甲烷氧化被鉴定为 ANME-2d 古菌，其中以 NH_4^+ 和硝态氮为底物的接种物和第 Ⅰ
阶段最为占优势，分别占 54.76%和 43.43%。Anammox 细菌为 Planctomycets 门的
Ca. Kuenenia 和 *Ca. Brocadia* 属，在接种物中分别占 14.97%和 5.41%，在运行的
199 天分别为 17.20%和 7.83%。

　　此外，*Ca. Methylomirabilis* 属进行 NO_2^- 驱动的厌氧甲烷氧化在接种物第 I 阶段中分别占 0.95% 和 2.03%。当 NO_2^- 添加入进水供给 MBfR 时刺激了 Anammox细菌的生长。*Ca. Kuenenia* 和 *Ca. Brocadia* 属的相对丰度分别显著增加到 29.60%和 14.50%。在第 357 天，*Ca. Methylomirabilis* 属也增加到 12.57%。与此相反，在第 357 天，*Ca. Methanoperedens* 属的相对丰度逐渐下降到 26.91%。之后，ANME-2d古菌和 Anammox 细菌的相对丰度在第 425 天略有增加，分别为 27.57% 和 47.31%。

　　分别对第 0 天（接种）和第 420 天（第III阶段）采集的样品进行 FISH 分析（图 5-123），证实 ANME-2d 古菌、NC10 细菌和 Anammox 细菌共存，并共同主导生物膜。在第 I 阶段，添加 NO_3^- 促进了 ANME-2d 古菌的生长，功能基因 *mcrA*在第 199 天从 4.660×10^4 copies/ng DNA 增加到 2.617×10^5 个 copies/ng DNA。第II阶段随着 NO_2^- 的添加，Anammox 细菌的 *hzsA* 基因从 1.606×10^5 copies/ng DNA增加到 3.676×10^6 个 copies/ng DNA，说明 NO_2^- 的添加促进了生物膜中 Anammox细菌的生长。有趣的是，ANME-2d 古菌的功能基因 *mcrA* 也出现了明显的增加，从 2.617×10^5 copies/ng DNA 增加到 2.837×10^6 个 copies/ng DNA。以上结果表明，Anammox 细菌和 ANME-2d 古菌在分子基因水平上具有显著的协同作用。

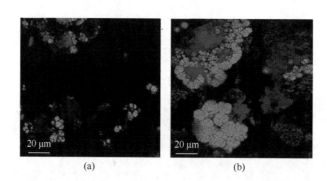

(a)　　　　　　　　　(b)

图 5-123　微生物群落在第 0 天（a）和第 420 天（b）的 FISH 图
ANME-2d 古菌（绿色）呈现肾小球状，Anammox 细菌（红色）和 NC10 细菌（蓝色）呈现分散的团簇状

5.5.4.4　运行策略研究对实际工程应用的指导意义

　　最近，DAMO 过程耦合 Anammox 过程用于 NH_4^+、NO_2^- 的去除同步甲烷减排的工艺引起了人们的广泛兴趣，其中 NH_4^+ 和甲烷同时作为电子供体，NO_3^- 或 NO_2^-作为电子受体。当以 NO_3^- 为电子受体时，ANME-2d 古菌首先将 NO_3^- 还原为 NO_2^-，随后通过 Anammox 细菌与 NH_4^+ 反应或通过 NC10 细菌与甲烷反应；因此，在此条件下 Anammox 细菌的生长完全依赖于 ANME-2d 古菌。相比之下，仅以 NO_2^- 作

为电子受体时，ANME-2d 古菌的生长则完全依赖于产生 NO_3^- 的 Anammox 细菌；在此条件下，NH_4^+ 和 NO_2^- 首先在 Anammox 细菌的作用下转化为氮气同时产生副产物 NO_3^-，产生的 NO_3^- 在 ANME-2d 古菌的作用下与甲烷反应被还原为 NO_2^-。因此，只要改变一个简单的电子受体，就可以逆转 DAMO 与 Anammox 微生物之间的依赖关系。在本研究中，我们证实了 ANME-2d 古菌与 Anammox 细菌之间存在协同作用，且在 NH_4^+ 和 NO_3^- 启动的 MBfR 中，通过添加 NO_2^- 可同时增强 ANME-2d 古菌与 Anammox 细菌的活性。因此，DAMO 和 Anammox 微生物之间的相互作用为 MBfR 中耦合工艺的启动和运行提供了多种选择。

高 NH_4^+ 废水经短程硝化处理后，如厌氧污泥消化液和垃圾渗滤液等，含有高浓度的 NH_4^+ 和 NO_2^-。当 MBfR 直接以 NO_2^- 和 NH_4^+ 启动时，进水中丰富的 NO_2^- 和 NH_4^+ 刺激了 Anammox 细菌在生物膜载体表面上快速生长，而 ANME-2d 古菌的生长则受到了 Anammox 细菌中较低的有效 NO_3^- 限制。因此，NO_2^- 和 NH_4^+ 启动的 MBfR，其进水的 TN 负荷率会在较长时间内维持较低水平，以积累足够的 ANME-2d 古菌去除 NO_3^-。在该策略运行条件下，在经过大约 2 年的反应器启动运行后，ANME-2d 古菌才几乎完全去除由 Anammox 细菌产生的 NO_3^-，且 NO_3^- 还原速率仅为 122.2 mg NO_3^--N/(L·d)。而本研究中，利用 NH_4^+ 和 NO_3^- 启动 MBfR，在反应器启动运行初期极大地促进了 ANME-2d 古菌的生长。此外，Anammox 细菌的生长依赖于 ANME-2d 古菌还原 NO_2^- 的有效性，这促进了 ANME-2d 古菌在 MBfR 中的生长繁殖（表 5-26）。在 MBfR 运行 200 天以后，ANME-2d 古菌的 NO_3^- 还原去除率达到 160.0 mg NO_3^--N/(L·d)左右。

表 5-26 用不同氮素底物培养生物膜的活性及其形成时间

生物膜培养过程中的氮素底物基质	生物膜中关键功能微生物的活性[g N/(m³·d)]			生物膜形成周期(d)	参考文献
	NRR_{NH3_Amx}	NRR_{NO3_ANME}	NRR_{NO2_NC10}		
NH_4^+ 和 NO_3^-	43	58.18	1.42	290	[26]
NH_4^+ 和 NO_2^-	60.40	15.70	3.78	223	[24]
NH_4^+ 和 NO_2^-	50	13	0	202	[27]
NO_3^-	NA	3.1~4.4	3.1~4.4	272	[28]
NH_4^+ 和 NO_3^-	40	60.44	7.63	96	本研究

注：NRR_{NH3_Amx} 指 Anammox 细菌的 NH_4^+ 氧化速率；NRR_{NO3_ANME} 指 ANME-2d 古菌的 NO_3^- 还原活性；NRR_{NO2_NC10} 指 NC10 细菌的 NO_2^- 还原活性。

本研究中，MBfR 在第 I 阶段运行稳定期的脱氮性在 225 mg N/(L·d)左右，但随着运行时间的延长，进水中 NH_4^+ 和 NO_3^- 浓度保持不变时，反应器的脱氮性能难以进一步改善甚至恶化。进水中的 NO_3^- 在生物膜中也呈现浓度梯度，靠近反应器内溶液的生物膜层中，NO_3^- 浓度较高；靠近中空纤维膜表面的生物膜层中，NO_3^- 浓度较低，如图 5-124（a）所示。随着反应器运行时间的延长，生物膜厚度逐渐增加，由于传质阻力的增大，ANME-2d 古菌从反应器的溶液中可用的 NO_3^- 将受到更大的限制［图 5-124（b）］。此外，由于微生物种群空间分布和有效底物的分布差异也可能导致 ANME-2d 古菌的活性难以进一步提高，从而影响 MBfR 系统的脱氮性能。本研究的微生物交互作用研究表明，在 MBfR 中额外添加 NO_2^- 可以提高生物膜中 Anammox 细菌的 NO_3^- 产率，为 ANME-2d 古菌提供更多可原位利用的 NO_3^-，克服了生物膜中 NO_3^- 的传质限制［图 5-124（c）］。本研究结果表

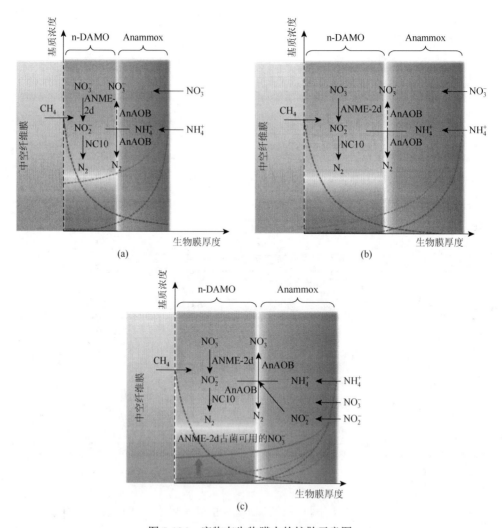

图 5-124　底物在生物膜中的扩散示意图

明，在反应器运行 100 d 内 ANME-2d 古菌的活性从 172.32 mg NO_3^--N/(L·d)提高至 356.88 mg NO_3^--N/(L·d)，MBfR 的 TN 去除速率从 224.90 mg N/(L·d)提高至 888.19 mg N/(L·d)。此后，反应器进水中的 NO_3^- 逐渐被 NO_2^- 取代，以模拟高浓度 NH_4^+ 废水短程硝化的出水，这可能导致 ANME-2d 古菌可利用的 NO_3^- 不足。为了维持 ANME-2d 古菌在这一过渡时期的 NO_3^- 可用量，NO_2^- 和 NH_4^+ 的进水负荷率分别由 300.0 mg NO_2^--N/(L·d)和 400.0 mg NH_4^+/(L·d)依次梯度增加至 2651.0 mg NO_2^--N/(L·d) 和 2227.0 mg NH_4^+/(L·d)；这促进了生物膜内 Anammox 细菌的硝酸生产率从 104.0 mg NO_3^--N/(L·d)增加至 579.0 mg NO_3^--N/(L·d)，弥补了进水中减少的 NO_3^- 负荷率。基于这一过渡策略，MBfR 的脱氮性能稳步增加，TN 去除率在第 364 天达到 4876.0 mg N/(L·d)。

参 考 文 献

[1]　刘庄泉，杨健. 多级高浓度自浓缩活性污泥法脱氮除磷研究[J]. 江苏环境科技，2006，（2）：38-39，42.

[2]　高守有. Orbal 氧化沟强化生物脱氮的中试研究[D]. 哈尔滨：哈尔滨工业大学，2006.

[3]　彭永臻，侯红勋，乔海兵，等. 改良型 Carrousel 氧化沟工艺生物脱氮除磷效果研究[J]. 环境污染治理技术与设备，2006，（12）：42-45.

[4]　涂茂. Carrousel 氧化沟投加填料生物脱氮性能研究[D]. 重庆：重庆大学，2012.

[5]　周锐锋. SBR 工艺在城市污水处理厂的应用[J]. 环境保护与循环经济，2010，30（6）：53-54，58.

[6]　李论，李昌春，牛奕娜，等. SBR 法处理制药废水的应用概况[C]//E20 环境平台、清华大学环境学院. 环境技术进入产业时代——2014（第八届）环境技术产业论坛论文集. 北京：E20 环境平台、清华大学环境学院，2014：7.

[7]　周阳，高立栋，王现星. SBR 生物脱氮技术在味精废水治理中的应用[A]//中国环境保护产业协会水污染治理委员会. 全国水环境污染治理设施运营管理技术交流研讨会论文集[C]. 北京：中国环境科学出版社，2006：3.

[8]　王思民，王维红，穆玉均. CASS 工艺生物脱氮过程中影响因素的探究[J]. 广州化工，2013，41（16）：3-5.

[9]　马昊俊，孙冬青，纪荣平. 3 段进水 A/O 工艺处理生活污水试验研究[J]. 水处理技术，2013，39（8）：71-74.

[10]　李绍. 两级 A/O 工艺在高氮循环水中的优化研究及运用[J]. 山东化工，2016，45（4）：133-134，137. DOI：10.19319/j.cnki.issn.1008-021x.2016.04.054.

[11]　马艳娜，王素兰，李瑞，邢传宏. A^2/O 工艺强化脱氮除磷效果中试[J]. 环境工程，2012，30（6）：22-25.

[12]　武勇. 倒置 A^2/O 在污水脱氮处理中的实践研究[J]. 资源节约与环保，2015，（11）：56.

[13]　杨红，王辉，姜义圆. 营口市污水处理厂二级处理系统改造设计[J]. 给水排水，2006，（5）：42-44.

[14]　王全震，周里海，顾平，等. 膜生物反应器中同步硝化反硝化的研究进展[J]. 中国给水排水，2015，31（12）：11-15.

[15]　高凌. 短程硝化反硝化工艺快速启动及脱氮效能研究[D]. 哈尔滨：哈尔滨工业大学，2010.

[16]　De Clippeleir H，Courtens E，Mosquera M，et al. Efficient total nitrogen removal in an ammonia gas biofilter through high-rate OLAND[J]. Environmental Science&Technology，2012，46：8826-8833.

[17]　张科，刘卫霞，刘天宇，等. CANON 工艺处理赖氨酸废水[J]. 环境与生活，2014，（14）：187，189.

[18]　李龙伟，胡奇，魏启航，等. CANON 工艺处理石油催化剂废水的性能研究[J]. 环境科学学报，2016，36（4）：1205-1211.

[19]　Kim J K，Park K J，Cho K S，et al. Aerobic nitrification-denitrification by heterotrophic *Bacillus* strains[J]. Bioresource Technology，2005，96（17）：1897-1906.

[20]　Ji B，Wang H，Wang K. Nitrate and COD removal in an upflow biofilter under an aerobic atmosphere[J]. Bioresource Technology，2014，158：156-160.

[21]　Huang G，Fallowfield H，Guan H，et al. Remediation of nitrate-nitrogen contaminated groundwater by a heterotrophic-autotrophic denitrification approach in an aerobic environment[J]. Water Air &Soil Pollution，2012，223：4029-4038.

[22]　Chen X，Guo J，Shi Y，et al. Modeling of Simultaneous anaerobic methane and ammonium oxidation in a membrane biofilm reactor [J]. Environmental Science & Technology，2014，48（16）：9540-9547.

[23]　Chen X，Liu Y，Peng L，et al. Model-based feasibility assessment of membrane biofilm reactor to achieve simultaneous ammonium，dissolved methane，and sulfide removal from anaerobic digestion liquor[J]. Scientific Reports，2016，6.

[24]　Xie G-J，Cai C，Hu S，et al. Complete nitrogen removal from synthetic anaerobic sludge digestion liquor through integrating anammox and denitrifying anaerobic methane oxidation in a membrane biofilm reactor[J]. Environmental Science & Technology，2017，51（2）：819-827.

[25]　Hu S，Zeng R J，Keller J，et al. Effect of nitrate and nitrite on the selection of microorganisms in the denitrifying anaerobic methane oxidation process[J]. Environmental Microbiology Reports，2011，3（3）：315-319.

[26]　Shi Y，Hu S，Lou J，et al. Nitrogen removal from wastewater by coupling Anammox and methane-dependent denitrification in a membrane biofilm reactor[J]. Environmental Science & Technology，2013，47（20）：11577-11583.

[27]　Xie G-J，Liu T，Cai C，et al. Achieving high-level nitrogen removal in mainstream by coupling Anammox with denitrifying anaerobic methane oxidation in a membrane biofilm reactor[J]. Water Research，2018，131：196-204.

[28]　Luo J-H，Chen H，Yuan Z，et al. Methane-supported nitrate removal from groundwater in a membrane biofilm reactor[J]. Water Research，2018，132：71-78.

6 污水生物膜处理技术工程实例

6.1 市政污水处理工程实例

市政污水是通过下水管道收集到的所有排水，是排入下水管道系统的各种生活污水、工业废水和城市降雨径流的混合水，市政污水深度处理亟需解决。生活污水是人们日常生活中排出的水。它是从住户、公共设施（饭店、宾馆、影剧院、体育场馆、机关、学校和商店等）和工厂的厨房、卫生间、浴室和洗衣房等生活设施中排放的水。这类污水的水质特点是含有较高的有机物，如淀粉、蛋白质、油脂等，以及氮、磷等无机物，此外，还含有病原微生物和较多的悬浮物。相比较于工业废水，生活污水的水质一般比较稳定，浓度较低。工业废水是生产过程中排出的废水，包括生产工艺废水、循环冷却水、冲洗废水以及综合废水。由于各种工业生产的工艺、原材料、使用设备的用水条件等的不同，工业废水的性质千差万别。相比较于生活废水，工业废水水质水量差异大，具有浓度高、毒性大等特征，不易通过一种通用技术或工艺来治理，往往要求其在排出前在厂内处理达到一定程度。降雨径流是由降水或冰雪融化形成的。对于分别铺设污水管道和雨水管道的城市，降雨径流汇入雨水管道，对于采用雨污水合流排水管道的城市，可以使降雨径流与城市污水一同加以处理，但雨水量较大时由于超过截留干管的输送能力或污水处理厂的处理能力，大量的雨污水混合液出现溢流，将造成对水体更严重的污染。

6.1.1 项目概述

根据盘锦市的规划要求，规划将鼎翔地区建设为以生态旅游为主，配套设施完善的新区。为保证盘锦鼎翔地区生活污水等污染环境的问题得到有效解决，盘锦市兴隆台区环境保护局决定在鼎翔地区兴建规模为 1000 t/d 的生活污水处理工程，污水处理主要包括厨房废水、洗衣房废水、洗车废水及洗浴废水等，废水拟排污河流为太平河。污水处理工程出水执行《城镇污水处理厂污染物排放标准》（GB 18918—2002）一级 A 标准。

针对低碳氮比生活污水高效脱氮问题，本工程通过向曝气池中投加悬浮填料，将曝气池改造成活性污泥法和生物膜法结合的混合池，采用了一种悬浮生长的活性污泥与附着生长的生物膜相结合的新工艺，工艺流程如图 6-1 所示。

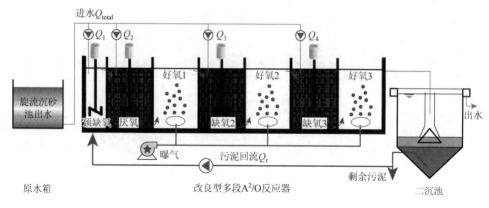

图 6-1　分段进水泥膜共生工艺流程图

6.1.2　废水水量、水质及处理要求

根据建设方提供的资料，确定日污水排放量为 1000 m³/d，最大污水量为 50 m³/h。根据建设方提供的资料，结合国家环境保护总局环发〔2005〕110 号文件关于严格执行《城镇污水处理厂污染物排放标准》（GB 18918—2002）的通知及辽宁省环境保护局辽环发〔2006〕16 号文件，本工程出水要求达到《城镇污水处理厂污染物排放标准》（GB 18918—2002）一级 A 排放标准，试验进出水水质指标如表 6-1 所示。

表 6-1　试验水质指标

项目	COD	TN	NH₃-N	NO₃⁻-N	pH
范围	182~242	50.4~68.02	46.18~62.76	0.47~3.09	6.8~7.4
平均值	212	59.21	54.47	1.78	7.1

6.1.3　处理工艺

污水经管道收集后进入调节池内均匀水质水量，首先经过格栅去除粗大杂物后（栅渣外运处理），经泵提升进入曝气沉砂池，去除部分 SS、COD，之后污水进入动态复合泥膜生化系统，去除大部分 SS、BOD_5；根据运行情况，在缺氧池部分将复杂难降解有机物转化为简单易降解有机物，通过好氧处理将有机物直接氧化去除，提高处理效率；出水经过二沉池进行泥水分离后，进入絮凝/纤维转盘滤池进行进一步去除 SS 和 TP 后，流入清水池进行消毒，最后出水达到国家《城镇污水处理厂污染物排放标准》一级 A 排放标准后直接排入太平河。

沉淀池产生的污泥大部分回流至动态复合泥膜生化池，剩余污泥与沉砂池产生的污泥一起排到污泥浓缩池，经过浓缩后进入板框压滤机进一步浓缩脱水后外运，产生的上清液回流到调节池进行处理。

6.1.4 关键控制参数研究

6.1.4.1 体积比

1. 对 COD 去除及利用率的影响

由不同厌氧/缺氧/好氧体积比条件下的 COD 去除效果可知，在进水 COD 浓度波动较大的情况下，不同体积比对 COD 的去除效果没有显著影响，其出水水质浓度和去除率比较稳定。Run1 至 Run4 工况下平均出水 COD 浓度分别为 33.86 mg/L、29.46 mg/L、28.12 mg/L 和 31.00 mg/L，去除率分别为 76%、78%、82% 和 77%；并且出水水质中 100% 的 COD 浓度低于国家《城镇污水处理厂污染物排放标准》一级 A 排放标准。发现 Run1 至 Run4 工况下总好氧段的 HRT 从 4.75 h 降至 3.12 h，缺氧段 HRT 逐步提高，出水 COD 浓度亦没有变差；根据改良 A^2/O 分段进水工艺的进水特点以及 COD 沿程变化规律及去除量（图 6-2）分析认为，由于原水首先进入厌氧段和缺氧段，绝大部分进水 COD 被厌氧释磷及缺氧反硝化所利用，只有少量 COD 通过各好氧段曝气降解，因此从脱氮除磷角度考虑影响系统氮磷去除效果的关键在于进水碳源是否在厌氧段和缺氧段被充分利用。

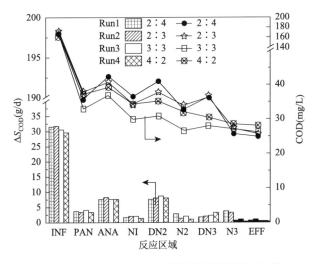

图 6-2 不同工况下 COD 沿程变化规律及去除量

因此，由于微生物的硝化、反硝化、释磷/吸磷等反应作用是时间的函数，合适的 V 缺氧段体积与 V 好氧段体积比值显得至关重要。当缺氧段体积较大时，COD 在缺氧段能够被充分利用，后续好氧段被氧化分解量就大大减少；反之，如果缺氧段体积较小，COD 还没有足够停留时间被充分利用，则会导致更多的 COD 在好氧段被无效降解，从而造成碳源的浪费。由此可见，逐步减少好氧段 HRT 以提高缺氧段 HRT 的策略，理论上可以使得进水中碳源在各缺氧段或厌氧段被充分利用，从而提高系统氮、磷去除率。为了工艺的设计和推广应用，建议改良 A^2/O 分段进水工艺缺氧/好氧为 3∶3。

2. 体积比对 TN 去除及利用率的影响

由不同体积比条件下的 TN 去除效果可知，体积比对 TN 去除率及利用率有一定影响。Run1 至 Run4 工况下平均出水 TN 浓度分别为 12.30 mg/L、11.10 mg/L、9.26 mg/L 和 10.80 mg/L，去除率分别为 56.1%、62.7%、70.2% 和 66.7%，表明不同缺氧/好氧体积比对 TN 去除有较大影响；同时系统 4 个运行工况下，各自随着进水 C/N 的逐步升高，出水 TN 表现出不同的规律。

从图 6-3 可知，完成反硝化脱氮至少需 210 min，其中反硝化段前 120 min 内反硝化速率达到 9.32×10^{-3} mg NO$_3^-$-N /(mg MLSS·d)，120～210 min 内反硝化速率降低为 2.39×10^{-3} mg NO$_3^-$-N /(mg MLSS·d)。缺氧阶段出现两个不同的反硝化速率受到两个时间段的可利用碳源的变化影响；从理论上讲，当进水 BOD$_5$/TKN≥2.86 时，系统就能进行脱氮，一般认为当 BOD$_5$/TKN≥4 时才能进行有效脱氮。试验中，在 300～420 min 内起始进水 C/N 达到了 5.06，完成了异养菌反硝

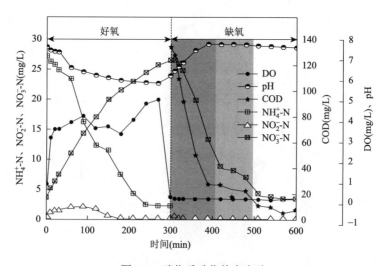

图 6-3　硝化反硝化静态实验

化脱氮过程，而且其相应的反硝化速率较快；但在 420~510 min 内起始进水 C/N 仅为 2.85，可利用碳源相对较少，传统的异养菌反硝化脱氮过程受到抑制，微生物的内源反硝化成为脱氮的主要途径，反硝化速率也相应降低；因此，本研究中平均进水 C/N 在大于 4.93 的条件下，当缺氧段容积充足时，TN 的去除主要来自于异养菌反硝化脱氮和微生物的内源反硝化；而缺氧段容积不足时，TN 的去除主要由部分异养菌反硝化脱氮实现。所以，对于低浓度、低 C/N 比的生活污水，因进水可利用的有机物少，在确保氨氮硝化的前提下要适当增加 $V_{缺氧}/V_{好氧}$ 以保证缺氧区有足够的水力停留时间，而缺氧区容积大小又直接影响反硝化过程进行得是否彻底；同时适当增加缺氧区容积也使得传统异养菌反硝化脱氮后还可实现部分微生物的内源反硝化，从而提高 TN 的去除率。

6.1.4.2 HRT 对污染物去除率的影响

1）HRT 对氮去除率的影响

HRT 和进水氮负荷对氨氮和总氮去除效果的影响如图 6-4 所示，随着 HRT 由 E1 工况的 8.7 h 缩短至 E3 工况的 6 h，其相应的进水平均氨氮负荷由 0.088 kg/(m³·d) 提高至 0.136 kg/(m³·d)，E1 至 E3-3 工况的平均出水氨氮和相应去除率分别为 0.48 mg/L（99%）、1.57 mg/L（91%）、7.32 mg/L（80%）、4.41 mg/L（88%）和 1.98 mg/L（95%）；平均出水总氮和去除率分别为 11.82 mg/L（63%）、14.34 mg/L（56%）、18.4 mg/L（47%）、17.55 mg/L（50%）和 14.5 mg/L（56%）。由 E1、E2 和 E3-2 工况可知，当维持好氧段 DO 为 1.0~1.5 mg/L 时，出水的氨氮和 TN 均

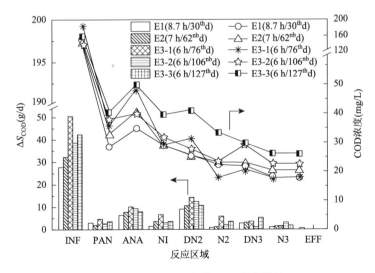

图 6-4 不同 HRT 条件下 N 去除效果

随着 HRT 的降低而升高。HRT 对出水氨氮的影响主要是因为硝化反应会受到时间变化的影响，HRT 的降低实际上缩短了硝化细菌参与反应的时间，使得硝化过程进行得不完全。HRT 影响 TN 去除率主要是由于 HRT 会影响缺氧段反硝化脱氮以及好氧段的 SND 作用；E1、E2 和 E3-2 工况下缺氧段脱氮率分别为 51.5%、41.5% 和 41.5%，可见 HRT 的降低使得缺氧段反硝化进行得不彻底，进水有机碳源没有被充分利用，导致部分碳源在后续好氧段被氧化分解，造成了进水碳源的浪费，同时 HRT 的降低还弱化了 SND 的作用。

　　另外结合各工况运行状况分析，当稳定曝气量为 0.18 m³/h 时，工况 E1、E2 和 E3-1 随着 HRT 的减少以及进水负荷的提高，好氧段 DO 由 1.0～1.5 mg/L 降低至 0.5～0.8 mg/L，可见在此三种工况下，导致氨氮去除率逐步降低以及出水总氮浓度逐步提高的主要原因是曝气量的不足。与工况 E3-1 相比，工况 E3-2 通过增加曝气量，使好氧段 DO 提高至 1.0～1.5 mg/L，出水氨氮浓度可达到 GB 18918—2002 一级 A 排放标准，但出水 TN 依然不能达标；E3-3 工况增加曝气量的同时在好氧段投加悬浮填料，出水的氨氮和 TN 去除效果明显提高；由 E3-1、E3-2 和 E3-3 可知，当分段进水工艺 HRT 为 6 h 时，通过在好氧段投加悬浮填料的方式，可以提高氨氮和 TN 去除效果，改善出水水质。

　　2）HRT 对碳源利用率的影响

　　不同 HRT 条件下系统对 COD 的去除效果如图 6-5 所示，E1 至 E3-3 工况下出水 COD 的平均浓度分别为 27.43 mg/L、27.43 mg/L、28.78 mg/L、30.34 mg/L 和 25.92 mg/L，COD 去除率分别为 80%、81%、77%、80% 和 81%。可知在进水 COD 浓度波动较大以及进水 COD 的平均负荷由 0.35 kg/(m³·d) 增加到 0.60 kg/(m³·d) 的

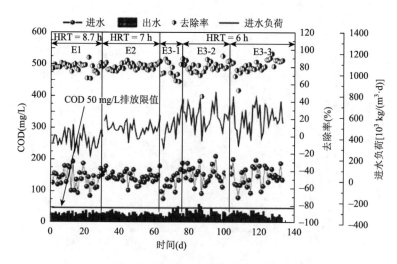

图 6-5　不同工况下 COD 沿程变化规律及去除量

情况下，系统对 COD 的去除效果仍然相当稳定；即使 E3-1 工况条件下好氧段 DO 浓度为 0.5～0.8 mg/L，出水 COD 浓度也低于国家《城镇污水处理厂污染物排放标准》一级 A 排放标准。分析得到系统对 COD 的高效去除有两点原因：一是进水 COD 浓度低，当系统 HRT 为 6 h 时，进水 COD 容积负荷维持在 0.60 kg/(m³·d) 左右，在正常负荷范围内，因此出水 COD 比较容易达标；二是根据改良 A²/O 分段进水工艺的进水特点，由于原水首先进入厌氧段和缺氧段，绝大部分进水 COD 被厌氧释磷及缺氧反硝化有效利用，只有少量 COD 通过各好氧段曝气降解。

6.1.5 工程运行效果

6.1.5.1 系统对 COD 的去除特性

本实验各运行模式下，改良 A²/O 分段进水脱氮除磷系统对 COD 的去除效果见图 6-6。可知，实验期间进水 COD 浓度波动较大，在 89.22～243.10 mg/L 之间变化，平均为 160 mg/L，各工况下 98% 的出水 COD 在 50 mg/L 以下，Run1 至 Run6 工况下，出水 COD 浓度分别为 33.71 mg/L、30.11 mg/L、32.74 mg/L、34.74 mg/L、33.05 mg/L 和 31.39 mg/L，COD 去除率分别为 81.42%、80.74%、81.92%、77.58%、78.90% 和 79.75%；并且进水流量分配比对 COD 去除效果的影响很小，出水 COD 浓度可达 GB 18918—2002 一级 A 排放标准，说明系统对进水 COD 有高效稳定的去除效果。此外，通过比较 150 天的进水 COD 负荷与去除率的关系发现，进水 COD 负荷 0.5 kg COD/(m³·d) 是系统去除 COD 效率的拐点；当进水负荷小于

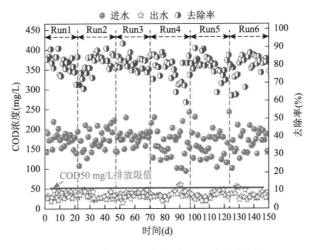

图 6-6 各工况下系统对 COD 去除效果

0.5 kg COD/(m³·d)时，出水 COD 浓度比较稳定，而大于 0.5 kg COD/(m³·d)时，出水 COD 浓度随进水负荷的提高而增加，但即使进水负荷接近 0.7 kg COD/(m³·d)时，出水 COD 浓度也并没有超过 50 mg/L。说明系统进水 COD 负荷还可以进一步提升，这可通过缩短系统 HRT 或者提高进水 COD 浓度来实现。

由图 6-6 可以看出，在反应器各段 COD 浓度变化不大，维持在一个较低的水平。其原因主要有两点：第一，原水中的 COD 分段进入系统中，回流污泥对其有一定的稀释作用，并且这种稀释作用有一定的延时，使得每一进水段 COD 几乎没有太大的差别。第二，COD 在缺氧和厌氧段被充分利用；因此，由于原水分段进入预缺氧、厌氧、缺氧 2 和缺氧 3 四段反应器中，在这四段反应器中 COD 并没有很大的变化，说明系统 COD 大部分是在缺氧段和厌氧段被有效利用，各工况下碳源在缺氧段和厌氧段的有效利用率分别为：61%、77%、68%、72%、74%、76%；而 COD 只有少部分在好氧段被降解，分别为：25%、9%、19%、16%、10%、9%。因此，好氧段主要完成氨氮硝化和磷的吸收功能，第一好氧段的硝化液直接进入第二缺氧段，然后利用进入该段原水中的碳源进行反硝化脱氮，使得碳源最大限度被用于反硝化脱氮过程，后续的好氧段和缺氧段功能相同。由于缺氧段和厌氧段对 COD 的高利用，使得进入各好氧段的 COD 浓度很低，这有利于自养菌的大量富集。

6.1.5.2 系统对氮的去除特性

在系统运行的 6 个阶段中，对氨氮和总氮整体的去除性能见图 6-7，可以看出实验期间进水的 TN 浓度在 22.77～41.94 mg/L 之间，平均为 31.73 mg/L，各工况下 97.3%的出水 NH₃-N 在 5 mg/L 以下，81.3%的出水 TN 在 15 mg/L 以下；Run1

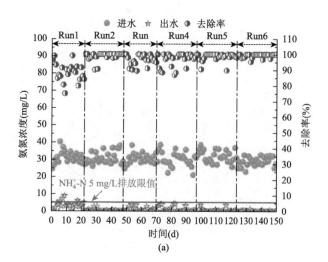

(a)

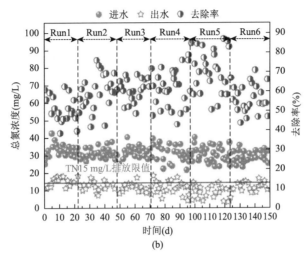

图 6-7 各工况下系统对 NH_4^+-N 和 TN 去除效果

至 Run6 工况下 NH_3 的去除率一直保持一个较高的水平，出水的 NH_3 浓度分别为 3.72 mg/L、0.39 mg/L、1.23 mg/L、1.15 mg/L、0.58 mg/L、0.20 mg/L，去除率分别 为 88.44%、98.65%、96.28%、96.52%、98.31%、99.31%；Run1 至 Run6 工况下的 出水 TN 浓度分别为 15.60 mg/L、12.48 mg/L、12.39 mg/L、11.99 mg/L、9.26 mg/L、 13.06 mg/L，去除率分别为 51.67%、57.23%、61.46%、61.48%、70.24%、55.12%； 从实验结果可以看出进水流量分配比对 NH_3 的去除效果影响不大，而对于 TN 去除 率有较大影响，Run5 工况下 TN 的去除率比 Run1 工况提高了近 20%，除 Run1 工 况外，其他 5 种工况的氨氮和总氮出水均可达 GB 18918—2002 一级 A 排放标准。

6.1.5.3 不同阶段系统各段 DO、ORP、pH 变化规律

不同进水流量分配比下系统各段的 DO、pH 和 ORP 的变化情况如图 6-8 所示。从图中可以看出 DO、pH、ORP 在各段都具有很好的相关性：DO 和 ORP 在厌氧段、缺氧段降低，在好氧段升高，pH 的变化则刚好相反。缺氧段和厌 氧段的 DO 均维持在 0.08～0.14 mg/L 之间，好氧段在 1.06～3.50 mg/L 之间； pH 在缺氧段和厌氧段维持在 7.55～7.76 之间，好氧段在 7.61～7.75 之间。在 预缺氧段，由于反硝化脱氮作用以及部分反硝化除磷作用的存在，而反硝化和 缺氧吸磷都会产生碱度，使得预缺氧段的 pH 上升；而环境中的 pH 也会对 ORP 产生影响，pH 低时 ORP 也低，反之 pH 高时 ORP 也高；在缺氧环境下，主要 是发生反硝化脱氮作用和部分缺氧吸磷作用，同时伴随着回流污泥中所携带的 硝态氮回流到预缺氧区，使得预缺氧段的 ORP 相比于进水有所升高。在厌氧

段主要发生聚磷菌对有机物的摄取以及厌氧释磷作用，磷的释放和有机物的降解越多，DO、ORP 和 pH 下降得越多。在好氧 1 段主要完成磷的吸收以及氨氮的硝化作用，会造成 DO、pH 和 ORP 的上升，好氧吸磷也会使得 pH 上升，而硝化作用会使得 pH 下降，而系统总体显示为 pH 的上升，说明本段好氧吸磷产生的碱度超过了硝化消耗的碱度；这进一步证实了在好氧 1 段主要发生好氧吸磷，而氨氮的硝化则进行得不完全。在缺氧 2 段和缺氧 3 段中，由于反硝化脱氮产生了碱度，导致 pH 有所上升；而由于缺氧段硝态氮已经被降解了很多，造成氧化态高的离子有所减少，ORP 的下降。在好氧 2 段和好氧 3 段主要发生氨氮的氧化、聚磷菌进一步吸磷以及部分有机物的氧化分解，此时氨氮近乎完全硝化所消耗的碱度远远超过聚磷菌少量吸磷所产生的碱度，造成了 pH 的下降。

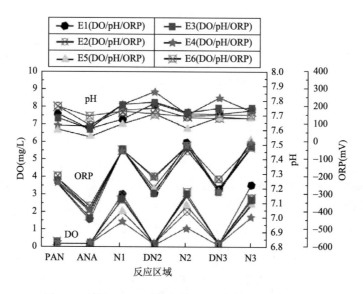

图 6-8　不同工况下系统各段 DO、pH、ORP 变化情况

因此，分析认为 DO 和 ORP 的协同作用可以作为改良 A^2/O 分段进水脱氮除磷系统厌氧放磷段的控制参数，同时亦可作为缺氧段反硝化完成和好氧段硝化完成的指示性参数。

6.1.5.4　系统各好氧段污泥沉降性能描述

实验考察了低污泥负荷下系统的污泥沉降性能，其情况如图 6-9 所示。试验阶段系统污泥负荷很低,在 0.02～0.05 kg COD/(kg MLSS·d)的范围内波动,而一般活性污泥工艺污泥负荷的范围为 0.3～0.5 kg COD/(kg MLSS·d),因此本实验运行条件一直属于低食微比环境;系统污泥沉降性能(SV)与污泥沉降指数(SVI)分别平均为48%和97,均在正常数值范围内,这说明试验阶段系统较低的污泥负荷并没有超出系统的承载能力,因而不会引起污泥沉淀性能变差。良好的污泥沉降性能可以归因于改良 A/O 分段进水工艺缺氧/好氧交替运行模式,从图 6-9 可以看出,系统好氧 1 段、好氧 2 段、好氧 3 段 SVI 值呈现逐步降低趋势,SVI 值平均为 106、93、91,各缺氧段具有较好的生物选择功能,抑制了丝状菌的生长繁殖。

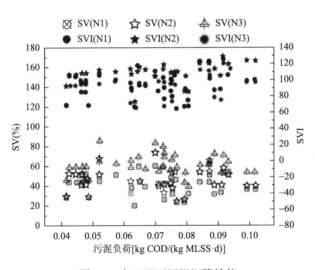

图 6-9　各工况下污泥沉降性能

6.1.5.5　多相流动态膜生物载体挂膜特性研究

反应器启动约 10 天之后,填料上出现了明显挂膜痕迹。挂膜后的填料如图 6-10 所示,可见填料上有灰褐色透明生物膜,物理形态呈胶状,结构紧密,生物膜量较大。启动期间反应器内的 MLSS 维持在 3000～4000 mg/L 之间,这一范围的活性污泥浓度较适宜填料挂膜。若 MLSS 低于 3000 mg/L,则反应池中微生物的基数不够,细菌附着在悬浮填料上的可能性降低;若 MLSS 高于 5000 mg/L,则生物膜中的微生物会与活性污泥中的微生物互相竞争营养物质,在活性污泥浓度较高的情况下不利于生物膜的生长。经过碱液-超声联合作用剥落生物膜,并使用重量法测得生物膜上的 MLVSS 在 7～11 g/L 之间,填料挂膜后形成肉眼可见致密、光滑的生物膜。

图 6-10　多相流动态膜填料挂膜前后照片

　　运用扫描电子显微镜在 20 kV 的工作电压下,对样本放大 4000 倍进行观察,观察结果如图 6-11 所示。填料内部的微生物种类形态丰富,表观形态以球状菌、杆菌和链球菌为主,形成了稳定、紧实且致密的生物膜结构,微生物量较大。细菌主要以菌胶团的形式存在,菌胶团之间有一定的空隙,营养物质和细胞代谢产生的废物通过这些空隙进行运输,保证细菌与外界进行物质与能量的交换。菌胶团中的微生物相互作用,相互影响,形成一个较复杂的微生物群落结构,在较小的空间中保持较大的生物量,起到有效地去除废水中的有机物的作用。

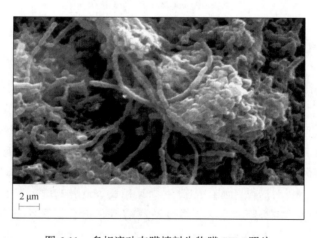

图 6-11　多相流动态膜填料生物膜 SEM 照片

6.2 乳品加工废水处理工程实例

氮素是导致水体富营养化的主要因素之一。20 世纪 90 年代以来，随着工业的迅速发展，水处理工艺相对滞后，大量含氮废水被排放至自然水体中，造成我国许多湖泊、水库中藻类的大量繁殖，水生生态系统失调，由此引发的水体富营养化问题已经对以地表水作为水源的城市的供水安全造成影响。

众所周知，氮元素作为维持生物生长繁殖的必要元素在生物圈中不停地迁移和转化，这种迁移和转化就是所谓的氮素循环。在氮素循环中，氮素以多种结构和价态存在，除了存在于空气中的分子氮以及其他用于合成必要的生命物质以外，其他氮素化合物均可能对人类和环境造成不利影响，其中以氨氮、亚硝酸盐氮以及硝酸盐氮的危害最大。当水中游离氨（free ammonium，FA）浓度大于 0.02 mg/L 时，会对鱼类等水生动物产生毒害作用。氨氮还会被进一步氧化成为亚硝酸盐氮和硝酸盐氮，亚硝酸盐氮已被证明是一种致癌物质，其在人体内会与血红蛋白结合，消耗体内血氧含量。亚硝酸盐氮还会在水体内诱发产生亚硝胺类致癌物，导致新生儿患高铁血红蛋白症。

目前，我国广泛应用的高氨氮废水处理工艺多为生物处理法，该类方法已被证明能够有效去除废水中的有机物，但对于含氮污染物的去除效果有限，已报道的研究多采用传统硝化反硝化工艺对高氨氮废水进行脱氮，运行成本较高。国家"十四五"节能减排方案明确了各类工业的氨氮排放指标，高氨氮行业在废水处理方面也面临着全新脱气技术的引用、稳定处理等问题，完成工艺的升级改造。目前，最常用的脱氮方法主要有物理化学法以及生物处理法，很多新型脱氮工艺因其具有高效率、低能耗的优点正被逐步推广至各类工业废水的处理当中，但被应用于食品加工类高氨氮废水却鲜有报道。

此外，高氨氮工业废水通常含有大量有机物，在一定程度上限制了氨氮的有效去除，因此，在高氨氮工业废水处理过程中，首先需要将废水中的 COD 降低至一定程度后才可以进行氨氮的有效去除，而较高浓度的氨氮也会对 COD 降解细菌产生抑制作用。本节针对典型高氨氮工业废水，介绍了一种新型的处理工艺，即"全流程复合膜强化自养异养耦合脱氮"工艺用于处理乳品加工废水。

6.2.1 项目概述

黑龙江完达山阳光乳业有限公司位于哈尔滨高新技术开发区迎宾路集中区，是黑龙江省完达山乳业股份有限公司的全资子公司，2009 年投资兴建，日产液态奶 800 t，主要经营学生奶、纯牛奶、液体奶、酸牛奶等业务。公司以生产高温灭菌常温奶为主，乳制品都是以鲜奶为原料加工而成的。乳制品废水包括生产加工工序中产生的大量生产废水，还混有少量厂区的生活废水。其中生产废水主要是洗涤废水和洗车废水，洗涤废水包括洗涤乳制品的管道、容器和设备的废水。

完达山阳光乳业有限公司废水处理工程于 2010 年 8 月由黑龙江海德环境工程设备有限公司建设，设计处理规模 1500 t/d，采用"气浮-水解-生物接触氧化-沉淀池处理"工艺，污水经处理后排放标准要求达到《污水综合排放标准》（GB 8978—1996）中一级标准。

完达山阳光乳业有限公司废水处理工程运行 4 年后，出现管道腐蚀、处理设施堵塞等诸多问题。2014 年 8 月，完达山阳光乳业有限公司对废水处理成套设备进行了招标，并于 2014 年 10 月进行设备安装。

黑龙江完达山阳光乳业有限公司废水处理工程，设计废水处理规模 1500 t/d，实际废水处理规模 2000 t/d，废水处理规模超过设计规模 33%。

6.2.2　废水水量、水质及处理要求

1）工程废水来源

根据现场实际调查，完达山阳光乳业现生产周期根据生产订单的变化而改变，故每天所排放的废水没有固定的规律，但根据每月平均的生产周期均衡后可以达到 1500 t/d，现工艺处于满负荷运行状况下产生的废水，包括阳光乳业 1100 t/d 和来自于完达山一厂（另一厂区）的生产废水 300～400 t/d。废水总共包括五部分：

（1）阳光乳业生产车间洗涤管道、容器和设备的洗涤用水，此部分水经过酸碱中和后通过管道排放，其流量为 700～800 t/d，水质 COD 在 2000～3000 mg/L 之间。

（2）阳光乳业生产车间中无法进行中和后排放的洗涤设备废水，其流量为 100 t/d，水质 COD 在 2000～3000 mg/L 之间。

（3）阳光乳业洗车间冲洗奶罐车奶罐（包括罐内和罐外）的洗涤水，此部分水通过管道收集排放，其流量为 100 t/d。

（4）阳光乳业厂生活污水，通过污水管道收集排放，其流量为 100 t/d，水质 COD 在 200～400 mg/L 之间。

（5）完达山一厂生产车间洗涤管道、容器和设备等废水。该厂主要生产低温发酵酸奶，其洗涤废水中的蛋白质含量高于阳光乳业洗涤废水，其流量为 300～400 t/d，水质 COD 在 2000～3000 mg/L 之间。

其中前四部分属于阳光乳业厂的生产废水，各部分各自通过单独的管道收集，然后汇入位于污水厂旁道路的厂区污水主管，最终通过污水主管进入集水井进行

处理。第五部分属于完达山一厂的生产废水，通过管道直接汇入集水井进行处理，处理后排入城市污水管网。

　　2）水质参数确定

　　为了全面了解废水处理工程实际运行现状，2015 年 11 月末，由哈尔滨工业大学市政环境工程学院实验中心对处理工程各工艺段进行了取样分析，运行效果见表 6-2。

表 6-2　黑龙江完达山阳光乳业有限公司废水处理工程运行效果　　（单位：mg/L）

工段	COD	氨氮	总氮	硫酸盐	总磷
调节池	1200～3090	160～230	247～367	839	2.24
气浮池	989～2200	146～218	166～258	826	1.23
曝气池	124～204	3.5～22.7	19～45	792	1.33
沉淀池	40～80	3.1～17.6	17～36	725	1.23

　　黑龙江完达山阳光乳业有限公司废水处理后排入城市污水管网，其处理后的出水中污染物质应满足表 6-3 中排放标准。

表 6-3　出水水质标准　　（单位：mg/L）

类别	pH	COD_{Cr}	SS	氨氮	总氮	总磷
排放标准	6～9	100	70	15	20	3

　　从初步调查来看，黑龙江完达山阳光乳业有限公司污水处理工程存在的主要问题为：

　　（1）沉淀池污泥大量堆积，斜板多次破坏，对水质达标产生了重要影响。

　　（2）黑龙江完达山阳光乳业有限公司废水处理工程采用了气浮预处理工艺，但为保障处理效果，消耗了大量混凝剂，每天消耗大量聚合氯化铝（PAC）和聚丙烯酰胺（PAM），运行与管理成本非常高。

　　（3）废水处理量超过了原设计规模。

　　（4）处理工艺选择不当，运行成本较高。

　　3）工艺运行现状

　　该工程自 2014 年改造完成，运行至今。2015 年 11 月和 2016 年 5 月，对该工程经过跟踪调查，摸清该工程设计和运行中主要问题：

　　（1）黑龙江完达山阳光乳业有限公司废水处理工程，设计废水处理规模 1500 t/d，现工程满负荷运行。

（2）气浮处理工艺为保障处理效果，药剂消耗平均 PAM 3～5 kg/d，配制药剂为 25 kg/t 水，平均阴离子型 PAC 50 kg/d，配制药剂为 0.5 kg/t 水，回流比 $R =$ 42%。综合药耗和电耗等，气浮运行成本超过 2 元/吨，运行与管理成本较高。

（3）水解酸化池与污泥缓冲池相连，目前两池体之间已有破损，水解酸化池中水流入污泥缓冲池内，影响污泥回流性能。水解酸化池池体内填料由于使用时间过长，设备老化，填料下部分断落，相互缠绕在一起，填料上浮出水口处，导致水解池出水不畅。

（4）生物接触氧化池填料性能不佳、曝气量较大、污泥回流不畅等原因，使得池内填料生物膜量过少，对 COD、氨氮等去除效果一般。

（5）斜板沉淀池重新设备安装调试后，出现了 4 次以上的处理设施堵塞问题，特别是沉淀池内污泥大量堆积，沉淀池斜板多次破坏，降低斜管沉淀池效率，对水质达标产生了重要影响。

（6）工艺总体污泥回流系统不畅，达不到生物除碳和脱氮的活性污泥回流要求。主要原因为：①沉淀池底部采用了重力排泥，由于污泥沉积于污泥斗时间过长，污泥进行厌氧发酵，形成死泥，无法顺利进行重力排泥，同时缓冲池水位也影响到沉淀池污泥的排放；②缓冲池向水解酸化池和生物接触氧化池，通过泵进行污泥回流，但水泵由于设备老化，额定工况下为 50 m³/h，已达不到原设计污泥回流比要求。

（7）水解酸化池和生物接触氧化池没有设计硝化液回流系统，造成系统脱氮能力严重不足。

从目前调查来看，影响完达山阳光乳业有限公司废水处理工程稳定运行的主要问题为：

（1）斜板沉淀池的斜板设计工艺参数不当，斜板间距较小易造成堵塞，斜板安装不当，斜板材质和固定方式造成斜板易脱落；

（2）沉淀池选择重力排泥方式不当，使得污泥回流不畅、沉淀池底部积泥，严重影响沉淀池的稳定运行；

（3）水解酸化池和生物接触氧化池系统没有设计硝化液回流，使得生化系统对 COD 和氨氮去除能力受到限制；

（4）水解酸化池和生物接触氧化池体内填料选择不恰当，使得现有填料堵塞系统、填料生物膜量过少，对 COD、氨氮去除效果一般。

4）示范工程污水处理工艺确定

2015 年 12 月，哈尔滨工业大学向黑龙江完达山阳光乳业有限公司提交了"黑龙江完达山阳光乳业有限公司废水处理工程现场实施方案"，确定采用"高效水解-高负荷曝气泥膜共生-动态膜 SNAD"集成技术，处理乳品加工废水，并对该厂现有污水处理工艺进行升级改造。

5）主要工程技术措施

为有效解决完达山阳光乳业有限公司废水处理工程稳定运行的主要问题，建议从以下工程措施入手，优先保障工程的高效稳定运行：

（1）重新更换沉淀池斜板。采取大间距斜板设计，对材质强度提出更高要求，同时采取环氧煤沥青防腐的圆钢进行强化固定。

（2）将沉淀池重力排泥改造为污泥泵强化排泥。对沉淀池排泥系统重新进行改造，采取污泥泵强化排泥方式，解决污泥回流不畅、沉淀池底部积泥等突出问题。

（3）新建硝化液回流系统。在水解酸化池和生物接触氧化池之间，新建硝化液回流系统，改善生化系统污泥性状和对污染物去除能力。

（4）更换老化和无效的生化池填料。对水解酸化池和生物接触氧化池内的破损、脱落和无法挂膜的填料进行更换，改善生化系统污泥性状和对污染物去除能力。

（5）对系统运行条件进行优化。强化生化单元除碳脱氮能力，降低气浮单元药耗和能耗，使系统能够稳定运行和降低运行废水。

6.2.3 处理工艺

6.2.3.1 工艺流程

厂区污水经管网收集，经过粗、细格栅去除污水中的漂流物和大颗粒杂质后，污水进入调节池，初步调节水量并均化水质，再经液位控制仪控制，由提升泵提升至管道混合器，同时加入适量的 PAC 和 PAM 充分混合产生较大矾花，在浅层气浮机内利用高压溶气水通过压力骤降而释放的大量细小气泡的吸附、顶托和裹夹作用使矾花浮上水面，与污水分离。水面上的浮渣通过自动刮渣机刮渣进入污泥浓缩池中；预处理后的废水先进入一个中间集水池再进入生化池。中间集水池的存在是为了防止浅层气浮机的出水不能达到生化池的进水要求而设置，不合格废水则进入大白水池等待再次处理；废水进入水解酸化池后，水解酸化池悬挂的高效多介质膜水解填料将废水中的大量蛋白质进行高效水解，一方面提高了废水的可生化性，另一方面将有机氮转化为氨氮，为后续生化单元进一步去除总氮做准备。经水解酸化后的废水进入好氧池中，在池中大量投加的多相流动态膜的作用下（多相流动态膜工艺综合了介质流态化、吸附和生物化学过程，将物理化学法与生物法相结合，同时具有活性污泥法、生物膜法和固定化微生物技术的长处，运行过程中每个载体内部都存在着良好的好氧、缺氧和厌氧环境，使其内部形成了无数个微型的硝化-反硝化反应器，从而实现在同一个反应器中氨氧化、硝化和反硝化的联合作用，有力地保证了氨氮的高效去除），填料表面和内部生长的大量微生物在高负荷曝气的作用下去除有机物并同化部分氨氮等污染物质。废水进一步流入缺氧池，在多相流动态膜生物载体的作用下，其表面和内部生长的大量自养型细菌将氨氮经短程硝化-厌氧氨氧化的作用转化为氮气，从而实现总氮浓度的大幅降低，使污水得到净化。老化的污泥随水流进入沉淀池；在沉淀池中，利用泥、水比重的不同使泥水分离开，上清液通过一个清水池排放进入城市污水管网中，由于水中含有一定量的硝态氮，因此部分污水回流至好氧池，通过好氧池内部的缺氧环境和较充足的碳源，在反硝化细菌的作用下彻底去除水中总氮。下层污泥部分回流到生化池中，剩余部分排入污泥浓缩池中。排入污泥浓缩池中的污泥通过污泥泵在管道混合器中加药调理改善其脱水性能，然后进入压滤机中，通过压滤机的作用降低污泥的含水率，使污泥便于外运处置。本工程采用"全流程复合膜强化自养异养耦合脱氮"工艺处理完达山阳光乳业有限公司的乳品加工废水，工艺流程如图6-12所示。

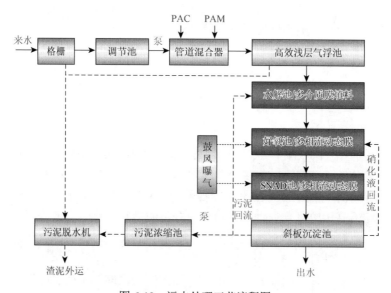

图6-12　污水处理工艺流程图

6.2.3.2　主体工艺介绍

1. 多介质膜水解池运行效能

本试验采用多介质膜有机氮定向水解工艺，在普通水解酸化池内设置多介质膜填料，使水解池污泥更好地附着在填料上形成厌氧生物膜。厌氧生物膜是由高度密集兼性菌、厌氧菌等组成的生态系统，厌氧生物膜通过吸附水中有机物进行分解，流动水层则将老化的生物膜冲掉以生长新的生物膜。多介质膜填料采用棉、麻等高效纤维类原料制成，材质优良，具有较强的耐磨性和抗化学侵蚀能力，同时多介质膜填料可以通过交叉安装方式的特点进行泥水气三相分离，解决了水解酸化池污泥上浮的问题，保障了水解酸化池污泥量。在高效水解酸化池内，进入的污水与多介质膜填料和悬浮污泥相接触，在填料上生物膜和悬浮污泥的截留、吸附等双重作用下，将污水中非溶解性有机物拦截下来，同时将污水中大分子的物质降解为小分子有机物，提高了污水中可溶解性物质的比例，从而提高了污水的可生化性性能。

水解酸化工艺采用生物催化技术，将现有水解池进行改造，通过投加多介质膜填料来强化水解酸化工艺，进一步提高废水的可生化性 B/C 比，对蛋白质进行重点处理，将有机氮转化为氨氮。本试验选用多介质膜填料，同时与两种常见的水解酸化填料进行性能对比，剩下两种水解填料采用丝状弹性填料和毛刷填料，构建三组水解反应器，分别放置三种不同水解填料（图 6-13），依次编号为水解一号、水解二号、水解三号反应器，三个水解反应器统一进水。研究结果表明，多介质膜填料为生物亲和性悬浮填料，投加方便，成本较低，使用寿命较长，适合处理生化性较差、水质不稳定的污水及用于污水厂的工程改造和升级。

(a)   (b)   (c)

图 6-13 三种水解填料

（a）毛刷填料；（b）多介质膜填料；（c）丝状弹性填料

2. 高负荷曝气泥膜共生技术

多相流动态膜是本次改造工程的主体工艺，通过在普通活性污泥池中投加特定的悬浮填料，来提高污水处理容积负荷率和出水指标，其工艺特点为反应器内泥膜共生，内部填充"多相流动态膜微生物载体填料"，依靠曝气池内的曝气和水流的提升作用使载体处于流化状态，进而形成悬浮生长的活性污泥和附着生长的生物膜，使得整个反应器的空间被移动床生物膜所利用，充分发挥附着生物相和悬浮生物相两者的优越性。实现优势互补，克服了传统的活性污泥生物量不足和接触氧化工艺传质混合效率低的问题，使得生化反应效率成倍提高。

与以往的填料不同的是，这一填料能与污水频繁多次接触，因而被称为"移动的生物膜"。该工艺占地面积小，可有效脱氮除磷，适用于多种工艺的运行模式。"多相流动态膜微生物载体填料"使固相生物膜和液相的活性污泥可以发挥各自的生物降解优势。"多相流动态膜微生物载体填料"已获得国家发明专利（发明专利号为 ZL201510160267.1），主要材料为 HDPE（添加亲水性辅材）：挂膜时间约为 5~8 d，硝化效率＞1500 g NH_4^+-N /(m³·d)，BOD 处理效率（最大值）＞13000 g BOD_5/(m³·d)，COD 处理效率＞18000 g COD/(m³·d)，使用寿命＞20 年。"多相流动态膜微生物载体填料"的外形设计以流体力学和空气动力学理论为基础，在受到水力或其他外力（机械搅拌、曝气）作用时，填料能在水中产生全方位翻滚运动，使生物膜充分地与水接触反应。

本次中试试验采用多相流动态膜技术改造现有好氧工艺，具有以下优势：

（1）改造简单：只在曝气池中投加一定量的填料，即可将活性污泥池或厌氧池改装为多相流动态膜工艺，无须停产即可实现工艺改造；

（2）改造费用低：填料投加量 40%~70%（按有效容积），无须重新修建反应池体，基建费用低；

（3）高效：容积负荷可提高 2~4 倍，占地面积小；

（4）能耗低：水头损失小，能耗只比活性污泥略有增加；

（5）稳定性高：温度变化和有机负荷对多相流动态膜工艺的影响要远远小于对活性污泥法的影响，当温度变化、污水成分发生变化或污水有机负荷增加时，多相流动态膜工艺耐受力很强，尤其在低温状态下运行效果明显优于厌氧及活性污泥法等工艺。

3. 动态膜 SNAD 技术

SNAD 技术通过控制 HRT 和温度等运行条件，将氨氧化控制在亚硝化阶段，取得了很好的脱氮效果，但是在反硝化阶段仍然需要额外添加有机碳源。目前研究人员正在研究将短程硝化和厌氧氨氧化工艺联用的工艺，将短程硝化过程作为硝化过程、厌氧氨氧化过程作为反硝化过程，通过这两种工艺联用来达到脱氮的目的。

该工艺最大的优势在于无须额外添加碳源，这很好地消除了传统脱氮工艺中

COD$_{Cr}$和脱氮之间复杂的矛盾。通过计算，短程硝化-厌氧氨氧化工艺相比于传统硝化反硝化工艺，在需氧量上节省了 50%，在外加碳源上节约了 10%，这两项指标的优化为实际工程运行节省了近 90% 的费用。

本次工程改造在缺氧池中投加多相流动态膜生物载体，通过控制水中 DO 浓度，将载体表面生物膜控制为缺氧型，内部生物膜为厌氧型，同时适合硝化细菌和厌氧氨氧化细菌生长繁殖。同时，在生物膜内部，反硝化细菌可利用死亡细菌胞溶作用产生的 COD 作为碳源，利用厌氧氨氧化细菌生长过程中产生的硝态氮作为氮源而进行反硝化作用，因此本次示范工程缺氧池中可同时发生短程硝化-厌氧氨氧化-反硝化作用，从而彻底去除水中的氮污染物。

本书作者课题组针对高氨氮工业废水形成了全流程复合膜强化同步脱氮技术，具体包括多介质膜有机氮定向水解技术、动态膜高负荷曝气泥膜共生技术、动态膜 SNAD（短程硝化-厌氧氨氧化-反硝化）集成技术，并成功应用于黑龙江完达山阳光乳业有限公司污水处理示范工程。

6.2.4　工程设计参数

1）格栅

设置粗细格栅各一道，位于进水管路上。格栅井采用钢混结构，由人工定期外运处理。格栅设计参数见表 6-4。

表 6-4　格栅设计参数

项目	参数
型号	SHG-800
宽度	800 mm
外形尺寸	$L \times B \times H = 1.5\,\text{m} \times 0.8\,\text{m} \times 0.5\,\text{m}$
数量	1 座
格栅安装角度	60°
格栅栅条间隙	25 mm，10 mm
格栅沟深	500 mm
材质	不锈钢

2）调节池

调节池采用地下钢混结构，与污水提升泵联动实现高位启动，低位停止。调节池设计参数见表 6-5。

表 6-5　调节池设计参数

项目	参数
HRT	8 h
外形尺寸	$L \times B \times H = 14\,m \times 9\,m \times 4.5\,m$
有效容积	500 m^3
数量	1 座
液位开关	2 套
污水提升泵	2 台, $Q = 62\,m^3/h$, $H = 15\,m$

3）混凝剂投加系统

混凝剂投加系统设计参数见表 6-6。配套加药桶和搅拌器。

表 6-6　混凝剂投加系统设计参数

项目	参数
混凝剂投加量	200 mg/L, 浓度 10%, 加药泵投加 0~80 L/h
助凝剂投加量	10 mg/L, 浓度 0.2%, 加药泵投加 0~200 L/h
数量	1 座

4）气浮系统

气浮系统包括主机、溶气罐、释放器、管道混合器、控制箱、溶气水泵和空压机,设计参数见表 6-7。

表 6-7　气浮系统设计参数

项目	参数
类型	高效浅层气浮机
型号	CQF5000
处理能力	62 m^3/h
数量	1 座

5）多介质膜水解池

主要功能:利用填料形成的污泥床吸附不溶性有机物,使乳品废水中有机氮进一步向无机氮转化,为后续的生化工艺提供较好的水质。

水解池填料采用组合生物填料,由多孔旋转球、多面空心球和聚氨酯绵等组合而成,其中多孔旋转球直径 150 mm,空心球 50 mm,聚氨酯绵 20 mm×20 mm×20 mm,长度 3.5 m。

多介质膜水解池设计参数见表 6-8。

表 6-8　多介质膜水解池设计参数

项目	参数
尺寸	$L \times B \times H = 3.5\ \text{m} \times 14.2\ \text{m} \times 6.2\ \text{m}$
数量	2 格串联
有效容积	500 m³
水力停留时间	6.25 h
结构	地下钢混
填料数量	1600 条

6）复合动态膜池

主要功能为强化去除 COD、SS 和氨氮等污染指标。填料采用动态膜微生物悬浮填料，填料直径 10 mm×10 mm，表面积 950 m²/m³，挂膜时间仅需 5～8 d，使用寿命可保持 10 年以上。填料数量：前 3 格填料分别投加 40%、30% 和 20% 的动态膜填料，控制其溶解氧为 4 mg/L、0.4 mg/L 和 4 mg/L。填料总量 360 m³。

复合动态膜池设计参数见表 6-9。

表 6-9　复合动态膜池设计参数

项目	参数
尺寸	$L \times B \times H = 18\ \text{m} \times 14.2\ \text{m} \times 6.2\ \text{m}$（4 格） $L \times B \times H = 6.6\ \text{m} \times 5.6\ \text{m} \times 6.2\ \text{m}$（1 格）
数量	5 格串联
有效容积	1500 m³
停留时间	18 h

7）沉淀池

沉淀池设计参数见表 6-10。

表 6-10　沉淀池设计参数

项目	参数
主要功能	沉淀澄清，污泥回流
尺寸	$L \times B \times H = 7.35\ \text{m} \times 6.6\ \text{m} \times 3.87\ \text{m}$
有效容积	300 m³

续表

项目	参数
数量	2 格
表面水力负荷	1.6 m³/(m²·h)
沉淀时间	3.75 h
斜板	倾角 60°，斜板间距 80 mm

8）污泥池

污泥池设计参数见表 6-11。

表 6-11　污泥池设计参数

项目	参数
尺寸	$L×B×H = 9\ m×2.5\ m×6.2\ m$
有效容积	100 m³
数量	1 座
结构	地下钢混

9）缓冲池

缓冲池设计参数见表 6-12。

表 6-12　缓冲池设计参数

项目	参数
尺寸	$L×B×H = 5.5\ m×2.5\ m×6.2\ m$
有效容积	140 m³
数量	2 座
结构	地下钢混

10）污泥脱水系统

配套污泥提升泵 1 台，溶药搅拌器 1 台，空压机 1 台，清洗水泵 1 台，设计参数见表 6-13。

表 6-13　污泥脱水系统设计参数

项目	参数
型号	HTB H-750
处理量	65~150 kg·DS/h
数量	1 台
含水率	67%~85%

6.2.5 工艺参数优化

6.2.5.1 高负荷曝气泥膜共生工艺运行参数优化

本试验采用多相流动态膜生物载体作为泥膜共生的主体，其主要原理是将比重接近水的悬浮填料直接投加到曝气池作为微生物生长附着的载体，漂浮的载体在反应器内随着混合液的回旋翻转作用而自由移动。投加的动态膜微生物悬浮填料是活性污泥-生物膜复合形态，使反应池内单位体积有效微生物量增加，对 COD 和氨氮等污染物去除效能提高，剩余污泥产量降低。通过对泥膜共生反应器内活性污泥微生物量及动态膜微生物悬浮填料微生物量的测定，发现泥膜共生反应器内缺氧区活性污泥微生物量 MLSS 为 4.55 g/L，MLVSS 为 3.21 g/L；好氧区活性污泥微生物量 MLSS 为 3.23 g/L，MLVSS 为 1.66 g/L；动态膜微生物悬浮填料微生物量为 2.98 g/L。

本试验通过控制进水流量来调节泥膜共生池的水力负荷和水力停留时间，通过对泥膜共生池的 COD 浓度进行检测分析，对其出水水质情况进行比较分析。

1. 曝气量的优化

曝气量对高负荷曝气泥膜共生系统的影响主要体现在对污染物去除效果的影响上，因为曝气量的大小直接决定了反应器中的溶解氧（DO）浓度，而 DO 直接影响着微生物对污染物的降解速率及其自身的生长增殖情况。如果溶解氧浓度过低，污泥中好氧微生物缺乏充足的溶解氧进行有机物降解和生长代谢，其生物活性降低，污染物去除率下降，而且溶解氧长期处于较低水平会使污泥沉降和吸附性能降低，易出现污泥膨胀等问题。同时，高负荷曝气泥膜共生系统内填料的流化状态性能变差，使得系统对 COD 的去除率降低。

但溶解氧浓度也并不是越高越好，过高的溶解氧使微生物分解有机物速率过快，体系中被微生物利用的有机物长期匮乏，导致污泥结构松散，容易老化解体，影响反应系统的稳定性，另外过大的曝气量会为系统带来过大的水力剪切力，会造成污泥絮体的破碎，增大混合液中微生物胞外聚合物的浓度，使混合液黏度增大。并且溶解氧过高时，系统的能耗也高，经济上不合理。试验中控制水力停留时间为 10 h，硝化液回流比为 200%，污泥回流比为 150%，以 3 天为一个周期，将曝气量分别设置为 0.2 L/min、0.4 L/min、0.6 L/min、0.8 L/min 和 1.0 L/min，考察高负荷曝气泥膜共生工艺中曝气量对 COD 及氨氮处理效果的影响。

五种不同曝气量下，系统对 COD 的处理效果的变化如图 6-14 所示。从图 6-14

中可以看出，随曝气量的增加，高负荷曝气泥膜共生系统对 COD 的去除率有增长的趋势。曝气量由 0.2 L/min 增大至 1.0 L/min 时，SNAD 系统对 COD 的去除率呈现先升后降的趋势，在曝气量为 0.8 L/min 时，去除率达到最大值 93.89%。并且从图 6-14 中可以看出，当曝气量为 0.6 L/min 时，高负荷曝气泥膜共生系统对 COD 的去除率为 93.4%，当曝气量从 0.6 L/min 增大至 0.8 L/min 时，COD 去除率并未明显增加；这是由于当曝气量在 0.4 L/min 以下时，废水中污染物浓度较高，系统降解污染物的耗氧需求量较大，而由于系统内的供氧不足，溶解氧对降解污染物起限制作用。当曝气量逐渐增加到 0.6 L/min 时，系统内的溶解氧充足，微生物的代谢维持在良好的状态下，对降解系统内 COD 去除率起到了促进作用。当曝气量增加到 1.0 L/min 时，系统内溶解氧过多，使微生物分解有机物速率过快，由于系统营养物质有限，微生物处于低活性状态下，其对污染物降解能力反而降低，导致系统对 COD 去除率降低。

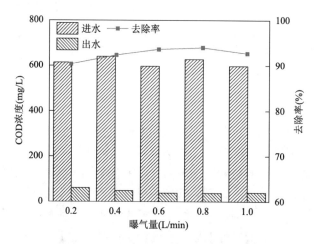

图 6-14　曝气量对 COD 去除效果的影响

2. 污泥回流比的优化

污泥回流比对反应器内微生物的种类和数量有一定的影响，对系统有机物降解起着决定性作用。污泥回流增大了系统内悬浮微生物的比例，增强了悬浮微生物的活性，促使系统内的悬浮微生物与附着微生物建立了共生竞争的关系，从而调控了悬浮微生物和附着微生物浓度比例。

研究填料上生物膜的附着情况发现，适量的污泥回流可以为系统增加较高活性的好氧微生物，这有利于微生物与填料的结合，有利于系统内好氧微生物群稳定地进行新陈代谢，使得附着于填料上的微生物对降解乳品废水中有机污物，特别是对难降解有机物的处理效能进一步提高。但是过高的污泥回流比会造成高负

荷曝气泥膜共生系统内固体停留时间的降低,影响污泥种群结构,进而降低 COD
和氨氮的处理效果。

试验中控制水力停留时间为 10 h,曝气量为 0.6 L/min,硝化液回流比为 200%,
以 3 天为一个周期,考察硝化液回流比分别为 50%、100%、150%、200%、250%
时,其对高负荷曝气泥膜共生工艺 COD 和氨氮处理效果的影响。

五种不同污泥回流比对 COD 处理效果的影响如图 6-15 所示,随污泥回流比
的增加,高负荷曝气泥膜共生系统对 COD 的去除率有增长的趋势。污泥回流比
从 50%增大至 250%时,高负荷曝气泥膜共生系统对 COD 的去除率呈现先升高后
降低的趋势,在污泥回流比为 150%时,去除率达到最大值 91.94%。这是由于随
着污泥回流比的增大,更多的悬浮污泥被带入高负荷曝气泥膜共生系统的缺氧区,
更多的 COD 被悬浮污泥降解,使系统出水浓度降低。而当污泥回流比大于 200%
时,高负荷曝气泥膜共生系统对 COD 的去除率呈现下降的趋势,这是由于过大的
污泥回流比使得高负荷曝气泥膜共生系统内流量增大,系统的水力停留时间缩短,
有机物和好氧区微生物的接触时间缩短,系统内悬浮固体的梯度分布不规律,系
统的处理容量降低,从而降低微生物降解有机物的效率。

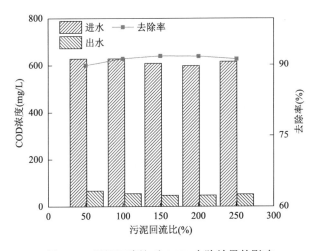

图 6-15 污泥回流比对 COD 去除效果的影响

6.2.5.2 动态膜 SNAD 工艺参数优化

在 SNAD 工艺中,起主要脱氮作用的是 AOB 和 Anammox 两种菌,其中 AOB
氨氧化细菌分布较为广泛,易于短时间内实现富集;而 Anammox 菌生长速度缓慢,
世代周期长达 11 d,因此,首要解决的就是接种污泥的来源和有效富集 Anammox
细菌的问题。在已发表的研究中主要采用以下两种方法:①利用生物膜法,将

Anammox 菌固定在生物膜内；②通过培养，使 Anammox 菌形成颗粒污泥状，其在良好的沉降条件下能够留在反应器内部。

本试验中主要采用生物膜法。在生物法中，氮的去除主要是通过对硝化和反硝化两个过程实现的。硝化和反硝化过程是由活性污泥中两类不同的微生物来完成的。化能自养型硝化菌在好氧状态下将氨氮氧化为亚硝酸盐并进一步氧化成硝酸盐。在缺氧状态下，异养型反硝化菌又能够将亚硝酸盐和硝酸盐还原成氮气。在泥膜共生工艺中，一定充氧条件下，在处理单元内设置微生物生长聚集的载体填料，载体填料表面积聚附着一定厚度的生物膜，由于氧在向生物膜内部扩散时会受到限制，生物膜表面仍然是好氧状态，而生物膜内层形成缺氧甚至是厌氧状态，从而在微观范围内形成好氧-缺氧-厌氧环境，因此，在泥膜共生工艺中能够获得实现同步硝化-反硝化的条件。

本试验通过控制进水流量来实现动态膜 SNAD 池水力复合状态和水力停留时间的调节，对 SNAD 池氨氮和总氮浓度进行了检测分析，并对其出水水质情况进行了比较分析。组合工艺在最优条件下稳定运行时，对氨氮处理效果如图 6-16 所示，综合乳品废水进水氨氮浓度为 176～245 mg/L 时，动态膜 SNAD 池进水氨氮浓度在 130～175 mg/L 范围内波动，出水氨氮浓度保持在 10 mg/L 以下，出水水质可以达到《污水综合排放标准》中的一级标准。

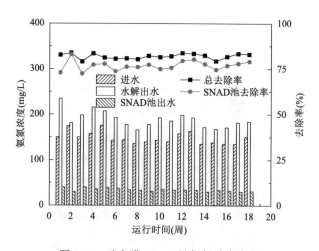

图 6-16　动态膜 SNAD 池氨氮浓度变化

如图 6-17 所示，综合乳品废水进水总氮浓度为 245～295 mg/L 时，动态膜 SNAD 池进水总氮浓度在 150～195 mg/L 范围内波动，出水总氮浓度保持在 50 mg/L 以下，动态膜 SNAD 池对总氮去除率在 60%以上。由此可见，动态膜 SNAD 池的脱氮效果明显，同时对不同水力负荷的适应能力较强。

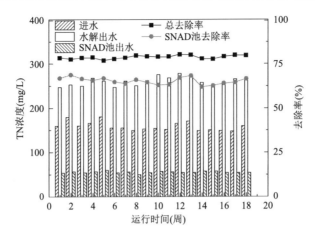

图 6-17　动态膜 SNAD 池总氮浓度变化

6.2.6　完达山阳光乳业有限公司污水处理示范工程工艺运行效能

完达山阳光乳业有限公司污水处理示范工程采用多介质膜水解-动态膜泥膜共生-动态膜 SNAD 组合工艺,多介质膜水解池对进入系统的废水进行预处理,可提高废水的可生化性,动态膜高负荷泥膜共生工艺的有机负荷为 2~4 kg/(m³·d),完成了对大部分污染物的降解,动态膜 SNAD 工艺作为脱氮主体单元对水中氨氮及硝态氮进行降解,弹性生物填料好氧池主要依靠填料上的生物膜将水中残留的污染物如 COD 和氨氮等进一步处理,水中剩余的硝态氮等污染物通过剩余硝化液回流至水解池进一步反硝化去除,对污水处理系统起保障作用。

改造工艺流程中气浮池段作为简单的预处理环节,工艺改造后气浮池阶段不再进行投加药剂,实际废水经过调节池后,超越气浮池。气浮池只作为预处理环节,将乳品综合废水中的悬浮物去除,进而减轻后续负荷。

改造工程中水解酸化池共有两个,池内原布置填料为弹性填料,弹性填料随着运行时间增加形成缠绕,严重阻碍水流,降低池内流速,造成出口堵塞。工艺改造中将原有填料全部去除,重新布置多介质膜球体填料。多介质膜球体填料布置方式为三角形布置,其填料间距为 30 cm。

改造工程中好氧池共有五个,好氧池原为生物接触氧化池,池内布置填料为弹性填料,弹性填料生物挂膜效果不佳,导致好氧池内微生物量不足。工艺改造中将原有填料全部去除,采用动态悬浮颗粒填料。改造中向五个好氧池投加 20%体积的动态悬浮颗粒填料,并将每个好氧池进出水口采用孔径为 6 mm×6 mm 的钢丝网封闭,以防止系统内动态悬浮颗粒填料流失。并在第四个好氧池内增加硝化液回流系统,在池体内布置 50 m³/h 的潜水泵,也采用孔径为 6 mm×6 mm 的钢丝网保护，在硝化液回流系统中用泵体将好氧体系内混合液打入多介质膜水解酸化区，以此增强系统内脱氮能力。

改造工程中斜板沉淀池共有两个，沉淀池原斜板孔径为 60 mm，由于孔径过小，造成斜板沉淀池堵塞，运行时间过长后，造成污泥发生厌氧反应形成气泡，进而破坏斜板。改造中将原斜板全部拆除，采用孔径为 80 mm 的斜板。同时在系统内增加污泥回流装置，原沉淀污泥回流为重力回流方式，由于重力压差不足，造成污泥回流不畅，致使污泥堆积于沉淀池底部。改造中在两个沉淀池底部各自增加 50 m³/h 的潜水泵，将污泥通过压力作用下回流至污泥。

工艺改造现场情况如图 6-18 所示。

图 6-18　工艺改造现场

1. 示范工程对 COD 的去除效果

工程建设完成后，组合工艺在稳定运行的情况下对 COD 处理效果如图 6-19 所示，综合乳品废水进水 COD 浓度为 3108.76 mg/L 时，高效水解池平均出水浓度为 618.5 mg/L，COD 平均去除率为 78.39%；后续好氧池（多相流泥膜共生反应池＋多相流 SNAD 池）平均出水浓度为 34.41 mg/L，好氧系统平均 COD 去除率为 94.13%，组合工艺平均 COD 去除率为 98.75%。

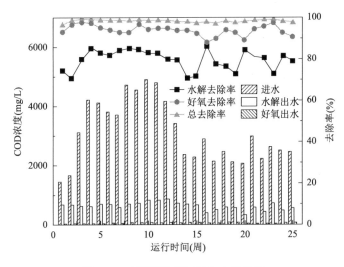

图 6-19 示范工程对 COD 去除效果

在第 4 周到第 14 周之间，综合乳品废水进水 COD 浓度高达 4000 mg/L，远高于设计负荷，高效水解池 COD 平均去除率为 81%，多相流泥膜共生反应池对 COD 平均去除率为 94%，组合工艺 COD 平均去除率均在 90% 以上，组合工艺出水 COD 浓度均可达综合废水排放标准，且稳定运行条件下出水水质波动不大，水质较稳定。这说明组合工艺抗冲击负荷性能较强，对 COD 处理效果较好。

系统在进水有机物浓度波动的条件下将出水 COD 维持在了 100 mg/L 以下，说明系统对常规的水质水量冲击具有较强的适应性。单纯的活性污泥法虽然拥有较丰富的生物量，但它在遭受水质水量冲击时容易出现丝状菌增殖的情况，从而出现污泥上浮、污泥膨胀等现象，使系统的处理效果降低。泥膜共生工艺中的生物膜生长在填料上，能将丝状菌吸附在其表面或空隙内，从而充分发挥丝状菌的作用，维持反应池中的絮体强度和生物量，避免出现污泥膨胀的情况。

2. 示范工程对氨氮的去除效果

氨氮是乳品加工废水中的污染物之一，主要是由牛奶中蛋白质等大分子的分解而来。工艺改造后组合工艺稳定运行情况下对氨氮的处理效果如图 6-20 所示。从中可以看出，综合乳品废水进水氨氮浓度为 180.82 mg/L，多介质膜水解池平均出水浓度为 236.15 mg/L，高效水解酸化系统中氨氮的平均氨化率为 23.79%，这充分说明了乳品废水中的蛋白质等物质在多介质膜水解池中被附着填料与悬浮填料分解，水中的有机态氮转化为氨态氮；SNAD 反应池氨氮平均出水浓度为 11.69 mg/L，SNAD 反应器系统平均氨氮去除率为 78%，组合工艺平均氨氮去除率为 87%。实际出水氨氮浓度均可达综合废水排放标准，稳定运行条件下出水的氨氮浓度波动不大，出水水质较稳定。示范工程建设完成后组合工艺对氨氮处理效果较好，并对高氨氮浓度冲击效能较强。

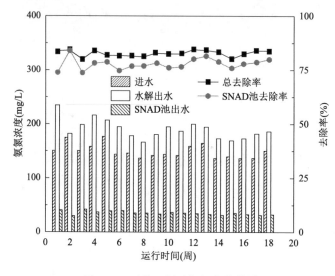

图 6-20　示范工程对氨氮去除效果

由图 6-20 可知，废水经多介质膜水解池处理后，水中的氨氮浓度升高了 15%～20%，成功实现了乳品废水中蛋白质类有机氮的定向水解。在传统的生物脱氮工艺中，硝化反应主要发生在好氧池中。废水中的氨氮在好氧环境中，在亚硝酸盐菌和硝酸盐菌的作用下被氧化为亚硝酸盐氮和硝酸盐氮，又在缺氧环境中通过反硝化菌的反硝化作用还原为氮气，从而从废水中去除。在悬浮填料孔隙内部的好氧-缺氧-厌氧环境中完成了 NO_2^--N 和 NO_3^--N 的去除。同时，污泥回流也带着部分混合硝化液回流到水解酸化池，进一步去除废水中的无机氮。

经 SNAD 池处理后，仍有一定浓度的氨氮、硝态氮等污染物残留在废水中，将其进一步通过弹性生物填料好氧池处理，可以将氨氮浓度控制在 10 mg/L 以内，以满足污水排放到当地市政污水厂的标准。

3. 示范工程动态膜 SNAD 工艺对总氮的去除效果

SNAD 反应器中氮素参与的有关反应主要包括短程硝化反应、厌氧氨氧化反应、硝化反应和反硝化反应，其中反应前后的硝态氮变化量（ΔNO_3^-）与总氮变化量（ΔTN）的比值如表 6-14 所示。

表 6-14　SNAD 反应池内部发生的氮素相关反应

反应名称	氮素转换关系	$\Delta NO_3^- : \Delta TN$
短程硝化反应	$2NH_4^+ \longrightarrow N_2$	$0 : \Delta TN = 0$
Anammox 反应	$NH_3^+ \longrightarrow 0.12NO_3^- + 0.44N_2$	$0.11 : 0.44 = 0.125$
硝化反应	$NH_4^+ \longrightarrow NO_3^-$	$\Delta NO_3^- : 0 = +\infty$
反硝化反应	$2/xN_xO_y \longrightarrow N_2$	$0 : \Delta TN = 0$

　　可以看出，在厌氧氨氧化反应单独发生时，反应前后 $\Delta NO_3^- : \Delta TN = 0.125$，而短程硝化反应和反硝化反应进行时该值为 0，硝化反应发生时该值趋近于 $+\infty$。

　　以上内容说明，SNAD 反应器内的 $\Delta NO_3^- : \Delta TN$ 值在 $[0, +\infty)$，可以通过计算某一时刻反应器内的 $\Delta NO_3^- : \Delta TN$ 值来大致判断反应器内部发生了哪些与氮素有关的反应。如图 6-21 所示，在启动阶段和好氧进水阶段的前 10 d（1～32 d），反应池内 $\Delta NO_3^- : \Delta TN$ 值高于 0.125，同时硝态氮产量稳定在 30 mg/L 左右；这是由于，该阶段一体式厌氧氨氧化污泥处于适应阶段，短程硝化污泥能够完全适应进水水质，为优势菌种，此时反应器内部主要进行亚硝化作用，造成出水亚硝态氮浓度较高（80 mg/L），使得反应器总氮浓度较高，进出水总氮变化量较低，从而造成 $\Delta NO_3^- : \Delta TN$ 值较高；在此后的 33～98 d 中，$\Delta NO_3^- : \Delta TN$ 值稳定在 0.125 上下，这一结果与付昆明[1]进行的一体式厌氧氨氧化实验相似，说明此时反应器

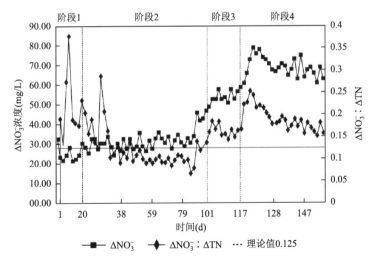

图 6-21　动态膜 SNAD 反应池内硝酸盐产量、硝态氮变化量（ΔNO_3^-）与总氮变化量（ΔTN）的比值与时间的关系

内一体式 Anammox 菌已经适应了好氧进水水质,并且作为 SNAD 反应器内主要脱氮反应运行。在示范工程运行的最后阶段,ΔNO_3^-:ΔTN 值逐渐升高并在区间(0.15, 0.25)内波动,此时硝态氮的产量也相应升高,这是由于此阶段废水具有更高的可生化性,易于被反应器内异养菌利用,从而发生了部分硝化反应。

在 SNAD 反应器中,AOB、Anammox 和 NOB 作为主要菌群参与脱氮反应,结合三种菌种脱氮的反应方程式,可以计算得出各菌种的氮素转移量。

在示范工程的稳定运行阶段,SNAD 反应池的总氮去除量平均为 176.64 mg/L。AOB、Anammox 与 NOB 之间的转化量关系如表 6-15 所示。

表 6-15　示范工程稳定运行阶段 AOB、Anammox 和 NOB 转化率的关系

AOB 氨氮转化量	Anammox 氨氮转化量	Anammox 亚硝氮转化量	NOB 硝酸盐转化量
124.96 mg/L	93.93 mg/L	123.81 mg/L	13.89 mg/L

如表所示,在示范工程稳定运行阶段,SNAD 反应池内 AOB 的氨氮转化量与 Anammox 的氨氮转化量的比值为 1.33,该比值略高于单独发生 Anammox 反应时的理论值 0.125,说明 SNAD 反应器内在发生 Anammox 反应的同时还发生了部分硝化反应,这一点也可以从表 6-15 中计算得出的硝酸盐转化量上看出。

6.3　啤酒工业废水处理工程实例

中国是世界啤酒大国,在人口基数的支持下,我国的啤酒销量自 2002 年起就一直位居世界第一,并在十年间保持年均两位数的增长势头。时至今日,中国啤酒行业进入新周期,产品结构不断优化,中高档需求增长。据国家统计局数据显示,2013~2020 年,我国啤酒产量呈下降趋势。2020 年,我国啤酒产量完成 3411.1 万千升,同比 2019 年下降 7.0%,但仍旧有巨大的生产基数。在此环境下,国内与啤酒原料相关的生产行业也受到了繁荣发展的啤酒市场的影响。在啤酒生产的过程中,麦芽是最重要的原料,啤酒的生产品质与麦芽质量的好坏息息相关。一直以来,国产啤酒在生产过程中对进口麦芽的依赖情况比较严重。中国酒业协会啤酒分会数据显示,进口大麦在国内啤酒生产中的使用比例高达 40%,而我国酒业中使用大麦的占比达 85%。

国产啤酒麦芽与进口麦芽相比具有较大的价格优势,使用国产麦芽可以降低啤酒生产企业的生产成本,产生较大的利润空间。同时,国产啤酒麦芽在制麦方面的经验逐渐积累,其麦芽质量与进口麦芽的差距不断减小,基本接近世界先进水平。通过优化资源配置、加强品种选育、完善业内标准、建立品控和评估机制,

国产麦芽生产行业未来前景广阔。麦芽企业在向啤酒生产企业输送麦芽的同时,其自身也向环境中排放了大量的生产废水。2016 年全年国内麦芽废水的排放量达到 2047 万吨, 由此可见, 研究麦芽废水处理技术是紧迫和必要的。

6.3.1 项目概述

该课题是本书作者课题组以大连某麦芽厂的麦芽生产废水为背景进行研究。该厂年产麦芽 30 万吨,为地方创造了巨大的经济效益。但随着国家对废水排放要求的提高,该厂面临提标改造的问题。本工程采用水解酸化-IFAS 工艺对原有污水处理系统进行改造,对中试试验和实际改造工程中的反应器启动直至系统稳定运行阶段的运行效果进行了研究,并探讨了最佳工况的运行参数及污染物沿程降解的规律。

6.3.2 废水水量、水质及处理要求

中试实验与项目改造调试期间,都以麦芽厂现有废水处理系统中均质池出水作为生化单元进水。实验期间进水水质如表 6-16 所示。从表 6-16 中可以看出,麦芽生产废水中的主要污染物为有机物,其水质波动比较大,对工艺抗冲击负荷的能力有一定的要求。现有均质池出水悬浮固体较多,可能对后续构筑物及设施造成影响。废水中氮、磷元素较少,不作为首要去除的污染物。

表 6-16 进水水质分析

进水指标	测量范围
COD_{Cr}(mg/L)	1200~2500
SS(mg/L)	800~1100
氨氮(mg/L)	15~20
TP(mg/L)	4~8
水温(℃)	3~14
pH	6.5~7

6.3.3 实验用填料特性

1. 水解酸化池填料

在中试试验及工程改造中,水解酸化池都采用交叉流填料,材料为聚氨酯,

用 ϕ150 mm 的球形笼子固定，挂筋采用 ϕ5 mm 尼龙绳。改造后采用交叉流填料的现场照片如图 6-22 所示。

图 6-22　水解酸化池所用交叉流填料

2. IFAS 反应池填料选择

本试验在中试装置与改造项目中都采用多相流动态膜填料，该填料外形设计以流体力学和空气动力学理论为基础，外壁具有弧度。整体为空心圆柱体，外径 12 mm，高 15 mm，内部有交叉隔板，外侧环切。填料照片如图 6-23 所示，该填料湿润角大于 75°，说明其亲水性较好，且比表面积适中，氧转移系数高，易于吸附微生物，并为其提供足够的附着位点和生长环境。

图 6-23　中试试验及改造工程用填料

填料是 IFAS 工艺中最重要的部分，不同的填料在材质、结构和理化性质等方面的差异，都会对未来挂膜的周期、挂膜后总的生物量和去除污染物的效能产生直接的影响。IFAS 工艺一般采用悬浮填料。近年来，悬浮填料的使用量在国内外大幅提高，同时也产生了不同的类别。从外观上看，可以粗略归为圆环状悬浮填料、柱状悬浮填料、多面填料和球形填料等。本试验中采用的填料比重与水相近，能够随水流流动。在外部波纹、内部隔板中都为生物膜提供附着的位点。采用高密度聚乙烯为材料，对摩擦、挤压和腐蚀都有较好的抵抗效果。挂膜后，填料内部形成好氧、缺氧、厌氧环境，通过填料内部的传质过程对总氮进行去除，从而减少因硝化液回流而带来的动力消耗。

在耐磨性、抗腐蚀性等方面，磨损率、酸碱失量等参数都可以满足《水处理用高密度悬浮聚乙烯载体填料标准》（CJ/T 461—2014）中的要求。适合作为 IFAS 反应池悬浮填料特性参数如表 6-17 所示。

表 6-17　IFAS 反应池填料特性参数

项目	单位	性质
材料		HDPE
外径	mm	12
高	mm	15
密度	g/cm³	0.95～1.05
堆积个数	个/m³	≥400 000
比表面积	m²/m³	650
湿润角	°	≤75
孔隙率	%	95
磨损率	%	14.5
破损率	%	4
酸失量	%	0.17
碱失量	%	0.13
紫外损失	%	0.022
氧转移系数	1/min	0.2

6.3.4　废水处理中试方案设计及中试研究

设计麦芽厂改造项目中试方案时，从麦芽厂生产废水进水水质、出水要求及本身水质水量特点出发，参考国内外对麦芽废水的处理工艺进行设计。设计时进行工艺选择、反应器尺寸设计和填料选择。在考察系统运行效能过程中，选择出水 COD 作为主要评价指标，原因是系统 C/N 值较高，水中的氮、磷元素主要用于微生物的增殖。过往的运行经验表明，系统出水氨氮、总氮和总磷浓度受系统的运行参数和运行状态的影响较小，不是试验中的主要去除目标。

6.3.4.1 废水水质分析及设计条件

设计以最大限度去除废水中污染物为目的，出水水质应满足《啤酒工业水污染物排放标准》（GB 19821—2005）中对于麦芽企业的污染物排放浓度限值有关规定。

由于该麦芽厂排水系统下游有已建设并投入运营的二级污水处理厂，也有可就近排放的自然水体，因此中试试验中应有满足两种标准的不同方案，分别满足直排标准和排入市政管网标准，并在满足排入市政管网标准的同时尽量降低污水处理费用，并进行经济成本分析。

6.3.4.2 中试方案设计

1. 废水水质分析及设计条件

设计水量：12～18 m³/d。设计以最大限度去除废水中污染物为目的，出水水质应满足《啤酒工业水污染物排放标准》（以下简称《标准》）中对于麦芽企业的污染物排放浓度限值有关规定。《标准》中规定，若麦芽企业废水经过处理后直接排入自然水体，水质应满足直排标准；若企业将经过处理的废水排入城镇排水系统，由当地污水厂进一步处理，应满足排入市政管网标准，并按相关规定缴纳污水处理费用。《标准》对于麦芽企业废水排放的浓度限值部分见表 6-18。

表 6-18 啤酒废水排放标准（麦芽企业浓度限值部分）

项目	单位	排入市政管网标准	直排标准
COD_{Cr}	mg/L	500	80
BOD_5	mg/L	300	20
SS	mg/L	400	70
氨氮	mg/L	—	15
总磷	mg/L	—	3
pH		6～9	6～9

2. 生物膜填料选择

根据麦芽废水的水质水量特点、进出水指标及国内外麦芽废水处理案例，提出在现有池体基础上的改造方案。中试装置以水解酸化-IFAS 组合工艺为主体，厌氧段采用水解酸化工艺，污水在厌氧池中进行水解酸化和反硝化，实现从难溶性有机物到溶解性有机物、从难降解大分子物质到易降解小分子的转变，降低有机物浓度，提高污水可生化性，并且缓冲废水水质水量。

好氧段为生物膜-活性污泥复合系统，使系统中的生物量保持在较高的水平，增加对污染物的去除效果，提高出水质。近年来采用 IFAS 工艺进行提标改造的研究表明，IFAS 工艺可以在不扩大池容、不增加水力停留时间的情况下增强系统污染物的去除能力，其效果优于原有的活性污泥工艺[2, 3]。

水解酸化池进水前设置精滤装置对系统的进水进行预处理，能截留大部分麦皮、麦壳、麦根及悬浮物质，降低了后续处理的压力。

3. 反应器设计

本试验采用水解酸化-IFAS 工艺处理麦芽生产废水，中试规模 15 t/d。为节省投资改造成本，本项目计划在原有池体基础上进行改造，故所有池体尺寸采用等比例缩小，水解、两级好氧工艺水力停留时间、有机负荷等与原有工艺一致（水解池 HRT 为 5.2 h，A、B 段好氧 IFAS 工艺 HRT 均为 12 h）。

中试装置工艺流程及现场照片如图 6-24 和图 6-25 所示。在水解酸化池前端增加预处理装置，麦芽厂现有均质池的出水进入弹性精滤装置，对悬浮固体进行去除。弹性精滤装置高 200 cm，内径 60 cm，内部采用 20 目滤袋。

水解酸化池为长方体，反应器长×宽×高 = 120 cm×120 cm×240 cm，容积为 3.46 m³。反应器采用下进水、上出水的走水方式，下部设有进水管和排空管，进水管与弹性精滤装置和污泥回流泵相连。反应器上部设有出水堰，通过溢流连接到好氧池。反应池内部悬挂交叉流填料，悬挂密度为 20%。

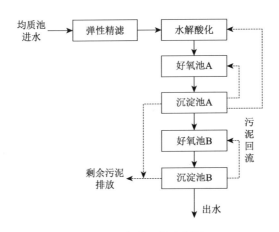

图 6-24 中试工艺流程图

图 6-25　中试装置现场照片

A 段好氧池为长方体,反应器长×宽×高 = 400 cm×100 cm×200 cm,容积 8 m³,分 4 格上下折流运行,出水接沉淀池。沉淀池长×宽×高 = 300 cm×100 cm× 200 cm,容积为 6 m³。B 段好氧池及沉淀池尺寸同 A 段。好氧池填充多相流动态膜填料,填充比 40%,下铺曝气条进行均匀曝气。沉淀池采用平流式沉淀池,底部设有污泥斗,与污泥回流泵相连,进行污泥回流。

中试实验过程中,该试装置设 5 个采样点,对废水处理关键节点中的水质指标进行监测,取样点设置如图 6-26 所示。

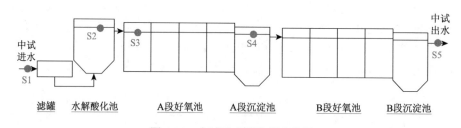

图 6-26　中试反应器取样点设置

如图 6-26 所示,采样点 S1 位于取水口处、弹性精滤滤罐之前,所测得的水质指标即为试验中的进水指标。S2 位于水解酸化池上部,此处采的水样为水解酸化池出水,可以反映水解酸化工艺对污染物的降解情况。S3 位于 A 段 1 号好氧池内,此处的进水负荷最高,相应地生物量也较大,生物活性较高。通过对 S3 的检测可以对废水中的污染物在进入好氧池第一个单元的去除情况有一个直观的了解。S4 位于 A 段沉淀池上部,可以反映废水经过前序 4 级好氧 IFAS 工艺处理后的水质状况,该水质同时也是 B 段好氧单元的进水水质。S5 位于 B 段沉淀池出水口处,表征了整套中试装置对污染物的极限去除情况。通过监测以上 5 个点的水质指标，可以了解中试装置的运行状态及污染物的沿程去除规律。

6.3.4.3　中试装置的启动

中试装置于 2016 年 1 月 15 日～22 日在现场进行中试装置的安装工作，于 1 月 23 日向反应器中注满自来水，对中试装置进行走水试车。试车时气温为–19～–7℃，进水温度为 3～6℃。由于气温、水温较低，所有污水管道及污泥回流管道均采用伴热线缠绕防止冰冻。

试车时间为 1 d，期间对以上发现的问题及时进行解决。清水试车成功后，反应器于 2016 年 1 月 24 日开始进麦芽废水，并进行污泥接种。

接种污泥取自麦芽厂原废水处理系统污水车间内的污泥浓缩池，污泥含水率约为 96%，为使反应器内初始污泥浓度达到 4 g/L，所需污泥接种量为

$$M = \frac{4 \text{ g/L} \times (3.46 + 8 + 8) \text{ m}^3 \times \dfrac{10^3 \text{ L/m}^3}{10^6 \text{ g/t}}}{1 - 96\%} = 1.946 \text{ t} \qquad (6\text{-}1)$$

取污泥浓缩池内的污泥共 2 t，投加到水解酸化池和好氧池中。污泥接种前用废水装满反应器，除此之外不额外投加任何营养源。并于污泥接种期间向好氧池内投加悬浮填料，填充体积比为 40%。

6.3.4.4　中试装置运行效能分析

1. 水解酸化效能分析

水解酸化池是麦芽废水处理系统中的重要组成部分，它在系统中的作用不只是去除水中的有机物，还有改善废水的可生化性，从而提高后续好氧反应单元对污染物的去除效率。麦芽生产废水具有较好的可生化性，均质池出水可生化性在 0.6 左右，水中的易降解有机物主要有蛋白质、淀粉、氨基酸等，难降解有机物包括半纤维素、纤维素及单宁、苦味素等。此处设置水解酸化池的目的是让以上难生物利用的物质得到进一步降解，从而提高出水水质。

为考察水解酸化反应池在系统启动期间的运行效能，对水解酸化池进出水 pH 值进行测量，测量结果如图 6-27 所示。

如图 6-27 所示，启动期间水解酸化池进水 pH 值在 6.8～7.1 之间波动，系统启动初期出水 pH 值为 6.7，与进水 pH 值 6.8 很接近，反映出此时反应池中污泥活性不高，水解酸化效率较低。随着启动时间的延长，水解产酸菌恢复活性并开始在反应池中大量增殖。从启动的第 4 天起，水解酸化池出水的 pH 值迅速降

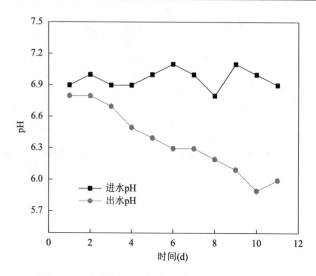

图 6-27　启动期间水解酸化池进出水 pH 值变化

低，由 6.9 降低到 6.0 以下，说明反应池中发生水解反应将废水中的大分子物质降解为小分子，并通过产酸反应将小分子物质转化为甲酸、乙酸等简单有机物。第 10 天水解酸化池出水 pH 值开始回升，由 5.9 提高到 6.0，并在后续的运行过程中稳定在 5.5～6.5 之间，说明水解酸化池此时的处理能力达到极限。

　　系统启动完成后，对水解酸化池进出水的 BOD_5 和 COD 进行测定，从而考察水解酸化池对麦芽废水 B/C 值的影响。试验结果如图 6-28 所示。麦芽废水原本

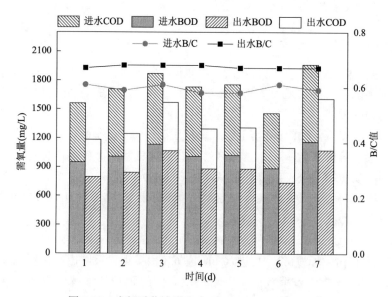

图 6-28　水解酸化池进出水 BOD_5、COD 及 B/C 值

的 B/C 在 0.6 左右，可生化性较好，经过水解酸化处理后废水可生化性进一步提高。连续 7 天对水解酸化池进出水水质进行检测，测得进水 COD 浓度为 1400～2100 mg/L，BOD_5 为 900～1200 mg/L，B/C 为 0.58～0.61。经过水解酸化池处理后，出水 COD 浓度为 1200～1500 mg/L，BOD_5 为 800～1000 mg/L，B/C 为 0.67～0.68。

由以上试验数据可以得出结论：①水解酸化池对 COD 的去除率为 15%～25%，对 BOD_5 的去除率为 5%～17%，说明水解酸化池对系统中的有机物具有一定的去除效果；②废水经过水解酸化池，B/C 值提高了 9%～15%，说明水解酸化池可以有效地改善废水的可生化性，提高后续生物处理单元的处理效率。

此外，废水进入水解酸化池之前水质波动较大，进水 COD 浓度最大值为 2063 mg/L，最小值为 1458 mg/L，平均值为 1721 mg/L，标准差为 215。经过水解酸化处理后，出水 COD 值相对进水波动较小，最大值为 1609 mg/L，最小值为 1181 mg/L，平均值为 1329 mg/L，标准差为 156。由此可见，水解酸化池的存在可以减少进入好氧池的有机负荷波动，从而使好氧池的处理效果更加稳定。水解酸化池在系统中起到了较好的缓冲水质的效果。

2. 中试装置最佳工况探讨

由于改造项目中生化反应区计划采用麦芽厂现有池体，各单元 HRT 与现有工艺相同。因此本中试试验的主要研究对象为探讨气水比与污泥回流比，通过分析二者对系统运行效能的影响，为日后改造项目提供参考。具体工况设计见表 6-19。

表 6-19 中试装置不同工况运行参数

参数	工况 1	工况 2	工况 3	工况 4	工况 5
进水流量（m³/d）	15	15	15	15	15
水温（℃）	3～8	3～9	4～8	3～10	4～10
气水比	15∶1	20∶1	25∶1	20∶1	20∶1
污泥回流比（%）	75	75	75	50	100

本试验中先将污泥回流比固定为 75%，通过工况 1、2、3 的对比，确认反应器最佳气水比，选定最佳工况。再固定气水比为前述最佳值，设计工况 4、5 对污泥回流比对有机物去除效能的影响进行研究，得出最佳污泥回流比。

中试装置在 1、2、3 每个工况下分别运行 7 天，共运行 21 天，在 75% 的固定污泥回流比下考察不同的气水比对系统去除有机物能力的影响。再根据前面实验得出的结论，固定最佳气水比，对不同的污泥回流比下系统去除有机物的能力进行探究。由于进水氨氮较低，上述 5 种工况中氨氮的出水浓度都在 2 mg/L 以下，气水比和污泥回流比对氨氮的去除率并没有明显的影响，因此系统中有机物的去除情况成为主要考察对象。

中试装置连续运行 35 天，在 5 种工况下对 COD 的去除效果如图 6-29 所示。系统较低的气水比（15∶1）和较低的污泥回流比（50%）下中试装置对 COD 的降解效果较差，去除率都在 90% 以下，系统在工况 2、5 下都对 COD 有较好的去除效果。对比工况 1、2、3 可知，在污泥回流比同为 75% 的条件下，系统对于有机物的去除率随气水比的增大呈先升高后减小的趋势。在工况 1 中，好氧池曝气气水比为 15∶1，此时系统进水 COD 在 1550～2000 mg/L 之间，出水 COD 为 195～200 mg/L，COD 去除率为 85%～90%；在工况 2 中，好氧池曝气气水比为 20∶1，此时系统进水 COD 为 1450～2050 mg/L，出水 COD 为 130～160 mg/L，COD 去除率为 90%～93%；工况 3 气水比为 25∶1，系统进水 COD 为 1350～2100 mg/L，出水 COD 为 140～180 mg/L，COD 去除率为 88%～93%。在曝气气水比从 15∶1 升高到 20∶1 的过程中，系统对有机物的去除效果有显著的提高，说明在此阶段生物量较大，溶解氧为系统内微生物降解有机物的制约条件，需要更大的曝气量来提高污染物的降解效果。

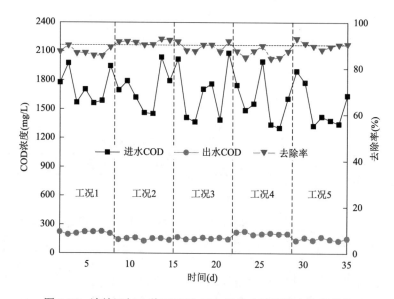

图 6-29　连续运行 5 种工况下 COD 进出水浓度及去除率变化

当气水比继续提高到 25∶1 时，有机物的去除率有所下降，原因是微生物降解有机物所需的溶解氧已经充足，而过大的曝气量造成气泡与水的剪切作用，使生物膜更容易被冲刷下来，从而降低了系统内的微生物量。此外，曝气使得好氧反应器中水流扰动增大，填料之间的摩擦频率增高，也在一定程度上使生物膜更难停留在悬浮填料上。

对比工况 2、4、5 可知，在气水比同为 20∶1 的条件下，系统对于有机物的去除效果随污泥回流比的增大而呈先增大后放缓的趋势。在工况 2 中的运行效果如上所述，工况 4 中，污泥回流比为 50%，此时系统进水 COD 为 1300～1750 mg/L，出水 COD 为 190～225 mg/L，COD 去除率为 84%～88%；工况 5 污泥回流比为 100%，系统进水 COD 为 1350～1900 mg/L，出水 COD 为 130～170 mg/L，COD 去除率为 88%～93%。污泥回流对保持反应器内的活性污泥量具有一定的作用，且污泥回流到水解酸化池可以使废水中的难降解物质获得更好的去除。但由于废水的可生化性有限，将污泥回流比从 75%增大到 100%后，系统 COD 的去除率没有明显的变化。

在脱氮方面，在此期间进水氨氮浓度为 14～19.5 mg/L，各个运行工况下出水氨氮浓度均低于 2 mg/L，污泥回流比增大后可使出水氨氮浓度降低到 1.65 mg/L 以下，上述 5 种工况下的氨氮出水都可以达到前述氨氮浓度<9 mg/L 的处理效果，因此在选择工况时不考虑系统的脱氮效能。出水氨氮较低的原因可能是麦芽生产废水的 C/N 本身较高，微生物在降解大量有机物、合成新细胞物质的过程中也对氮有所去除。此外，悬浮填料内部结构所形成的好氧-缺氧-厌氧多相结构也有利于硝化作用和反硝化作用的进行。综上所述，为节省能耗，降低运行成本，将工况 3（气水比 20：1，污泥回流比 75%）作为最佳工况。

3. 最佳工况下的运行效能

1）系统对 COD 的去除效果

提高系统对有机物的去除效果是本次改造项目的主要目的之一。本中试装置运行工程中，水解酸化池对进入系统的废水进行预处理，提高了废水的可生化性，一级好氧 IFAS 工艺有机负荷为 2～4 kg/(m^3·d)，完成对大部分污染物的降解，二级好氧 IFAS 工艺作为中试中的保险及补充环节，主要依靠填料上的生物膜对水中残留的污染物进行进一步的处理。中试装置稳定运行期间进出水 COD 值如图 6-30 所示。

由图 6-30 可以看出，稳定运行期间进水 COD 最大值为 2188 mg/L，最小值为 1246.6 mg/L，平均值为 1648 mg/L，正常运行状态下出水最大值为 167.3 mg/L，最小值为 95.3 mg/L，平均值为 129.1 mg/L，系统平均去除率达到 92.16%。系统在进水有机物浓度波动的条件下将出水 COD 维持在了 150 mg/L 以下，对常规的水质水量冲击具有较强的适应性。单纯的活性污泥法虽然拥有较丰富的生物量，但它在遭受水质水量冲击时容易出现丝状菌的增殖，从而导致污泥上浮、污泥膨胀等现象，使系统的处理效果降低。IFAS 工艺中的生物膜生长在填料上，能使丝状菌吸附在其表面或空隙内，从而充分发挥丝状菌的作用，维持反应器中的絮体强度和生物量，避免污泥膨胀情况的发生。

在稳定运行的第 18 天，系统出现过一次进水中含大量 NaOH（pH 为 11）的

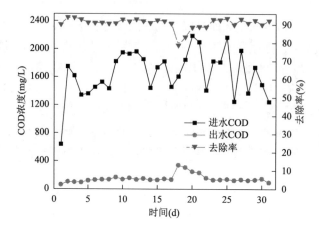

图 6-30　稳定运行期间 COD 进出水浓度及去除率变化

冲击，导致水解池 pH 值升高至 10.5，水解酸化池污泥颜色发白，并出现上浮现象；好氧池内填料表层生物膜部分脱落，当日中试系统生化池出水 COD 浓度为 339.5 mg/L。当第 2 天进水 pH 值恢复正常时，好氧单元正常运行，并于第 5 天生化池出水 COD 重新降至 158.1 mg/L。在反应池受到碱液冲击、群落结构受损的情况时，迅速恢复出水效果，展现了 IFAS 工艺优良的抗冲击负荷能力和恢复能力。系统重新恢复稳定后，运行的最后 7 天水解酸化池、好氧 A 段第一格、好氧 A 段剩余部分、好氧 B 段对 COD 去除的百分比如图 6-31 所示。

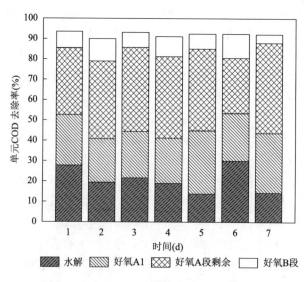

图 6-31　稳定运行期间各单元 COD 去除情况

由图 6-31 可以看出，连续一周稳定运行期间，由均质池进入中试系统的废水 COD 最大值 2164.6 mg/L，最小值在 1246.6 mg/L，经水解酸化池后去除率为 14.33%～27.81%，且废水可生化性提高，经过 A 段 IFAS 好氧单元处理之后 COD 基本稳定在 250～300 mg/L 之间，总去除率达到 79.04%～87.97%。经过 B 段 IFAS 好氧单元的进一步处理，出水 COD 浓度达到 96～140.2 mg/L，总去除率达到 90.2%～93.5%。综上所述，中试装置运行期间较大的进水水质变化冲击会对水解酸化-IFAS 系统造成一定的影响，使出水水质出现波动，且对反应器中活性污泥及生物膜系统造成损伤，使得一段时间内系统对有机物的降解能力下降。经过一段时间的恢复后系统可以恢复到冲击前的运行效果。在正常的进水水质波动的情况下，水解酸化-IFAS 工艺可较好地去除麦芽生产废水中的有机物，使出水 COD 稳定在 150 mg/L 以下。

2）系统对氨氮的去除效果

氨氮是麦芽生产废水中的污染物之一，主要由浸麦工序中浸出的蛋白质等大分子的分解而来。本设计中所要求的氨氮排放浓度为 9 mg/L，反应器启动后期及稳定运行期间 5 个采样点氨氮浓度如图 6-32 所示。中试装置连续稳定运行期间，进水氨氮最大值为 29.22 mg/L，最小值为 12.43 mg/L，平均值为 13.29 mg/L，出水氨氮最大值为 1.77 mg/L，最小值为 1.01 mg/L，平均值为 1.18 mg/L，去除率达到 91.13%。

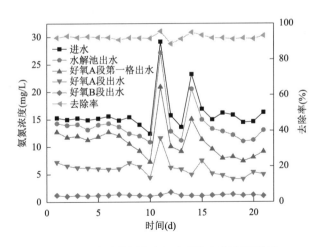

图 6-32　中试装置稳定运行期间氨氮沿程浓度

由图 6-32 可知，经过 A 段生物处理后，A 段二沉池出水氨氮平均值为 5.27 mg/L，去除率 60%。在传统的生物脱氮工艺中，硝化反应主要发生在好氧池。废水中的氨氮在好氧环境中，在亚硝酸盐菌和硝酸盐菌的作用下被氧化为亚硝酸盐氮和硝酸盐氮，又在缺氧环境中通过反硝化菌的反硝化作用还原为氮气，从而从废水中去除。在水解酸化-IFAS 系统中，好氧池较大的生物量使得硝化反应进行得较完全。在悬浮填料孔隙内部的好氧-缺氧-厌氧环境中完成了 NO_2^--N 和 NO_3^--N 的去除。同时，污泥回流也将带有部分混合硝化液回流到水解酸化池，进一步去除废水中的无机氮。中试结果表明，通过 A 段好氧的处理效果基本可以将氨氮浓度控制在 10 mg/L 以内，不需要 B 段的处理就可以满足麦芽厂排放到当地市政污水厂的标准。

　　3）中试装置抗水量冲击负荷性能研究

　　中试装置在稳定运行期间的运行效果证明了水解酸化-IFAS 工艺抗水质冲击的性能，为对该工艺抗水量冲击的性能进行研究，在稳定运行阶段结束后，将中试装置进水水量由 15 m^3/d 提高到 20 m^3/d，并在此工况下运行 7 d，考察中试装置进出水 COD 浓度及 COD 去除率的变化。水量增大前后 COD 去除效果如图 6-33 所示。第 1、2 天为中试装置稳定运行期的最后两天，装置进水水量为 15 m^3/d，此时系统对 COD 的去除率在 90%以上，当第 3 天将进水水量提高到 20 m^3/d 时，系统对 COD 去除率降低到 83.78%。

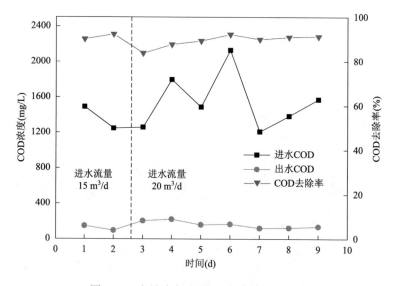

图 6-33　水量冲击对 COD 去除效果的影响

　　在图 6-33 中的第 6 天，增大水量的第 4 天 COD 去除率提高到了 92.2%，并在后续运行的过程中保持在 90%以上。中试装置在超出设计水量 30%以上的水量负荷冲击下，仍对废水中的有机物具有较高的去除效率，显示出水解酸化-IFAS 工艺对水量冲击具有较好的抵抗效果。

6.3.5 麦芽废水处理系统改造及调试

在中试试验结果的指导下，本节进行了工程改造方案设计和启动调试，考察了麦芽厂现有废水处理系统运行的现状，并对目前系统存在的问题进行了归纳。在现有构筑物和设施的基础上进行改造和新建方案的设计，并完成系统的启动，对系统处理废水的效能进行分析。在本节的最后进行了工程效益分析，计算了工程的环保效益和运行成本。

6.3.5.1 废水来源及特点

大连某麦芽厂进行大麦加工工作，生产麦芽作为啤酒原料，产品主要供应周边啤酒厂进行啤酒生产。在生产过程中产生大量浓度较高的麦芽生产废水，具有高有机物、高悬浮物、碳氮比高等特点。该厂早年已经建成一套以"水解 + 多级接触氧化 + 气浮"工艺为主体的生产废水处理系统，日处理规模为 6000 m^3。麦芽生产以大麦为原料，由浸麦、发芽、干燥、除根加工等操作组成。麦芽厂排放的废水主要产生于洗涤、浸泡麦芽的浸麦水以及供麦子发芽的潮湿喷淋水。

浸麦过程产生的废水中含有麦粒、空瘪麦壳、麦芒、麦皮等悬浮物，且有机污染物浓度较高。潮湿喷淋水有机物浓度较低，但可能在洗涤过程中进入次氯酸钠等氧化性物质。该麦芽厂生产废水水质水量具有如下特点：

（1）冲击负荷较大：制麦塔每日排放的水量不均匀，全天污水量为 6000 m^3，高峰期水量为 500 m^3/h；

（2）水质波动大：一天内 COD_{Cr} 在 1200～2200 mg/L 之间波动；

（3）水中杂物较多：大量麦壳、麦芽根、麦秆等大颗粒物漂浮于水中，进入生物处理段，导致管道堵塞，配水不均，生物处理效果下降；

（4）可生化性较好：该麦芽生产废水可生化性在 0.65～0.7，适宜使用生化法进行处理；

（5）碳氮比值较高：废水中 C/N 为 50：1 以上，远高于普通生物法处理所需的 20：1，废水处理系统中的微生物需进行驯化筛选。

本试验中中试装置进水取水口设在均质池出口处，进水水质与原有工艺生化单元进水水质相当。根据麦芽生产工艺批次不同，进水水质波动较大，进水各项指标见表 6-20。

表 6-20　麦芽厂污水处理系统进水水质

进水指标	测量范围
COD_{Cr}（mg/L）	1200～2200
SS（mg/L）	800～1100
氨氮（mg/L）	15～20
TP（mg/L）	4～8
水温（℃）	3～14
pH	6.5～7

由表 6-20 可知，该麦芽厂生产废水中主要污染物为 COD 和 SS，氨氮、总磷浓度较低，可在微生物代谢过程中去除。

6.3.5.2　项目改造方案设计

1. 设计条件及范围

1）水量水质

设计水量：本项目根据业主要求，确定污水设计处理规模：6000 t/d。该麦芽厂共有 3 座制麦塔，每座制麦塔正常生产期间排水量约为 1800 m^3/d，生活污水量约为 500 m^3/d。当制麦塔进行特制麦的生产时，单塔产废水水量 2160 m^3/d。设计进出水水质见表 6-21。

表 6-21　设计进水主要水质指标

（pH 无量纲，其余单位为：mg/L）

项目	pH	COD_{Cr}	BOD_5	SS	氨氮	总磷
进水限值	6～9	1400～2200	—	800～1500	15～30	1.5～3
设计出水	6～9	≤260	≤160	≤200	≤9	≤1.8

2）设计范围

设计范围从制麦塔排水口的格栅间起算，包括预处理设施、生化处理单元及后续处理单元，直至麦芽厂的污水排放口。不包括污水收集管网及排除界区的污水回用管网。还包括土建工程、管道工程、设备及安装工程、电气工程、自控工程及给水排水工程、污泥处理系统、废气处理系统、工程调试等。

2. 改造方案

改造的主要目标是提高废水处理构筑物的处理能力，达到良好且稳定的出水效果。同时兼顾运行与改造成本，降低废水处理的能耗、药品成本及其他成本。改造过程中应尽量将原有的构筑物、设备和设施充分起用，并将落后的、不适合的工艺换成先进且成熟的处理工艺。应根据麦芽厂现有的进水情况及排放要求，采用处理效果好、改造成本低、出水效果稳定、方式灵活、维护管理方便的废水处理工艺。

在不影响麦芽厂生产的基础上选择改造工艺，根据前期中试结果和工程实际经验，方案主要考虑以下因素：

在均质池后段增加预沉池，去除水中大量麦壳、麦芽根、麦秆等大颗粒物，减少其对后续均质池、配水管道以及污泥处理系统的压力；

水解及好氧处理系统效率低下，改造手段包括：增设二沉池，将污泥回流至水解、好氧系统以提高反应单元生物量，改善曝气效果，更换水解池及好氧池内填料。

污水处理流程如图 6-34 所示。厂区污水经管网收集后进入效能池，经过粗、细格栅去除污水中的漂浮物和大颗粒杂质后，污水进入暂存池，初步调节水量，均化水质，再经液位控制仪传递信号，由提升泵提升至均质池，进一步进行水质、水量的调节，再由原提升泵提升至水解酸化池，进行酸化水解和反硝化，降低有机物浓度，提高污水可生化性，再自流进入好氧池 A 和好氧池 B（IFAS 工艺）。

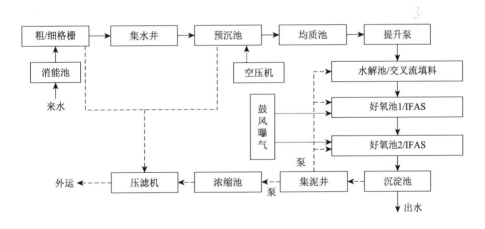

图 6-34　改造后污水处理流程

好氧池出水进入二沉池进行废水与悬浮污泥、悬浮固体的分离，上清液通过出水堰经管道流入厂区内的排水口，最终排入市政污水管网，沉淀池中的污泥部分用回流泵回流至水解酸化池，另一部分污泥回流至好氧池，剩余污泥及弹性精滤装置排泥由污泥泵提升至污泥池进行污泥浓缩后，由原污泥脱水机进行污泥压滤，泥饼外运填埋。污泥池上清液回流至调节池再处理。

3. 改造工艺综合说明

1）新建预沉池

该麦芽厂废水中杂物较多，大量麦壳、麦芽根、麦秆等大颗粒物漂浮于水中，进入生物处理段，导致管道堵塞，配水不均，生物处理效果下降。为了保证后续生物处理单元处理效果，延长设备使用寿命，污水在进入生物处理单元前，需设置预沉池去除水中杂物。新建预沉池设计参数如表 6-22 所示。

表 6-22　新建预沉池设计参数

项目	参数
数量	1 组
材质	混泥土池
单格尺寸	$L \times B \times H = 3.6\ \text{m} \times 3.5\ \text{m} \times 4.5\ \text{m}$
单组池容积	$3.6\ \text{m} \times 3.5\ \text{m} \times 4.5\ \text{m} \times 6 = 340.2\ \text{m}^3$
停留时间	10.88 h
COD 负荷	$1.06 \sim 2.12\ \text{kg COD}/(\text{m}^3 \cdot \text{d})$（对应厌氧反应器 COD 去除率为 80%~90%）
每日剩余污泥量	$0.6 \times 750 \times 0.3 - 0.08 \times 340.2 \times 2.1 = 77.8$（$\text{m}^3$）
污泥龄	6.25 h
回流比 $R = 0.75$ 时，二沉池排泥量	$q = 22.5\ \text{m}^3/\text{d}$

2）水解酸化池改造

原有工艺中的水解酸化池存在配水不均匀、填料老化、生物量少等问题。本次改造过程中将重新设置布水方式，每个反应池中通过 3 根枝状总管进行布水，使均质池的来水与池内原有的污水进一步混合。施工中还将重新更换填料，采用交叉流填料为污泥提供附着位点，在微氧环境下进行生物降解，为好氧池的高效分解提供条件。水解酸化池设计参数如表 6-23 所示。

表 6-23　水解酸化池改造设计参数

项目	参数
设计负荷	$3.3\ \text{kg COD}/(\text{m}^3 \cdot \text{d})$
设计 COD 去除效率	30%
有效停留时间	4.3 h
填料	交叉流填料
填充密度	20%
填料支撑	$\phi 12\ \text{mm}$ 钢筋
有效容积	1300 m^3

交叉流填料为孔隙率较高、比表面积大、对微生物具有较高亲和性的悬浮填料，可以通过悬挂方式反应池内投加，形成较密集的填充效果。填料及其固定装置本身也对水流有一定的影响，通过空间大小的变化形成小范围内的流速差异，使得水质更加均匀。交叉流的填料常用于 B/C 比较低、水质波动较大的废水处理，也常见于污废水处理系统的提标改造项目。

3）好氧池改造

在原接触氧化反应池中投加占曝气池有效容积的 20%～50% 的高效微生物载体并培养活性污泥，形成生物膜-活性污泥复合系统。好氧反应池设计参数如表 6-24 所示。

表 6-24 好氧池改造设计参数

项目	参数
设计负荷	1.5 kg COD/(m³·d)
设计 COD 去除效率	82%
有效停留时间	22.8 h
气水比	20∶1
材质结构（形式）	钢砼（地上式）
规格	5.0 m×7.0 m×4.0 m（24 座）
填料规格形状	ϕ10 mm×12 mm
填料填充量	1050 m³
填料材质	高密度聚乙烯
总支撑	ϕ12 mm 钢筋

4）二沉池

二沉池设计参数如表 6-25 所示。

表 6-25 二沉池改造设计参数

项目	参数
表面负荷	0.92 m³/(m³·h)
尺寸	23.0 m×5 m×2.85 m
数量	2 座
材质结构（形式）	钢砼（地上式）
斜板材质	聚丙烯
斜板净距	0.1 m
斜板倾角	60°

二沉池的主要作用为对好氧池的出水进行固液相的分离,降低水中 SS 的浓度。好氧池的出水中含有 IFAS 工艺中悬浮的活性污泥及从载体填料上冲刷下来的老化的生物膜,通过无动力沉淀的形式即可将其和上清液分离开来。设计为平流式斜板沉淀池,根据现场预留位置进行设计,污泥沉降效果好。采用三角堰出水,使出水效果稳定,出水槽配置浮渣挡板。并设集泥井 2 座,污泥回流至水解酸化池和好氧池,提高了生化系统生化量,减少了系统的剩余污泥量,且提高了系统对于氨氮的去除效率。剩余污泥定时排至污泥浓缩池。

6.3.5.3　改造工程及工艺启动

1. 改造工程

1)池体改造

本项目改造工程中涉及工艺部分的改造包括二沉池及集泥井的建造、水解酸化池填料更换、好氧池填料的更换及曝气系统的更换。为了将改造期间对麦芽厂生产的影响降至最低,本工程改造期间采用交替轮换改造的方式。改造过程中先进行二沉池的建设,水解酸化池的改造及好氧池改造同步进行。

原系统中有 8 座水解酸化池,相互独立;好氧池共有 24 座,相邻 2 座相互串联为一组,共 12 组。8 座水解酸化池的改造依次进行,具体操作为:①停止该座反应池进水;②静置 30 min,用潜污泵将池底的污泥抽到隔壁厌氧池;③通过放空阀将反应池内的水放入均质池中;④打捞反应池内旧填料,并用高压水枪对池体进行冲洗;⑤放入新的交叉流填料,并由工人下到池底检查是否捆绑好;⑥恢复进水,并从隔壁酸化池抽取污泥,开始下一座反应池的改造。

好氧单元以 2 座反应池为一组相互连通,因此反应池的改造分组进行,改造其中一座反应池时关闭该组进水,另一座反应池由于不进水造成污泥负荷大大降低,故相应地减少曝气量,以防池内微生物过氧化情况的发生。

2)污泥接种

在上述工艺改造过程中通过合理的转移与分配减少了污泥的损失,但系统中的生物量依然不足,好氧池活性污泥 MLSS 为 2300~2900 mg/L,低于较适合填料挂膜的 3000~5000 mg/L 的 MLSS。为提高反应池内生物量,加快载体填料的挂膜,并增强系统对污染物的去除效果,调试期间引入外源污泥进行接种。

接种污泥来自附近某以 A^2/O 工艺为主体的市政污水处理厂,污泥含水率在 80% 左右。待接种的水解酸化池总容积约 1300 m^3,好氧池总容积 2400 m^3,目标为好氧池中 MLSS 达到 5 g/L,实际接种量 88 t。好氧池待接种的干污泥先在集泥井中化开,再经过污泥回流泵均匀回流到各反应池中。

2. 启动期间参数控制及运行效果

中试试验期间采用闷曝-逐级提升水量的方法,取得了较好的效果,因此改造工程中重新接种污泥后依然采用同样的方式进行启动。启动阶段分为:

(1)闷曝阶段。闷曝分东西两侧交替进行,闷曝期间麦芽厂配合减产,将原先运行的 3 座制麦塔减少为 1 座,另两座进行检修。闷曝从西侧开始,时间为 2 天,期间东侧走水量为 2300 m³/d,东侧闷曝时系统运行状态同西侧。

(2)水量提升阶段。东西两套系统闷曝完成后,麦芽厂将另一座制麦塔投入运行,系统总走水量为 4100 m³/d,其中东西两侧各 2000 m³/d 左右。3 天后麦芽厂三座制塔正常投入生产,水量约 6000 m³/d,东西两侧各达到 3000 m³/d。闷曝期间控制气水比为 25:1,闷曝一侧的污泥回流量约为 80 L/h。闷曝结束后控制污泥回流比控制在 100%,气水比恢复到 20:1。启动期间运行效果如表 6-26 所示。

表 6-26 启动期间东西两侧流量及进出水 COD 值变化

时间（d）	进水水量（m³/d）		进水 COD（mg/L）		出水 COD（mg/L）		COD 去除率（%）	
	东侧	西侧	东侧	西侧	东侧	西侧	东侧	西侧
1	2300	0	1372	—	312	301	77.26	—
2	2300	0	1657	—	351	147	78.82	—
3	0	2300	—	1742	177	210	—	94.84
4	0	2300	—	1271	128	241	—	81.04
5	2050	2050	1478	1570	235	220	84.1	85.99
6	2050	2050	1858	1798	210	205	88.21	88.26
7	2050	2050	1384	1466	189	196	86.34	86.63
8	3000	3000	1544	1620	277	250	82.06	84.57
9	3000	3000	1424	1467	188	201	86.8	86.3
10	3000	3000	1768	1830	167	160	90.55	91.26
11	3000	3000	1404	1501	154	165	89.03	89.01

如表 6-26 所示,闷曝侧所测 COD 值为各组好氧池第二格的平均 COD。系统西侧闷曝期间,东侧进水 COD 在 1300～1800 mg/L 之间,出水 COD 为 300～350 mg/L,去除率为 75%～80%,该部分废水回流入均质池重新处理。西侧好氧池第二格在闷曝第一天及第二天平均 COD 浓度分别为 301 mg/L 和 147 mg/L,显示出污泥活性恢复得较好,有效地降解了废水中的有机物。东侧闷曝期间,西侧第一天的进水 COD 为 1742 mg/L,出水 COD 为 210 mg/L,第二天进水 COD 为 1271 mg/L,出水 COD 为 241 mg/L,系统对有机物系的去除率非常高。原因包括:

①经过 2 d 的闷曝,西侧的活性污泥处于饥饿状态,水中营养物质缺乏,污泥活性较高;②此时污泥刚接种完,反应池内的生物量较大,虽然还没有形成生物膜,但各个好氧池的平均 MLSS 为 5323 mg/L;③此时废水水力停留时间长,可生化性较好。此时西侧的 HRT 为 17.5 h,且进入系统的 2300 m³ 水中只有 1800 m³ 是生产废水,剩余 500 m³ 左右是生活污水,难降解物质较少。东侧好氧池第二格在闷曝第一天及第二天平均 COD 浓度分别为 177 mg/L 和 128 mg/L,已接近中试试验中生化处理的极限。该部分废水可以排入市政管网中。

　　水量提高阶段,实际上东西两侧进水水量有所下降,HRT 升高。两侧进水 COD 浓度为 1400～1900 mg/L,出水 COD 为 200～260 mg/L,去除率达到 82%～88%,较好地去除了废水中的有机物。第八天提满负荷后,东侧出水 COD 为 277 mg/L,超出了设计出水要求,但第二天就降低到了 188 mg/L,说明反应池内的生物量随着进水负荷的提高而增长。西侧在第八天和第九天出水 COD 分别为 250 mg/L 和 201 mg/L,显示出稳定的处理效果。系统启动后期,好氧池内的悬浮填料开始出现挂膜痕迹,悬浮填料挂膜照片如图 6-35 所示。

图 6-35　悬浮填料挂膜照片

　　从图 6-35 中可以看出,部分填料外部及内部孔隙中可以用肉眼观察到一层薄薄的黄褐色的生物膜,经过吹气、手甩等过程不易脱落。经过 11 天后,系统出水 COD 稳定在 200 mg/L 以下,对污染物的去除主要依靠活性污泥,但已达到设计排放标准,显示系统启动完成,进入稳定运行阶段。

3. 工艺稳定运行期对污染物处理效能研究

　　系统启动后连续稳定运行 20 天,共处理废水 11.2 万 t。稳定运行期间采用污泥回流比 75%，气水比为 20：1，系统进水水量及进出水 COD 浓度如图 6-36 所示。

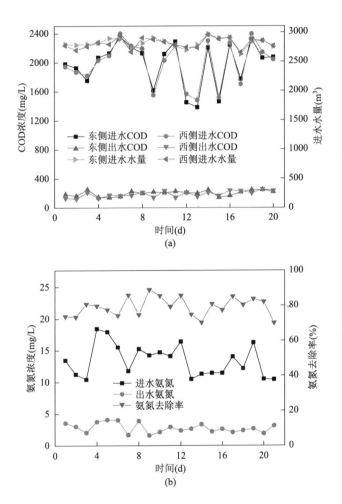

图 6-36　稳定运行期间进水量及进出水 COD 值（a）和进出水氨氮浓度及去除率（b）

改造后系统运行期间，进水水量波动较小，单侧进水水量在 2600～3000 m³/d 之间，水质波动较大，进水 COD 浓度在 1300～2400 mg/L 之间。系统对有机物的去除效果稳定，COD 浓度维持在 240 mg/L 以下，去除率达到 85% 以上，可以满足 COD≤260 mg/L 的设计要求。系统启动后期出现挂膜现象的均为各组第一座反应池，原因是第一座反应池进水负荷较高，且供微生物生长的营养物质充足。稳定运行第 4 天在每组第二座池子上也可以观察到生物膜，生物膜附着在好氧池悬浮填料外侧的波纹及内侧的孔隙中，颜色透亮呈灰褐色，表观形状为胶状，具有一定的厚度。在此期间悬浮污泥 MLSS 稳定在 4000 mg/L 左右，显示生物膜-活性污泥复合体系形成且稳定运行。

改造工程在低温环境下成功启动且稳定运行，起到了良好的污染物去除效果。对比原有麦芽废水处理系统冬季运行效果不佳的情况进行分析。麦芽厂原有废水处理系统冬季出水在 400～500 mg/L 之间，这是由于原有系统生物量较小，好氧池弹性填料上的生物膜量不足，造成有机物去除效果不佳。

改造后水解酸化池在低温下的运行效果依然不好，水解酸化池在常温下对 COD 的去除率为 25%～30%，而在低温下对 COD 的去除率为 15%～20%，但改造后好氧池对有机物的去除效果较好，其中一个原因是 IFAS 系统中的生物量远大于原生物接触氧化系统中的生物量，另一个可能的原因是系统在污泥接种、驯化期间驯化了耐低温的菌种，增强了工艺对有机物的降解能力。系统连续稳定运行期间，东西两侧进出水氨氮浓度比较接近，东西两侧平均氨氮浓度及平均去除率如图 6-36（b）所示。系统连续稳定运行期间，进水氨氮浓度为 10～18 mg/L，出水氨氮浓度小于 5 mg/L，氨氮去除率高于 70%，处理效果与中试试验结论一致，说明系统内生物膜及活性污泥中的微生物具有较好的硝化能力，完成对氨氮污染物的去除。好氧反应池前端有配水区，用于均化水质并将上部来水改为底部进水，防止短流的情况发生。配水区内无曝气形成缺氧环境，配合污泥回流和两段串联的 IFAS 好氧反应池可以起到反硝化的作用，本系统的出水水质可以满足氨氮≤9 mg/L 的设计要求。

6.3.6 工程效益分析

6.3.6.1 环保效益分析

麦芽厂在当地为支柱性企业之一，创造了大量的工作岗位及经济效益。与此同时，如何在发展的过程中兼顾生态效益，为当地的环境保护带好头，也是厂方所重视的问题。由于企业废水处理系统老化、工艺滞后造成的出水效果不达标，都会给企业发展、企业形象带来一系列负面影响。本改造项目将大幅度提升麦芽厂对废水的处理能力，树立良好的企业形象，对当地社会经济的可持续发展起到一定的促进作用。

本项目的主要目的是按照国家现行排放标准的要求，大幅度地减少向地表水排入的污染负荷量，控制污染，促进工业和各项事业的发展，并为该区域的经济可持续发展提供坚实可靠的基础。麦芽厂原系统出水 COD 以 350 mg/L 计，BOD 以 220 mg/L 计，氨氮浓度 12 mg/L，TP 浓度 2.1 mg/L，麦芽厂 6000 t/d 污水处理站，污水处理站减排量如下，本项目改造完成后可以为周围地区带来较好的环境效益：

COD 减排量：6000 m³/d×（350–260）×10⁻³ kg/m³×365 d = 197.1 t/a

BOD 减排量：6000 m³/d×（220–160）×10⁻³ kg/m³×365 d = 131.4 t/a

氨氮减排量：6000 m³/d×（12–9）×10⁻³ kg/m³×365 d = 7.07 t/a

总磷减排量：6000 m³/d×（2.1–1.8）×10⁻³ kg/m³×365 d = 0.66 t/a

6.3.6.2 运行成本分析

污水排放以 COD<260 mg/L 考虑，按 6000 t/d 计算，综合运行成本为 2.278 元/吨水，其中包括直接运行成本 1.578 元/吨水，间接运行成本 0.7 元/吨水。其中直接运行成本包括电费、水费和消耗化学品的费用，间接运行成本包括人员工资、污水水质监测费用、污水排污费、污泥处理处置费用及其他未预见费用。系统改造后耗电项目如表 6-27 所示。

表 6-27 废水处理系统用电负荷

序号	设备名称	装机数量（台）	运行数量（台）	单台功率（kW）	装机功率（kW）	运行时间（h/d）	耗电量（kWh/d）
1	粗格栅机	1	1	1.1	1.1	6	6.6
2	细格栅机	1	1	1.1	1.1	6	6.6
3	污水提升泵	6	4	15	90	24	1440
4	污泥回流泵	3	2	15	45	24	720
5	风机	3	2	55	165	24	2640
6	污泥泵	6	6	15	30	24	2160
7	刮（吸）泥机	2	2	1.1	1.1	24	52.8
8	空压机	2	1	55	110	2	110
9	刮渣机	2	2	2.2	4.4	6	26.4
10	絮凝剂搅拌器	1	1	1.1	1.1	24	26.4
11	絮凝剂计量泵	2	1	0.37	0.74	24	8.88
12	助凝剂搅拌器	1	1	1.1	1.1	24	26.4
13	助凝剂计量泵	2	1	0.37	0.74	24	8.88
14	污泥提升泵	3	2	15	45	24	720
15	污泥压滤系统	2	2	15	30	24	720
小计							8672.96

由表 6-27 可知，吨水动力消耗为 1.45 kWh/m³，耗电量最大的分别为用于好

氧池曝气的罗茨风机、用于污泥回流及剩余污泥排放的污泥泵和污水泵房中将废水从均质池到水解酸化池的污水提升泵。工艺运行中水的消耗主要是在带式压滤机压泥过程中用于配制絮凝剂的自来水，消耗量约为 4 m³/d。化学品消耗包括絮凝剂耗量 20～30 g/m³，配制浓度为 4%～40%，助凝剂耗量 2～3 g/m³，配制浓度为 0.1%～0.2%。系统运行成本如表 6-28 所示。

表 6-28　废水处理系统吨水处理成本

序号	项目	单位	消耗量	单价（元）	吨水处理成本（元）	日运行费用（元）
1	水的消耗	吨/吨水	0.0007	3	0.002	12
2	电的消耗	kWh/吨水	1.45	1	1.45	8672.96
3	絮凝剂	kg/吨水	0.03	2.2	0.066	396
4	助凝剂	kg/吨水	0.003	20	0.06	360
5	操作人员工资	人/月	6	3000	0.1	600
6	其他费用				0.6	3600
7	间接运行成本				0.7	4200
8	总运行成本				2.278	13 640.96

系统吨水运行成本为 2.278 元。麦芽厂中原有工艺由于曝气效率不高，加上气浮池的能耗和药剂费用，吨水处理成本约 2.7 元，改造后吨水处理成本比原本降低了 15.6%。

6.4　制药废水处理工程实例

6.4.1　项目概述

制药工业废水主要包括抗生素生产废水、合成药物生产废水、中成药生产废水以及各类制剂生产过程的洗涤水和冲洗废水四大类。其废水的特点是成分复杂、有机物含量高、毒性大、色度深和含盐量高，特别是生化性很差，且间歇排放，属难处理的工业废水。随着我国医药工业的发展，制药废水已逐渐成为重要的污染源之一，如何处理该类废水是当今环境保护的一个难题。

6.4.2　废水水量、水质及处理要求

以哈药总厂产生的废水为背景进行研究，哈药总厂主要生产青霉素类、头孢

菌素类抗生素、粉针剂、胶囊剂和片剂等共 30 多种原料药和 18 种剂型的产品。其中头孢噻肟钠原粉、头孢唑啉钠原粉以及头孢唑啉钠粉针的产量和市场份额均居全国首位。同时具备生产 6-APA（6-氨基青霉烷酸）1000 t/a、7-ACA（7-氨基头孢烷酸）800 t/a、抗生素原料药及中间体 4300 t/a 和 30 亿支粉针剂的生产能力。其主导产品青霉素类、头孢菌素类原粉、粉针剂、胶囊剂和片剂均通过了国家药品生产管理规范（GMP）认证；青霉素工业钾盐通过了美国食品药品监督管理局（FDA）认证，产品远销世界 20 多个国家和地区。通过对哈药总厂废水进行调查分析，得到废水水质参数如表 6-29 所示。

表 6-29 哈药总厂废水水质参数

pH	氨氮 （mg/L）	COD（mg/L）	BOD$_5$ （mg/L）	SO$_4^{2-}$ （mg/L）	TN （mg/L）	TOC （mg/L）	UV$_{254}$ （AU/cm）	SS （mg/L）	色度 （度）
6.68	140.55	3731~4223	550~600	1098	189.22	1757.75	≥3.0	664~958	80

通过调查发现，哈药总厂废水 BOD$_5$/COD 为 13%～16%，废水可生化性不高，成分复杂，污染物浓度高，含有大量有毒、有害物质、生物抑制物（包括一定浓度的抗生素）和难降解物质等，带有颜色和气味，悬浮物含量高，易产生泡沫。通过气相色谱-质谱（GC-MS）测定，哈药总厂废水中有机污染物种类达 100 多种，酯类、苯酚类、苯胺类、吲哚类和苯并噻唑类是其主要污染成分，具有一定的生物毒性，直接导致了该类废水进行生化处理较为困难，可以视为制药行业废水的特征污染物。

6.4.3 处理工艺

采用水解酸化＋微生物电辅助催化＋EGSB（膨胀颗粒污泥床反应器）＋菌群增强处理法处理哈药总厂制药废水，中试装置如图 6-37 所示。高浓度制药废水在调节池去除大部分药泥、药渣，经换热罐调节水温后提升至集配水井后，依次进入 MEAS、EGSB 以及 MBBR 处理单元，出水在沉淀池进行泥水分离，经过分离后的上清液排出，污泥经集泥井收集后排入厂区原有的污泥浓缩池进一步处理，MEAS 单元和 EGSB 单元产生的沼气进入厂区原有的沼气储罐经生物脱臭后进一步利用。采用 PLC 控制系统来实现系统自动连续稳定运行。研究工艺包括三个处理单元，依次为 MEAS、EGSB 和 MBBR 三个处理单元，主要构筑物及设备如表 6-30 所示。

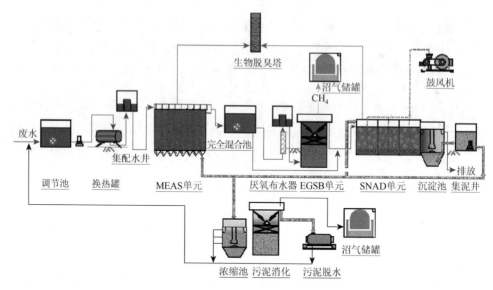

图 6-37　水解酸化-微生物电辅助催化 + EGSB + MBBR 集成工艺流程图

表 6-30　主要构筑物及设备

工艺单元	名称	规格参数	数量	备注
MEAS 单元	MEAS 反应器	1.2 m×0.6 m×1.2 m	1	专利设备
	计量泵	$Q=0\sim65$ L/h, $H=10$ m	1	
	稳压电源	$0\sim12$ V	2	
EGSB 单元	EGSB 反应器	$\phi0.6$ m×2.4 m	2	
	回流泵	$Q=0\sim120$ L/h, $H=10$ m	2	
MBBR 单元	好氧区	0.4 m×0.8 m×1.0 m	1	专利设备
	微氧区	0.8 m×0.8 m×1.0 m	1	
	沉淀池	$\phi0.5$ m×1.0 m	1	
	回流泵	$Q=0\sim120$ L/h, $H=10$ m	2	

　　其中，MEAS 单元采用电辅助微生物强化降解高浓度制药废水处理装置[4]（专利号 ZL201510956827.4），由反应池体、电极和供电系统组成，如图 6-38 所示。有效的反应池体容积为 500 L，划分八个格室，依次上下折流；电极采用碳纤维制作而成，由变压器提供外加电压。MBBR 单元采用两级 MBBR 脱氮专利设备[5]（专利号 ZL201510955442.6），设备包括三部分：微氧池、好氧池和剩余硝化回流系统，填充多相流动态膜微生物载体[6]（发明专利号 ZL201510160267.1）。好氧区控制溶解氧大于 2 mg/L，在异养菌的作用下进一步降解水中残留的有机物，为脱氮过程创造良好的自养环境。通过曝气系统调控微氧池，使其溶解氧低于 0.5 mg/L，

专利填料附着的生物膜内部会形成溶解氧梯度，在反应器内实现短程硝化-厌氧氨氧化-反硝化耦合脱氮过程（SNAD）。

(a) 装置全貌

(b) MEAS单元全貌

(c) MEAS单元内部

(d) EGSB和MBBR单元

图 6-38　中试装置及现场实际安装状态

6.4.4　中试工艺特点

水解酸化（CSTR）-微生物电辅助（MEC）和 MBBR 工艺是本工程的主体工艺。水解酸化工艺因其具有可以均衡水量水质、产生的污泥量少、能提高废水的可生化性等特点，在实际工程中得到广泛应用。大量的工程应用表明，水解酸化工艺具有许多优点，其条件易控，操作简单，对含有难降解物质的废水具有较好的适应性，且对有毒物质具有一定的耐受性。但是若水解酸化单独处理含有难降解物质的废水难以达标，同时其水力停留时间较长，使得其占地面积也较大，经济性较差。

生物电化学系统（bioelectronic chemical system，BES）是用微生物作为催化剂来催化电极表面氧化还原反应的体系。这些微生物可以通过细胞自身的细胞膜蛋白、结构或可溶性的氧化还原介体把电子传递到电极表面，这一类微生物统称为电化学活性菌或电极呼吸菌（anode respiring bacteria，ARB）。

　　因为生物电化学系统的阳极氧化和阴极还原的共同作用可以强化对抗生素废水中难降解物质的去除，故生物电化学系统对处理难降解污染物有着独特的优势。生物电化学系统生物量较小，因此系统抵抗负荷冲击的能力差，对于水质水量变化较大的抗生素废水，MEC 不适合作为一种单独的工艺。所以，可以将水解酸化和生物电化学系统组合起来处理抗生素废水，为抗生素废水的处理提供一种高效经济的技术。

　　鉴于抗生素废水难降解、高毒性的特点，其目前的处理工艺存在脱毒效率和经济性难以协调的问题，因此开发低能耗、高效率的废水处理工艺是迫切需要的。结合目前水解酸化在工程上的大规模应用和生物电辅助在降解污染物方面的应用，本研究采用水解酸化-微生物电辅助系统处理抗生素废水，探讨系统对高毒性抗生素废水的处理效能，最大限度提高抗生素废水的可生化性，同时减少抗生素本身对处理系统中微生物的毒害作用。

　　膨胀颗粒污泥床（expanded granular sludge blanket，EGSB）反应器和 MBBR 将继续降解经水解酸化（CSTR）-微生物电辅助（MEC）预处理后的易生化降解物质，EGSB 反应器是现有较为成熟的厌氧反应器，其主要优点是具有很高的容积负荷和高径比；节省基建投资和占地面积；没有运动部件，操作简单，节省能耗；抗冲击负荷能力强，具有缓冲 pH 值的能力；出水稳定性好等。MBBR 工艺兼具传统活性污泥法、流化床和生物接触氧化法的优点，是一种新型高效的污水处理方法，其依靠曝气池内的曝气和水流的提升作用使载体处于流化状态，进而形成悬浮生长的活性污泥和附着生长的生物膜，这就使得移动床生物膜充分利用了整个反应器空间，充分发挥附着相和悬浮相生物两者的优越性，实现优势互补，克服了传统的活性污泥生物量不足和接触氧化工艺传质混合效率低的问题，使生化反应效率成倍提高。本中试研究使用的生物载体填料是多相流动态膜微生物载体填料，与以往填料不同的是，这一填料能与污水频繁多次接触，因而被称为"移动的生物膜"。该工艺占地面积小，可有效脱氮除磷，适用于多种工艺的运行模式，使固相生物膜和液相的活性污泥发挥各自生物降解优势。"多相流动态膜微生物载体填料"已获得国家发明专利（发明专利号 ZL201510160267.1），主要材料为 HDPE（添加亲水性辅材），挂膜时间约为 $5 \sim 8$ d，硝化效率（最大值）>1500 g NH_4^+-N /$(m^3 \cdot d)$，BOD 处理效率（最大值）$>13\,000$ g BOD_5/$(m^3 \cdot d)$，COD 处理效率（最大值）$>18\,000$ g COD/$(m^3 \cdot d)$，使用寿命>20 年。外形设计以流体力学和空气动力学理论为基础，在受到水力或其他外力（机械搅拌、曝气）作用时，能在水中进行全方位的翻滚运动，使生物膜充分地与水接触反应（图 6-39）。

图 6-39　多相流动态膜微生物载体填料

6.4.5　中试运行结果与分析

6.4.5.1　设备安装调试阶段

　　2015 年 7 月 19 日至 2016 年 1 月 19 日进行设备进场、安装、调试和运行工作,调试期间现场室外温度在 15～30℃,集装箱内温度维持在 15～20℃,进水温为 10～15℃。

6.4.5.2　启动运行及其运行阶段

　　启动初期的污泥取自哈药总厂的污水处理车间二沉池排出的剩余污泥,MLVSS 为 3570 mg/L,MLVSS/MLSS 为 0.75,如将其直接投入反应器,污泥会产生严重的上浮现象。所以,在污泥接种前,需要放置于各个反应器内进行 48 h 的闷曝,各反应器的污泥接种比大约为 30%,EGSB 反应器所用的颗粒污泥是从污水厂采购的厌氧颗粒污泥,在进行闷曝的同时向各反应器内加入一定量的工业红糖,以提高废水的可生化性,加快污泥驯化速度,启动初期失去活性的上浮污泥被不断地排出,大约进行 2 周,污泥就基本上适应了厌氧环境,此时,出水近乎不见上浮污泥。鉴于 MEC 反应器的启动与 CSTR 两种厌氧反应器的启动相比较为缓慢并且进水的可生化性较差,污泥培养阶段继续加入红糖溶液,随着出水水质的变化逐渐减少红糖的使用量,直至完全停用,试验中采用低负荷启动水解酸化反应器。控制有机负荷从 1 kg COD/(m³·d) 逐渐增大到 8 kg COD/(m³·d),由于水质变化较大,因此每 12 h 测量一次进水 COD,计算进水的容积负荷以调节进水流量,当进水运行 6 周以后,系统内污泥生长状态良好,由黑色有臭味变为灰褐色臭味不明显，出水呈现弱酸性，COD 去除率稳定在 20%～30%左右，同时能够抵御进水 COD 的大幅波动，此时 CSTR 反应器启动成功。而 CSTR 反应器启动成功后，其出水进入到 MEC 反应器驯化其生物膜，启动过程中要检测电极电位的变化情况，当阳极电位数值稳定后，认为微生物电辅助系统启动成功，即水解酸化-微生物电辅助系统启动成功。启动 EGSB 反应器，当 COD 的去除达到 80%以上，并且稳定运行一周左右，证明启动完成。MBBR 反应器中填料的填充比为40%，控制溶解氧在 2～4 mg/L 之间（用溶氧仪测定溶解氧），由于前段进水波动较大，因此，在约 4 周之后，填料明显挂膜，沉淀池污泥根据两级好氧 MBBR 池中污泥量可以间歇回流，也可连续回流。启动及其运行的 COD 变化情况如图 6-40所示。

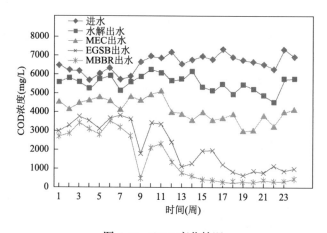

图 6-40　COD 变化情况

从图中可以看出，水解酸化反应器启动初期，部分污泥流失，此时，水解段出水的 COD 较大，COD 去除率仅仅在 4%～13%左右，运行至第 6 周时，污泥驯化较为稳定，出水中几乎没有污泥流出，COD 去除率虽有波动但整体呈上升趋势，由 10%逐渐增加到 25%，表明水解酸化菌逐渐处于优势地位，慢慢适应了水质的波动，初步具备了抗冲击负荷能力。从第 7～24 周运行情况来看，虽然进水的 COD 在 5500～7800 mg/L 之间变化，系统内污泥生长状态良好，由黑色有臭味变为灰褐色臭味不明显，出水呈现弱酸性，COD 去除率稳定在 25%～30%左右。此时反应器启动成功，之后可以调节 HRT 或进水负荷以满足实验的需要。

启动阶段 MEC 进出水 COD 的去除率在 12%～28%之间，这说明 MEC 中电极微生物的启动较快，同时经过测量，阳极的电极电位会逐渐趋于稳定。微生物电辅助反应器启动成功后，电极电势维持稳定，阳极电势稳定在 –0.35 V 左右，阴极电势稳定在 –0.9 V 左右，微生物电辅助系统启动的主要目标是在电极表面富集大量的电化学活性菌，并且保证其活性。水解酸化反应器出水直接进入微生物电辅助系统，此时微生物电辅助系统的电极表面已经有大量微生物存活，这些电极微生物会逐渐适应水解酸化出水，并且作为难降解物质的催化剂加快电子的传递。从第 7 周开始，COD 出水受进水波动的影响较小，COD 去除率的变化范围为 29.43%～40%，可见 MEC 系统对 COD 的去除效果较为稳定。

EGSB 反应器的启动较为缓慢，整个启动试验共用 12 周，接种前期有大量的污泥流出，这些污泥包括沉降性能不好的污泥、死去的污泥和由于前段流出的污泥，同时接种的颗粒污泥出现了解体的现象，它们会随出水排出，加大了出水 COD，而沉降性能和活性好的污泥则会留在反应器中，从第 13 周开始 COD 降解率降至 79.23%，之后的稳定运行阶段降解率出现小幅的上升。随着试验的进行，去除率逐渐加大，但是基本趋于稳定，在后续反应器的稳定运行阶段，有新的颗粒污泥形成，反应器运行状况良好，COD 降解率维持在 80%左右。

MBBR 段的生物膜系统对 COD 的去除率较低，这主要是因为 EGSB 阶段对碳源的消耗使得绝大部分挥发酸已经被消耗，而好氧阶段的氨化细菌和硝化细菌的主要新陈代谢方式是自养型，对 COD 的去除效果不是十分明显，最终经过沉淀池之后出水 COD 波动较小，在 224～331 mg/L 之间变化。

6.4.5.3 pH 的变化情况

pH 主要影响酸化产物的类型和酸化率。有研究人员在研究 pH 对水解酸化工艺处理制药废水的影响时发现：pH 在 5.0～5.5 之间时，产物主要是乙酸和丁酸，pH 从 5.0 升到 5.5，酸化率从 30%增到 44%；而当 pH 达到 6.3 时，主要的酸化产物变成乙酸和丙酸。水解酸化菌在 pH 为 3.5～10 时都可以正常降解有机物，但最适宜的 pH 范围是 5.5～6.5，pH 增大或者减小，水解酸化速率都会降低。因此，为了获得较为单一的酸化产物，需要严格控制反应器的 pH。CSTR 反应器的水解酸化阶段会产生大量的有机酸、醇，这些物质的积累必然会使系统的 pH 下降，通过测量系统进出水 pH 的变化可以判定水解酸化进行的程度，相对于好氧系统而言，厌氧系统的 pH 会对整个生化反应过程产生较大影响，因此需要连续监测水解酸化反应器进水和出水的 pH。整个试验期间的 pH 值变化情况如图 6-41 所示，在水解酸化反应器的启动期，由于水解酸化菌所占的比重较低，导致有机酸产生的速率较慢，所以 pH 虽有下降但是不是很显著，启动的前 4 周 pH 仅仅从 7.7 降到 7.0 左右。随着水解酸化菌的数量越来越多，且活性越来越强，进水的容积负荷不断提高，产生的有机酸增多，从而导致了 pH 下降加快，第 5 周以后，水解 pH 变化范围为 6.07～6.43，酸化率的变化范围为 19.93%～22.07%，出水 pH 基本保持稳定，出水 pH 的相对稳定也是系统启动成功的标志之一。略超出水解酸化的最佳 pH 范围 5.5～6.5，后期可以通过缩短 HRT 来控制 pH，以保持最优的水解酸化效果。MEC 启动阶段对系统的 pH 几乎无影响，在第 5 周之后 MEC 出水的 pH 呈现小幅下降的趋势，这也印证了之前的推断，启动阶段的 pH 变化范围为 6.99～7.2，而第 5 周稳定运行期之后，pH 在 6.7～7.0 之间变化，说明水解酸化所产生的一部分挥发酸被 MEC 反应器中的电解微生物所利用，即水解酸化过程产生了大量小分子的乙酸、丁酸、乙醇和乳酸等在 MEC 中很容易被利用，这些物质均有利于电化学活性菌的生长。EGSB 反应器的出水 pH 在 7.03～7.28 之间，这说明由 CSTR 和 MEC 反应器所产生的挥发性有机酸已经基本被消耗殆尽，同时厌氧反应所产生的氨氮也会使得 EGSB 反应器的出水 pH 得到提升，而好氧的 MBBR 反应器对 pH 则不会产生较大影响。

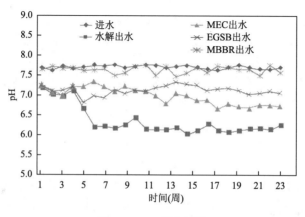

图 6-41　pH 变化情况

6.4.5.4　VFA 的变化情况

复杂有机物的厌氧消化过程包括水解酸化、产氢产乙酸、同型产乙酸以及产甲烷 4 个阶段，其中第一阶段的水解酸化作用是将复杂的有机物转化为有机酸和醇等小分子物质，在该阶段，复杂的有机物在厌氧菌胞外酶的作用下，首先被分解成简单的有机物，如纤维素经水解转化为较简单的糖类；蛋白质转化成较简单的氨基酸，脂类转化成脂肪酸和甘油等，继而这些简单的有机物在产酸菌的作用下经过厌氧发酵和氧化转化成乙酸、丙酸和丁酸等脂肪酸和醇类，参与这个阶段的水解发酵菌主要是厌氧菌和兼性厌氧菌。

CSTR 反应器水解酸化所产生的小分子挥发酸类物质是易于被各种微生物吸收代谢的底物，水解酸化产生的挥发酸可以为微生物电辅助工艺处理难降解的物质提供共基质，从而促进难降解物质的去除。因此，提高挥发酸的产量，会对后续的 MEC 系统有很大的帮助。总挥发酸 VFA 和丁酸的变化情况如图 6-42 和图 6-43 所示。

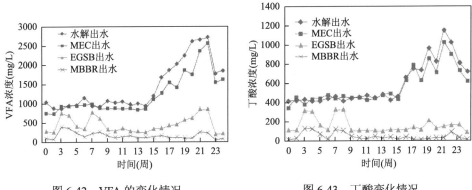

图 6-42　VFA 的变化情况　　　　　　　图 6-43　丁酸变化情况

从图中可以看出，水解酸化系统出水的挥发酸浓度呈现出逐渐增大的趋势。反应初期由于较差的可生化性以及污泥培养的原因，使得废水中的基质来不及酸化，造成 VFA 量较少，而第 14 周之后水解段的 VFA 出现大幅上升的趋势，而EGSB 反应器段的出水趋于稳定，说明 CSTR 反应器和 MEC 反应器的共同作用对于提高挥发酸的含量起到了较好的效果，使得废水与微生物的接触效果变好，反应器内稳定的生境更有利于水解酸化菌的生长和繁殖，虽然 VFA 的值在 14 周以后逐渐升高，但出水的 VFA 基本保持稳定，说明系统的抗冲击能力较好，这与COD 和 pH 的变化情况基本吻合。

6.4.5.5　氨氮的变化情况

抗生素废水中，总氮的存在形式有氨氮、硝态氮和亚硝态氮以及有机物氮，各种形态的氮素都存在于这个系统中，并且氮的形式之间会发生转化，如有机物中的碳氮键断裂，有机氮会转化成其他形式的氮。传统的生物脱氮技术需要将氨氮完全转化为硝酸盐氮，再通过厌氧反硝化转化为氮气，主要构筑物为曝气池、硝化池、反硝化池和沉淀池，各种脱氮反应分别在各自的构筑物中进行：曝气池中主要进行氨化作用和有机物的降解，然后在硝化池中氨氮在亚硝化菌和硝化菌的作用下转化为亚硝酸氮和硝酸氮，在反硝化池中最终转化为氮气。氨化细菌通过氨化作用将有机氮转化为氨氮，一部分氨氮被细菌同化为新的细胞物质，另一部分氨氮则通过硝化作用、反硝化作用生成 N_2 或 N_2O 排出进入大气。微生物细胞内氮的含量约占细胞干重的 12.3%，微生物的同化作用对氮的去除率很低，而硝化和反硝化过程能够完全将氮从系统中去除，使其进入大气参与整个自然界的氮循环。硝化过程仅在好氧条件下进行，由自养型硝化菌以无机碳化合物（如 CO_2、CO_3^{2-}、HCO_3^- 等）为碳源，通过与 NH_3、NH_4^+ 以及 NO_2^- 的氧化反应获得能量，反硝化过程主要是指反硝化细菌在无氧或缺氧条件下把硝酸盐转化为氮气的过程，即微生物以氮氧化物为电子受体产生能量的过程，该过程中去除的氮占总去除量的 70%～75%，启动运行的氨氮变化情况如图 6-44 所示。

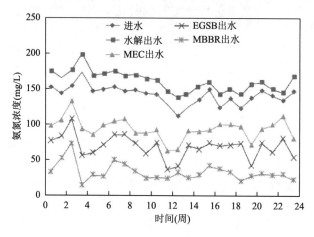

图 6-44　氨氮的变化情况

　　从图中可以看出进水氨氮在 120～175 mg/L 之间变化，在经过 CSTR 反应器之后的水解出水出现了上升的趋势，这是由进水当中的一些有机含氮化合物被分解所致，而经过 MEC 反应器之后氨氮出现了较为明显的下降，这可能是因为氨氮在空气阴极被氧化为亚硝酸盐或硝酸盐，进而在厌氧环境中还原为氮气。微生物的催化作用可以大幅度地降低反硝化过程的成本。阳极出水中的铵盐在好氧硝化反应器内被氧化成亚硝酸盐或硝酸盐，接着进入反应器的阴极室，进一步被还原为氮气。因此，造成了氨氮的下降，进入 EGSB 反应器之后，氨氮的降解率相对于 MEC 反应器有所降低，经过 MBBR 反应器后出水的氨氮值较为稳定，维持在 20～30 mg/L，氨氮的去除率稳定在 80%左右。氨氮的去除主要依靠硝化细菌的硝化作用，而硝化细菌属于自养菌，且世代时间较长，因此在挂膜初期，微生物在填料表面附着不稳定，不利于硝化细菌的生长繁殖，硝化细菌的数量极少甚至不存在。随着运行时间的延长，填料上附着的生物量增加，硝化细菌的数量也逐渐增多。

6.4.5.6　总氮的变化情况

　　废水中的总氮有一部分会伴随着微生物的生长而被消耗掉，有一部分会在微生物和电极的作用下被消耗掉，系统中对抗生素废水中总氮的去除情况如图 6-45 所示。

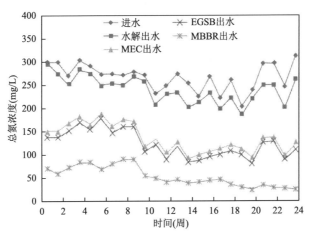

图 6-45　总氮的变化情况

由图可知，进水总氮的变化范围为 205.13～300.58 mg/L，水解阶段后总氮会有下降，但降解率较低，从总体趋势来看，MEC 出水和 MBBR 出水中总氮含量下降较为明显。从机理而言，主要是氨氮降解路径造成了总氮含量的下降，氮元素被去除的最终路径是成为 N_2，氨氮在空气阴极被氧化为亚硝酸盐或硝酸盐后，进而在厌氧环境中还原为氮气。微生物的催化作用可以大幅度地降低反硝化过程的成本。阳极出水中的铵盐在好氧硝化反应器内被氧化成亚硝酸盐或硝酸盐后，接着进入反应器的阴极室，进一步被还原为氮气。而 CSTR 反应器出水总氮的变化与进水总氮变化规律基本相同，MEC 出水后总氮出现了氨氮完全转化为硝酸盐氮，再通过厌氧反硝化转化为氮气排出体系之外的情况，这与氨氮含量变化基本一致。

6.4.5.7　特征污染物的去除

根据小试实验结果分析，在制药废水中选取了四种典型的有毒污染物：苯并噻唑、吡啶、吲哚和喹啉，对这四种污染物的变化情况进行检测，启动及长期稳定运行一段时间后测得四种物质的去除情况如图 6-46 所示。

由图可见，CSTR 反应器和 MEC 反应器出水后对水中苯并噻唑的去除率可以达到 90%，对吲哚的去除率达到 70% 左右，而对喹啉和吡啶的降解率较低，喹啉的去除率仅为 30%，吡啶的去除率为 50% 左右，而 MBBR 段对四种有毒污染物

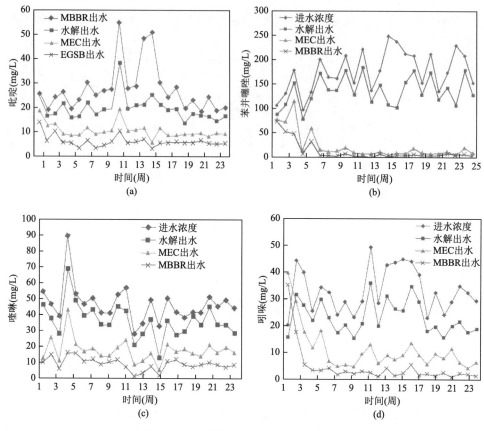

图 6-46　特征污染物的变化情况

（a）吡啶；（b）苯并噻唑；（c）喹啉；（d）吲哚

的去除基本没有贡献。在这个体系中，对苯并噻唑和吲哚等五元环有机物的去除率大于喹啉和吡啶等六元环有机物，其原因可能与物质的结构以及电荷性质有关。喹啉和吡啶为六元杂环，性质较为稳定，破坏其环状结构的过程中需要的能量更高。喹啉等是毒性比苯并噻唑更大的抗生素类物质，当污染物质的结构类似时，会表现出相类似的降解特性，它们在微生物体内降解时所利用的酶相似或相同，所以在降解的过程中诱导产生的酶可以彼此利用。系统对四种有毒污染物的去除和降解是在酶的作用下发生的一系列生化反应，共基质能促进MEC 中污染物的降解，关键在于共基质的降解诱导了污染物降解过程中关键酶的产生。微生物在对乙酸等小分子易降解的物质进行降解的同时，苯并噻唑等难降解的物质开始慢慢接近并诱导这些酶分子，酶蛋白受到诱导后，开始慢慢降解苯并噻唑等难降解的物质，从而完成了共代谢的过程。在共代谢的过程中，由于这种诱导酶具有非专一性，从而对易降解的物质和难降解的物质均能降解，这就导致在共代谢的过程中，存在易降解物质和难降解物质对这种酶竞争的现象。共代谢的动力学模型的研究发现：提高反应过程中易代谢共基质的比例，能够促进关键酶的产生。苯并噻唑和吲哚的去除规律类似，而喹啉的降解与吡啶类似。

6.4.5.8 特征污染物降解途径

1. N-甲基苯胺降解途径分析

高效功能菌群增强完成后，取 4 h、6 h、8 h 的水样，混合后进行 GC-MS 分析。表 6-31 为几种主要产物的停留时间和分子量等参数。由表可知，降解过程中生成了邻苯二酚，分析认为是 N-甲基苯胺脱甲基生成了苯胺，然后微生物去掉了苯环上的氨基并将两个氧原子添加到苯环上从而转化成了邻苯二酚，即苯环上的氨基首先被微生物攻击转化，儿茶酚在微生物体内通过邻位或间位代谢进一步降解为邻苯二酚。GC-MS 测定中检测到了顺,顺-2,4-己二烯二酸，是邻苯二酚间位代谢的产物。根据苯胺的降解途径，推测 N-甲基苯胺的降解途径为：N-甲基苯胺去甲基生成苯胺，苯胺去氨基断苯环转化成邻苯二酚，邻苯二酚经过一系列转化最终进入三羧酸循环。

表 6-31 中间产物参数

序号	化合物名称	分子式	保留时间	分子量
1	邻苯二酚	$C_6H_6O_2$	15.426	110.1
2	顺,顺-2,4-己二烯二酸	$C_6H_6O_4$	9.518	142.1
3	N-甲基苯胺	C_7H_9N	7.849	107.2
4	2-酮己二酸	$C_6H_8O_5$	12.103	160.1

2. N-乙基苯胺降解途径分析

高效功能菌群增强完成后，取 2 h、4 h、7 h 的水样，混合后进行 GC-MS 分析。表 6-32 为几种主要产物的停留时间和分子量等参数。由表可知，降解过程中生成了邻苯二酚，分析认为是 N-乙基苯胺经过脱乙基也生成了苯胺，从而转化成了邻苯二酚。通过微生物的代谢苯环裂解，生成顺-己二烯二酸，经过一系列转化最终进入三羧酸循环。

表 6-32　　N-乙基苯胺中间产物参数

序号	化合物名称	分子式	保留时间	分子量
1	邻苯二酚	$C_6H_6O_2$	15.437	110.1
2	N-乙基苯胺	$C_8H_{11}N$	13.849	121.2
3	顺-己二烯二酸	$C_6H_6O_4$	9.617	142.1
4	2-酮基己酸烯醇内酯	$C_6H_6O_4$	14.735	142.2

综上，分析得到 N-甲基苯胺和 N-乙基苯胺的降解途径如图 6-47 所示。N-甲基苯胺和 N-乙基苯胺均被降解成邻苯二酚，然后进行苯环的裂解，通过加氧形成顺-己二烯二酸，脱氢加氧转化成 2-酮基己酸烯醇内酯，然后还原成 2-酮己二酸，最终生成琥珀酸和乙酰辅酶 A 进入三羧酸循环。

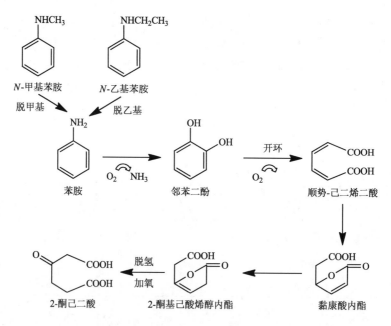

图 6-47　　N-甲基苯胺和 N-乙基苯胺的降解途径

3. 苯并噻唑好氧降解途径分析

用离子色谱分析出水中的无机产物，且取曝气 2 h、4 h、7 h 的出水混合样，测定 GC-MS，谱图如图 6-48 所示。

主要中间产物的保留时间和分子量等参数见表 6-33。根据 GC-MS 分析的中间产物结果和离子色谱结果来推断苯并噻唑的降解途径。苯并噻唑为杂环化合物，这一类化合物的降解通常是由杂环的羟基化开始，接下来环裂解，一般情况

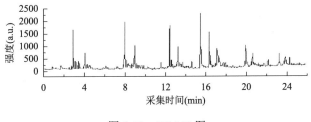

图 6-48　GC-MS 图

下与六元环邻近的五元环最先断裂，苯并噻唑先形成 2-羟基苯并噻唑（OBT）。OBT 的降解分为两种不同的降解路径。

表 6-33　降解途径化合物列表

化合物结构式	相对分子质量（g/mol）	保留时间（min）
	135	8.953
	93	2.938
	151	4.045
	167	8.012
	155	12.315
	203	16.347
	171	15.236

路径 A：见图 6-49，BHT 进行进一步降解时，在微生物的作用下，发生羟基化反应，形成 2-羟基苯并噻唑。在 2-羟基苯并噻唑发生进一步羟基化的过程中，由于不同的苯环取代位上的活性不同，主要生成了 2,6-二羟基苯并噻唑（diOBT），在微生物产生的加双氧酶的持续作用下，最终苯环发生了开环反应，生成酸性产物（1）。

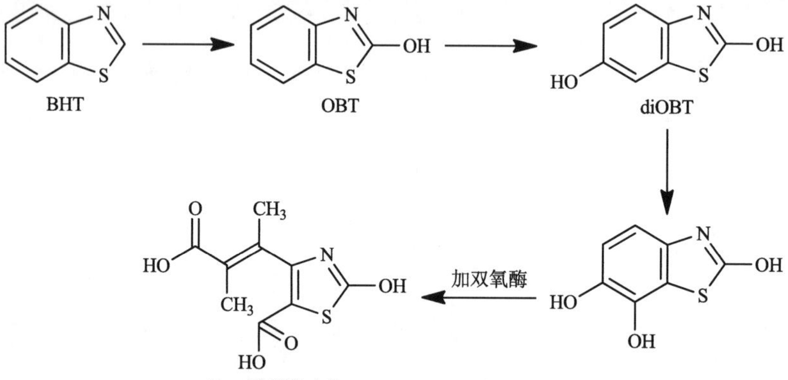

(1) 二酸类化合物

图 6-49　路径 A 降解途径

路径 B：见图 6-50，OBT 首先生成 2-磺基苯并噻唑，在微生物的作用下，S、N 杂环裂解。这个过程中发生了脱磺酸基反应，部分有机硫转化为无机硫酸盐（BTSO$_3$），并且生成了 2-氨基茴香硫醚（MMA）；这个脱磺酸基反应是苯并噻唑及其衍生物毒性和刺激性气味被去除的最重要的环节。MMA 在进一步的氧化反应中转化成了 2-甲基亚磺酰基苯胺（2）和 2-甲基磺酰基苯胺（3）。而生成的 2-甲基亚磺酰基苯胺在微生物的持续作用下进一步转化为 2-甲基磺酰基苯胺。2-甲基磺酰基苯胺在微生物产生的酶作用下，进一步被分解或水解，从而进行了脱烷基化生成了生成产物（4）。生成产物（4）进一步进行了脱磺酸基反应和脱氨基反应，最终被矿化成 CO$_3^{2-}$、NO$_3^-$ 和 SO$_4^{2-}$。

通过对比分析这两种苯并噻唑的降解途径，可知路径 A 生成的主要中间代谢产物为酸性物质（1），是苯环的开环反应；路径 B 主要代谢产物为 2-甲基亚磺酰基苯胺（2）、2-甲基磺酰基苯胺（3），是杂环的开环反应，而苯并噻唑的彻底矿化需要杂环的裂解。

采用离子色谱检测出水的无机产物，测得 SO$_4^{2-}$ 离子浓度为 15 mg/L。采用纳氏试剂分光光度法检测进出水的氨氮值，进水在检测限以下未检出，而出水的氨氮达 11.533 mg/L，说明反应过程中产生了胺类物质。而路径 B 过程中，苯并噻唑由于脱磺酸基反应生成的 2-氨基茴香硫醚，在进一步氧化的过程中产生了胺类

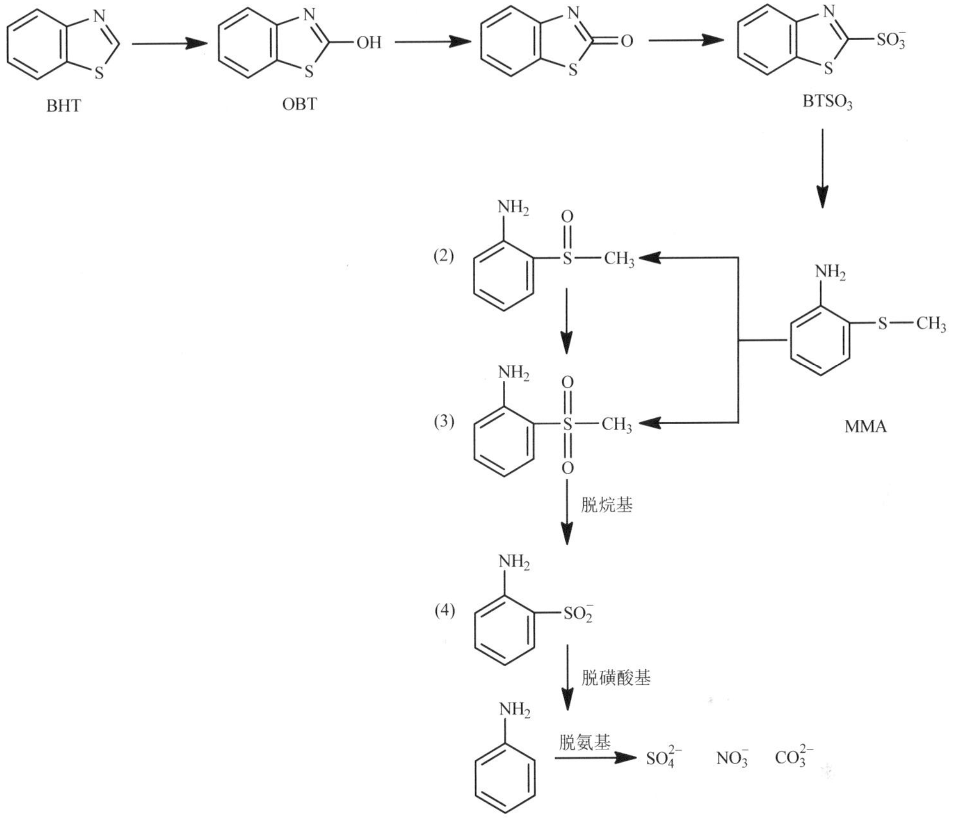

图 6-50　路径 B 降解途径

物质，最终在矿化的过程中生成了 SO_4^{2-}，因此认为路径 B 为降解苯并噻唑的重要和主要路径。同时采用 GC-MS 也检测出了其他物质，如酸性物质（1），但是含量较低，因此认为路径 A 为降解苯并噻唑的辅路径。

6.5　屠宰废水处理工程实例

　　中国是全球最大的猪肉消费国，同时也是全球最大的猪肉生产国，猪肉消费量和产量分别占全球的 49.3% 和 44.7%。国家统计局数据显示，2018 年中国猪肉产量高达 5404 万 t，生猪年屠宰量高达 6.9 亿头，但是数据的权威性略有争议，有保守观点认为中国猪肉产量应该在 4000 万 t 左右，年屠宰量为 5 亿头。

　　屠宰废水产生于牲畜屠宰过程中的前处理和冲洗等环节，屠宰生产车间一般工序为：宰前处理、宰前检验、称重冲淋、宰杀放血、预剥皮、机器扯皮、开膛、修整冲淋、宰后检验、冷却、剔骨分割以及包装销售。其中，在宰前处理、冲洗、开膛之后冲洗这几个步骤中会有废水产生。宰前处理所产生的废水主要包括粪便以及其他固态废物，开膛后修整冲洗所产生的废水主要包括血液、骨渣、毛毛、内脏杂物以及若干未消化的食物。

6.5.1　项目概述

　　以齐齐哈尔市某屠宰场产生的废水为背景进行研究，该屠宰场生产淡季（同年 4 月~10 月）为夏季，日产废水量达 120~150 t，生产旺季（同年 10 月~次年 4 月）即冬季日产废水量可达 240~300 t。屠宰废水的水质水量随季节变化产生的变化系数非常大，当废水无法完全处理时，就造成了排水的不达标。该厂原有工艺以"气浮-水解酸化-活性污泥法"为主体工艺，日处理水量为 150 t，处理工艺流程如图 6-51 所示。

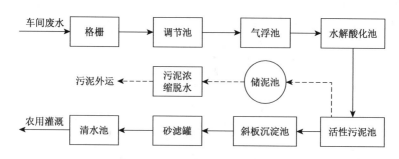

图 6-51　污水站原有工艺流程图

　　在原有工艺中，格栅和旋转筛网能去除体积比较大的悬浮物，比如羊毛、蹄角、大块的骨渣等。调节池总有效容积 300 m³，停留时间 14 h，可以对进入处理系统的水量进行调节，减少生产废水水量随时间变化带来的冲击。气浮池的设计流量为 20 m³/h，用于进一步去除水中的悬浮物和油脂，添加的混凝剂为 PAC，助凝剂为 PAM，且絮凝效果良好，对水中 SS 和油脂的去除效率可达到 70%~85%，因此此次工艺改造中并无对气浮池的改造。水解酸化池为两座，有效水力停留时间为 7 h，池内填充聚氨酯球体填料；活性污泥池一座，水力停留时间为 24 h，池中无生物填料。好氧生物处理之后的污水经过斜板沉淀池和快速滤罐进行进一步的沉淀和澄清，最终排入蓄水池，经过运输进行农业灌溉。

　　原有工艺在气浮池、活性污泥池和斜板沉淀池会产生剩余污泥，污泥含水率在 97%左右，然后进入储泥池进行短期储存，经过带式压滤机处理之后压成泥饼，外运处理。经过深入调研并进行全过程水质分析，原有工艺的问题主要表现在以下几个方面。

1. 工艺流程问题

原有工艺中水解酸化单元运行效果不佳,污水流经水解酸化池之后,水中的氨氮浓度并无明显上升,且大量的有机氮仍然存留在污水中,这为后续好氧生物处理带来了很大压力。再加上填料老化、挂膜效果差、污泥活性不高等问题,因此无法有效进行对于大分子有机氮的断链和分解。

活性污泥单元处理能力无法满足旺季的需求,旺季屠宰废水的水量过大,水质更复杂,污染物浓度更高,传统的活性污泥法无法承载如此大的冲击负荷,导致系统对污水中的 COD 和氨氮的去除能力显得十分不足,因此在现有的构筑物基础之上需要对活性污泥法的好氧生物处理这一过程进行改造。

好氧池的曝气管路陈旧老化,会造成好氧池中的不同位置曝气不均匀、氧传质效率不高、曝气效果并不理想,污泥的活性也就随之大打折扣。

2. 系统运行问题

1)泡沫问题

由于屠宰场的屠宰废水中存在大量的有机氮和氨氮,而且冲洗的过程中工人会加入若干洗洁精等表面活性剂类的物质,因此在系统运行时好氧池表面会产生大量的泡沫,而且当进水负荷增大时泡沫会明显增多,尺寸也会明显增大。而微生物在新陈代谢的过程中会分泌一些具有表面活性剂作用的胞外聚合物,这就使得泡沫问题更加严重,进而腐蚀池体和管道,给维修和维护带来困难。

2)冬季低温运行效果不佳

由于屠宰场位于齐齐哈尔市,冬季气温极低,而屠宰加工的旺季在冬季,导致原有工艺在低温的条件下运行效果不佳,无法有效去除污水中的大量污染物,造成排放的困难。

3. 维护管理问题

原有的处理系统在各个环节的运行参数,比如流量、曝气量的调控均需要人工调节各个阀门,操作十分繁复且费时费力。另外运行维护的过程中对活性污泥池中的溶解氧浓度缺乏及时的检测手段,只靠控制鼓风机的功率和曝气量无法有效控制污水中的实时溶解氧浓度。另外对好氧池中的微生物活性状况的判断滞后,会存在误差,因此需要引进 DO 在线监测设备。

6.5.2 废水水量、水质及处理要求

齐齐哈尔市某屠宰场进行肉羊屠宰,产品为羊腔、羊内脏以及羊头羊尾等各

种肉食产品。在生产过程中，污水主要产生于宰前处理、修整冲淋以及宰后的冲洗。所产生的废水中含有相当高浓度的有机物、悬浮物以及蛋白质等污染物，且碳氮浓度比较高。该屠宰场的厂区内污水站原有污水处理系统的主体工艺为"气浮-水解酸化-活性污泥法"，日处理规模为 150 t。

屠宰车间的工作流程中主要在冲洗和修整环节会产生屠宰废水，其中含有大量的血污、粪便、动物毛发骨渣等悬浮物，且大量血水和内脏冲洗残留物均含有非常高的有机氮，因此屠宰废水碳氮比比较高，但是有机氮属于大分子难降解污染物，需要进行重点关注。该屠宰场生产废水水质水量具有如下特点：

（1）水质水量波动大：生产车间每日的污水排放量的实时变化系数比较大，变化非常明显，旺季污水量可以达到 400 m³/d，最高瞬时流量可达到 100 m³/h；

（2）有机氮含量高：大量的血污和肉渣均为大分子有机氮，生物处理难度比较大；

（3）悬浮物和各种杂物多：大量粪便、毛发、骨渣等尺寸比较大的物质漂浮于水中，进入调节池，发酵堵塞池体和管道。

通过监测，屠宰场所属污水站的进水水质如表 6-34 所示。由表中数据和屠宰车间的流程分析可知，屠宰废水中的标志污染物为 COD、SS，以及氨氮和有机氮。总磷浓度并不高，可在微生物代谢的过程中自行去除，不必过分关注。

表 6-34　屠宰场污水站进水水质

进水指标	测量范围	进水指标	测量范围
COD_{Cr}（mg/L）	300～600	TP（mg/L）	2～4
SS（mg/L）	500～1000	pH	6.5～7
氨氮（mg/L）	40～100		

6.5.3　处理工艺

GPS-X 是加拿大的 Hydromantis 公司开发的软件，主要用于模拟污水厂的工艺运行，内容丰富，功能强大，包含多种工艺类型。GPS-X 可用于污水处理厂的数学建模和工艺模拟，是污水处理厂优化和管理中最先进的工具，可以用于开发和优化先进的控制方案，预测动态条件下的出水水质及进行污水处理厂的规划和处理能力的分析，或使用实际或建议的污水处理厂的动态模型提供先进的培训和发展计划。直接利用 GPS-X 软件中提供的厌氧混流池和 IFAS 系统模型来建立构筑物，得到的屠宰废水处理流程如图 6-52 所示。

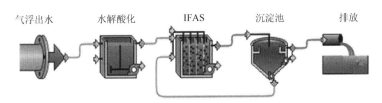

图 6-52　水解酸化-IFAS 系统模型图

由于软件无法模拟气浮过程，因此对水解酸化和 IFAS 系统进行模拟时需采取实地污水站中气浮池的出水水质指标作为进水及每个工段的运行参数，包括水力停留时间、溶解氧浓度、污泥回流比以及构筑物尺寸。

（1）屠宰场污水站现有工艺为水解酸化-活性污泥法，淡季处理效果正常，利用淡季的在线监测所得数据对 GPS-X 系统中的有关模拟参数进行校准。经过灵敏度分析，与活性污泥处理相关的模拟参数为 Fus（非降解溶解 COD 浓度）、氨浓度（基质的半饱和参数）、异养生物的衰减速率。

（2）经调整参数后，GPS-X 对污水站处理效果的模拟运行符合准确性要求，且在污水成分无明显变化的前提下，旺季改用 IFAS 工艺之后无需再次进行调参，可直接进行模拟运行。经过对处理过程及影响因素的模拟分析，可得到最适的溶解氧浓度为 4 mg/L，符合试验的结论；水解酸化阶段最适的水力停留时间为 12 h，IFAS 处理单元的最适水力停留时间为 24 h，同样符合试验的结论；最适的污泥回流比为 150%。

6.5.4　工艺特点

水解酸化和 IFAS 系统试验阶段均采用日清纺 AQUAPOROUSGEL 载体。日清纺新型填料图如图 6-53 所示。

图 6-53　日清纺填料

6.5.4.1　污水处理改造项目方案设计条件及范围

1）水质水量

设计水量：污水处理系统的设计规模为 400 t/d，设计进出水水质见表 6-35。

表 6-35　设计进出水主要指标

（除 pH 外其他浓度单位均为 mg/L）

项目	pH	COD_{Cr}	BOD_5	SS	氨氮	总磷
进水限值	6~8	300~600	—	500~1000	40~100	2~4
设计出水	6~8	≤100	≤60	≤80	≤20	—

2）设计范围

设计改造范围主要包括水解酸化池和好氧反应池。其他环节：格栅、调节池、气浮池、斜板沉淀池、滤罐、储泥池等均不作改变。并且包括配套的设备安装和电气自控工程。

6.5.4.2　改造方案的提出及工艺流程的设计

1. 提出方案

由于原有工艺对于旺季生产的污水水量无法进行有效处理，因此本研究对工艺的改造需要重点关注水量的提升和针对更高的水量对原有工艺进行扩建。改造的主要目的是提升污水处理系统降解污染物的能力，提升处理水量，以达到足够的污染物去除效果的同时还要考虑运行和设计的能耗成本，并且尽可能地降低人力和物力的成本。改造的同时应该尽量充分利用现有的构筑物和设备设施，并将无法满足要求的落后的工艺替换为先进的处理能力更强的工艺。并根据屠宰场生产状况和排放要求，选择施工成本低、形式简单、污染物去除效果好、抗冲击负荷、易于维护的新型处理工艺。因此在原有的池体容积不变的前提下，将传统活性污泥法更换为生物膜-活性污泥复合工艺，可达到提升生物量的目的，且容积负荷增大，提高了处理效果。

在不影响屠宰场生产的前提下选择改造工艺，并且根据前期试验和基于 GPS-X系统的模拟实验的结果来看，改造工艺方案主要需要考虑以下几点因素：

（1）更换高效水解酸化池中的填料种类，提升厌氧水解的效率，对原水中大量的有机氮进行断链降解，同时改变水解酸化单元的水力停留时间，将处理效果提升到最大限度。

（2）改变好氧主体工艺的工艺类型，向传统活性污泥工艺的池体中投加新型填料，调整水力停留时间和曝气量以及污泥回流比等参数，形成泥膜共生体系，以提高好氧生物处理工艺的处理能力，且在 IFAS 的泥膜共生体系中可对氨氮进行有效去除。

（3）改善曝气效果，形成溶解氧浓度、曝气量、污泥回流、流量控制等参数自动监测和调控的自动化控制体系，改造电气系统。

2. 工艺流程的设计

改造之后的新型工艺组合如图 6-54 所示。屠宰车间废水经过地下管路，通过格栅过滤掉水中羊毛等漂浮物和大块的杂质；进入调节池，对水质、水量进行调节，保证进入处理系统的水量可以基本稳定，无过大的冲击负荷；进入气浮池通过絮凝和气浮，将污水中的大量悬浮物和油脂提升到池体表面，刮泥车进行刮出，其中使用 PAC 作为絮凝剂，PAM 作为助凝剂；气浮池出水进入高效水解酸化池，对污水中的大分子有机氮进行降解，为后续的生物处理提供先行条件；IFAS 池为泥膜共生体系，好氧微生物在本环节大量繁殖，对污水中的有机物、氮素物质进行有效的降解去除，并且存在同步的硝化和反硝化，可将总氮有效去除；IFAS 池出水进入斜板沉淀池，进一步沉淀出随污水流出的活性污泥和一部分悬浮物；最后经快速滤罐对污水的浊度和色度进行进一步的处理和降低，达到排放要求，进入清水池，外运进行农用灌溉。

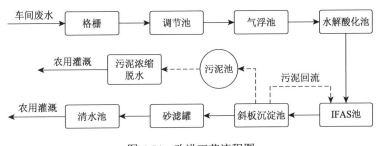

图 6-54　改进工艺流程图

后续的斜板沉淀池产生的污泥通过污泥回流泵的提升作用回流至好氧 IFAS 池；剩余污泥排入储泥池，浓缩一段时间后定时由污泥泵提升至板框压滤机进行浓缩脱水，泥饼外运。

6.5.4.3　改造工艺综合说明

1. 对水解池填料的更换

现有的水解酸化池存在填料老化、污泥活性差、处理能力低下等问题。本次工程改造将对填料进行更换,采用日清纺生物填料,使得污泥可以有更多的位置附着,且传质效率更高,将水中大量的大分子有机氮降解为小分子的氨氮等氮素物质,为后续好氧池的高效降解奠定基础。水解酸化池设计参数如表 6-36 所示。

表 6-36　水解酸化池改造设计参数

项目	参数	项目	参数
设计负荷	2.4 kg COD/(m³·d)	填料	日清纺填料
设计 COD 去除效率	30%	填充密度	40%
有效停留时间	12 h	有效容积	120 m³

日清纺填料为一种新型填料,日清纺 AQUAPOROUSGEL 载体是一种吸水性极好的多孔凝胶,采用特殊的墙体构造,吸水后变为凝胶状态,亲水性好,流化效果好。该种填料具有很高的处理能力,具备高生物附着率。其载体孔隙率大,内部通气性好,为好氧菌的生长提供了良好的环境;墙体结构,比表面积大,遇水后形成膜状结构,增大了比表面积。常用于水质波动比较大的废水处理项目,同时也适用于污水处理工程的提标改造项目。

2. 好氧池的改造

在原好氧活性污泥池中投加日清纺 AQUAPOROUSGEL 载体,填料填充体积约为好氧生物池池体体积的 40%,并通过调整流量和曝气量、培养池中的活性污泥生物量,形成泥膜共生的体系。好氧池参数如表 6-37 所示。

表 6-37　好氧池改造设计参数

项目	参数	项目	参数
设计负荷	1.5 kg COD/(m³·d)	规格	10 m×8 m×5.0 m
设计 COD 去除效率	86%	填料填充量	240 m³
有效停留时间	24 h	填料材质	多孔凝胶
曝气量(DO)	4 mg/L	总支撑	ϕ12 钢筋

6.5.5　改造工程及工艺启动

6.5.5.1　改造工程

本项目的改造工程中涉及处理工艺的部分主要为水解酸化池的改造和好氧池

的改造两部分，以及附带的配套管路等设施的改造。由于改造配有的工程量并不算很大，因此水解酸化池和好氧池的改造宜同步进行，将改造时间缩短到最短，降低对屠宰场生产的影响。

原系统中水解酸化池为两座，好氧池一座。改造的具体操作为：①停止水解酸化系统进水；②静置 30 min，利用污泥泵将其中一座水解酸化池池底的污泥抽送到另一座水解酸化池；③利用放空阀和放空管将水解酸化池中的污水排入调节池中；④将池中的陈旧填料打捞干净，并且用高压水枪对池底和池壁进行清洗；⑤投入新的日清纺 AQUAPOROUSGEL 载体填料，将日清纺填料固定于 ϕ150 塑料小球内，小球之间通过穿线的方式固定于支架上；⑥恢复进水，同时从另一座水解酸化池将污泥抽取出来，排入填料更换完毕这座池子，接下来开始另一座水解酸化池的改造。

在改造好氧池时，步骤与水解酸化池类似：①停止好氧池的进水；②静置 1 h，利用污泥泵将池内的活性污泥抽出，排放到储泥池内；③利用放空阀和放空管将污水排入调节池中；④用高压水枪对好氧池的底部进行冲洗；⑤投入新型的日清纺 AQUAPOROUSGEL 载体填料，平铺均匀；⑥恢复进水，从储泥池中将活性污泥抽取出来排入好氧池，进行鼓风曝气，启动运行，形成泥膜共生的系统。

6.5.5.2 配套工程

污泥管路包括从斜板沉淀池回流至好氧池的污泥回流管，储泥池向好氧池和水解酸化池的污泥回流管；曝气系统改造包括更新原有的鼓风机，更换老化陈旧的曝气管路和曝气头；电气自控系统的改造包括安装上新型的在线溶解氧监测仪器，电控阀门以及罗茨风机的开关和风量控制开关管的自控设备。

接种污泥采用当地市政污水厂压滤后污泥，污泥含水量大约为 80%。水解酸化池每个有效容积为 120 m³，总计 2 个，好氧池有效容积为 400 m³，接种污泥须使好氧池中 MLSS 达到 5 g/L，计算所得接种量 30 t。干污泥从市政污水厂运来之后需要堆放在储泥池中，加入一定量的水，提高其含水率，形成悬浮污泥形态，再通过污泥回流管回流入水解酸化池和好氧池。

6.5.5.3 运行前期的参数调试及处理效果

在本次改造工程中，经过重新接种污泥之后，IFAS 系统的启动采用闷曝-逐级提升水量的方法来启动，启动阶段有以下几个步骤：

（1）闷曝阶段：对于投入接种污泥的好氧池来说，关闭 IFAS 好氧池的出水阀门，待进水放满池体之后关闭进水阀门，进行闷曝，时间为 2 天。

（2）水量提升阶段：通过控制调节池到气浮池之间的水量来调整进入 IFAS 系统的水量，将水量从 100 m³/d 逐渐提升到 400 m³/d。闷曝阶段需要加大曝气量，尽可能地消耗污泥周边环境中的营养物质，使微生物处于饥饿状态，因此需要将气水比调整至 25∶1。待进入水量提升阶段之后恢复为 20∶1。

（3）闷曝期间控制气水比为 25∶1，闷曝结束后控制污泥回流比在 150%，气水比恢复到 20∶1。运行效果如表 6-38 所示。

表 6-38　废水流量及进出水 COD 值的变化

时间（d）	进水水量（m³/d）	进水 COD（mg/L）	出水 COD（mg/L）	COD 去除率（%）
1	100	312	71	77.26
2	100	325	57	82.24
3	200	320	57	82.34
4	200	342	55	84.16
5	300	315	47	85.77
6	300	335	57	83.15
7	400	296	35	88.74
8	400	308	30	90.28
9	400	316	47	85.67
10	400	353	28	92.31
11	400	332	31	90.74

如表所示，当好氧池进水的水量以两天为一个水量梯度上升时，前两天的出水浓度在 70 mg/L 左右，COD 去除率在 75%～80% 之间，第 2 天的 COD 去除效率很高。出现这种现象的原因主要是：①经过为期两天的闷曝阶段，好氧池中的活性污泥均处于饥饿状态，水中缺乏营养物质，微生物活性和繁殖能力很高；②接种污泥后进行 2 天的闷曝，反应池内含有很高的生物量；③此时好氧池的水力停留时间较长，有利于污染物的去除。第 3～4 天之后进水水量上升到 200 m³/d，COD 去除率上升到 80% 以上，系统对 COD 的去除效果在缓慢上升；第 5～6 天时，出水的 COD 浓度开始降低到 50 mg/L 以下，显示出活性污泥在逐步提升水量的过程中恢复活性较好，高效地去除了污水中的有机物。第 7 天以后进水达到 400 m³/d，达到设计污水量的最大流量，并且能够满足屠宰场旺季的生产需求，维持满负荷运行五天之后，出水的 COD 浓度均稳定在 50 mg/L 以下，且 COD 去除率可达到 85%～90%，对打捞池中的填料进行观察，日清纺水凝胶填料明显变色，由开始的乳白色变成深褐色，填料内部的多孔结构被污泥填满，经过吹气、手甩等操作均不会脱落；取出 500 mL 的悬浮污泥测定污泥沉降比，30 min 后可达到 20%～

30%，说明此时的污泥沉降性能非常好，活性很高，出水已经严格达到设计排放标准，可以认为系统启动成功，接下来进入稳定运行阶段。

6.5.5.4　工艺稳定运行期间的污染物去除效果

系统成功启动之后连续稳定运行 20 天，总共处理了废水 6000 t，运行期间的运行参数采用试验和 GPS-X 软件模拟实验探讨得到的参数配比为：水解酸化池水力停留时间为 12 h，IFAS 系统水力停留时间为 24 h，溶解氧浓度为 4 mg/L，污泥回流比为 150%，系统进水及出水情况如图 6-55 所示。

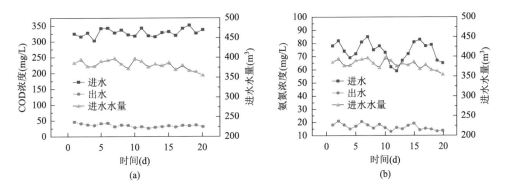

图 6-55　改进工艺稳定运行期间（a）COD 去除效果和（b）氨氮的效果

系统启动后，稳定运行 20 d 左右，进水水量均维持在 300～400 m³/d 之间，水质波动也比较小，进水 COD 维持在 300～350 mg/L 之间，氨氮维持在 60～100 mg/L 之间。由图可知，系统对 COD 的去除效率比较稳定，出水 COD 稳定在 50 mg/L 以下，COD 去除率稳定为 85% 以上，可以满足设计和排放的要求。出水的氨氮浓度稳定在 20 mg/L 以下，满足排放要求。系统稳定运行到 10 天以后好氧 IFAS 池中的填料挂膜开始明显，打捞出池中填料可以观察到多孔凝胶的内部有黄褐色的活性污泥附着，具有一定的厚度和丰富度，且在整个稳定运行的期间，IFAS 池中的 MLSS 始终保持在 4000 mg/L 以上，可以得出结论：已经形成生物膜-活性污泥复合系统体系并且体系稳定运行，去除污染物的效率得到很大提高。

另外，改造工程针对的是屠宰场冬季（生产旺季）生产废水的水质水量冲击大的问题，现已在低温环境下改造并启动成功，平稳运行 20 天以上，对污染物进行了有效的去除，对比原有的冬季去除污染物效果不佳的情况，可以发现：原有的工艺为水解酸化-活性污泥工艺，活性污泥工艺生物量太小，且微生物活性有限，水解酸化的填料老化，挂膜效果不好，造成整个系统的有机物去除效率比较低。由于该屠宰场污水站属于室内项目，冬季新增设了采暖设备，因此水解池经过改造之后在室内温度下，对污水中 COD 的削减幅度仍然可以达到 30%，且对污水中的有机氮降解效果良好，污水流经水解酸化池之后氨氮浓度明显上升，各种挥发酸浓度也明显上升，运行效果符合试验以及 GPS-X 系统模拟实验的结果；好氧池改造后对有机物和氨氮的去除率比较好，分析原因：其一是 IFAS 单元中的微生物活性以及生物总量均远远高于改造之前的传统活性污泥法，且微生物种群的多样性和食物链长度均优于传统活性污泥法，且在 IFAS 系统中存在同步的硝化和反硝化，氨氮可以得到有效去除；其二可能是从处理系统的最开始的污泥接种、闷曝再到启动的阶段，十几天的时间，悬浮活性污泥在温度相对比较低的环境下得到了驯化，增强了微生物对污染物的降解能力。

启动成功之后，整体污水处理系统稳定运行 20 天左右，进水氨氮维持在 60～100 mg/L 之间，出水氨氮稳定在 20 mg/L 以下 [图 6-55（b）]，氨氮的去除率稳定高于 70%，总氮去除率也在 75% 以上。处理效果与前期的试验和 GPS-X 系统模拟实验的结果相一致，说明 IFAS 反应系统中的确存在同步的硝化和反硝化，可以对氨氮完成有效去除。

6.5.6　工程效益分析

6.5.6.1　环保效益分析

该屠宰场在当地是比较大的支柱型企业，为当地政府带来了巨大的税收和经济效益，同时厂方也十分关注如何在发展生产和扩大经营的同时兼顾生态效益，为当地的环保事业起到楷模作用。企业的环保设施落后老化造成的出水不达标，不仅会使得政府有关部门对厂方进行处罚，还会对企业的软实力、企业文化的发展、企业形象的树立同样有十分不好的影响。本项目对原有的活性污泥工艺系统进行改造，将大幅度提高厂区处理屠宰废水的能力，对企业形象的树立、企业文化的发展，当地环境保护事业的进步以及生态文明建设都将起到一定的促进和推动作用。

本项目以国家制定的农用灌溉水质指标为标准，对屠宰废水中的大量特征污染物进行有效去除，最大限度削减污染物的排放，推动农牧业和经济的发展。

另外，本次改造工程的目标是将污水处理至灌溉农田的水质标准，就近排入厂区附近的大面积农田，达到污水资源化的效果，并且节约了能耗。

该屠宰场原有污水处理系统的出水水质指标：COD 以 120 mg/L 计算，BOD 以 150 mg/L 计算，氨氮以 50 mg/L 计算，总氮以 65 mg/L 计算。可以计算得出污水站改造之后污染物的减排量，如下所示：

COD 减排量　　300 m³/d×（120−45）×10⁻³ kg/m³×365 d = 8.2 t/a

BOD 减排量　　300 m³/d×（150−60）×10⁻³ kg/m³×365 d = 9.85 t/a

氨氮减排量　　300 m³/d×（50−20）×10⁻³ kg/m³×365 d = 3.285 t/a

总氮减排量　　300 m³/d×（65−30）×10⁻³ kg/m³×365 d = 3.832 t/a

由此可见，本次改造项目完成之后每年将会减少大量的污染物排入环境，可以为当地带来十分可观的环境效益。

6.5.6.2　运行成本分析

污水站原有污水处理系统的处理能力按出水 COD 浓度不高于 50 mg/L 计算，水量 300 m³/d，综合处理成本为 3.13 元/吨水，其中包括直接运行成本 2.43 元/吨水，间接运行成本 0.7 元/吨水。所谓直接运行成本，主要包括水电费用、购买化学药剂的费用；间接运行成本，主要包括维护人员的工资、水质监测费用以及污泥处理的费用。系统改造后的耗电项目和耗电量如表 6-39 所示。

表 6-39　废水处理用电负荷一览表

序号	设备名称	单位	备用台数	设备总功率（kW）	耗电量（kWh/d）	备注
1	旋转筛网	套	0	0.75	0.75	
2	潜水提升泵	台	1	3	36	2 用 1 备
3	气浮机	台	1	4.8	115.2	
4	加药装置	套	1	1.2	26.4	
5	污泥回流泵	台	1	8	96	2 用 1 备
6	鼓风机	台	1	17.1	273.6	2 用 1 备，间歇运行
7	硝化液回流泵	台	1	1	12	2 用 1 备
8	剩余污泥泵	台	1	2.2	6.6	1 用 1 备，间歇运行
9	污泥脱水机	台	0	11.5	195	
10	照明			2	48	
11	控制系统			1	24	
	合计			51.55	833.55	

由表可知，每吨水的电力消耗为 2.78 kWh。其中耗电量最大的设备分别是罗茨风机（用于好氧池的曝气）、污泥泵（用于污泥回流和排出剩余污泥）、污泥脱水机（用于将排入储泥池的剩余污泥进行脱水处理，减小体积和含水率）。

另外，在工艺系统运行中自来水消耗最多的环节为配制絮凝剂。在气浮单元需要配制 PAC 和 PAM 的混合溶液并加入气浮池以提高絮凝效果，且在最后的污泥板框压力机压泥的过程中需要配制絮凝剂以提高污泥脱水效果，自来水消耗量为 1 t/d。化学品的消耗包括絮凝剂消耗量 50 g/m³，助凝剂消耗量 20 g/m³。系统运行成本如表 6-40 计算。

表 6-40　废水处理吨水处理成本及运行费用计算表

序号	项目	单位	消耗量	单价（元）	吨水处理成本（元）	日运行费用（元）
1	水的消耗	吨/吨水	0.003	3	0.009	3
2	电的消耗	kWh/吨水	2.78	0.6	1.668	500.13
3	絮凝剂	kg/吨水	0.05	2.2	0.11	33
4	助凝剂	kg/吨水	0.02	20	0.4	120
5	操作人员工资	人/月	1	3000	0.33	10
6	间接运行成本				0.3	90
7	总运行成本				2.52	756.13

系统吨水总运行成本为 2.52 元，日运行费用为 756.13 元。屠宰场污水站原有工艺的吨水处理成本为 3.13 元，改造后的吨水处理成本比原有工艺下降了 19.5%，成本降低明显，同时也带来比较好的经济效益。

参 考 文 献

[1]　付昆明，苏雪莹，王会芳，周厚田. 内回流对厌氧氨氧化 UASB 反应器脱氮性能的影响[J]. 中国环境科学，2016，36（12）：3560-3566.

[2]　汪玲. 泥膜共生生物技术在污水处理中的应用[J]. 建筑工程技术与设计，2015（24）：208.

[3]　郝文胜. 冲击负荷影响生物膜-活性污泥复合工艺硝化作用的中试研究[J]. 工业用水与废水，2014，45（4）：20-23.

[4]　丁杰，刘先树，任南琪，等. 电辅助微生物强化降解高浓度制药废水处理装置及处理制药废水的方法：CN201510956827.4[P]. 2016-02-24.

[5]　丁杰，刘先树，吴高峰，等. 两级 MBBR 脱除制药废水中碳氮硫的装置及利用其处理制药废水的方法：CN201510955442.6[P]. 2016-05-11.

[6]　李旭涛，詹纪灵，吴高峰，等. 一种多相流动态膜微生物载体填料：CN201510160267.1[P]. 2015.07.22.